普通高等教育"十一五"国家级规划教材

矿山环境工程

（第2版）

主　编　蒋仲安
副主编　杜翠凤　段旭琴
主　审　韦冠俊

北京
冶金工业出版社
2016

内 容 提 要

本书为高等院校采矿、选矿、地质勘探等专业的教学用书，主要内容包括：矿山大气污染及其防治，矿山水污染及其防治，矿山噪声污染及其防治，矿山土地复垦和固体废弃物综合利用，矿井热害及其防治，环境质量评价，矿山循环经济。

本书也可供有关工程技术人员参考。

图书在版编目（CIP）数据

矿山环境工程／蒋仲安主编．—2版．—北京：冶金工业出版社，2009.9（2016.10重印）

普通高等教育“十一五”国安级规划教材

ISBN 978-7-5024-4980-3

Ⅰ．矿… Ⅱ．蒋… Ⅲ．矿山—环境工程—高等学校—教材 Ⅳ．X751

中国版本图书馆CIP数据核字（2009）第157965号

出版人 谭学余

地 址 北京市东城区嵩祝院北巷39号 邮编 100009 电话 (010)64027926

网 址 www.cnmip.com.cn 电子信箱 yjcbs@cnmip.com.cn

责任编辑 俞跃春 美术编辑 李 新 版式设计 张 青

责任校对 刘 倩 责任印制 李玉山

ISBN 978-7-5024-4980-3

冶金工业出版社出版发行；各地新华书店经销；北京印刷一厂印刷

2001年9月第1版，2009年9月第2版，2016年10月第8次印刷

787mm×1092mm 1/16；18.25印张；484千字；277页

39.00元

冶金工业出版社 投稿电话 (010)64027932 投稿信箱 tougao@cnmip.com.cn

冶金工业出版社营销中心 电话 (010)64044283 传真 (010)64027893

冶金书店 地址 北京市东四西大街46号(100010) 电话 (010)65289081(兼传真)

冶金工业出版社天猫旗舰店 yjgycbs.tmall.com

（本书如有印装质量问题，本社营销中心负责退换）

第2版前言

本书第1版自2001年9月出版以来,深受广大读者的欢迎。近年来,随着新的国家法律、法规和标准的发布,以及新技术的不断涌现,书中的原有内容已难以满足当前的教学要求。为了满足教学的需求,我们在总结近年来的教学经验和科研成果的基础上,对本书进行了修订再版。

本书再版过程中,增加了反映矿山环境工程方面的新技术、原理和方法,有关的最新法律、法规和标准,以及矿山循环经济等方面的内容和相应的应用实例。内容安排由浅入深,尽量符合教学的基本要求,分量适当,逻辑性强,能培养学生从实例中得到启发,认识事物的客观规律;便于学生自学,能够全面掌握本学科的基本理论、基本知识和基本技能。

本书由北京科技大学蒋仲安、杜翠凤、段旭琴和金龙哲合作编写,第1、2、6、7章由蒋仲安编写,第4、5章由杜翠凤编写,第3章由金龙哲和段旭琴编写,第8章由段旭琴编写。北京科技大学蒋仲安教授担任主编、韦冠俊教授担任主审。

由于编者水平所限,书中不妥之处,诚请读者批评指正。

编　者

2009年5月

第 1 版前言

本书是根据 1997 年原冶金工业部制定的教材出版规划，并按高等院校地矿类专业教学计划和矿山环境工程课程教学大纲的要求编写的。

本书是以 1990 年冶金工业出版社出版的《矿山环境保护》一书为基础，总结 10 年来的矿山环境保护课程的教学实践，补充近 10 年来矿山环境工程所取得的科研成就，经多次讨论、修改、补充和征求各兄弟院校使用本教材的意见而编写的。

本书在编写过程中充分结合环境保护科学技术的一般概念、原理和方法，较全面地阐述了矿山环境工程中存在的主要问题及其解决的途径和措施。其主要内容包括：矿山大气污染及其防治、矿山水污染及其防治、矿山噪声污染及其防治、矿山复垦和固体废弃物的综合利用、矿山热害及其防治以及矿山环境质量管理和评价等内容。本书可作为大专院校采矿、选矿、地质勘探专业本科生、函授生、职工大学和干部培训班的教材和教学参考书，对矿山环境保护的科技人员亦有参考价值。

本书由北京科技大学韦冠俊担任主编，并编写第一、四、五、七章，蒋仲安编写第二、六章，金龙哲编写第三章。初稿完成后，经北京科技大学李祥仪教授和中国矿业大学（北京）周心权教授审阅，提出许多宝贵意见，特此致谢。

由于编者水平所限，书中难免有不妥之处，敬请广大读者批评指正。

编　者

2001.6

目　　录

1 绪 论

1.1 环境的概念

1.1.1 人类与环境

环境(environment)是指以某一中心事物为主体的外部世界。对人类来说,环境是指人类赖以生存和发展的物质条件的整体,包括自然环境(natural environment)和人工环境(artificial environment)。

自然环境是人类出现之前就存在的,是人类目前赖以生存所必需的自然条件和自然资源的总称,即阳光、温度、气候、空气、水、地磁、岩石、土壤、动植物、微生物以及地壳的稳定性等自然因素的总和,也是“直接或间接地影响到人类的一切自然形成的物质、能量和自然现象的总称”。

人工环境是指由于人类的活动而形成的环境要素,即由人工形成的物质、能量和精神品,以及人类活动中所形成的人与人之间的关系——上层建筑。人工环境可分为工程环境和社会环境。

《中华人民共和国环境保护法》指出:“本法所称环境是指:大气、水、土地、矿藏、森林、草原、野生动物、野生植物、名胜古迹、风景游览区、温泉、疗养区、自然保护区、生活居住区等。”可见,环境法中的环境概念不如一般意义上的环境概念广泛,但比较明确,它是为便于实施而作的具体规定,是环境概念的具体化。

1.1.2 环境要素

环境要素(environmental element)是指构成人类环境整体的各个相对独立、性质不同、对人类有决定性影响的基本因素,分为自然环境要素和人工环境要素。自然环境要素通常指:大气、水、土壤、生物、阳光、岩石等。人工环境要素包括人口、人权、政治、文化等。环境要素具有一些十分重要的特性。这些特性不仅是制约各环境要素间互相联系、互相作用的基本关系,而且是认识环境、评价环境、改造环境的基本依据。

1.1.3 环境的分类

人类环境由若干个规模大小不同、复杂程度有别、等级高低有序、彼此交错重叠、彼此互相转化变换的子系统组成,是一个具有程序性和层次结构的网络。人们可以从不同的角度或以不同的原则,按照人类环境的组成和结构关系将它进行不同的分类。通常的分类原则是:环境范围的大小、环境的主体、环境的要素、人类对环境的作用以及环境的功能等。按环境的范围的大小可分为:

(1) 聚落环境(settlement environment)。聚落是人类聚居的地方与活动的中心。聚落环境也是人类聚居场所的环境。它是与人类的工作和生活关系最密切、最直接的环境。人们一生大部分时间是在这里度过的，因此历来都引起人们的关注和重视。它可分为院落环境、村落环境和城市环境。

（2）地理环境（geographical environment）。地理环境是围绕人类的自然现象和人文现象的总体，分自然地理环境和人文地理环境。自然地理环境位于地球的表层，即由岩石圈、水圈、土壤圈、大气圈和生物圈组成的相互制约、相互渗透、相互转化的交错带，其厚度约 10 ~ 30 km。人文地理环境是指人类的社会、文化、生产、生活活动的地域组合，包括人口、民族、聚落、政治、社团、经济、交通、军事、社会行为等许多成分。它们在地球表面构成的圈层，称为人文圈或社会圈、智慧圈和技术圈。自然地理环境是自然地理物质发展的产物，人文地理环境是人类在前者的基础上进行社会、文化和生产活动的结果。因此，从大的范围来说，地理环境，特别是自然地理环境是环境科学的重点研究对象。

（3）地质环境（geological environment）。简单地说，它是指自然地理环境中除生物圈以外的部分。它能为人类提供丰富的矿物资源。

（4）宇宙环境（cosmic environment）。环境科学中宇宙环境是指地球大气圈以外的环境，又称星际环境。不过，此处所指的宇宙环境仅限于人类进入太空活动以后，人和飞行器（人造卫星、探测器、航天飞机等）在太阳系内飞行触及的环境。

毫无疑问，任何一个层次的环境系统，都由低一级层次的各个子系统组成，而它自身又是更高级环境系统的组成部分。

1.1.4 环境的功能特性

环境系统（environmental system）是一个复杂的有时、空、量、序变化的动态系统和开放系统。系统内外存在着物质和能量的变化和交换。在一定的时空尺度内，若系统的输入等于输出，就出现平衡，叫做环境平衡或生态平衡（ecological balance）。

系统的组成和结构越复杂，它的稳定性越大，越容易保持平衡；反之，系统越简单，稳定性越小，越不容易保持平衡。因为任何一个系统，除组成成分的特征外，各成分之间还具有相互作用的机制。这种相互作用越复杂，彼此的调节能力就越强；反之则弱。

环境系统的特性包括：

（1）整体性。整体性是指环境各部分之间存在着紧密的相互联系和相互制约的关系。局部地区的环境污染或破坏，总会对其他地区造成影响和危害。所以人类的生存环境及其保护，从整体上说是没有地区界线或国界的。

（2）有限性。在宇宙众多的天体中，目前发现适合于人类生存的只有地球。因此，虽然宇宙空间无限，但人类生存的空间以及资源、环境对污染的忍耐能力等都是有限的。所以，人类生存的环境是脆弱的，是容易遭到破坏的。

（3）不可逆性。环境在运动过程中存在有能量流动和物质循环两个过程。前一过程是不可逆的，后一过程变化的结果也不可能完全回到原来的状态。因此，要消除环境破坏的后果，需要很长的时间。例如，世界文明的四大发祥地（黄河、恒河、尼罗河、幼发拉底河流域）在远古都是林茂富饶的地区，但都由于不合理的开垦利用使自然环境遭到破坏，至今仍然无法恢复良性状态。无数事实证明，不顾环境而单纯追求经济增长会适得其反。因为取得的经济利益是暂时的，环境恶化是长期的，两相比较，损失是巨大的。所以，人类在经济活动中，应努力避免不可逆环境问题的产生。

（4）隐显性。除了事故性的污染与破坏（如森林大火、农药厂事故等）可直观其后果外，日常的环境污染与环境破坏对人们的影响，需要经过一定的过程和时间后其后果才显现。如日本汞污染引起的水俣病,经过20年才显现出来。

(5) 持续反应性。事实告诉人们,环境污染不但影响当代人的健康,而且还会造成世世代代的遗传隐患。历史上黄河流域生态环境的破坏,至今仍给炎黄子孙带来无尽的水旱灾害。

(6) 放大性。局部或某一方面的环境污染与破坏造成的危害或灾害,无论从深度还是广度上都会明显放大。如大气臭氧层稀薄,其结果不仅使人类皮肤癌患者增多,而且由于大量紫外线杀死地球上的浮游生物和幼小生物,切断了大量食物链的始端,以致有可能毁灭掉整个生物圈。科学研究表明,2亿年前由于臭氧层一度变薄,地球上90%的物种灭绝。

1.2 环境科学与环境工程学

1.2.1 环境科学

环境科学是研究环境的质量及其保护和改善的学科。它是人类认识、利用改造环境的需要,是自然科学发展到一定阶段时,各个学科相互交叉、渗透和发展的必然结果,是自然科学发展的一个新领域。

环境科学是一门综合性很强的学科。它的研究领域十分广阔,不仅包括各种自然因素,也包括一定的社会因素。它是以生态学为基础理论,充分利用化学、生物学、物理学、数学、地学、医学、工程学等各领域的科学知识和技术,对人类活动引起的空气、水、土地、生态环境的问题,进行系统研究的学科。

环境科学的基本任务是:揭示人与环境之间的矛盾,研究环境中的物质和能量交换过程的规律性,寻求解决"人与环境"这一对特定矛盾的途径和方法,同时预测未来的环境状况,规划设计人类所需的美好环境。用系统工程的语言来说,环境科学的基本任务就是通过系统分析与综合,规划设计出高效的"人类—环境"系统,并把它调控到最优化的运行状态。为此,在任何工程规划设计中,都必须把生产观点与生态观点结合起来,特别是对大型工程一定要考虑它的自然效果和社会效果,必须把它当作生态工程或环境工程来看待。

环境科学研究的内容主要包括:

(1) 人类和环境的关系;

(2) 污染物在自然环境中的迁移、转化、循环和积累的过程和规律;

(3) 环境污染的危害;

(4) 环境状况的调查、评价和预测;

(5) 环境污染的预防和治理;

(6) 自然资源的保护和利用;

(7) 环境监测、分析和预报技术;

(8) 环境规划和环境管理。

环境科学按研究内容的不同,主要可分为三大部分:理论环境学、基础环境学和应用环境学。理论环境学是环境科学的核心,它着重于对环境科学基本理论和方法的研究;基础环境学是环境科学发展过程中所形成的基础学科,包括环境数学、环境物理学、环境化学、环境生态学、环境毒理学、环境地理学和环境地质学等;应用环境学是环境科学中实践应用的学科,包括环境控制学、环境工程学、环境经济学、环境医学、环境管理学和环境法学等。

环境科学是一门多学科、跨学科的综合性学科,各学科领域之间、相互渗透和交叉,不同区域的环境条件、生产布局、经济结构不同,出现的"人与环境"之间具体矛盾不同,因而"环境问题"

也不相同。因此环境科学具有强烈的综合性、鲜明的区域性和内容的广泛性的特点。

1.2.2 环境工程学

环境工程学(environmental engineering)是环境科学的一个分支,又是工程学的一个重要组成部分。它运用环境科学、工程学和其他有关学科的理论和方法,研究保护和合理利用自然资源,控制和防治环境污染,以改善环境质量,使人们得以健康和舒适地生存。

环境工程学的基本任务是:既要保护环境,使其免受或消除人类活动对它的有害影响;又要保护人类免受不利的环境因素对健康和安全的损害。

环境工程学研究的内容主要包括:

(1) 水质净化与水污染控制工程。主要任务是研究预防和治理水体污染,保护和改善水环境质量,合理利用水资源以及提供不同用途和要求用水的工艺技术和工程措施。

(2) 大气污染控制工程。主要任务是研究预防和控制大气污染,保护和改善大气质量的工程技术措施。

(3) 固体废弃物处理处置与管理工程。主要任务是研究城市垃圾、工业废渣、放射性及其他有毒有害固体废弃物的处理、处置和回收利用、资源化等的工艺技术措施。

(4) 噪声、振动与其他公害防治技术。主要研究声音、振动、电磁辐射等对人类的影响及消除这些影响的技术途径和控制措施。

1.2.3 环境科学的发生和发展

解决环境问题的迫切需要成为推动环境科学产生和发展的巨大社会力量。环境科学随着环境问题的产生,诞生于20世纪60年代,其发展大致可分为两个阶段。

自20世纪50年代以来,由于经济的恢复和发展,生产和消费规模日益扩大,许多工业发达国家对环境造成了严重的污染和破坏,因而明确地提出了"环境问题"或"公害(public nuisance)"的概念,用以概括和反映人类与环境系统关系的失调,并开辟了专门的科学领域进行研究。然后逐渐形成一些独立的新分支科学并明确提出"环境科学"这一新词汇,用以概括这些新的分支科学。由于它们分别是不同科学内部分化出来的产物,具有一定的继承性。因而,它们分别用不同理论和方法研究和解决不同性质的环境问题,是属于多学科性的。因此,我们把这一阶段称为多学科发展阶段。它的特点是,一系列环境科学分支分别发展,大大促进了各项专门课题的研究。但在某种程度上还处于各自分别研究状态,环境科学也只是一个多学科的集合概念,还没有形成一个较完整的统一体系。

自1987年"世界环境与发展委员会(World Commission on Environment and Development WCED)"发表了《我们共同的未来》一书以来,特别是在1992年在巴西里约热内卢召开了"联合国环境与发展大会"以后,掀起了研究"可持续发展"的热潮,人们普遍接受了"可持续发展战略"的思想,在经济和社会的发展过程中,同时合理地利用资源及防治环境问题,走经济、社会和环境协调发展的道路。

1.2.4 环境工程学的形成和发展

环境工程学是在人类保护和改善生存环境并与环境污染作斗争的过程中逐步形成的。这是一门既有悠久历史又正在新兴发展的工程技术学科。

早在公元前2000多年,中国已用陶土管修建了地下排水道,并在明朝以前就开始用明矾(alum)净水。英国在19世纪初开始用砂滤法净化自来水,并在1850年用漂白粉(bleaching powder)进行饮用水消毒,以防止水性传染病的流行。1852 年美国建立了木炭过滤的自来水厂。19 世纪后半叶,英国开始建立公共污水处理厂。第一座有生物滤池装置的城市污水处理厂建于 20 世纪初。1914 年出现了活性污泥法处理污水的新技术。

在大气污染控制方面,消烟除尘技术在 19 世纪后期已有所发展。1855 年美国发明了离心除尘器,20 世纪初开始采用布袋除尘器和旋风除尘器。随后,燃烧装置改造、工业气体净化和空气调节等工程技术也逐渐得到推广和应用。

在固体废弃物的处理和利用方面,英国很早就颁布禁止把垃圾倒入河流的法令。1822 年德国利用矿渣制造水泥。1874 年英国建立了垃圾焚烧炉。进入 20 世纪以后,随着人口进一步向城市集中,工业生产的迅速发展,各种垃圾和固体废弃物数量剧增,对它们的管理、处置和回收利用技术也不断取得成就,逐步成为环境工程学的一个重要组成部分。

在噪声控制方面,中国和欧洲国家的一些古建筑中,墙壁和门窗都考虑了隔音的要求。20 世纪 50 年代以来,噪声已成为现代城市环境的公害之一,人们从物理学、机械学、建筑学等各个方面对噪声问题进行了广泛的研究,各种控制噪声的技术也取得了很大的进展。

总之,环境工程学是在人类控制环境污染、保护和改善生存环境的斗争过程中诞生和发展的。它脱胎于土木工程、卫生工程、化学工程、机械工程等母系学科,又融入了其他自然科学和社会科学的有关原理和方法,形成了一门新兴的独立的学科。随着经济和生产的发展以及人们对环境质量要求的提高,环境工程学亦必将得到进一步的发展和完善。

1.3 生态学的基本知识

生态学原是一门研究生物与其生活环境相互关系的科学,是生物学的一个分支,在 19 世纪 60 年代基本形成。近年来随着人们对环境问题认识的深化,使生态学研究的对象扩展到人类生活和社会形态等方面,成为环境科学的理论基础。

1.3.1 生态系统

1.3.1.1 生态系统的含义

(1) 种群。在一定范围内同种生物所有个体的总和称为种群。例如,所有的水稻是一个种群;所有华南虎是一个种群;所有的大肠杆菌组成一个种群。

(2) 群落。生活在一定区域内的所有种群组成了群落。生物群落是由植物群落、动物群落和微生物群落构成的。例如在华北地区生活的所有种群,即华北地区所有的生物总和组成了华北地区的生物群落。

(3) 生态系统。任何一个生物群落与其周围非生物环境的综合体就是生态系统。也就是说,生态系统就是生命系统(如动物、植物和微生物)和环境系统在特定空间的组合。在生态系统中,各种生物种群之间以及生物与非生物的环境因素之间不断进行着物质循环和能量流动,并处于互相作用和互相影响的动态平衡之中。这样构成的动态平衡系统就是生态系统。如果把地球上所有生存的生物和周围环境条件看作一个整体,那么这一整体就称为生物圈。目前人类所生活的生物圈内有无数大小不同的生态系统。在一个复杂的大生态系统中又包含无数个小的生态系统。湖泊、河流、海洋、森林、平原、城市、矿区等,都可以构成不同的生态系统。生态系统虽然有大和小、简单和复杂之分,但其结构和功能都相似,都是自然界的一个基本活动单元。生物圈就是由无数个形形色色丰富多彩的生态系统有机组合而成。因此可以说,生物圈是地球上最大的生态系统,其余的生态系统都是构成生物圈的基本功能单元。

1.3.1.2 生态系统的组成

生态系统主要由以下4个部分组成：

(1) 生产者又叫自养生物，主要指绿色植物。还有一些能进行光合作用的菌类，以及一些利用化学能把无机物转变为有机物的自养微生物。生产者利用太阳能或化学能，把无机物转化为有机物，这种转化不仅是生产者自身生长发育所必需的，同时也是满足其他生物种群以及人类的食物和能源所必需的。生产者是生态系统中食物链的基础。在生物圈内使生产者保持相当数量的生产量有着巨大的意义。

(2) 消费者又称异养生物，指食用植物的生物或相互食用的生物。消费者主要指动物，又可分为一级消费者(草食动物)，如牛、羊、兔；二级消费者(肉食动物)，如狼、老虎、狐狸。在生态系统物质循环和能量转化过程中，消费者是一个极为重要的环节。

(3) 分解者又称还原者，指各种具有分解能力的微生物，也包括一些微型动物，如鞭毛虫、土壤线虫等。分解者在生态系统中的作用是把动、植物尸体分解成简单的化合物，再重新供生产者利用。

(4) 无生命物质。生态系统中的各种无机物、有机物和各种自然因素如太阳光、水、大气、岩石、泥沙等。

以上4个部分构成一个有机的统一整体，相互间沿着一定的途径，不断地进行物质与能量的交换，并在一定条件下，保持暂时的相对平衡。作为地球上最大的生态系统的生物圈，它是指接近地球表面的那一层环境，因为只有在这个表面层里有空气、水、土壤，能够维持生物的生命。生物圈的范围是从海平面以下约11 km到地平面以上10 km。包括大气圈的下层和岩石圈上层，以及整个水圈和土圈。

1.3.1.3 食物链(网)

A 食物链(网)的含义

生态系统中，由取食关系把多种生物联系起来，彼此形成一个以食物连接起来的链锁关系，称为食物链。食物链有四类：

(1) 捕食性食物链，如：青草→野兔→狐狸→野狼；

(2) 碎食性食物链，如：藻类→虾→鱼→食鱼的鸟类；

(3) 寄生性食物链，如：哺乳类→跳蚤→原生动物→细菌→过滤性病毒；

(4) 腐生性食物链，如：动植物尸体→微生物。

食物链上的每一个环节称为营养级。在生态系统中，各个食物链彼此交织在一起，形成复杂的供养关系组合，称之为食物网。

B 食物网的稳定性

所谓稳定是指在一个稳定的环境里，生物总数(种群所有个体的数目)大体保持一个恒量。越是复杂的食物网，越是趋于稳定，越是简单的食物网越是容易出现波动。下面讨论一个只有两种生物的食物链的情况：

A ————→ B
被捕食者　　捕食者

如果A种群开始减少，可以预料到，因食物不足将引起B种群个体数目的下降；当B种群减少时，由于捕食者的缺乏又将引起A种群的突然增加。这种捕食者的食物来源又丰富起来，B种群也将随着增长。在捕食者增加的地方又使得A种群再度减少。

例如，我国的珍贵动物大熊猫只爱吃箭竹，当箭竹开花大面积死亡时，就导致了大熊猫种群数量的减少。

稍微复杂一些的食物网情况就不一样了:

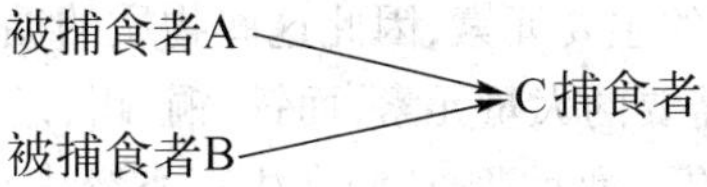

如果 A 种群数量减少,C 种群可以改食 B 种群而使 A 种群得以恢复,不至于使生态平衡受到严重的破坏。例如,草原上的野鼠,由于流行鼠疫而大量死亡,原来以捕鼠为食的猫头鹰不会因为鼠类的减少而发生食物危机。因为鼠类减少后,草类就大量繁殖起来,繁茂的草类可以给野兔的生长和繁殖提供良好的环境,野兔的数量开始增多,猫头鹰把捕食的目标转移到野兔身上。

虽然也有一些例外,但大量的事实证明了多样性导致稳定性的规律,并由此得出一个结论:食物网中所包含的生物种类越多、与物种相连接的食物链的环数越多,所构成的生态系统越稳定。

1.3.2 生态系统的物质循环和能量流动

每一个生态系统都有一个物质循环和能量流动系统。地球表面无数生态系统的物质循环和能量流动汇合成地表大自然总物质循环和能量流动系统。整个自然界就是在物质循环和能量流动中不断变化和发展的。

1.3.2.1 生态系统中的能量流动

所谓能量流动是指生态系统中能量转移。生态系统中全部生命活动所需能量来自太阳,太阳的能量在生态系统中流动是按热力学定律进行的。热力学第一定律指出:能量可以从一种形式转变为另一种形式,在转化过程中不会消灭,也不会增加,即能量守恒。热力学第二定律指出:能量总是沿着从集中到分散,从高能量到低能量的方向传递的,在传递过程中又总会有一部分成为无用的热量放出。太阳能向地面流动时,也是遵循这些规律进行的。太阳能以每分钟 8.38 J/cm^2 的热量进入大气层,其中相当大一部分被反射回去,约有一半到达地面,其中一少部分被绿色植物利用。

绿色植物将日光的辐射能转化为化学能储存在有机物质中,因此,在生态系统中它是生产者,居于重要地位。食草动物通过食物关系将能量转化到异养有机体中,然后再通过食肉动物转化到另一个异养有机体中,因此,食草、食肉动物都是消费者(异养有机体)。它们死后又被细菌等分解,将复杂的有机体转化为简单的无机化合物,最后把光合作用储存的能量分散返回环境中去。与此同时,生产者和消费者由于呼吸作用都有一定的能量消耗,并把部分能量分散到大气。这就是生态系统能量流动过程,如图 1-1 所示。

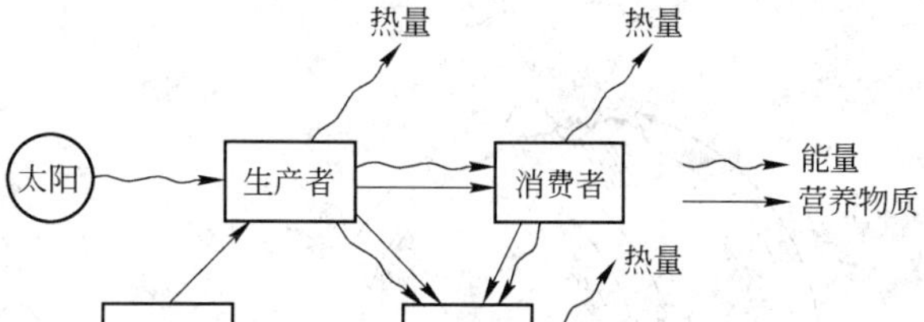

图 1-1 生态系统中的能量流动略图

在生态系统中,绿色植物摄取太阳能,然后由绿色植物转移到食草动物,再由食草动物转移到食肉动物,就是最一般的食物链形式。从环境保护观点来看,对于食物链有两点应该注意:一是污染物会沿着食物链进入人体;二是毒物可以经过食物链而逐渐富集,一些有机农药和重金属的物质就有这个倾向。

1.3.2.2 生态系统中的物质循环

在生态系统的各个组成部分之间,不断进行着物质循环。碳、氢、氧、氮、磷、硫是构成生命有机体的主要物质,也是自然界中的主要元素,因此这些物质的循环是生态系统基本的物质循环。镁、钙、钾、硫、钠等是生命活动需要的大量元素,而锌、铜、硼、锰、钼、钴、铝、铬、氟、碘、溴、硒、硅、锶、钛、钒、锡、镓等是生命需要的微量元素,它们在生态系统中也构成各自的循环。其中水、碳、氮、硫四种物质循环与环境污染关系较密切。

A 水循环

海洋、河流、湖泊等地表水不断蒸发,进入大气;植物中水分的大部分通过叶面蒸腾亦进入大气。大气中水蒸气遇冷凝结成雨、雪、霜、雹重返地面。一部分归入湖泊、河流、海洋;另一部分进入陆地表面。其中一部分形成地下水,一部分在地表形成径流汇入河流、湖泊和海洋,如图1-2所示。水循环为生态系统中能量流动和物质循环提供基础,并起到了调节气候、清洗大气、净化环境的作用。

B 碳循环

碳存在于生物有机体和无机环境中,在无机环境中碳以二氧化碳和碳酸盐形式存在,大气中二氧化碳储量约17000亿t。从二氧化碳到生活物质,再以二氧化碳形式返回大气,这是碳循环的重要形式,如图1-3所示。在生态系统中碳循环形式有:

(1) 绿色植物通过光合作用把大气中的二氧化碳和水转化为简单的糖并放出氧气供消费者使用,消费者吸收氧时释放出二氧化碳,又被植物所利用。

(2) 死亡后的有机体被微生物分解,把蛋白质、碳水化合物和脂肪分解氧化为二氧化碳、水及其他无机盐类,二氧化碳又再被植物吸收,参加生态系统再循环。

(3) 生物有机体的地质历史产物——煤、石油、天然气等,被利用燃烧时产生二氧化碳排入大气,参加再循环。

(4) 大气中部分二氧化碳转化为碳酸盐岩石,水中碳酸氢钙在海底形成新的岩层,海生动物摄取水中的钙建造骨骼、贝壳移到陆地,火山爆发等自然现象使部分二氧化碳返回大气,参加生态系统的循环和再循环。

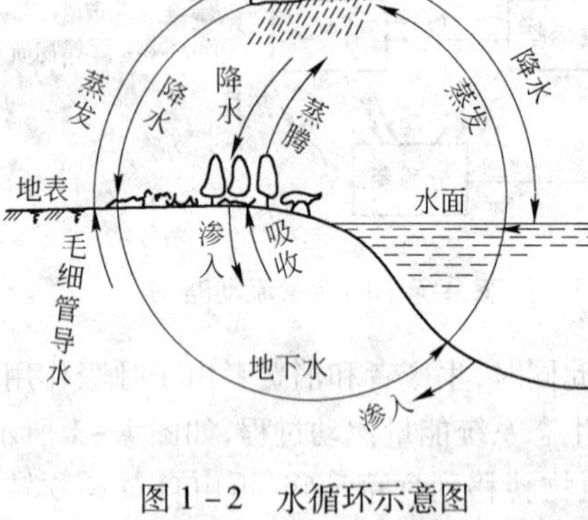

图1-2 水循环示意图

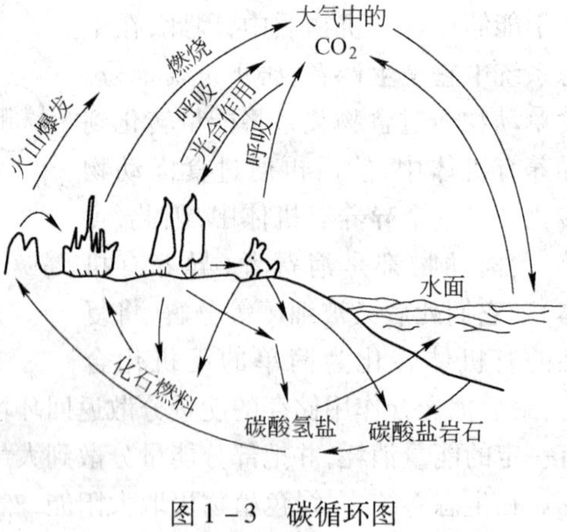

图1-3 碳循环图

C 氮循环

原生质或蛋白质、氨基酸都是含氮物质。绝大多数植物不能直接利用大气中的氮,只能从含氮化合物中获得氮后,在体内与含碳分子结合成氨基酸,形成蛋白质。动物摄取食物而获得氮。

动植物尸体中的蛋白质经微生物分解成硝酸盐或铵盐回到土壤后，一部分被植物吸收，一部分硝酸盐在反硝化细菌作用下变成氮，返回大气。

大气中的氮通过生物固氮、工业固氮、大气固氮和岩浆固氮等途径进入生物体中，参加生态系统中的氮循环，如图1－4所示。

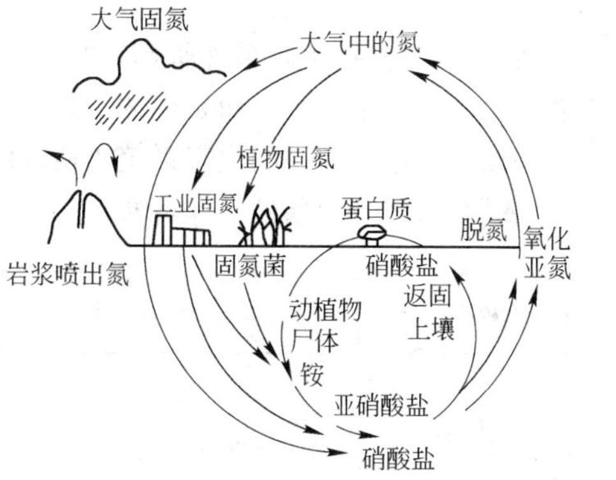

图1－4 氮循环图

D 硫循环

硫是构成氨基酸和蛋白的基本成分，它以硫键的形式把蛋白质分子连接起来，对蛋白质的构型起着重要作用。

硫循环兼有气态型循环和沉积型循环的双重特性。SO_2 和 H_2S 是硫循环中的重要组成部分，属气态型；硫酸盐被长期束缚在有机或无机沉积物中，释放十分缓慢，属于沉积型。

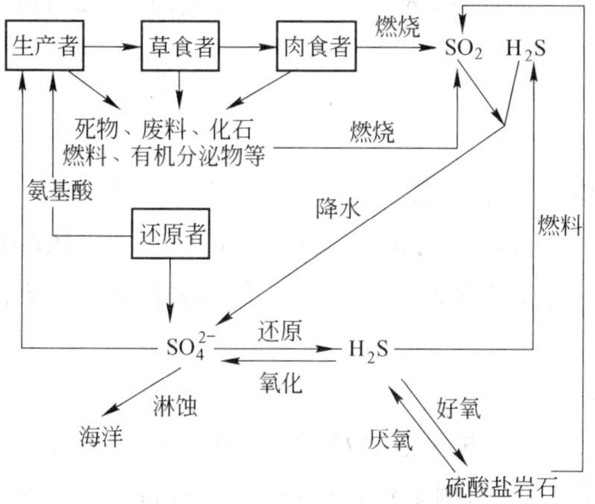

图1－5 硫循环示意图

大气中的 SO_2 主要来自含硫矿物的冶炼、化石燃料的燃烧以及动植物废物及其残体的燃烧后进入大气的 H_2S 也可以很快转化为 SO_2。大气中的 SO_2 及 H_2S 经雨水的淋洗后进入土壤，形成硫酸盐；动植物残体经微生物分解，也形成硫酸盐。土壤中的硫酸盐一部分供植物直接吸收利用，另一部分则沉积海底，形成岩石。硫的循环途径如图1－5所示。

人类对硫循环的干扰，主要是化石燃料的燃烧，向大气排放了大量 SO_2。据统计，人类每年向大气输入的 SO_2 达1.47亿t，其中70%来源于煤的燃烧。硫进入大气，不仅对生物和人体健康带来直接危害，而且还会形成酸雨，使地表水和土壤酸化，对生物和人类的生存造成更大的威胁。

1.3.3 生态平衡

任何一个正常的生态系统中，能量流动和物质循环总是不断地进行着，但在一定的时期内，在生产者、消费者和分解者之间保持着一定的和相对的平衡状态，也就是说系统的能量流动和物质循环，在较长时间保持稳定，这种平稳状态就叫做生态平衡。生态平衡包括结构上的平衡、功能上的平衡以及能量和物质的输入、输出数量上的平衡等。

生态系统之所以能够保持相对的平衡状态，主要是由于其内部具有自动调节的功能。当系统的某一部分出现了机能的异常，就可能被其他部分的调节所抵消。系统的组成成分越多，能量流动和物质循环的途径就越复杂，其调节能力就越强。但是，一个生态系统的调节能力再强，也是有一定限度的，超出了这一限度，生态平衡就会遭到破坏。

生态平衡的破坏，有自然因素，也有人为因素。自然因素主要是指自然界发生的异常变化，如火山爆发、山崩、海啸、水旱灾害、地震、台风等，都会使生态平衡遭受破坏。人为因素主要是指人类对自然资源的不合理利用，工农业生产发展带来的环境污染等，由于这些原因引起生态平衡的破坏。

对污染物来说,生态系统所具有的自动调节并维持平衡的能力,是通过环境中发生物理、化学和生物化学一系列变化而实现的,这个过程叫做环境的自净作用。

现以一个小池塘中的生态系统为例,在池塘中有水、植物、微生物、昆虫和鱼类,它们互相联系、互相制约,在一定条件下保持着自然的、暂时的、相对的平衡关系。在水中,鱼依靠浮游动植物维持生活,鱼死了以后,水中的微生物把它分解为基本的化合物(铵、硝酸根、磷酸盐),微生物在分解过程中又消耗了水中的氧气。而这些基本化合物又是浮游生物的营养源,浮游植物在光合作用下吸收营养矿物质并把它转变为糖类等储存起来,同时产生氧气来补充其消耗。浮游动物吃浮游植物,鱼又吃浮游动植物。这样,在池塘中,微生物—浮游生物—鱼之间建立了一定的平衡关系,物质在这个生态系统中迁移、转化和循环,大气参与这种循环,太阳光则是能量循环的源泉,如图1-6所示。

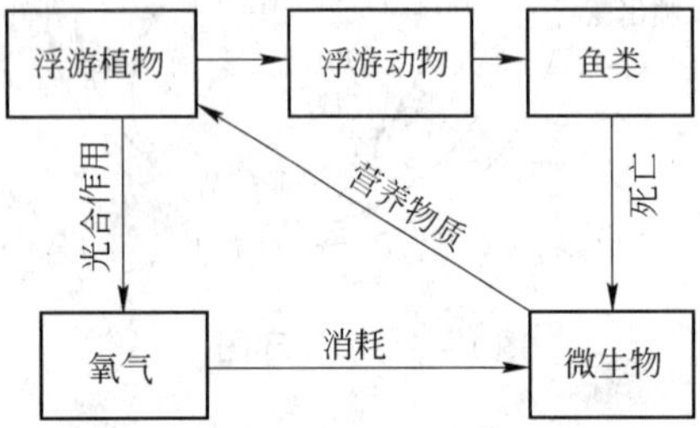

图1-6 池塘中生态系统略图

1.3.4 生态学在环境保护中的应用

1.3.4.1 环境质量的生物监测和生物评价

生物监测是利用生物对环境中污染物的反应,即利用生物在各种污染环境下发出的各种信息,来判断环境污染状况的一种手段。生物监测能反映各种污染物的综合影响和环境污染的历史状况,也可以判断环境污染的趋势。

A 利用生物对大气污染进行监测和评价

比较普遍的是利用指示植物监测大气污染,主要是根据各种植物在大气污染的环境中叶片上出现的伤害症状,对大气污染作出定性和定量的判断;测定植物体内污染物的含量,估测大气污染状况;观察植物的生理生化反应,如酶系统的变化、发芽率的降低等,对大气污染长期效应作出判断;利用某些敏感植物(如地衣、苔藓等)做成大气污染植物监测器,定时定点的对大气污染进行监测。

B 利用生物对水体污染进行监测和评价

(1) 用指示种判断水体污染。指示种是指只能生活在清洁的水中或能生长在重污染的水中的生物。美国伊利湖污染调查,就是用湖中颤蚓的数量作为评价的指标,以每平方米少于100个颤蚓定为不污染;每平方米具有100~990个颤蚓定为轻污染;每平方米有1000~5000个颤蚓定为中污染;每平方米有5000个以上颤蚓定为重污染。

(2) 利用污水生物体系来判断水体污染程度。可以根据不同污水水域所生长的生物种类不同,把水体分成几个等级,把重污染水域称为多污染带,把较重污染水域称为中污染带,把轻污染水域称为少污染带。

(3) 利用生物指数监测水体。可以把水体中各种生物进行数量统计,把水体划成不同等级。

1.3.4.2 阐明污染物质在环境中的迁移、转化规律

污染物质进入环境后,不是静止不变的,而是随着生态系统中的能量流动和物质循环,在复杂的生态系统中不断地迁移、转化、积累和富集。如农田内使用滴滴涕,经过迁移,南极的企鹅体

内和南极附近的海鸟、鱼类都检出滴滴涕，甚至有的鱼类和鸟类中毒死亡。据检测在人的脂肪和血液中含有滴滴涕，在牛奶中也含有滴滴涕。这些滴滴涕就是通过生态系统的物质循环，沿着不同途径进入企鹅、人体和牛奶中的。掌握污染物在环境中迁移转化规律，可以帮助我们弄清污染的危害和后果。滴滴涕含量通过食物链以惊人的速度在生物体内富集过程如下：

湖水→浮游生物→小鱼→食肉鱼

滴滴涕含量(1倍)→265倍→500倍→8.5万倍

如果鸟类吃过了这种鱼，体内脂肪的滴滴涕可达湖水的几百万倍，人吃了这种含滴滴涕的鱼和鸟，滴滴涕将在人体脂肪中富集，生态系统食物链的毒物富集，最终将危害人类。

1.3.4.3 利用生态系统的自净能力消除环境污染

A 净化大气

利用绿色植物净化空气，1 m^2 草坪每小时可吸收二氧化碳 1.5 g；每公顷针叶林一天可以消耗二氧化碳 1 t。用植物可净化大气中的氟、二氧化硫等有害气体以及铅、镉等重金属，1 kg 西红柿的叶面可吸收氟 3 mg；每公顷杉林每年可吸收二氧化硫 720 kg。植物滞尘作用也很明显，每公顷云杉林每年可滞尘 32 t，松林可滞尘 36.4 t。

B 净化水体

目前普遍采用的工业废水生化处理法，主要就是利用活性污泥对有毒物质的吸附和活性污泥中微生物、原生动物对有毒物质的分解、氧化作用。在自然水体中，微生物还可以形成生物膜，使河流、湖泊、海洋中的有毒物质分解、氧化，使有毒变无毒，达到净化的效果。

1.3.4.4 为环境容量和环境标准的制定提供依据

环境容量是指环境对污染物的最大容许量，也就是环境在生物和人体健康阈限值以下所能容纳的污染物的总量。只有从生态学的研究中，提供了污染物对生物和人体健康的阈限值，才能制定出该种污染物质的环境容量，进而制定出该种物质的环境标准。

1.3.4.5 以生态学规律指导经济建设

以往的工农业生产大多是单一的过程，既没有考虑与自然界物质循环系统的相互关系，又往往在资源和能源的耗用方面，片面强调单纯产品最优化问题，因此给生态环境带来大量废弃物，甚至有毒废弃物，以致造成环境的严重污染与破坏。解决这个问题的唯一途径是运用生态系统的物质循环原理，建立闭路循环生态工艺体系，实现资源和能源的综合利用。

A 生态农业

所谓生态农业就是根据生态学原理，应用现代科学技术方法所建立和发展起来的一种多层次、多结构、多功能的集约经营管理的综合农业生产体系。北京市率先在大兴县留民营村建立生态农业试点。该村按生态系统动态平衡为指导思想，以沼气能源的获取和综合利用为中间环节，结合农、林、牧、副、渔和加工工业，建成生态农业系统工程，如图 1-7 所示。

B 生态工业

所谓生态工业就是应用生态学原理，不仅要求在生产过程中输入的物质和能量获得最大限度的利用，即资源和能源的浪费最少，排出废弃物最少，而且力争使废弃物完全能被自然界的动植物所分解、吸收或利用，求得整个系统的最优化。图 1-8 所示为造纸工业闭路循环工艺流程。该工艺包括火力发电、造纸和废弃物的回收利用三大部分。各分系统中产生的余热和高低压蒸汽、排烟中的二氧化硫以及造纸废液中的无机盐类都回收利用。这样既使资源和能源得到综合利用，又减少污染、保护环境。

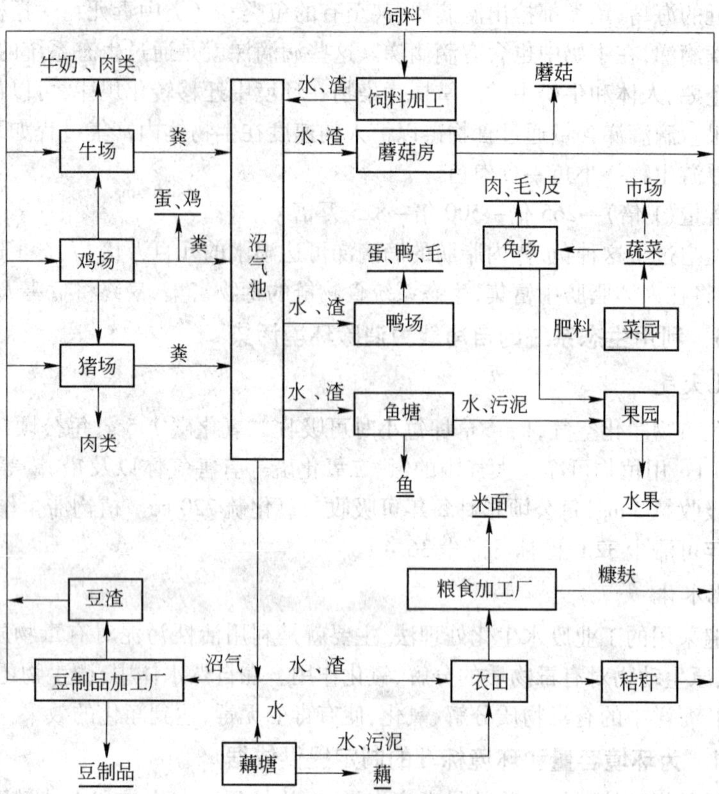

图 1-7 留民营村生态农业系统示意图

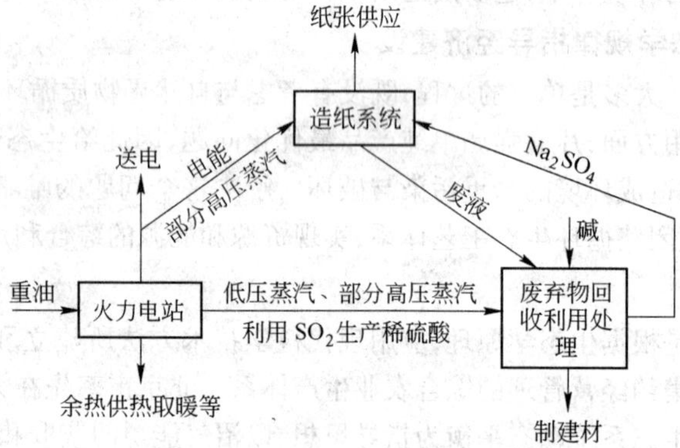

图 1-8 造纸工业闭路循环工艺流程示意图

1.4 环境污染与人体健康

1.4.1 环境问题及其分类

环境问题主要由人类的生产活动和生活活动迅速发展所引起的,反过来又对生产和生活产生重大影响。因此,它是人类社会现代化进程中必然出现而又必须加以妥善解决的课题。根据引起环境恶化的原因,环境问题可分为原生环境问题和次生环境问题。

原生环境问题也称第一类环境问题。它的产生是由自然界本身运动引起的,不受或较少受人类活动的影响。如地震、海啸、火山活动、台风、干旱等自然灾害。

次生环境也称第二类环境问题。它是由于人类不适当的生产和生活活动而引起环境污染和生态环境的破坏。

环境污染是指人类活动产生并排入环境的污染物或污染因素超过了环境容量和环境自净能力,使环境的组成或状态发生了改变,环境质量恶化,影响和破坏了人类正常的生产和生活。例如工业"三废"排放引起大气、水体、土壤污染。

生态环境破坏是指人类开发利用自然环境和自然资源的活动超过了环境的自我调节能力,使环境质量恶化或自然资源枯竭,影响和破坏了生物的正常发展和演化以及可更新自然资源的持续利用。例如砍伐森林引起的土地沙漠化、水土流失、一些动植物物种灭绝等。

原生和次生两类环境问题是相对的。它们常常相互影响,重叠发生,形成所谓复合效应。例如,过量开采地下水有可能诱发地震;大面积毁坏森林可导致降雨量减少;大量排放二氧化碳,可使温室效应加剧,使地球气温升高、干旱加剧。

1.4.2 环境问题的产生和发展

人类通过自己的生产与消费作用于环境,从中获取生存和发展所需的物质和能量,同时又将"三废"排放到环境中;环境对人类活动的影响(特别是环境污染和生态破坏)又以某种形式反作用于人类,从而人类与环境间就以物质、能量、信息联结起来,形成复杂的人类环境系统。

当人类的活动违背自然规律时,就会对环境质量造成一定程度的破坏,从而产生了环境问题。例如环境对污染虽然具有一定的容纳能力和自净能力,但这种环境容量和自净能力都是有限度的。人类活动产生并排入环境的污染物和污染因素,超越了这种限度,就会导致环境质量的显著恶化。可以说,环境问题是伴随着人类的出现而产生的。但在古代,由于对自然的开发和利用规模较小,所以环境问题不十分突出。环境问题成为严重的社会问题,是从产业革命开始的。

1784 年瓦特发明了蒸汽机,以此为起点的产业革命使人类社会的生产力得到巨大发展,同时也给环境带来污染和破坏。由于大量用煤作燃料,烟尘和二氧化硫污染了大气;矿冶、制碱工业使水受到污染,出现了一系列公害事件。例如,英国伦敦 1873 年、1880 年和 1891 年发生三次烟雾污染事件,死亡 1532 人。日本从 1893 年起大约 50 年间,足尾铜矿冶炼过程中排出的废气和废水使大片森林死亡,田园荒芜,几十万人流离失所,无家可归。

20 世纪 20 ~ 40 年代,燃煤造成的污染剧增,同时出现了石油工业和石油产品带来的污染。大气中氮氧化合物含量增加,出现了光化学烟雾。

20 世纪 50 年代末和 60 年代初,随着工业发展、人口增加和城市化进程加快,环境污染加剧,并已成为很多国家的重大社会问题,著名的"八大污染事件"大多发生在这一时期。这一时期除石油及石油产品的污染大量增加、巨型油轮污染海洋、高空飞行器污染大气外,有毒化学品、农药、化肥的使用,放射性装置的出现,以及噪声、振动、垃圾、恶臭、电磁波辐射和地面沉降等公害纷至沓来,不仅污染了农田、水域,就连高山、极地、人迹罕至的岛屿也难幸免。

1.4.3 当代世界的主要环境问题

当代世界环境问题的特点是人类文明和对环境的开发利用都达到空前的程度。一些发达国家对环境治理取得一定成效,但仍然存在或新产生了一些问题;而一些发展中国家急切改变贫穷落后状态的愿望与行动,加剧了生态破坏和环境污染。这些环境问题强烈地制约和影响着经济

的发展,甚至明显地危及人类的生存。目前当代世界的主要环境问题有:

(1) 人口问题。人口问题虽然不能直接列为环境问题,但人口迅猛增加,引发了粮食危机,加剧能源、资源的消耗,并给环境造成巨大压力,已成为人类特别是发展中国家面临的最大、最棘手的问题。

(2) 全球气候变化。在过去的一个世纪里,全球表面平均温度上升了 0.3 ~ 0.6℃,海平面上升了 10 ~ 25 cm。目前地球大气中的二氧化碳浓度已由工业革命(1750 年)之前的 28×10^{-5} 增加到了近 36×10^{-5}。据估计到21 世纪中叶,大气中的二氧化碳浓度将达到 56×10^{-5},全球平均温度可能上升 1.5 ~ 4℃。

(3) 臭氧层破坏和损耗。自 1985 年南极上空出现臭氧层空洞以来,地球上空臭氧层被损耗的现象一直有增无减。到 1994 年,南极上空的臭氧层破坏面积已达 24×10^{6} km^2。现在在美国、加拿大、西欧、俄罗斯、中国、日本等国的上空,臭氧层都开始变薄。在对消耗臭氧层物质(ODS)实行控制之前(1996 年以前),全世界向大气排放的 ODS 已达到了 2000 万 t。由于 ODS 相当稳定,可以存在 50 ~ 100 年,所以被排放的大部分 ODS 目前仍留在大气层中。在它们陆续升向平流层时,就会与那里的臭氧层发生反应,分解臭氧分子。因此,即使全世界完全停止排放 ODS,也要再过 20 年,人类才能看到臭氧层恢复的迹象。

(4) 土地荒漠化。荒漠化是当今世界最严重的环境与社会经济问题。1991 年联合国环境规划署对全球荒漠化状况的评估是:全球荒漠化面积已近 36×10^{8} hm^2,约占全球陆地面积的 1/4,已影响到全世界 1/6 的人口(约 9 亿人),100 多个国家和地区。而且,荒漠化扩展的速度是,全球每年有 6×10^{6} hm^2 的土地变为荒漠,其中 32×10^{5} hm^2 是牧场,25×10^{5} hm^2 是旱地,12.5×10^{4} hm^2 是水浇地,另外还有 21×10^{6} hm^2 土地因退化而不能生长谷物。亚洲是世界上受荒漠化影响的人口分布最集中的地区,遭受荒漠化影响最严重的国家依次是中国、阿富汗、蒙古、巴基斯坦和印度。

(5) 森林植被破坏。据推算,地球上的森林面积约为 3×10^{9} ~ 6×10^{9} hm^2,约占陆地面积的 20% ~40%,其中约一半是热带林(包括热带雨林和热带季雨林),另一半以亚寒带针叶林为主。热带林占陆地总生物量的很大部分。但在工业化过程中,欧洲、北美等地的温带森林有三分之一被砍伐掉了,所以近 30 年来,发达国家对全球的热带林进行了大规模开发。欧洲国家进入非洲,美国进入中南美洲,日本进入东南亚,大量砍伐热带林,他们进口的热带木材增长了十几倍。森林大面积被毁引起了多种环境后果,主要有:降雨分布变化,二氧化碳排放量增加,气候异常,水土流失,洪涝频发,生物多样性减少等。

(6) 有机污染物的污染。全世界已有约一千一百万已知化学物,同时,每年还有约一千种新的化学物进入市场。化学物是当今许多大规模生产场所必需的原料,但这些化学物在制造、储存、运输、使用和废弃过程中常常危害环境和生态。现在,全世界每年产生的有毒有害化学废物达 3 亿 ~4 亿 t,其中对生态危害很大、并在地球上扩散最广的是持久性有机污染物(POP),最具代表性的是多氯联苯和滴滴涕。

(7) 海洋资源破坏和污染。据估计,全世界有 9.5 亿人把鱼作为蛋白质的主要来源。但近几十年来,人类对海洋生物资源的过度利用和对海洋日趋严重的污染,有可能使全球范围内的海洋生产力和海洋环境质量出现明显退化。人类活动产生的大部分废物和污染物最终都进入了海洋,海洋污染的主要来源和比例约是:城市污水和农业径流排放 44%,空气污染 33%,船舶 12%,倾倒垃圾 10%,海上油、气生产 1%。

(8) 生物多样性锐减。科学家估计地球上约有 1400 万种物种,但当前地球上的生物多样性损失的速度比历史上任何时候都快,比如鸟类和哺乳动物现在的灭绝速度可能是它们在未受干扰的自然界中的 100 倍至 1000 倍。

1.4.4 我国当前的环境形势与特点

与所有的工业化国家一样,我国的环境污染问题是与工业化相伴而生的。20 世纪 50 年代前,我国的工业化刚刚起步,工业基础薄弱,环境污染问题尚不突出,但生态恶化问题经历数千年的累积,已经积重难返。50 年代后,随着工业化的大规模展开,重工业的迅猛发展,环境污染问题初见端倪。但这时候污染范围仍局限于城市地区,污染的危害程度也较为有限。到了 80 年代,随着改革开放和经济的高速发展,我国的环境污染渐呈加剧之势,特别是乡镇企业的异军突起,使环境污染向农村急剧蔓延,同时,生态破坏的范围也在扩大。时至如今,环境问题与人口问题一样,成为我国经济和社会发展的两大难题。我国环境保护工作虽然取得多项进展,但形势仍然非常严峻。大气污染程度在加剧,北京成了世界上尘污染最严重的城市之一。水环境污染也日益突出。环境污染从城市向农村扩展。某些物种灭绝、植被破坏、土地退化,以及全球性的环境问题正严重地威胁着我国经济的发展和环境的改善。主要表现在:

(1) 环境与资源约束瓶颈加大,环境污染呈加剧蔓延趋势。能源、资源利用率低,污染物排放强度高,全国范围内主要污染物排放已超过环境承载能力。污染与破坏已从陆地蔓延到近海,从地表延伸到地下,从单一污染发展到复合污染。工业结构性污染呈现不同空间尺度的梯度性转移和变化;在一些重要经济区域和流域形成了点、线、面源污染共存,生活、生产污染叠加,各种新旧污染物交织,水、气、土污染交互影响的复杂态势,核与辐射环境安全存在隐患。

(2) 新污染物质和持久性有机污染物的危害逐步显现。一些新型污染物质如抗生素、内分泌干扰物、藻类毒素、杀虫剂氧化副产物等对生态系统、食品安全、人体健康等,存在着更大的风险和更久远、更难以预料的潜在影响,持久性有机污染物的危害加重。

(3) 生态与环境问题变得更加复杂、风险更加巨大。一系列重大环境问题,如湖泊与近岸海域水体富营养化,区域酸沉降与城市大气复合污染,土壤与面源污染,有毒有害污染物排放,区域(流域)生态系统退化,生物多样性减少,外来物种入侵和遗传资源流失,以及突发的重大环境污染事件等,越来越多地危及社会稳定与环境。

(4) 环境问题成为新的外交热点。在当前经济全球化、市场一体化的过程中,资源与环境的国际贸易争端与摩擦不断加剧,履行国家环境义务、改善全球环境质量、保障国家资源供给、突破绿色贸易壁垒等,已成为国家外交事务的新热点和基本内容之一。

1.4.5 环境污染对人体健康的危害

人体通过新陈代谢和周围环境进行物质交换。物质的基本单元是化学元素,人体各种化学元素的平均含量与地壳中各种化学元素含量相适应。例如,人体血液中 60 多种化学元素含量和岩石中这些元素含量的分布规律是一致的。它们具有明显的相关性,如图 1 – 9 所示。从这里可以看出化学元素是把人和环境联系起来的基本因素。自然界是不断变化的,人体总是从内部调节自己来与地壳物质的不断变化保持平衡,这就是人与环境的辩证关系。

环境污染使某些化学物质在环境中含量突然地增加和出现了环境中本来没有的合成化学物质,在一定程度上破坏了人与环境在物质上的相应平衡,引起机体生病,甚至死亡。环境污染对人体的危害是十分复杂的问题,它可以对人体造成急性、慢性和远期危害,甚至影响到子孙后代的健康。

1.4.5.1 急性危害

污染物在短期内浓度很高,或者几种污染物联合进入人体,并对人体造成急性的危害。从 20 世纪 30 年代至 70 年代,在某些国家中相继出现了不少严重的大气污染事件,引起人群急性中毒死亡,如表 1 – 1 所示。

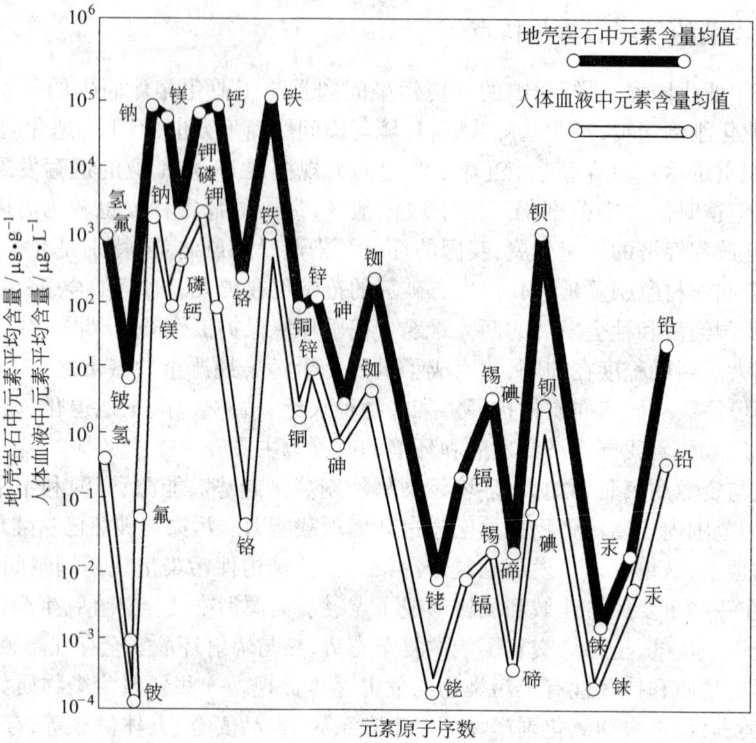

图 1－9　人体血液和地壳中元素含量的相关性

表 1－1　世界几次严重的大气污染事件

时　间	事件名称	发 生 条 件	主要污染物	受 害 情 况
1930 年 12 月 1～5 日	比利时马斯河谷事件	山谷、无风、有逆温层、烟雾。工厂区有：铁厂、锌厂、玻璃厂、金属加工厂	二氧化硫、氟化物、飘尘	60 人及不少家畜死亡，患者胸痛、咳嗽、呼吸困难、眼睛受刺激
1948 年 10 月 27～31 日	美多诺拉事件	盆地、浓雾、气温逆转、建有大型炼铁厂、硫酸厂、炼锌厂	二氧化硫、硫酸雾、飘尘	死亡 20 人，6000 人住院，受害者多系肺病和心脏病患者
1950 年 11 月 24 日	墨西哥帕莎利卡事件	逆温层笼罩着低空，石油精炼厂脱硫装置破损	硫化氢	死亡 22 人，320 人住院，硫化氢中毒症
1952 年 12 月 5～9 日	伦敦烟雾事件	浓雾、高压逆温层、无风	烟尘（主要是家庭取暖烟气）	死亡 4000 人，死者以慢性支气管炎、肺炎和心脏病者居多
1964 年 9 月 14 日	日本富士山事件	平原、无风、液氯气化时管接头破裂，氯气大量喷出	氯气	中毒者 533 人，住院 47 人，患者咳嗽、流泪、胸痛、呕吐及后期头痛
1984 年 12 月 3 日凌晨	印度帕尔市毒液渗漏事件	一农药厂 45 t 毒液渗漏，转化为毒气	甲基异氰酸盐（农药原料）在空气中浓度超标 1000 倍	几天内死亡 2500 余人，20 万人受影响，17000 人残废，死者血液变紫，肺、脑、肝、肾均受损伤，大批牲畜死亡，整个地区食物、水体均受污染

续表 1-1

时 间	事件名称	发 生 条 件	主要污染物	受 害 情 况
1986 年 4 月 26 日	苏联切尔诺贝利核电站事故	原因及条件待查	大量放射性物质泄漏,放射性尘埃广为扩散	当时死亡 2 人,约 2 个月后死亡 19 人,299 人住院,其中 35 人受辐射最严重。欧洲许多国家都受放射性尘埃的污染,有的地区(瑞典)比平常高达 5~10 倍,但低于安全界限

急性危害事件在我国亦有发生。如 1971 年 7 月 13 日,某市冶炼厂镍冶炼车间由于输送氯气的胶皮管破裂,造成氯气污染大气事件,使周围 284 名居民急性中毒住院;2003 年 12 月 23 日,重庆开县罗家 16H 井发生天然气井井喷,大量 H_2S 气体喷涌而出,事故造成 243 人死亡、10175 人不同程度中毒,6 万群众被紧急疏散。“12·23”重庆开县天然气井井喷事故是世界天然气开采史上最惨重的一起事故,也是一起举国震惊的特大环境污染事故。

1.4.5.2 慢性危害

慢性危害主要是指小剂量的污染物持续地作用于人体产生的危害。如大气、水体和土壤对人体造成慢性危害,更是屡见不鲜。例如日本熊本县水俣地区,由于工厂排放含汞废水造成水俣病事件,受害者达 1004 人,死亡 206 人,相同的公害事件,相继地在日本其他地区亦曾出现。我国某铁合金厂排出的含铬废水污染附近地下水,有的井水含铬量超标 400 倍。该厂附近居民由于长期食用被铬污染的水,发生口角糜烂、腹泻、腹痛和消化系统机能混乱等症状。大气污染对呼吸道慢性炎症发病率影响很大。据某市调查结果表明:慢性鼻炎发病率,重污染区为 55.3%,轻污染区为 38.6%;慢性咽炎发病率,重污染区为 30.7%,轻污染区为 11.2%。而在对照区,慢性鼻炎和咽炎发病率分别为 10.4% 和 7.0%。

1.4.5.3 远期危害

远期危害有致癌作用、致突变作用、致畸作用和致敏作用。环境中致癌因素主要有物理、化学和生物因素。物理因素如放射性物质,可引起白血病和血癌等;生物因素如血吸虫与结肠癌有关,肝吸虫与肝癌有关等;动物实验表明:有致癌性的化学物质达 1100 余种。美国已把证实对人有致癌作用的化学物质列入国家保健研究中心进行管制。

致癌物按照对人类和哺乳动物致癌作用的不同,可分为确证致癌物、怀疑致癌物和潜在致癌物。确证致癌物通过动物实验和人群流行病学调查都已确认具有致癌作用。怀疑致癌物在动物,而且在多种动物,特别是在与人类血缘较近的灵长类动物机体上呈现致癌作用,但在人群流行病调查中尚未能证实。潜在致癌物对动物致癌,但无任何资料表明对人类具有致癌作用,只是对人类有致癌可能性。最近,世界卫生组织所属国际癌症研究机构对 140 种可使实验动物致癌物质进行了鉴定,确证了其中 19 种物质属于确证致癌物。包括:砒霜、石棉、苯、放射性氡气、芥子气、氯乙烯、煤焦油、矿物油和 3,4-苯并芘等。

国际癌症研究中心确证致癌金属有铬、砷、镍,怀疑致癌金属有铍和镉,潜在致癌金属有铅、锌、钴。金属的致癌潜伏期一般可达 10~20 年。此外,铍还能使人导致铍矽肺。20 世纪 70 年代以来,人们亦发现抗癌金属,如含有铂、锗的药物等。

在环境因素作用下,目前癌症发病率无论从全球范围或我国的情况看都在直线上升。普遍认为:癌症发病率与环境污染有关。据统计,人类癌症主要由病毒引起的在 5% 以下,而由化学物质引起的占 90%,而外界环境中的这些化学物质主要来源于工业“三废”。总之,环境污染与癌症死亡率密切相关,而大气污染物中的 3,4-苯并芘就有较强的致癌作用。

环境中某些污染物质进入肌体后,还能使肌体细胞的基因物质改变其特性,当细胞分裂后,新的子细胞就具有新的遗传特性，如果这种污染物质作用于人的生殖细胞，则其子孙后代的细胞内就带有这种突变基因，它虽对本代不显出影响，但可使子孙后代发生遗传突变作用。这就是环境污染对人体健康的一种危害—致突变作用。

环境中某些污染物通过人或动物母体影响胚胎发育和器官分化，使子代出现先天性畸形的作用，称为致畸作用。业已肯定环境污染物中甲基汞有致畸作用。致畸作用有物理、化学和生物因素。日本广岛、长崎原子弹爆炸区证实，放射性物质可引起眼白内障、小头症等畸形。

某些污染还可作为致敏源引起变态反应性疾病，如镍盐、砷盐等粉尘可引起过敏性皮炎、过敏性鼻炎等。

1.5 采矿生产对环境的影响

矿产资源是人类社会文明必需的物质基础。随着工农业生产的发展，世界人口剧增，人类精神、物质生活水平的提高，社会对矿产资源的需求量日益增大。矿产资源的开发、加工和使用过程不可避免地要破坏和改变自然环境，产生各种各样的污染物质，造成大气、水体和土壤的污染，并给生态环境和人体健康带来直接和间接的、近期或远期的、急性或慢性的不利影响。事实证明，一些国家或地区的环境污染状况，在某种程度上总是和这些国家或地区的矿产资源消耗水平相一致。同时，矿产资源是一种不可再生的自然资源，所以，开发矿业所产生的环境问题，日益引起各国的重视：一方面是保护矿山环境，防治污染；另一方面是合理开发利用，保护矿产资源。现将矿产资源在开采、加工和使用过程中产生的环境问题简述如下：

(1) 废石和尾矿对矿山环境的污染。采矿，无论地下或露天开采，都要剥离地表土壤和覆盖岩层，开掘大量的井巷，因而产生大量废石；选矿过程亦会产生大量的尾矿。首先，堆存废石和尾矿要占用大量土地，不可避免地要覆盖农田，草地或堵塞水体，因而破坏了生态环境；其次，废石、尾矿如堆存不当可能发生滑坡事故，造成严重后果。如美国有一座高达 244 m 的煤矸石场滑进了附近的一座城里，造成 800 余人死亡的惨案。据调查：近 20 年来我国先后发生过多次大规模的废石场滑坡、泥石流以及尾矿坝坍塌等恶性事故，导致人员伤亡、被迫停产、破坏公路、毁坏农田等恶果；再次，有的废石堆或尾矿场会不断逸出或渗滤析出各种有毒有害物质污染大气、地下或地表水体；有的废石堆若堆放不当，在一定条件下会发生自热、自燃，成为一种污染源，危害更大；干旱刮风季节会从废石堆、尾矿场扬起大量粉尘，造成大气的粉尘污染；暴雨季节，会从废石堆、尾矿场中冲走大量沙石，可能覆盖农田、草地、山林或堵塞河流等等。综上所述，废石、尾矿对环境的污染为：占用土地，损害景观；破坏土壤、危害生物；淤塞河道、污染水体；飞扬粉尘、污染大气。

(2) 许多矿山系包括采、选、冶的联合企业，向环境排放大量的“三废”，如不注意防治，将会造成大范围的环境污染。19 世纪末日本发生震惊世界的环境污染事件就发生在某铜矿，该矿含铜、硫、铁、砷，冶炼时排放废气除二氧化硫外，还有砷化合物和有色金属粉尘。污染物严重地污染矿区周围面积达 400 km^2，受害中心区被迫整村迁移。该矿污水排入渡良濑川水体，洪水泛滥时广为扩散，使周围四个县数万公顷的农田遭受危害，鱼类大量死亡，沿岸数十万人流离失所。

(3) 采矿生产，特别是露天开采时对矿山周围大气污染甚为严重。开采规模的大型化，高效率采矿设备的使用，以及露天开采向深部发展，使环境面临一系列新问题。大型穿孔设备、挖掘设备、汽车运输产生大量粉尘，使采场的大气质量急剧下降，劳动环境日益恶化。据现场监测，最高粉尘浓度达 400 ~ 1600 mg/m^3，超过国家卫生标准上百倍。爆破作业产生大量有毒、有害气体。上述污染物在逆温条件下，停留在深凹露天矿坑内不易排出，是加速导致矿工矽肺病的主要原因。此外，汽车运输还产生大量的氮氧化物、黑烟、3,4－苯并芘，这是导致癌症根源。

(4) 采矿工业中噪声污染甚为严重。矿山设备的噪声级都在 95～110 dB(A)之间，有的超过 115 dB(A)，均超过国家颁发的《工业企业厂界环境噪声排放标准》(GB 12348—2008)。噪声不仅妨碍听觉，导致职业性耳聋，掩蔽音响信号和事故前征兆，导致伤亡事故的发生，而且还引起神经系统、心血管系统、消化系统等多种疾病。

(5) 采掘工作破坏地面或山头植被，引起水土流失，破坏矿山地面景观；地下坑道的开掘或地表剥离破坏岩石应力平衡状态，在一定条件下会引起山崩、地表塌陷、滑坡、泥石流和边坡不稳定，造成环境的严重破坏和矿产资源的损失，并酿成严重的矿毁人亡的重大恶性事故。1980 年湖北宜昌盐池河磷矿因地下采空区的扩大，引起了地面石灰岩陡峭的山崖开裂，在雨后失稳的岩体开始滑移，约有 10 万 m^3 岩体突然从陡崖上急剧倾泻而下，将山坡下矿部约 6 万 m^2 建筑物推垮并掩埋，堆积乱石面积约 6000m^2，堵塞了盐池河，造成巨大的财富损失和人员伤亡。特别是地表下沉和塌陷区引起地表水和地下水的水力连通，容易酿成淹没矿井的水灾事故。

(6) 矿产资源的合理开发和利用是矿山环境保护的一项重要内容，综上所述可知，矿产资源是不可再生资源。为此，加强对矿产资源的综合评价，是合理利用矿产资源的重要保证。要正确选择矿床合理开采方法，保证矿石最高回采率和最低损失、贫化率。大多数金属矿山是多种金属共生，综合回收和利用是保护矿产资源的重要手段。此外，针对我国矿产资源日趋减少的现状，把现已生产矿山大量排放的废石、尾矿作为二次矿产资源进行合理开发和有效的利用，变废为宝，既保护了国家的资源，又充分利用了国家资源，同时又净化了环境，可谓一举多得。

1.6 我国环境保护的方针、目标与对策

1.6.1 保护环境是我国的一项基本国策

在 1983 年国务院召开的第二次全国环境保护会议上确定，保护环境是我国的一项基本国策。所谓国策，就是立国、治国之策。它是指那些对国家经济建设、社会发展和人民生活具有全局性、长期性和决定性影响的重大问题及解决对策。将保护环境列为我国一项基本国策是出于以下理由：

(1) 环境和资源是人类生活和生存的基本条件，是物质生产活动的基础。保护环境和资源才能促进国民经济持续健康的发展，而污染和破坏环境不仅会影响经济发展，也会影响社会的进步与安定。

(2) 我国的环境污染和生态破坏已相当严重，成为制约国家经济发展的一个重要因素，而且对国民的健康带来严重影响。如果我们现在还不切实抓紧环境保护工作，环境污染和破坏将会发展成为像今天的人口问题一样，非常难以解决，会从根本上破坏国家发展的前景。

(3) 保护环境不仅是建设物质文明的需要，也是建设精神文明的需要。优美、舒适、清洁的工作和生活环境是人类追求的目标之一。我国是文明古国，礼仪之邦，保护环境是历史赋予我们的重任。

(4) 保护环境功在当代，利在千秋，是一项关系到民族兴旺发达的伟大事业，不仅需要大量投资，也要付出长时期的艰苦努力。

总之，将环境保护列为基本国策，是由于它直接关系到国家的强弱、民族的兴衰、社会的稳定，关系到全局战略和长远发展。要落实环境保护这一基本国策，必须依靠行政的、法律的、经济的、科学的和教育的各种手段。

1.6.2 环境保护工作方针

环境保护工作方针是指国家在一定历史时期内，为达到一定的环境目标而确定的环境保护工作的指导原则。我国环境保护工作方针是："全面规划，合理布局；综合利用，化害为利；依靠群众，大家动手；保护环境，造福人民。"这条方针在1973年举行的第一次环境保护会议上得到确认，并写入1979年颁发的《中华人民共和国环境保护法（试行）》。实践证明：矿山如能执行这一方针，矿山环境就能得到保护和改善。

(1) 全面规划合理布局。这是指明了环境保护是国民经济发展规划的一个重要组成部分，必须纳入国家的、地方的和部门的社会经济发展规划，做到经济与环境协调发展；在安排工业、农业、城市、交通等项建设时，必须充分注意对环境的影响。在矿山建设中还必须切实执行"三同时"的原则，即防治污染设施必须与主体工程同时设计、同时施工、同时投产；在矿山开采结束时必须做好被采矿破坏土地的复垦工作，而在矿山基建期间就应把它作为采矿工作的一部分，统筹安排；把矿山环境管理纳入矿山企业管理之中。对于矿区的内部布局，应根据矿区的地理、地形和气象等条件，充分利用环境的自净功能，来规划矿区各功能区域或车间的设置。

(2) 综合利用化害为利。工业污染实质上是资源、能源的浪费。所谓"三废"实际上是资源、能源转化产物，属于二次资源。一种矿石既富集了主要有价成分，也伴生多种次要的有价组分；本生产部门的"三废"也可以是别的生产部门或下一个生产过程的原料。对于开发矿业排放的污染物，不应是消极地处理，而是要开展综合利用，做到化害为利变废为宝。如在矿产资源综合评价的基础上，提高矿产资源的综合利用率和回收率；开采时要努力提高矿石回收率和减少损失、贫化率；矿山选矿废水应采用闭路循环使用等。这样既充分利用了矿产资源，又减少废弃物对环境的污染。

(3) 依靠群众大家动手。这就是说环境保护是关系到每个人、涉及各方面，必须依靠人民群众保护环境。因此，应从宣传教育入手，使人们了解发展经济和保护环境之间的辩证关系。发动各部门、各企业治理污染，使环境专业管理与群众监督相结合；实行法治和群众自觉维护相结合，把环境保护事业作为全国人民的事业。

(4) 保护环境造福人民。这是环境保护的出发点和根本目的。环境保护是为国民经济持续发展和为人民群众创造优美的劳动与生活环境服务，是为当代人和子孙后代造福。

1.6.3 环境保护目标、重点与发展对策

1.6.3.1 目标

到2010年，重点地区和城市的环境质量得到改善，生态环境恶化趋势基本遏制。主要污染物的排放总量得到有效控制，重点行业污染物排放强度明显下降，重点城市空气质量、城市集中饮用水水源和农村饮水水质、全国地表水水质和近岸海域海水水质有所好转，草原退化趋势有所控制，水土流失治理和生态修复面积有所增加，矿山环境明显改善，地下水超采及污染趋势减缓，重点生态功能保护区、自然保护区等的生态功能基本稳定，村镇环境质量有所改善，确保核与辐射环境安全。到2020年，环境质量和生态状况明显改善。

1.6.3.2 重点

根据国发[2005]39号《国务院关于落实科学发展观加强环境保护的决定》，确定了以下七项重点任务：

(1) 以饮水安全和重点流域治理为重点，加强水污染防治。要科学划定和调整饮用水水源保护区，切实加强饮用水水源保护，建设好城市备用水源，解决好农村饮水安全问题。

（2）以强化污染防治为重点，加强城市环境保护。要加强城市基础设施建设，到2010年，全国设市城市污水处理率不低于70%，生活垃圾无害化处理率不低于60%；着力解决颗粒物、噪声和餐饮业污染，鼓励发展节能环保型汽车。对污染企业搬迁后的原址进行土壤风险评估和修复。

（3）以降低二氧化硫排放总量为重点，推进大气污染防治。加快原煤洗选步伐，降低商品煤含硫量。加强燃煤电厂二氧化硫治理，新（扩）建燃煤电厂除燃用特低硫煤的坑口电厂外，必须同步建设脱硫设施或者采取其他降低二氧化硫排放量的措施。

（4）以防治土壤污染为重点，加强农村环境保护。结合社会主义新农村建设，实施农村小康环保行动计划。发展县域经济要选择适合本地区资源优势和环境容量的特色产业，防止污染向农村转移。

（5）以促进人与自然和谐为重点，强化生态保护。坚持生态保护与治理并重，重点控制不合理的资源开发活动。

（6）以核设施和放射源监管为重点，确保核与辐射环境安全。全面加强核安全与辐射环境管理，国家对核设施的环境保护实行统一监管。

（7）以实施国家环保工程为重点，推动解决当前突出的环境问题。国家环保重点工程是解决环境问题的重要举措，从"十一五"开始，要将国家重点环保工程纳入国民经济和社会发展规划及有关专项规划，认真组织落实。

1.6.3.3 我国环境与发展对策

1992年以来，我国制定了一系列与环境和可持续发展有关的宏观对策、计划和方案。如《中国环境与发展十大对策》、《中国环境保护战略》、《中国21世纪议程》、《国家环境保护"十一五"期间环境保护的思路、目标和对策》等。其中为完成"十一五"的目标，国家已在"十一五"期间予以若干相应的政策配合，主要有：

（1）落实科学发展观，优先开展资源环境核算；

（2）强化政策导向，通过产业政策和治理行动积极调整产业结构；

（3）大力发展循环经济，实现环境治理模式从末端治理向源头和全过程控制的转变；

（4）在污染末端治理中深化市场机制，建立"谁治理、谁收费"制度；

（5）完善法规和标准，加强环境管理能力建设；

（6）抓住重点地区水污染治理和改善自然保护区管理这两个治理效益突出的主要目标 。

复习思考题

1-1　什么是环境及环境要素？

1-2　环境要素的特性有哪些？

1-3　按范围大小，人类环境可分为哪些类型？

1-4　环境系统有哪些特性？

1-5　什么是环境问题，当前人类面临的主要环境问题是什么？

1-6　环境科学及其研究内容是什么？

1-7　环境科学的研究对象和任务是什么？

1-8　按研究内容，环境科学分为哪些学科？

1-9　环境科学有哪些特点？

1-10　环境工程学及其任务是什么？

1-11　环境工程学的基本内容有哪些？

2 矿山大气污染及其防治

2.1 大气的结构和组成

地球的最外层被一层总质量约为 3.9×10^{15} t 的混合气体包围着,它只占地球总质量的百万分之一。大气质量在垂直方向的分布是极不平均的,由于受地心引力的作用,大气的质量主要集中在下部,50% 的质量集中在离地面 5 km 以下,75% 集中在 10 km 以下,90% 集中在 30 km 以下的范围内。高度 100 km 以上,空气的质量仅是整个大气圈质量的百万分之一。

2.1.1 大气的结构

根据观测证明,大气在垂直方向上温度、化学成分、荷电等物理性质是有显著差异的,同时考虑到大气的垂直运动状况,可将大气圈分为五层,如图 2-1 所示。

2.1.1.1 对流层

对流层是大气的最低层,其厚度随纬度和季节而变化。在赤道低纬度区为 17 ~ 18 km;在中纬度地区为 10 ~ 12 km;两极附近高纬度地区为 8 ~ 9 km。夏季较厚,冬季较薄。

这一层的显著特点:一是气温随高度升高而递减,大约每上升100 m,温度降低 0.6℃。由于贴近地面的空气受地面辐射增温的影响而膨胀上升,上面冷空气下沉,故在垂直方向上形成强烈的对流;二是密度大,大气总质量的 3/4 以上集中在此层。

在对流层中,因受地表的影响不同,又可分为两层。在 1 ~ 2 km 以下,因受地表机械、热力强烈作用的影响,通常称为摩擦层或边界层,亦称低层大气,排入大气的污染物绝大部分活动在此层。在 1 ~ 2 km 以上,受地表影响变小,称为自由大气层,主要天气过程如雨、雪、雹的形成均出现在此层。对流层和人类的关系最为密切。

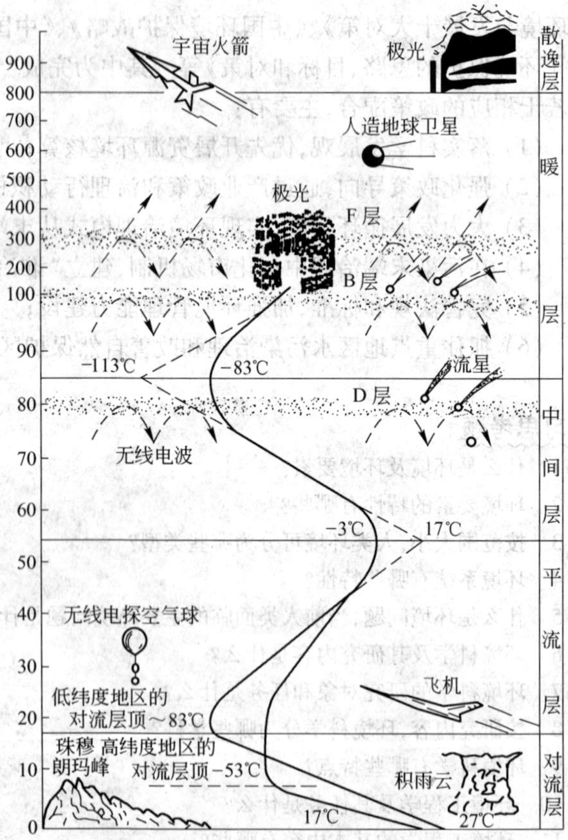

图 2-1 大气圈的层状结构

2.1.1.2 平流层

从对流层顶到约 50 km 的大气层为平流层。在平流层下层，即 30 ~ 50 km 以下，温度随高度降低变化较小，气温趋于稳定，所以又称同温层；在 30 ~ 35 km 以上，温度随高度升高而升高。这是因为，在高度约为 15 ~ 35 km 的范围内，有厚度约为 20 km 的一层臭氧层。因臭氧具有吸收太阳光短波紫外线的能力，同时在紫外线的作用下可被分解为原子氧和分子氧。当它们重新化合成臭氧时，可以热的形式释放大量的能量，使平流层的温度升高。在平流层中空气没有对流运动，平流运动占显著优势，空气比下层稀薄得多且干燥，水汽、尘埃的含量甚微，大气透明度好，很难出现云、雨等天气现象。

2.1.1.3 中间层

从平流层顶到 80 km 高度这一层称为中间层，在这一层里有强烈的垂直对流运动，气温随高度增加而下降，中间层顶温可降至 $-83 \sim -113$℃。

2.1.1.4 热成层

中间层之上为热成层，上界达 800 km。该层的下部基本上是由分子氮所组成，而上部是由原子氧所组成，原子氧层可吸收太阳辐射出的紫外光，因而在这层中的气体温度随高度增加而迅速上升。由于太阳和宇宙射线的作用，该层大部分空气分子发生电离，使其具有较高密度的带电粒子，故称为电离层。电离层能将电磁波反射回地球，故对全球的无线电通讯有重大意义。

2.1.1.5 逸散层

逸散层是大气圈的最外层，高度达 800 km 以上。这层空气在太阳紫外线和宇宙射线的作用下，大部分分子发生电离，使质子的含量大大超过中性氢原子的含量。逸散层空气极为稀薄，其密度几乎与太空密度相同。由于空气受地心引力极小，气体及微粒可以从这层被碰撞出地球重力场而进入太空逸散。对逸散层的高度还没有一致的看法，实际上地球大气与星际空间具有相当厚的过渡层。该层的温度也是随高度的增加而略有增加的。

2.1.2 大气的组成

大气是一种气体的混合物，其中除含有各种气体元素及化合物外，还有水滴、冰晶、尘埃和花粉等杂质。大气中除去水气和杂质的空气称为清洁空气。表 2 - 1 列出了对流层清洁空气的气体组成。一般将大气分为恒定组分、可变组分和不定组分。

表 2 - 1 清洁空气的气体组成

气体成分	体积分数	气体成分	体积分数
氮(N_2)	78.08%	氪(Kr)	1.0×10^{-4}
氧(O_2)	20.95%	氢(H_2)	0.5×10^{-4}
氩(Ar)	0.93%	一氧化碳(CO)	0.5×10^{-4}
二氧化碳(CO_2)	0.03%	氙(Xe)	0.08×10^{-4}
氖(Ne)	1.8×10^{-4}	臭氧(O_3)	0.02×10^{-4}
氦(He)	5.2×10^{-4}		

恒定组分系指大气中含有的氧气占大气总体积的体积分数 $\varphi(O_2) = 20.95\%$；$\varphi(N_2) = 78.08\%$；$\varphi(Ar) = 0.93\%$。仅此三种成分，共占大气体积分数 99.96%。除此之外，还含有微量的氖、氦、氪、氙、氡等稀有气体。上述组分的比例在地球上任何地方几乎可以看作不变的。

可变组分系指大气中除含有上述恒定组分外，还含有二氧化碳和水蒸气，在通常情况下二氧

化碳的体积分数 $\varphi(CO_2)$ 为 0.02% ~0.04%，水蒸气的含量为 4% 以下，这些组分在大气中的含量是随地区、季节、气象以及人们的生产和生活活动等因素的影响而有所变化。

不定组分来自自然和人为两个方面。自然界的火山爆发、森林火灾、海啸、地震等自然灾害形成的污染物有尘埃、硫、硫氧化物、氮氧化物、盐类及恶臭气体，可造成局部和暂时的大气污染，但不是本章要讨论的内容。工业化、城市化等人为活动排放的烟尘和其他有害气体，是大气不定组分的主要来源，是大气污染的主要原因。不定组分达到一定浓度时，就会对人和动植物造成危害，这是环境保护工作者应当研究的主要对象。

2.2 大气污染、污染物及类型

2.2.1 大气污染

所谓大气污染，广义地说，是指自然现象和人类活动向大气中排放了过多的烟尘和废气，使大气的组成发生变化，或介入了新的成分，而达到了有害的程度。这些自然现象包括火山活动、森林火灾、海啸、土壤和岩石的风化以及大气圈空气运动等。一般来说自然现象所造成的大气污染，自然环境能通过自身的物理、化学和生物机能经过一定的时间后使之自动消除，这就是所谓的地球自净能力和自然生态平衡的自动恢复。通常说的大气污染主要指人类活动造成的。所谓的大气污染指大气中一些物质的含量达到有害的程度，以致破坏人和生态系统的正常生存和发展，对人体、生态和材料造成危害的现象。

根据影响范围，大气污染可分为四类：

(1) 局部地区污染。如工厂或单位烟囱排气引起的污染。

(2) 地区(区域)性污染。如工业区及其附近地区或整个城市大气受到污染。

(3) 广域性污染。它是指跨越行政区划的广大地域的大气污染。

(4) 全球性大气污染。某些超越国界、具有全球性影响的大气污染。

2.2.2 大气污染源

大气污染源是指向大气环境排放有害物质或对大气环境产生有害影响的场所、设备和装置。按不同的研究目的以及污染源的特点、污染源的类型有以下四种划分方法。

2.2.2.1 按污染源存在的形式划分

(1) 固定污染源。它指污染源从固定地点排出，如工厂的排烟或排气，矿井主扇排风口排气。

(2) 移动污染源。它指各种交通工具在移动过程中排放大量废气，如汽车，火车、轮船和飞机等。

这种分类方法适用于大气进行质量评价时满足绘制污染源分析图的需要。

2.2.2.2 按污染源排放方式划分

(1) 点源。它指集中在一点或一个可当做一点的小范围排放污染物。如高架烟囱排放。

(2) 面源。它指在一个大面积范围排放污染物。如采矿台阶工作面析出的有毒、有害气体，以及从矿坑水中析出的二氧化硫和硫化氢等。

(3) 线源。如汽车、火车、飞机等运输过程中所造成的污染。

这种分类方法适用于大气污染扩散计算。

2.2.2.3 按污染物排放时间划分

(1) 连续源。它指污染物连续排放,如露天矿钻机和电铲扬尘,以及从矿岩中析出毒气和放射性气体。

(2) 间断源。它指污染物时断时续地排放,如取暖锅炉的烟囱排烟。

(3) 瞬时源。它指污染物短暂地排放,如二次爆破排放的有毒气体和粉尘。

这种分类方法适用于分析污染物排放的时间规律。

2.2.2.4 按污染物质的来源划分

A 天然污染源

自然界中某些自然现象向环境排放有害物质或造成有害影响的场所,是大气污染物的一个很重要的来源。大气污染物的天然源主要有:

(1) 火山喷发。排放出 SO_2、H_2S、CO_2、CO、HF 及火山灰等颗粒物。

(2) 森林火灾。排放出 CO、CO_2、SO_2、NO_2、HC 等。

(3) 自然尘。风沙、土壤尘等。

(4) 森林植物释放。主要为萜烯类碳氢化合物。

(5) 海浪飞沫。颗粒物主要为硫酸盐与亚硫酸盐。

B 人为污染源

人类的生产和生活活动是大气污染的主要来源。通常所说的大气污染源是指由人类活动向大气输送污染物的发生源。大气的人为污染源可概括为五个方面:

(1) 燃料燃烧。燃料(煤、石油、天然气)的燃烧过程是向大气输送污染物的重要发生源。煤是主要的工业和民用燃料,它的主要成分是碳,并含有氢、氧、氮、硫及金属化合物。煤燃烧时除产生大量烟尘外,在燃烧过程中还会形成一氧化碳、二氧化碳、二氧化硫、氮氧化物、有机化合物及烟尘等有害物质。火力发电厂、钢铁厂、焦化厂、石油化工厂等是用煤量最大的企业,根据这些企业的性质、规模的不同,对大气产生污染的程度也不同。家庭日常生活用的炉灶,由于居住区分布广泛、密度大、排放高度又很低,再加上无任何处理,所排出的各种污染物的量往往不比大锅炉低,在有些地区甚至更高。

(2) 工业生产过程排放。工业生产过程中排放到大气中的污染物种类多,数量大,是城市和工业区大气污染的主要污染源。工业生产过程中产生废气的工厂很多。如石油化工企业排放二氧化硫、硫化氢、二氧化碳、氮氧化物;有色金属冶炼工业排出的二氧化硫、氮氧化物以及含重金属元素的烟尘;钢铁工业在开采、炼钢、炼焦过程中排出的粉尘、硫氧化合、氰化物、一氧化碳、硫化氢、酚、苯类、烃类等。总之,工业生产过程排放的污染物的组成与工业企业的性质密切相关。

(3) 交通运输过程中排放。现代交通工具如汽车、飞机、船舶等排放的尾气是造成大气污染的主要来源。内燃机燃烧排放的废气中含有一氧化碳、氮氧化物、碳氢化合物、含氧有机化合物、硫氧化物和铅的化合物等多种有害物质。由于交通工具数量庞大,来往频繁,排放污染物的量也非常可观。

(4) 矿山开采过程中的排放。采矿企业,特别是露天开采矿山造成的大气污染甚为严重,开采规模的大型化、高效率采矿设备的使用,以及开采向深部发展,使大气污染面临着一系列的问题。如大型金属露天矿穿孔设备所采用的牙轮钻机,若不采取除尘措施,对人体健康危害的呼吸性粉尘(小于7 μm)在风流的作用下,可污染大片露天矿作业区。汽车运输是露天矿尾气排放和二次扬尘的污染源,柴油机车运行时尾气产生大量有毒、有害气体,如丙烯醛、甲醛、一氧化碳、氮氧化物及黑烟等排入矿山大气，污染作业环境；在路面不好的干燥地区，汽车运行时灰尘弥散，严重污染周围大气。爆破工作产生大量粉尘、一氧化碳和氮氧化物等有毒、有害气体，在深凹露天矿内往往很久不能扩散，粉尘和有害有毒气体的结合严重威胁着矿山的安全生产和矿工的身体健康。

（5）农业活动排放。农药及化肥的使用，对提高农业生产起着重大的作用，但也给环境带来了不利影响，致使施用农药和化肥的农业活动成为大气的重要污染源。田间施用农药时，一部分农药会以粉尘等颗粒物形式散逸到大气中，残留在作物体上或黏附在作物表面上的仍可挥发到大气中。进入大气中的农药可以被悬浮的颗粒物吸收，并随气流向各地输送，造成大气农药污染。

2.2.3 大气污染物

大气污染物系指由于人类活动或自然过程排入大气的并对环境或人类产生有害影响的那些物质。目前认识到对环境已产生影响的主要大气污染物种类很多，主要有粉尘、硫氧化合物、氮氧化合物、一氧化碳、臭氧、碳氢化合物等。排放到大气中的污染物质，在与正常的空气组分相混合过程中会发生各种物理、化学变化。按其形成过程可分为一次污染物和二次污染物两大类；按其存在的物理状态可概括气溶胶状态污染物和气体状态污染物两大类。

2.2.3.1 一次污染物

一次污染物是指直接从污染源排放的污染物质，如二氧化硫、一氧化氮、一氧化碳、颗粒物等。它们又可分为反应物和非反应物，前者不稳定，在大气环境中常与其他物质发生化学反应，或者作催化剂促进其他污染物之间的反应，后者则不发生反应或反应速度缓慢。

2.2.3.2 二次污染物

二次污染物是指由一次污染物在大气中互相作用经化学反应或光化学反应形成的与一次污染物的物理、化学性质完全不同的新的大气污染物，这类物质颗粒小，一般在 0.01 ~ 1.0 μm，其毒性比一次污染物还强。最常见的二次污染物如硫酸及硫酸盐气溶胶、硝酸及硝酸盐气溶胶、臭氧、光化学氧化剂 O_x，以及许多不同寿命的活性中间物（又称自由基），如 HO_2、HO、NO 和氧原子等。目前已受到人们普遍重视的大气污染物，如表 2-2 所示。

表 2-2 大气中主要污染物

类　别	一次污染物	二次污染物
含硫化合物	SO_2、H_2S	SO_3、H_2SO_4、MSO_4
含氮化合物	NO_2、NH_3	NO_2、HNO_3、MNO_3
碳的氧化物	CO、CO_2	
碳氢化合物（碳氢氧化合物）	C_1—C_3H_n 化合物	醛、酮、过氧乙酰硝酸酯
含卤素化合物	HF、HCl、$ClFC_3$	
颗粒物	重金属元素、多环芳烃	H_2SO_4、SO_4^{2-}、NO_3^-

2.2.3.3 气溶胶状态污染物

在大气污染中，气溶胶系指固体粒子、液体粒子或它们在气体介质中的悬浮体。其直径约为从 0.002 ~ 100 μm 大小的液滴或固态粒子。

按照气溶胶的来源和物理性质，可将其分为以下几种：

（1）粉尘（dust）。这是最为通常的一种气溶胶。粉尘是悬浮于空气中的固体微粒，通常由矿物加工、破碎、钻孔、碾磨、运输、爆破等各种机械作用形成。粉末状物质(例如土壤微粒)受空气作用飞扬、弥散于空气中,也是大气粉尘的主要来源。粉尘是固体微粒,因其形成机制的原因,一般来说粒径都较大,约在1~100 μm的范围。

(2) 烟(smog)。烟是由于燃烧和凝结生成的细小粒子,也是一种有机性的可燃物质,例如煤、石油、木材等燃烧而形成的固体粒子,粒径一般较小,一般在0.01~1 μm的范围内。因其粒径小,在空气中沉降很慢或基本不沉降,故在空气中停留时间长。

(3) 飞灰(fly ash)。飞灰是指有机物燃烧的残留物中的细微颗粒形成的气溶胶。粒径一般在10 μm以下,它们总是随烟一起弥散于大气中,很难将二者加以区别,因而笼统地称之为烟。与飞灰混合的"烟"的粒径范围一般为0.1~10 μm。城市污染的主要来源可以说就是烟,是环保部门最为操心的难题之一。

(4) 烟尘(fume)。非有机物的固体或液体物质在燃烧过程中,特别是在金属冶炼、焊接以及液体的蒸发、升华、溶解等过程中所形成的固体气溶胶,常常称为烟尘。实际上也是一种"烟",只是母体物质不同而已。烟尘的粒径与烟大致相同,这种烟尘在城市地区尤其突出。

(5) 雾(fog)。由液体(主要指水)喷射、蒸发、雾化、蒸汽冷凝等过程而形成的高浓度的液体气溶胶称为雾。由于这种雾的形成,空气中的能见度将大大降低,严重时有可能大白天也"对面不见人"。雾是一种液滴,其形状为球形,粒径小,通常在1 μm以下。低浓度的、其水平能见度大于1000 m的雾,称为薄雾(mist),也就是所谓的"霭"。浓度更低时,这些微小的雾滴均匀分布在空气中,对太阳光发生散射时会出现特有的光学现象,这就是所谓的"霾"(haze)。

(6) 烟雾(smog)。烟雾是烟(包括烟尘)与雾的混合体,是液体气溶胶和固体气溶胶的混合物。这种由烟和雾混合而形成的大气悬浮微粒物,是大气污染的主要来源,是提高大气环境质量,特别是城市地区大气环境空气质量的主要障碍。

上述属于气溶胶范畴的分类和专用术语,很难给予严格界定,在国内外文献中常常有不一致的叫法。一般大气粒子的粒径范围是0.001~500 μm,小于0.1 μm的粒子具有和气体分子一样的行为,在气体分子的撞击下具有较大的随机运动,在1~20 μm之间的粒子随气体运动而运动,往往被气体所携。大于20 μm的粒子具有明显的沉降运动,通常它们在大气中停留的时间很短。

在大气污染控制中,根据大气中颗粒物粒径的大小,又将其分为以下几种:

(1) 总悬浮颗粒(TSP)。用标准大容量颗粒采样器(流量在1.1~1.7 m^3/min)在滤膜上所集到的颗粒物的总质量,通常称为总悬浮颗粒物。其粒径大小,绝大多数在100 μm以下,其中多数在10 μm以下。它是分散在大气中的各种粒子的总称,也是目前大气质量评价中的一个通用的重要污染指标。

(2) 飘尘。能在大气中长期飘浮的悬浮物质称为飘尘。其粒径主要是小于10 μm的微粒。由于飘尘粒径小,能被人直接吸入呼吸道内造成危害;又由于它能在大气中长期飘浮,易将污染物带到很远的地方,导致污染范围扩大,同时在大气中还可为化学反应提供反应床,因此飘尘是从事环境科学工作者所重视的研究对象之一。

(3) 降尘。降尘是指用降尘罐采集到的大气颗粒物。在总悬浮颗粒物中一般直径大于10 μm的粒子,由于其自身的重力作用会很快沉降下来,所以将这部分的微粒称为降尘。单位面积的降尘量可作为评价大气污染程度的指标之一。

(4) 可吸入粒子(IP)。美国环保局1978年引用密勒(Miller)等人所定的可进入呼吸道的粒径范围,把粒径 d_p 不大于15 μm的粒子称为可吸入粒子。随着研究工作的不断深入,国际标准化组织(ISO)建议IP定为粒径 d_p 不大于10 μm的粒子。此标准目前已为日本和我国科学工作者所接受。

2.2.3.4 气体状态污染物

大气中的气体状态污染物又简称为气态污染物,它是以分子状态存在的。气态污染物的种类很多,常见的有五大类,其一类是以二氧化硫为主的含硫化合物,如 SO_2、H_2S 等;其二类是以一氧化氮和二氧化氮为主的含氮化合物,如 NO、NH_3 等;其三类是以碳的氧化物,如 CO、CO_2 等;其四类以碳氢化合物,如烷烃(C_nH_{2n+2})、烯烃(C_nH_{2n})和芳香烃类;其五类是以卤族化合物,如 HF、HCl 等。

A 硫氧化物

硫氧化物中主要的是 SO_2。SO_2 是目前来源广泛,影响面比较大的一种气态污染物。SO_2 是具有辛辣及刺激性的无色气体,吸入过量的 SO_2 会损害呼吸器官。SO_2 是大气中的主要酸性污染物,在大气中会氧化而形成硫酸烟雾或硫酸盐气溶胶。SO_2 与大气中的烟尘有协同作用,著名的伦敦烟雾事件就是这种协同作用所造成的危害。

SO_2 主要来自含硫化石燃料的燃烧、金属冶炼、火力发电、石油炼制、硫酸生产及硅酸盐制品熔烧等过程。各种燃煤、燃油的工业锅炉和供热锅炉都会排放大量的 SO_2。全世界每年向大气中排放的 SO_2 量约为 1.5 亿 t,其中化石燃料燃烧产生的 SO_2 约占 70% 以上。火力电厂排烟中的 SO_2 浓度虽然较低,但是总排放量却最大。

B 氮氧化物

氮氧化物有 N_2O、NO、NO_2、N_2O_3、N_2O_4 和 N_2O_5,NO_x 是其总代表式。在大气中常见的氮氧化物污染物是 NO 和 NO_2。NO 是无色气体,毒性不太大,但进入大气后,会被氧化成 NO_2,当大气中有 O_3 等强氧化剂存在时,其氧化速度加快。NO_2 是一种红棕色的、具有恶臭刺激性的气体,其毒性约为 NO 的 5 倍。NO_2 会参加大气中的光化学反应,形成光化学烟雾,其毒性更大。

NO_x 主要来自燃料的燃烧,例如各种炉窑。以汽油和柴油为燃料的各种机动车,特别是汽车,排出的废气中,含有大量的 NO_x。美国洛杉矶烟雾就是由数量巨大的汽车废气经太阳光作用而形成的光化学烟雾。

NO_x 的生成途径有两个:一是空气中的氮在高温下被氧化而形成 NO_x。温度愈高、燃烧区氧的浓度愈高,则 NO_x 的生成量也就愈大。据分析,燃煤发电厂排出的废气中,NO_x 含量为 400~24000 mg/m^3;二是燃料中的各种氮化物在燃烧时生成 NO_x。

此外,硝酸生产、炸药制备以及金属表面的处理过程也产生 NO_x。土壤和水体的硝酸盐在微生物的反硝化作用下也可生成 N_2O。但大约 83% 的 NO_x 是由燃料的燃烧而产生的。

C 碳氧化物

CO 和 CO_2 是各种大气污染物中发生量最大的一类污染物。CO 是一种无色无味无刺激性的气体。吸入人体后,能与血红蛋白结合,损害其输氧能力,使机体缺氧,严重时使人窒息而死。冬季在我国北方煤气中毒事件时有发生,实际上是 CO 中毒。CO 主要来源是燃料的不完全燃烧过程和汽车尾气。CO 排入大气后,由于大气的扩散稀释作用和氧化作用,一般不会造成危害。但是在城市冬季取暖季节或交通繁忙地区,在不利于尾气扩散时,CO 的浓度则有可能达到危害环境的水平。

CO_2 是无毒的气体,但是局部地区的空气中 CO_2 浓度过高时,会使氧含量相对减小而对人体产生不良影响。地球上 CO_2 逐年增多,能产生"温室效应",导致全球气候变暖,这已受到世界各国的密切关注。

D 碳氢化合物

碳氢化合物是由碳、氢两种元素组成的各种有机化合物的总称,包括烷烃、烯烃和芳香烃类等。碳氢化合物主要来自煤和石油的燃烧以及各种机动车辆排出的废气。

大气受到碳氢化合物的污染,能使人的眼、鼻和呼吸道受到刺激,并影响肝、肾和心血管的生理功能。在这类污染物质中,多环芳烃(PAH)如蒽、苯并蒽、萤蒽和苯并芘等,都具有一定的致癌作用,尤其苯并[n]芘更是强致癌剂。大多数多环芳烃是吸附在大气颗粒物上的,冬季因取暖燃煤量大增,烟尘多,附在其上的苯并[n]芘是大气受到 PAH 污染的标志。

碳氢化合物的更大危害还存于它与氮氧化物共同引起的光化学烟雾。由汽车、工厂等污染源排入大气的碳氢化合物和氮氧化物,在阳光照射下,发生一系列的光化学反应,生成了如臭氧、醛类、过氧乙酰硝酸酯(PAN)等二次污染物,其危害性远大于一次污染物。

还有许多复杂的高分子有机化合物,如酚、醛、酮等含氧有机化合物;过氧乙酰硝酸酯(PAN)、过氧硝基丙酰(PPN)、联苯胺、氰等含氮有机化合物;硫醇、噻吩、二硫化碳(CS_2)等含硫有机化合物以及氯乙烷、氯醇、有机农药 DDT(223)、除草剂 TCDD,等等。

随着化学工业和石油化工的迅速发展,大气中的有机化合物日益增加,这些有机污染物对人体危害甚大,它们能强烈地刺激眼、鼻、呼吸器官,严重地损害心、肺、肝、肾等内脏,甚至致癌、致畸,并促使遗传因子变异。

E 硫酸烟雾

硫酸烟雾是大气中的 SO_2 等硫氧化物,在有水雾、含有重金属的飘尘或氮氧化物存在时,发生一系列化学或光化学反应而生成的硫酸雾或硫酸盐气溶胶。硫酸烟雾引起的刺激作用和生理反应等危害远比 SO_2 大得多,其对生态环境、金属和建筑材料也都有很大的危害。

F 光化学烟雾

光化学烟雾是在阳光照射下,大气中的氮氧化物、碳氢化合物和氧化剂之间发生一系列光化学反应而生成的蓝色烟雾(有时呈紫色或黄褐色),其主要成分有臭氧、过氧乙酰硝酸酯、高活性自由基(RO_2、HO_2、RCO 等)、醛类、酮类和有机酸类等二次污染物。光化学烟雾形成的机制很复杂,其危害性也比一次污染物更强烈。

2.2.4 大气污染类型

大气污染类型主要取决于所用能源的性质和污染物的化学特性,但气象条件也起着重要的作用(如阳光、风、湿度、温度等)。从大气污染的历史看,可根据不同的依据进行分类。

2.2.4.1 根据污染物的性质分

(1) 还原型(煤炭型)。常发生在以使用煤炭和石油为燃料的地区。主要污染物是 SO_2、CO 和颗粒物,在低温、高湿度的阴天、风速很小,并伴有逆温存在的情况下,一次性污染物在低空聚积,生成还原性烟雾,如“伦敦烟雾”事件发生时的大气污染类型。所以人们也称之为伦敦烟雾型。

(2) 氧化型(汽车尾气型)。这种类型大多发生在以使用石油为燃料的地区,污染物的主要来源是汽车排气、燃油锅炉以及石油化工生产。主要的一次性污染物是一氧化碳、氮氧化合物和碳氢化合物。这些大气污染物在阳光照射下能引起光化学反应,并生成二次污染物——臭氧、醛类、酮类、过氧乙酰酸酯等物质。由于它们具有强氧化性质,对人眼睛等黏膜能引起强烈刺激。如洛杉矶的光化学烟雾就属这种类型。

2.2.4.2 根据燃料性质和大气污染物的组成划分

(1) 煤炭型。它的代表性污染物是由煤炭燃烧时放出的烟气、粉尘、二氧化硫等构成的一次性污染物,以及由这类污染物发生化学反应而生成的硫酸、硫酸盐类气溶胶等二次污染物。主要污染源为工业企业烟气排放；其次是家庭炉灶的排放。

(2) 石油型。它的主要污染物来自汽车排气、石油冶炼及石油化工厂的排放。主要污染物质是氮氧化物、烯烃等碳氢化合物，它们在大气中形成臭氧，各种自由基及其反应生成的一系列中间产物与最终产物。

(3) 混合型。它包括以煤为燃料的污染源排出的污染物；以石油为燃料的污染源排出的污染物；从工厂企业排出的各种化学物质等，如日本横滨、川崎等地曾发生的污染事件便属于此类型。

(4) 特殊型。它指有关工业企业生产排放的特殊气体造成的局部小范围的污染，如生产磷肥的工厂造成周围大气的氟污染等。

2.3 大气环境中污染物的化学转化

从各种污染源排放到大气中的污染物，在扩散、输送过程中，在一定条件下（如阳光、温度、湿度）的影响下，在污染物之间，以及它们与空气原有组分之间进行一系列的化学反应，形成新的二次污染物，这一反应过程称为大气污染物的“化学转化”。由于转化形成的“二次污染物”具有更强的腐蚀性和刺激性，对人类的健康和环境形成更严重的危害。因此，了解和掌握大气污染物迁移变化的化学规律，对大气污染的防治将具有重要意义。

当前受到关注的大气污染化学问题有：气体硫化物（主要是 SO_2）污染，氮的氧化物污染，光化学烟雾、酸雨及臭氧层的变化问题。研究大气污染的化学转化是一个复杂的过程，其中最经常发生的和对人类生活有较大影响的是两类化学反应过程：一是生成硫酸盐或硝酸盐气溶胶的反应；二是生成光化学烟雾的反应。

2.3.1 大气光化学特性

对流层大气中所进行的化学反应，往往是以穿过平流层的太阳辐射所产生的光化学反应作为原动力，同时，必须有能量吸收太阳光使其发生初级反应的物质，方能在大气中引起光化学反应。

2.3.1.1 光辐射特点

到达地球的全部能量基本上来自太阳，大气层控制着太阳辐射实际到达地面的数量，同时，也控制着逃逸到宇宙间的地球辐射的数量。

辐射强度是用单位时间、单位面积上所通过的能量值来度量的[常用单位是 $J/(cm^2 \cdot s)$]。辐射能量以光波的形式传输，波长和频率的关系是 $\nu = \dfrac{c}{\lambda}$，其中 c 是光速，等于 3×10^8 m/s。一般用波长表示辐射的特性，其度量单位是 nm（纳米）。按波长顺序排列的辐射能量称为辐射能谱。太阳光辐射按其波长性质可分为许多区，其中包括：波长 λ 为 380 ~ 760 nm 为可见光区，波长 λ 为 760 ~ 2000 nm 为近红外区，$\lambda > 2000$ nm 的为远红外线区，还有波长 $\lambda < 380$ nm 为紫外光区。辐射是一个电子降到较低能级时所发出的。初始和最终的能级之间的能量差 $\Delta\varepsilon$ 与辐射频率之间的关系由普朗克定律表示：

$$\Delta\varepsilon = h\nu = \frac{hc}{\lambda}$$

其中 $h = 6.63 \times 10^{-34}$ J/(s · 光量子)，称普朗克常数。一个电子在两个能级之间做一次跃迁所发射出的电磁波叫做一个光子，能量差 $\Delta\varepsilon$ 越大所发射的光子的频率越高（波长很小）。从

图2－2可以看出，紫外光具有的能量在460.46 J/mol以上，能使氧分子分解为氧原子。这使太阳的紫外光经过平流层时，90%以上被臭氧层所吸收。

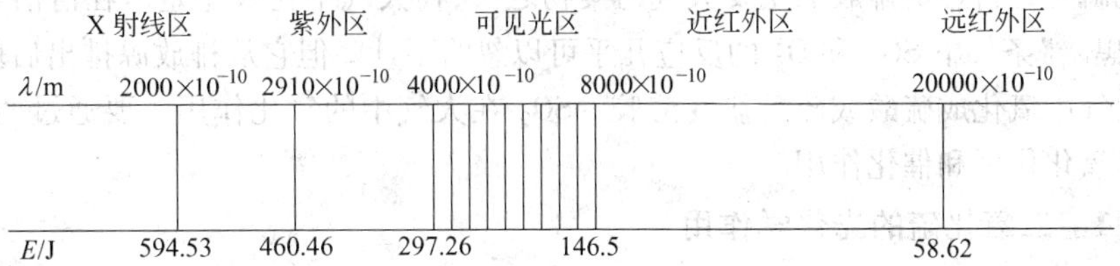

图2－2　光波分区与能量关系示意图

2.3.1.2　光化学特性

大气中存在吸光物质和非吸光物质，表2－3中列出了在可见光区和紫外光区可吸收光子的物质与非吸收光子的物质。

表2－3　化合物的吸光性质（波长300～700 nm区）

吸光物质	非吸光物质
氧（O_2）	氮
臭氧（O_3）	水蒸气
二氧化氮	一氧化碳
二氧化硫	二氧化碳
酮、醛类化合物	一氧化氮
硝基化合物	三氧化硫和硫酸
硝酸和烷基硝酸	烃类化合物
亚硝酸和烷基亚硝酸	醇类化合物
酰基氮化物、酰基过氮化物	有机酸类化合物

如果大气中存在着吸光物质，就可在大气中引起化学反应。这时，一个原子、分子、自由基或离子吸收一个光子所引发的反应，称为光化学反应。

如果这些吸光物质不吸收光子进行光化学反应，则后续反应难于发生。若物质A接受光能$h\nu$，则被激发成A^*，可用下式表示：

$$A + h\nu \longrightarrow A^* \qquad (2-1)$$

式中　A——基态分子；

A^*——激发态分子；

$h\nu$——具有一定能量的光子。

一定的分子或原子只能吸收一定能量的光子，吸收光能以后的激发态分子是不稳定的，可立即发生如下的某一种变化：

发生离解　$A^* \longrightarrow B_1 + B_2$

直接与其他物质发生反应　$A^* + B \longrightarrow C_1 + C_2$

发生荧光，回到基态　$A^* \longrightarrow A + h\nu$

通过碰撞消耗活化能又回到基态　$A^* + M \longrightarrow A + M$

式中　M——吸收能量分子；

B_1, B_2, C_1, C_2——反应产物。

前两种反应导致化学变化，后两种反应使分子回到基态。

2.3.2 硫氧化物在大气中的化学转化

二氧化硫是燃料燃烧排放的主要大气污染物之一,在大气中比较稳定。在清洁空气里无阳光照射的“黑暗”条件下 SO_2 和 O_2 的反应几乎可以忽略不计。但它从排放源排出后就会在烟尘中和污染大气中氧化成硫酸或硫酸盐气溶胶。SO_2 在大气中的氧化作用主要通过两条途径,即发生光化学氧化作用和催化作用。

2.3.2.1 二氧化硫的光化学作用

A SO_2 的直接氧化

在低层大气中,SO_2 的主要光化学过程是形成激发态 SO_2 分子,而不是直接解离。SO_2 吸收阳光中的两个大于 290 nm 的吸收光谱,一个在 290 nm 的吸收光谱,一个在 384 nm 处,进行两种电子允许跃迁,产生强、弱吸收带,但不发生光解,如:

$$SO_2 + h\nu(290 \sim 340\ \text{nm}) \longrightarrow {}^1SO_2(\text{单重态})$$

$$SO_2 + h\nu(340 \sim 400\ \text{nm}) \longrightarrow {}^3SO_2(\text{三重态})$$

能量较高的单重态分子,可按以下过程跃迁到三重态或基态,如:

$${}^1SO_2 + M \longrightarrow SO_2 + M$$

$${}^1SO_2 + M \longrightarrow {}^3SO_2 + M$$

在大气条件下,激发态二氧化硫,主要是以三重态 ${}^3SO_2$ 形式存在,${}^1SO_2$ 不稳定可按上式反应转化为 ${}^3SO_2$。

在空气中 SO_2 光氧化为 SO_3 的机制是:

$${}^3SO_2 + O_2 \longrightarrow SO_4 \longrightarrow SO_3 + O$$

或

$$SO_4 + SO_2 \longrightarrow 2SO_3$$

B SO_2 的间接光氧化

气态 SO_2 在光化学反应活跃的大气中能与强氧化性自由基(如 OH 基、HO_2 基、RO 基、RO_2 基等)反应而被氧化,称为 SO_2 的自由基氧化。

这些大气中的自由基,主要来自于大气中一次性污染物 NO_x 和活性炭氢化合物相互作用过程中的中间产物,也来自光化学污染物及产物,如醛、亚硝酸和过氧化氢的整个光解反应式为:

$$SO_2 + OH(+O_2 + H_2O) \longrightarrow H_2SO_4 + HO_2$$

2.3.2.2 二氧化硫的催化氧化

在清洁大气中,以均相氧化反应 SO_2 非常缓慢地氧化为 SO_3,但在非均相反应的一种方式是 SO_2 被气溶胶中的水滴吸着,然后再氧化为 SO_4^{2-}。并且在有金属盐(如铁、锰)存在时能很快地被溶解氧化成硫酸,整个反应可表示为:

$$2SO_2 + 2H_2O + O_2 \xrightarrow{\text{催化}} 2H_2SO_4$$

这个反应的催化剂包括某些金属盐,例如锰和铁的硫酸盐和氯化物,它们常作为悬浮的微粒物质存在于空气中。在湿度较高时,这些粒子可成为凝聚核或水合成液滴。液体气溶胶可吸收 SO_2 和 O_2,并随之在液相发生氧化反应。当液滴的酸性变高时,氧化作用会显著减缓,这是因为 SO_2 的溶解度减少了,若大气中有足够的 NH_4^+ 存在时,则氧化作用不因 H_2SO_4 的积聚而受阻碍,可继续增加 SO_2 的氧化速率。以 $(NH_4)_2SO_4$ 气溶胶颗粒物的形成为例:

$$\underset{(\text{气})}{NH_4} + SO_2 \xrightarrow{H_2O} \underset{(\text{固})}{NH_3 \cdot SO_2} \xrightarrow{H_2O} NH_3 \cdot SO_3 \xrightarrow{\text{氧化}} (NH_4)_2SO_4$$

2.3.3 氮氧化物在大气中的化学转化

大气中的含氮化合物有：N_2O、NO、NO_2、NH_3、NO_2^-、NO_3^- 及 NH_4^+ 等，其中 NO 和 NO_2 在大气环境的化学过程中，尤其在污染大气中，起着很重要的作用。NO_2 的光分解引发了一系列的反应，这是对流层大气中 O_3 的一个来源。NO 和 NO_2 与 O_3 之间存在着的化学循环是大气光化学过程的基础，它可以生成硝酸和硝酸盐的气溶胶。

2.3.3.1 二氧化氮的光化学反应

当大气中 NO 与 NO_2 和阳光同时存在时，O_2 就作为 NO_2 光分解的产物而生成，其基本反应为：

$$NO_2 + h\nu(290 \sim 340\ \text{nm}) \longrightarrow NO + O^*$$

$$O^* + O_2 + M \longrightarrow O_3 + M$$

上式是 O_3 在大气中的唯一化学反应源，其中 M 为空气中的 N_2、O_2 或其他分子介质，可以吸收过剩的能量而使生成的 O_3 分子稳定。但是 O_3 一旦生成就会与 NO 再反应生成 NO_2：

$$O_3 + NO \longrightarrow NO_2 + O_2$$

假设仅有上述三个反应发生，在大气中无其他反应干预下，O_3 浓度取决于[NO_2]/[NO]。

2.3.3.2 氮氧化物的催化氧化反应

大气中的氮氧化物形成的气溶胶以 NH_4NO_3 颗粒或 NO_2 被某些颗粒物吸附的形式存在。它们可以经过均相反应和非均相反应的各种途径形成，既可在水滴中进行，也可能在非水溶液体系中进行，形成硝酸盐颗粒物的反应，初期的氧化主要是形成氮氧化物：

$$O_3 + NO \longrightarrow NO_3 + O$$

$$NO_3 + NO \rightleftharpoons N_2O_5$$

进一步反应：

$$N_2O_5 + H_2O \longrightarrow 2HNO_3$$

$$HO + NO_2 \longrightarrow HNO_3$$

$$NO + NO_2 + H_2O \longrightarrow 2HNO_3$$

最后反应形成硝酸盐：

$$NH_3 + HNO_3 \xrightarrow{\text{微粒}} NH_4NO_3$$

N_2O_5 与 H_2O 的气相反应极为缓慢，但在颗粒物表面上能发生快速的非均相反应。大气中的微粒及液滴均促使其形成硝酸盐气溶胶。

2.3.4 大气污染光化学烟雾的形成

2.3.4.1 光化学烟雾的特征

20 世纪 40 年代在美国洛杉矶发生光化学烟雾，首次出现了这种污染。它的特征是烟雾呈蓝色，具有强氧化性，刺激人们眼睛，伤害植物叶子，能使橡胶开裂，并使大气能见度降低。50 年代初，美国加州大学生物有机化学教授哈－施密特（Haggen-Smit）确定了空气中的刺激性气体为臭氧，并初次提出了有关烟雾形成的理论。他认为洛杉矶烟雾是由南卡罗来纳的强阳光辐射引发了大气中存在的碳氢化合物（HC）和氮氧化物（NO_x）之间的化学反应造成的，并认为城市大气中，HC 和 NO_x 的主要来源是汽车尾气。因此，这种含有氮氧化物和烃类的大气，在阳光中紫外线照射下发生反应所产生的产物及反应物的混合物被称为光化学烟雾。

继洛杉矶之后，光化学烟雾的污染在世界各地不断出现，如东京、大阪、墨西哥城、伦敦以及澳大利亚、德国等地的大城市，已成为大气污染的严重问题之一。自 50 年代至今，世界各国对光化学烟雾做了大量的研究工作，并已取得较好的效果。

A　光化学烟雾的日变化曲线

图2－3给出了洛杉矶市1965年7月19日白天时间各种污染物的每小时平均浓度，约在上午7时左右CO和NO浓度上升到一个极大值，这与早上运输高峰时间是一致的，在傍晚可以看到一个极小的峰值。碳氢化合物（HC）浓度虽未画出，但也有类似的情况。值得注意的是NO_2的晨峰推迟约3 h，O_3峰滞后约5 h。NO_2的晚峰不太明显，O_3的晚峰则不出现，这天O_3的最大浓度为0.2 μL/L左右。

上述情况说明，NO_2和O_3峰滞的原因是，因它们不是污染源排出的一次污染物，而是在大气中光化学作用的产物。早晨的交通高峰所产生的汽车废气只有在白天的阳光作用下才能有重要影响，傍晚交通流量高峰期虽有一次污染物排放，但由于太阳光减弱且很快消失，所以夜间不发生光化学烟雾。

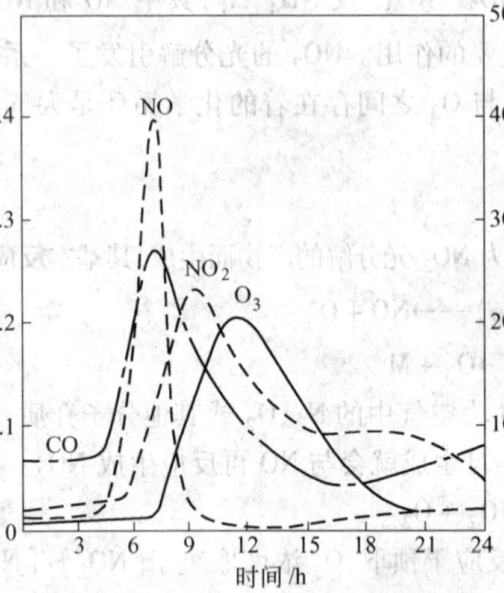

图2－3　1965年7月19日加利福尼亚州洛杉矶市几种污染物浓度1 h平均值

B　烟雾箱模拟曲线

为了弄清楚光化学烟雾中各种污染物的浓度随时间变化的机理，发展了烟雾箱实验。即在一大容器内，通入反应气体，在人工光源照射下，模拟大气光化学反应。照射含非甲烷总烃和氮氧化物的空气，以及照射C_3H_6-NO-空气混合物，其结果如图2－4和图2－5所示。

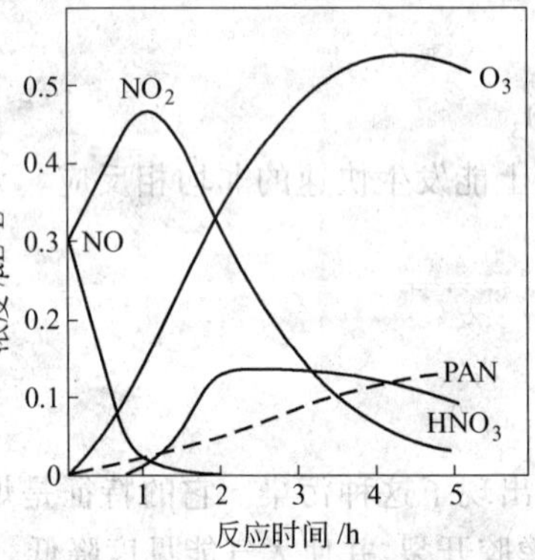

图2－4　典型烟雾箱实验中一些反应物和产物的浓度变化

（引自Spicer，1983）

初始浓度：NMHC：9.30 μL/L；

NO：0.30μL/L；NO_2：0.32μL/L

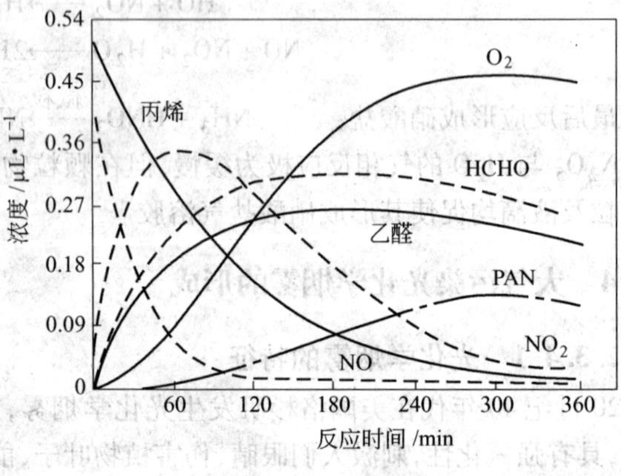

图2－5　丙烯-NO_x-空气体系中一次及二次污染物的浓度变化曲线

（引自Pitts，1975）

由图2－4和图2－5说明氢化合物（HC）和氮氧化合物共存时，在紫外线的作用下会出现。

（1）NO转化为NO_2。

（2）碳氢化合物氧化消耗。

（3）臭氧及其他氧化剂如 PAN、HCHO、HNO_3 等二次污染物的生成。

2.3.4.2　光化学烟雾的形成条件

A　烟雾形成的地理条件

由于烟雾的形成与 NO_2 的光分解有直接关系，而 NO_2 的光分解又必须有 290 ~ 430 nm 波长辐射作用才有可能。在近地层中太阳辐射到达地面的强度受天顶角的影响，一般太阳天顶角（θ）越小，太阳辐射就越强。对于 $\theta > 60℃$ 时，由于入射角较大，光线通过大气层时路程加长，受到的大气微粒散射也较大，致使小于 430 nm 波长的光很难到达地面，所以不易发生光化学烟雾。从季节而言，夏季在北半球太阳入射角比冬季小，所以夏天发生光化学烟雾的可能性较冬天大。尤其夏季中午前后光线最强时出现烟雾的可能性较大。当天气晴朗、高温低温和有逆温风力不大时，有利大气污染在地面附近的聚积，易于产生这种光化学烟雾。因此，在副热高压控制地区的夏季和早秋季节常成为光化学烟雾发生的有利时节。

B　污染源条件

烟雾的形成是和大气中 NO_2、碳氢化合物等污染物的存在分不开的。所以，以石油为原料的工厂排气和汽车排气等污染源的存在是烟雾形成的前提。在一些发达国家城市大气污染中氮氧化合物约有 47% 来自汽车排气等污染源，约 50% 左右来自燃烧的固定污染源，加以适宜的发生条件，而形成光化学烟雾，成为大气污染问题。

C　光化学烟雾形成的步骤

（1）空气中的 NO_2 吸收紫外光后发生光分解反应，产生活泼的氧原子，即

$$NO_2 \longrightarrow NO_2^* \longrightarrow NO + O$$

NO_2 最易吸收 $0.3\ \mu m < \lambda < 0.43\ \mu m$ 的紫外光而发生分解反应。

（2）原子氧与 NO、O_2、HC 反应，生成一系列中间产物或最终产物。

$$NO + O + M \longrightarrow NO_2 + M$$

$$O + O_2 + M \longrightarrow O_3 + M$$

$$O + HC \longrightarrow R^* + RCO^*$$

反应式中 M 是其他物质分子，R^* 和 RCO^* 均含有未配对电子，是具有较高反应活性的游离基。

（3）臭氧分子与 HC 反应生成酰类游离基和醛或酮：

$$O + HC \longrightarrow RCO_2^* + \frac{RCHO(醛)}{R_2CO(酮)}$$

（4）酰类游离基被 NO 还原后，再被氧分子氧化成过氧酰类游离基：

$$RCO_2^* + NO \longrightarrow NO_2 + RCO^*$$

$$RCO^* + O_2 \longrightarrow RCO_3^*$$

（5）过氧化酰类游离基与 NO_2 反应生成过氧化酰硝酸酯，如 PAN（过氧化乙酰硝酸酯）的反应是：

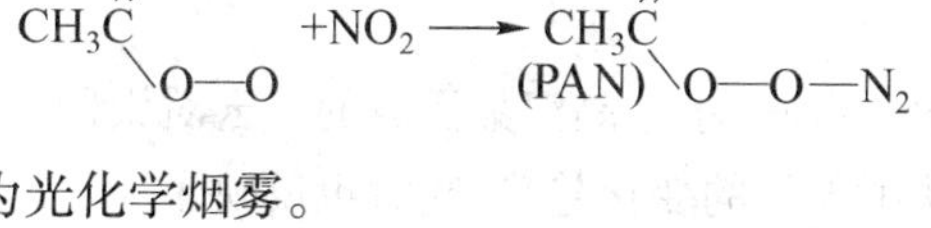

这些二次污染物就称为光化学烟雾。

2.4　影响大气污染的因素

2.4.1　影响大气污染的气象因素

在同一地区,即使污染物的排放量不变,那么它对周围环境所造成的污染效应也是不同的,有时会对人和动植物造成严重危害,有时却很轻。这是因为在不同气象条件下,大气的稀释扩散能力不同的缘故。影响大气扩散能力的主要因素有两个方面:一是气象的动力因子;二是气象的热力因子。

2.4.1.1　主要的气象要素

表示大气状态和物理现象的物理量在气象学中称为气象要素。与大气污染关系密切的气象要素主要有气温、气压、湿度、风、湍流、云、太阳高度角以及能见度等。

A　气温

气象上讲的气温是指在离地面 1.5 m 高处的百叶箱中观测到的空气温度。气温的单位一般用摄氏温度(℃)表示,理论计算时则用热力学温度(K)来表示。两者间的换算关系是:$T(K) = T(℃) + 273.16$。

B　气压

气压是指大气压强,即单位面积上所承受的大气柱的质量。气压的单位用帕(Pa)表示。在气象上常用百帕(hPa)来表示,1 hPa = 100 Pa。根据气压的定义可知,高度越高,压在其上的气柱质量越小,气压也就越低。因此对于任何一个地点来说,气压总是随着高度的增高而降低的。

C　湿度

大气的湿度又简称为气湿,用来表示空气中水汽的含量,即空气的潮湿程度。常用的表示方法有:绝对湿度、水蒸气压、相对湿度、饱和度、比湿和露点等。

D　风

空气的流动就形成风。气象上把水平方向的空气运动称为风。风是有方向和大小的。风向是指风的来向,例如,东风是指风从东方来。风向可用 8 个方位或 16 个方位表示,也可用角度表示,如图 2－6 所示。

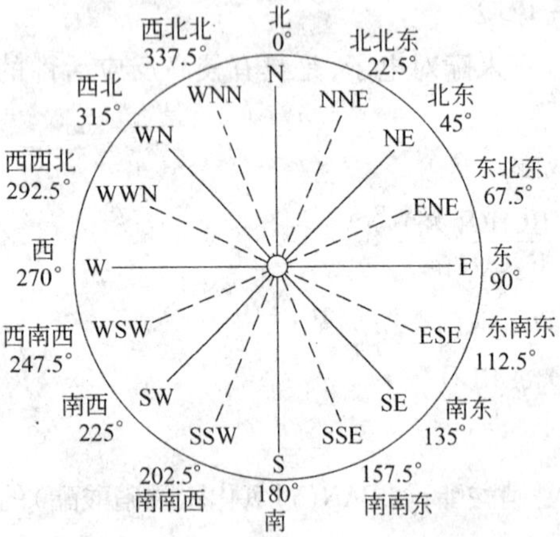

图 2－6　风向的 16 个方位表示

风速是指单位时间内空气在水平方向移动的距离,用 m/s 或 km/h 来表示。通常气象台站所测定的风向、风速都是指一定时间的平均值。

E　湍流

大气湍流是指大气不规则的运动。风速时大时小出现脉动,主导风向上下左右出现摆动,就是大气湍流作用的结果。

F　云

云是由漂浮在空气中的小水滴、小冰晶汇集而成的。云对太阳辐射起反射作用,因此云的形成及其形状和数量不仅反映了天气的变化趋势,同时也反映了大气的运动状况。

云高是指云底距地面的高度。根据云高的不同可分为高云、中云和低云。高云的云高一般在 5000 m 之上；中云则在 2500 ~ 5000 m 之间；而低云又在 2500 m 以下。

云的多少是用云量来表示的。云量是指云遮蔽天空的成数。我国规定，将天空分为 10 等份，云遮蔽了几份，云量就是几。例如：阴天时，云量为 10 份；碧空无云时，云量为零。

在气象学中，云量是用总云量和低云量之比的形式表示的。总云量是指所有的云（包括高、中、低云）遮蔽天空的成数；低云量仅仅是指低云遮蔽天空的成数。

国外计算云量是把天空分为 8 份，云遮蔽几份，云量就是几。因此它与我国云量的换算关系为：

$$国外云量 \times 1.25 = 我国云量 \tag{2-2}$$

G　太阳高度角

太阳辐射能是地面和大气最主要的能量来源，太阳高度角为太阳光线与地平面间的夹角，是影响太阳辐射强弱的最主要的因子之一。如图 2-7 所示，h_0 即为太阳高度角，它随时间而变化。

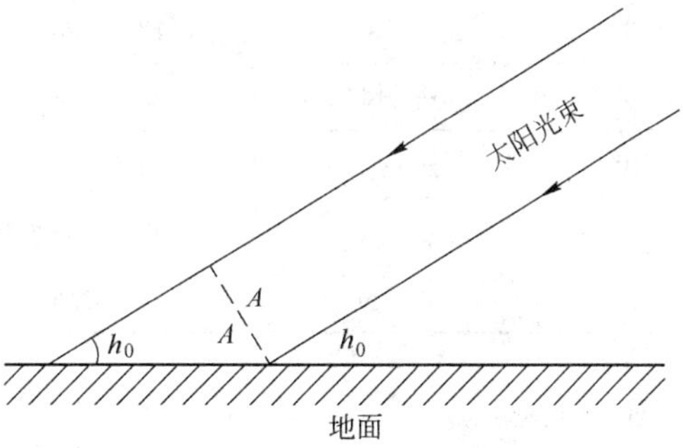

图 2-7　太阳高度角

H　能见度

能见度是在当时的大气条件下，视力正常的人能够从天空背景中看到或辨认出目标物的最大水平距离，单位是 m 或 km。能见度的大小反映了大气透明或混浊的程度。能见度的观测一般分为 10 级，见表 2-4。

表 2-4　能见度级数与白日视程地面

能见度级	白日视程/m	能见度级	白日视程/m
0	50 以下	5	2000 ~ 4000
1	50 ~ 200	6	4000 ~ 10000
2	200 ~ 500	7	10000 ~ 20000
3	500 ~ 1000	8	20000 ~ 50000
4	1000 ~ 2000	9	150000 以上

2.4.1.2　气象的动力因子

气象的动力因子主要是指风和湍流，风和湍流对污染物在大气中的扩散和稀释起着决定性作用。

A　风

风在输送和扩散污染物方面起着重要的作用。风向决定污染物迁移、运动的方向，风速决定污染物迁移状况。一般说来，污染物在大气中的浓度与污染物总排放量成正比，而与平均风速成正比，若风速增加一倍，则下风侧污染物浓度将减少一半。风速一般分成 12 级，如表 2-5 所示。

表 2-5　风力级别

风级	风的名称	风速/$m \cdot s^{-1}$	判别标准
0	无风	0 ~ 0.2	静风，烟在水平方向无移动，只垂直上升
1	软风	0.3 ~ 1.5	烟随风起伏，风标不动

续表 2－5

风　级	风的名称	风速/m·s⁻¹	判别标准
2	轻　风	1.6～3.3	人的脸部有风感，树叶的微响，风向标有转动
3	微　风	3.4～5.4	树叶及树枝不断地摇动，旌旗能展开
4	和　风	5.5～7.9	能吹起地面灰尘及纸张，树的小枝有摇动
5	清劲风	8.0～10.7	有叶的小树有摇摆，河水面有微波
6	强　风	10.8～13.8	大树枝有摇动，电线摇动草帽戴不住，撑伞困难
7	疾　风	13.9～17.1	全树摇动，大树枝弯下来，迎风行走感觉不便
8	大　风	17.2～20.7	树枝微有折毁，迎风行走艰难
9	烈　风	20.8～24.4	烟囱顶部及平房有震动，房瓦有吹落
10	狂　风	24.5～28.4	树木连根拔起，房屋被摧毁
11	暴　风	28.5～32.6	引起大范围灾难性地破坏
12	飓　风	>32.6	受风灾损失巨大，损害程度可载入历史史册

B　湍流

在实际生活中我们都可以感到风速会时大时小，这就是风的阵性，风向也不都是水平方向，有时会上下左右摆动，把这种不规则的阵性和摆动称为大气湍流。大气湍流实际上是指大气以不同尺度做无规则运动的流动状态，它是气象动力因子的主要因素。按湍流直径和烟柱（或烟团本身截面）直径大小将湍流划分三种尺度。当湍流直径小于烟柱直径时叫均匀小尺度湍流；当湍流直径大于烟柱直径时叫均匀大尺度湍流；当大、小尺度同时出现时叫复合尺度湍流。湍流尺度不同使烟云扩散状态也不同，如图 2－8 所示。

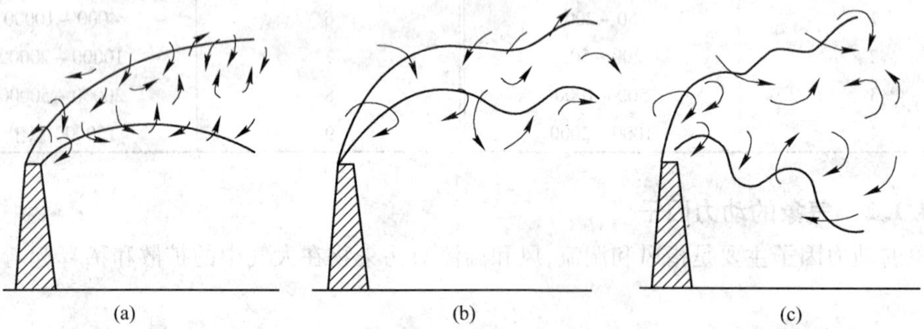

图 2－8　各种湍流作用下的烟云扩散
(a) 均匀小尺度湍流作用下的烟云扩散；(b) 均匀大尺度湍流作用下的烟云扩散；
(c) 复合尺度湍流作用下的烟云扩散

三种扩散方式中以复合尺度湍流的烟云作用扩散为最快，大尺度湍流次之，小尺度湍流较慢。湍流运动使烟团各部分得以充分混合，因此进入大气的污染物，逐渐分散稀释，这种现象称为大气扩散。

2.4.1.3　气象热力因子

气象热力因子主要指大气的温度层结、逆温和大气的稳定度。

A　温度层结

温度层结是指在地球表面上方，大气的温度随高度变化的情况，或者说，是指气温在垂直方向的分布。它决定着大气的稳定度，而大气稳定程度又影响着湍流的强度，因而温度层结与大气污染状况有密切相关。

a　气温的垂直递减率

在对流层内，气温垂直变化的总趋势是，随着高度的增加气温逐渐降低，这是因为地面是大气主要的和直接的热源，所以近地面层的温度比上层要高；另一方面，水汽和固体杂质的分布从低空向高空减少，他们吸收地面辐射的能力很强，也使得近地面层气温比上层要高。气温随高度的变化通常以气温垂直递减率 γ 来表示。气温垂直递减率是指在垂直方向上，每升高 100 m 时的温度变化值。一般来说，在整个对流层中，高度每升高 100 m，温度平均下降 0.65℃。

b　气温的干绝热递减率

在物理学上，若一系统在与周围物体没有热量交换而进行状态变化时，称为绝热变化，状态变化所经历的过程称为绝热过程。干空气块或未饱和的湿空气在绝热条件下每升高单位高度（通常取用单位高度为 100 m）所造成的温度下降数值称气温的干绝热递减率，用 γ_d 来表示。理论和实践都证明，对一个干燥空气块，在大气中绝热上升每 100 m 气温要下降 0.98℃，如气块在大气中下降 100 m，气温升高 0.98℃（可近似取为 1℃）。而这个数值与周围环境温度无关。通常取气温的干绝热递减率为 0.98℃/100 m。

气温沿高度的分布如图 2－9 所示，这种曲线称为气温沿高度分布曲线或温度层结曲线，简称温度层结。大气中的温度层结有四种类型：① 气温随高度增加而递减，即 $\gamma>0$，称为正常分布层结或递减层结；②气温垂直递减率等于或近似等于干绝热递减率，即 $\gamma=\gamma_d$，称为中性层结；③气温不随高度变化，即 $\gamma=0$，称为等温层结；④气温随高度增加而增加，即 $\gamma<0$，称为逆温。

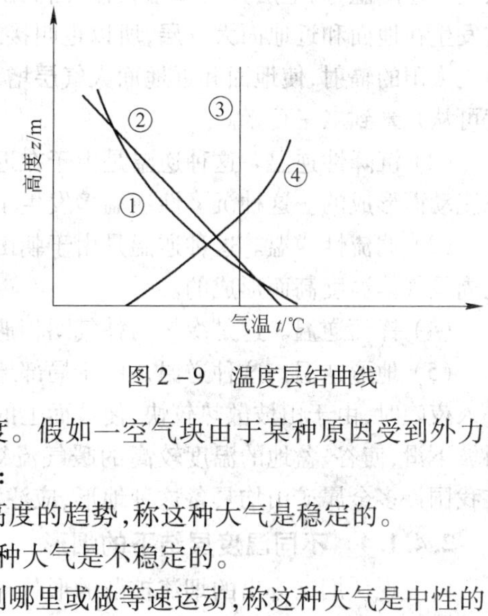

图 2－9　温度层结曲线

B　大气稳定度

污染物在大气中的扩散与大气稳定度有密切关系，大气稳定度是指在垂直方向上大气稳定的程度。假如一空气块由于某种原因受到外力的作用，产生了上升或下降运动后，可能发生三种情况：

（1）当外力去除后，气块就减速并有返回原来高度的趋势，称这种大气是稳定的。

（2）当外力去除后，气块加速上升或下降，称这种大气是不稳定的。

（3）当外力去除后，气块被外力推到哪里就停到哪里或做等速运动，称这种大气是中性的。

判别大气是否稳定，可用气块法来说明。假如一气块的状态参数为 T_i、P_i 和 ρ_i，周围大气参数为 T、P 和 ρ，则单位体积气块所受四周大气的浮力为 ρg，本身重力为 $-\rho_i g$，在此二力的作用下产生的向上加速度为：

$$a=\frac{g(P-P_i)}{P_i} \tag{2-3}$$

利用准静力条件 $P=P_i$ 和理想气体状态方程，则有：

$$a=\frac{g(T-T_i)}{T_i} \tag{2-4}$$

若气块运动过程中满足绝热条件，则气块运动 Δz 高度时，其温度 $T_i=T_{i0}-\gamma_d\cdot\Delta z$；而同样高度的周围空气温度 $T_i = T_0 - \gamma_d \cdot \Delta z$。假设起始温度相同，即 $T_0 = T_{i0}$，则有：

$$a = \frac{g(\gamma - \gamma_d)}{\gamma}\Delta z \tag{2-5}$$

从式(2-5)中可知，当 $\gamma - \gamma_d > 0$ 时，$a > 0$，气块加速运动，大气是不稳定的；当 $\gamma - \gamma_d < 0$ 时，$a < 0$，气块减速运动，大气是稳定的；当 $\gamma = \gamma_d$ 时，$a = 0$，大气是中性的。因此，静力稳定度可以用温度垂直递减率与干绝热递减率之差来判别，即 $\gamma - \gamma_d$ 的大小为静力稳定度的判据。

C　*逆温*

大气温度层结一般是 $\gamma > 0$，即气温随高度的增加而递减。但在特定的条件下也为发生 $\gamma = 0$ 或 $\gamma < 0$ 的现象，即气温随高度的增加而不变或增加。一般气温随高度增加而增加的气层称为逆温层。根据大气稳定度的分析，当发生等温或逆温时，大气是稳定的，所以逆温层(等温层可视为逆温层的一个特例)的存在，大大阻碍了气流的垂直运动，所以也将逆温层称为阻挡层。若逆温层存在于空中某高度，由于上升的污染气流不能穿过逆温层而积聚在它的下面，则会造成严重的大气污染现象。事实证明，有许多大气污染事件发生在逆温及静风的气象条件下，所以在研究污染物的大气扩散时必须对逆温给予足够重视。

根据逆温生成过程，可将逆温分为辐射性逆温、沉降性逆温、湍流性逆温、锋面逆温和地形逆温五种。

(1) 辐射性逆温。一般来说是由于在晴朗无风的夜间地面强烈地辐射，使地面和近地面的大气迅速降温，而上层大气降温较慢，因而出现上暖下冷的逆温现象。这种逆温称为辐射逆温。它发生在地面和近地面大气层，所以也叫接地逆温层。逆温时的临界风速为 25 m/s。日出后地面受太阳的辐射，使地面和近地面大气层增温，逆温渐渐消失。辐射逆温全年均可出现，它的厚度可从几米到二三百米。

(2) 沉降性逆温。这种逆温是由于在近地面上方有大规模下降的高压气团向周围低气压区域流动而形成的。这种沉降性逆温多发生于亚热带反气旋区。

(3) 湍流性逆温。这种逆温是由于朝山坡方向吹去的大气沿着山坡上升，在这气流上升处，比周围气体温度高而形成的。

(4) 锋面逆温。这是冷热两种气团相遇，暖气团位于冷气团之上而形成的逆温。

(5) 地形逆温。这种逆温是由于局部地区的地形而形成的，比如在盆地或谷地中，当日落后进入夜晚时，由于山坡散热较快，使坡面上的大气温度比谷、盆地中大气温度低，这样冷空气就沿斜坡下滑，使谷、盆地的温度较高的暖气流被抬升，这样就形成上部气温比下部气温高的逆温。在我国许多金属矿山均具备这种地形，应注意因地形逆温而造成的污染。

2.4.1.4　不同温度层结下的烟形

常发现从烟囱排出的烟流扩散的形状与大气的温度层结有密切的关系。图 2-10 所示为五种典型的烟流形状。

(1) 翻卷形(波浪形)。这种烟流呈波浪状。一般出现于中午前后，气温层结处于不稳定状态，即 $\gamma - \gamma_d > 0$ 时，扩散条件较好，污染物落地最大浓度点距烟囱较近，多发生在晴朗的白天。

(2) 锥形。烟流呈锥形，发生在中性条件下，即 $\gamma - \gamma_d \approx 0$。气温随高度的变化不大，故烟气扩散向前推动良好，比翻卷形差。

(3) 平展形。这种烟流垂直方向扩散很小，像一条带子飘向远方。从上面看，烟流呈扇形展开，它发生在烟囱出口处于逆温层中，即 $\gamma - \gamma_d < -1$。污染状况随烟囱高度不同而异，当烟囱很高时，近处地面上不会造成污染，在远方会造成污染；烟囱很低时，会造成近地面严重污染。

(4) 上升形(屋脊形)。这种烟流的下部是稳定的大气，上部是不稳定的大气。一般在日落

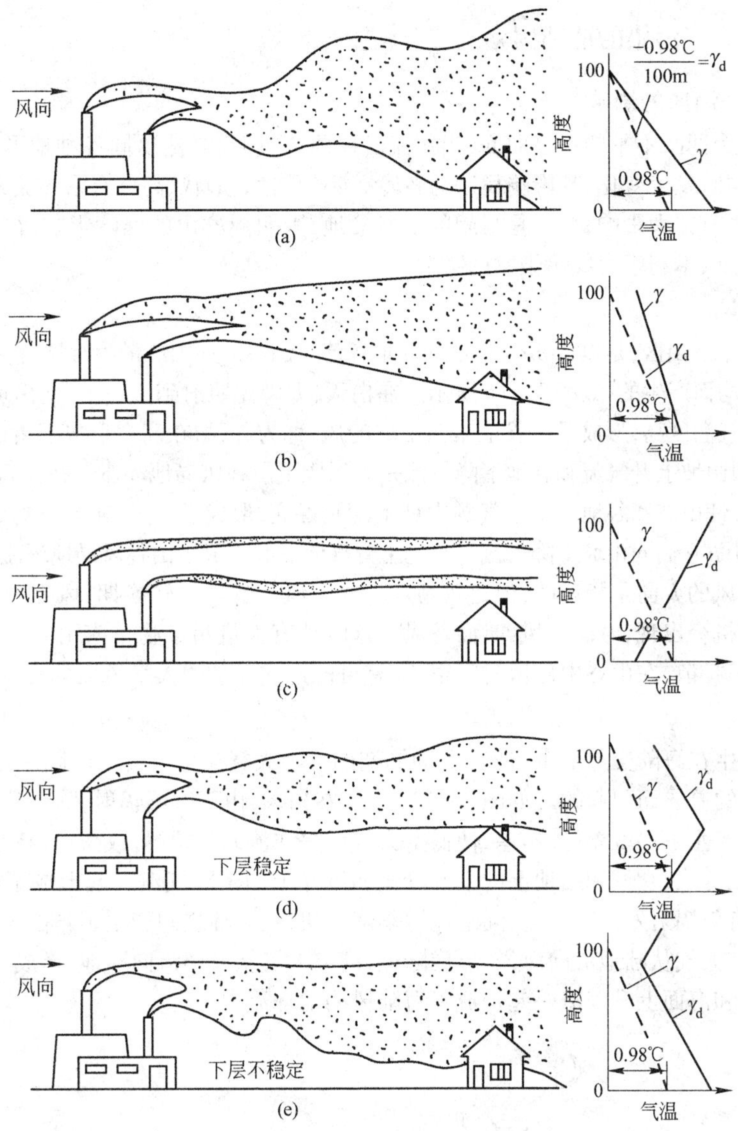

图 2－10 温度层结与烟流形状

（a）翻卷形，不稳定；（b）锥形，弱不稳定；（c）平展形，弱稳定；

（d）屋脊形，上层不稳定；（e）漫烟形，上层稳定

前后出现，地面由于有效辐射的放热，低层形成逆温，而高层仍保持递减层结。它持续时间较短，对近处地面污染较小。

（5）熏蒸形（漫烟形）。常出现在日出后，由于地面增温，低层空气被加热，使逆温从地面向上逐渐消失，即不稳定大气从地面向上逐渐发展，当发展到烟流的下边缘或更高一点时，烟流便发生了向下的强烈扩散，而上边缘仍处于逆温层中，熏蒸形烟流便发生了。这是烟流下部 $\gamma-\gamma_d>0$，上部 $\gamma-\gamma_d<-1$。这种烟流多发生在上午 8～10 时，持续时间很短。

对上述五种典型的烟流，这里仅从温度层结和大气静力稳定度的角度作了简单分析，实际的烟流要复杂得多，影响因素也复杂得多。例如，还应考虑动力因素的影响，在近地面要考虑风和地面粗糙度的影响。这五种烟形可以作为判断大气稳定度的一种依据。

2.4.2 影响大气污染的地理因素

2.4.2.1 地形的影响

地面是一个凹凸不平的粗糙曲面，当气流沿地面流过时，必然要同各种地形发生摩擦作用，使风向、风速同时发生变化，其影响程度与各障碍物的体积、形状、高低有密切关系。山脉的阻滞作用，对风速也有很大影响，尤其是封闭的山谷盆地，因四周群山的屏障影响，往往是静风、小风频率占很大比重，不利于大气污染物的扩散。

A 山谷风

山谷风发生在山区，是以 24 h 为周期的局地环流。山谷风在山区最为常见，它主要是由于山坡和谷地受热不均而产生的，如图 2－11 所示。在白天，太阳先照射到山坡上，使山坡上大气比谷地上同高度的大气温度高，形成了由谷地吹向山坡的风，称为谷风；在高空形成了由山坡吹向山谷的反谷风；它们同山坡上升气流和谷地下降气流一起形成了山谷风局地环流。在夜间，山坡和山顶比谷地冷却得快，使山坡和谷地的冷空气顺山坡下滑到谷底，形成了山风；在高空则形成了自山谷向山顶吹的反山风；它们同山坡下降气流和谷地上升气流一起构成了山谷风局地环流。

山风和谷风的方向是相反的，但比较稳定。在山风与谷风的转换期，风方向是不稳定的，山风和谷风均有机会出现，时而山风，时而谷风。这时若有大量污染物排入山谷中，由于风向的摆动，污染物不易扩散，在山谷中停留时间很长，有可能造成严重的大气污染。

B 海陆风

海陆风发生在海陆交界地带，是 24 h 为周期的一种大气局地环流。海陆风是由于陆地和海洋的热力性质的差异而引起的。如图 2－12 所示，在白天，由于太阳辐射，陆地升温比海洋快，在海陆大气之间产生了温度差、气压差，使低空大气由海洋流向陆地，形成海风；高空大气从陆地流向海洋，形成反海风；它们和陆地上的上升气流和海洋上的下降气流一起形成了海风局地环流。在夜间，由于有效辐射发生了变化，陆地比海洋降温快，在海陆之间产生了与白天相反的温度差、气压差，使低空大气从陆地流向海洋，形成陆风；高空大气从海洋流向陆地，形成反陆风。它们同陆地下降气流和海面上升气流一起构成了海陆风局地环流。

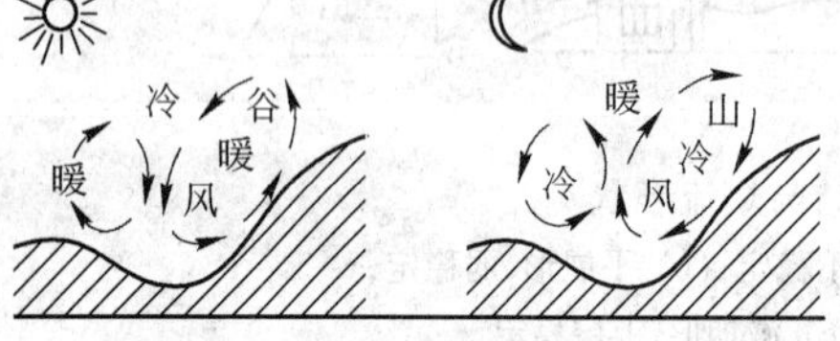

图 2－11 山谷风环流图

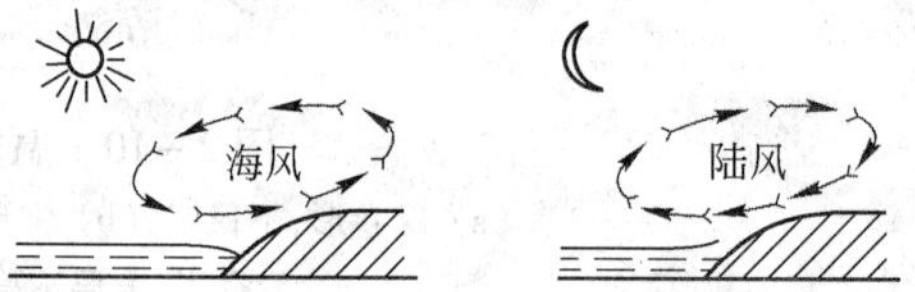

图 2－12 海陆风环流图

在大湖泊、江河的水陆交界地带也会产生水陆风局地环流，称为水陆风。但水陆风的活动范围和强度比海陆风要小。

由上所述可知，建立海边地区的工厂所排放的污染物必须考虑海陆风的影响，因为有可能出现在夜间随陆风吹到海面上的污染物，在白天又随海风吹回来，或者进入海陆风局地环流中，使污染物不能充分的扩散稀释而造成严重污染。

2.4.2.2 地物的影响

地物对大气污染的影响也是不容忽视的。城市中的高层建筑物、体形大的建筑物和构筑物，都能造成气流在小范围内产生涡流，阻碍气流运动，减少平均风速，降低了近地层风速梯度，并使风向摆动很大,近地层风场变得很不规则。一般规律是建筑物背风区风速下降,在局部地区产生涡流,不利于气体扩散。

城市热岛环流是由城乡温度差引起的局地风。产生城乡温度差异的主要原因是:

(1) 城市的覆盖物(如建筑、水泥路面等)热容量大,白天吸收太阳辐射热,夜间放热缓慢,使低层空气变暖;

(2) 城市人口密集、工业集中,使得能耗水平高;

(3) 城市上空笼罩着一层烟雾和CO_2,使地面有效辐射减弱。

因此,使城市市区净热量收入比周围乡村多,故平均气温比周围乡村高(特别是夜间),于是形成了所谓城市热岛。据统计,城乡年平均温差一般为0.4~1.5℃,有时可达6~8℃。其差值与城市的大小、性质、当地气候条件及纬度有关。

由于城市温度经常比农村高(特别是夜间),气压比乡村低,所以可以形成一种从周围农村吹向城市市区的特殊的局地风,称为城市热岛环流或城市风,如图2-13所示。这种风在市区汇合就会产生上升气流。因此,若城市周围有较多产生污染物的工厂,就会使污染物在夜间向市中心输送,造成严重污染,特别是夜间城市上空有逆温层存在。

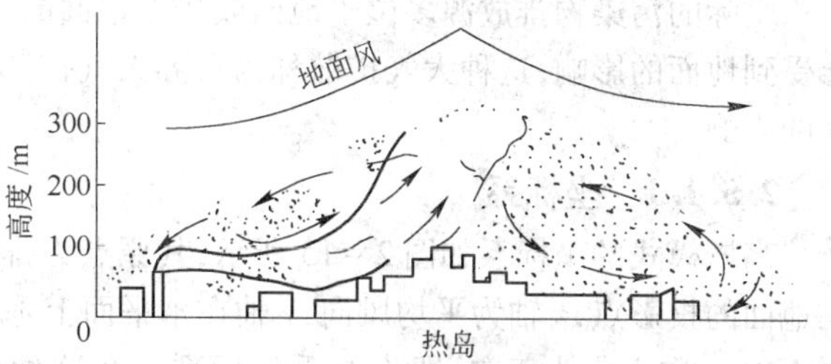

图2-13 热岛效应示意图

建筑物对烟气扩散的影响多是局部的,建筑物能改变气流的流线,在上风向前缘,建筑物产生气流分离;在建筑物的下风向,则产生涡流。一般说来,如果烟流高于建筑物2.5 m,烟流被卷入建筑物后涡流区的可能性较小,但若烟囱较低时,排放的烟气就会进入建筑群或工业区,在下风会造成地面污染,如图2-14所示。

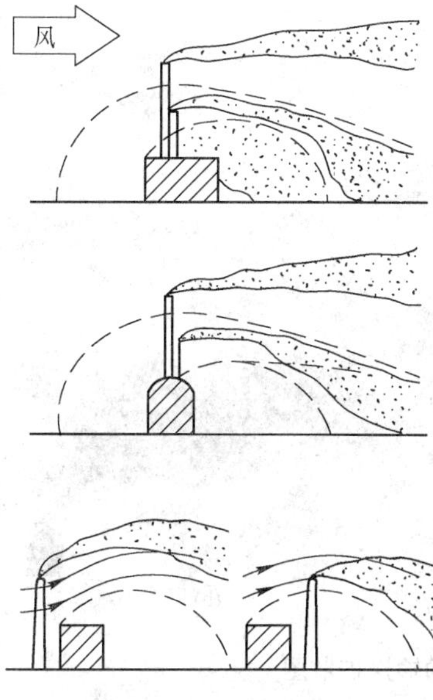

图2-14 建筑物对烟气扩散的影响

2.4.3 影响大气污染的其他因素

2.4.3.1 污染物的性质和成分

排入大气的污染物通常是由各种气体和固体颗粒物组成,它们的性质是由它们的化学成分决定的。不同的化学成分在大气中造成的化学反应和清除过程不同。粒径大小不同的固体颗粒在大气中的沉降速度及清除过程是不同的,因而对浓度分布的影响也不同。

2.4.3.2 污染源的几何形状和排放方式

污染源按几何形状分类,可分为点源、线源、面源;按排放污染物的持续时间分类,有瞬时源和连续源;按排放源的高度分类可分为地面源、高架源等。不同类别的源有不同的排放方式,污染物进入大气的初始状态也不一样,因而其浓度分布就不同,计算污染物浓度的公式也不同。总之,污染源的几何形状和排放方式只是相对的,例如,通常将工厂烟囱排放当作高架连续源,繁忙的公路作为连续线源,城市居民区的家庭灶当作面源。把各个污染源结合在一起考虑,则看成复合源。

2.5 大气污染物的扩散模式

为了预防大气污染，需要正确地推算和预测污染物在大气中的浓度。为此，必须建立污染物在大气中的扩散模式。由于烟囱排放到大气中的污染物随风输送(即所谓平流)和扩散(即所谓湍流扩散)，若污染物影响到地面，当其浓度超过所能允许的标准时，就会发生污染。因而研究污染物在大气中的扩散过程具有一定意义。影响大气污染物质输送和扩散因素是相当复杂的，主要因素有：污染源的实际高度、污染物质的排放量等污染源条件和气象条件。

2.5.1 有界条件下的大气扩散数学模型

实际的污染物排放源多位于地面或接近地面的大气边界层内，污染物在大气中的扩散必然会受到地面的影响，这种大气扩散称为有界大气扩散。在建立有界大气扩散模式时，必须考虑地面的影响。

2.5.1.1 坐标系

高斯模式的坐标系如图2－15所示，其原点为排放点(无界点源或地面源)或高架源排放点在地面的投影点，x轴为平均风向，y轴在水平面上垂直于x轴，正向在x轴的左侧，z轴垂直于水平面Oxy，向上方为正向，即为右手坐标系。在这种坐标系中，烟流中心线或与x轴重合，或在xOy面的投影为x轴。

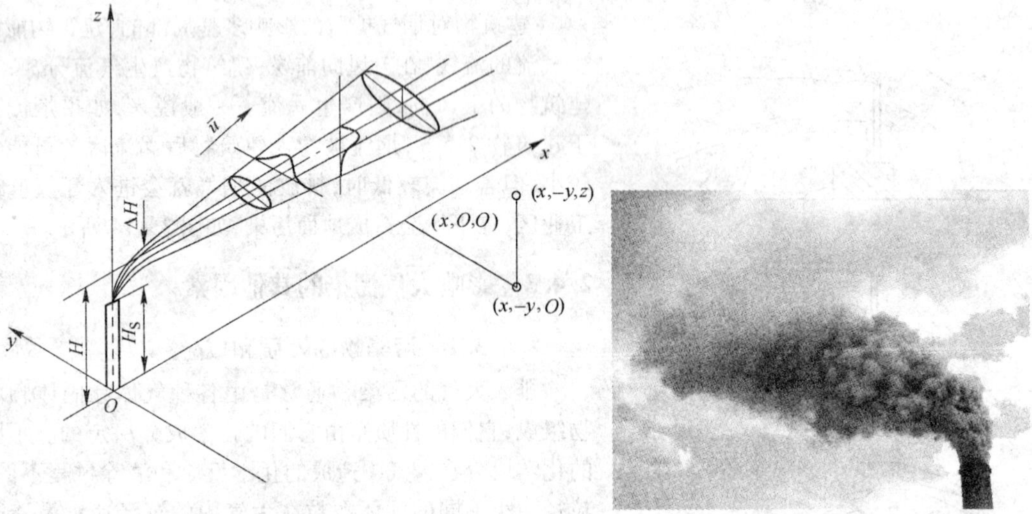

(a) (b)

图2－15　浓度为正态分布高架源烟云的输送扩散图

(a) 坐标图；(b) 实物照片图

2.5.1.2 高斯模式的四点假设

大量的实验和理论研究证明，特别是对于连续源的平均烟流，其浓度分布是符合正态分布的，因此可以作如下假设：

(1) 污染物浓度在y、z轴上的分布符合高斯分布(正态分布)。

(2) 在全部空间中风速是均匀的、稳定的。

(3) 源强是连续均匀的。

(4) 在扩散过程中污染物质量是守恒的。

2.5.1.3 数学模型

如果风速取为沿 x 轴方向，且风速 u 为常量，则扩散方程可以写为：

$$\frac{\partial C}{\partial t} = -u\frac{\partial C}{\partial x} + D_x\frac{\partial^2 C}{\partial x^2} + D_y\frac{\partial^2 C}{\partial y^2} + D_z\frac{\partial^2 C}{\partial z^2} \quad (2-6)$$

式中 C——下风侧烟流中污染物的浓度，mg/m^3；

u——烟囱口平均风速，m/s；

D_x, D_y, D_z——分别为 x 轴、y 轴、z 轴方向的扩散系数，m^2/s。

在烟囱扩散问题中，式(2-6)中右边第二项远小于第一项，因而可以略去，若扩散是稳定的，$\frac{\partial C}{\partial t}=0$，则式(2-6)可简化为：

$$u\frac{\partial C}{\partial x} = D_y\frac{\partial^2 C}{\partial y^2} + D_z\frac{\partial^2 C}{\partial z^2} \quad (2-7)$$

此二阶偏微分方程的一般解是：

$$C = Kx^{-1}\exp\left[-\left(\frac{y^2}{D_y}+\frac{z^2}{D_z}\right)\frac{u}{4x}\right] \quad (2-8)$$

式(2-8)中 K 是任意常数，其值由边界条件确定，必须满足的条件是源的下游任何垂直平面上污染物的迁移量是常数(稳定状态)，且该常数必须等于源的发散量 Q，即

$$Q = \iint_S uC\mathrm{d}y\mathrm{d}z \quad (2-9)$$

对 y 的积分限应为 $-\infty$ 到 $+\infty$，然而对 z 的积分限应根据源的状态而定。

A *在地面上点源*

对于地面水平的点源，z 的积分限应取从 0 到 $+\infty$，根据式(2-8)和式(2-9)可导得 K 为

$$K = \frac{Q}{2\pi(D_yD_z)^{1/2}} \quad (2-10)$$

B *在地面以上高度为 H 的点源*

如果将式(2-9)中对 z 的积分限可取为 $-\infty$ 到 $+\infty$，这样会导致一小的误差，但在数学上更容易处理，此时常数 K 可化为：

$$K = \frac{Q}{4\pi(D_yD_z)^{1/2}} \quad (2-11)$$

2.5.1.4 正态分布

为了估算在污染源的下游污染物的浓度，就要用到前述高斯模式的四点假设(1)，即正态分布函数，因而需要对正态分布函数进行研究。正态分布函数为：

$$f(x) = \frac{1}{\sqrt{2\pi}\sigma}\exp\left[-\frac{(x-\mu)^2}{2\sigma^2}\right] \quad (2-12)$$

式中 μ——是任意实数；

σ——标准偏差，是大于零的实数。

式(2-12)的图形如图 2-16 所示，μ 决定了 $f(x)$ 的最大值的位置，且曲线对 μ 是对称的。当 $\mu=0$ 时，曲线对称于 x 轴。σ 决定曲线的宽窄，不论 σ 值是多大，曲线下的面积总是 1。分布函数随 σ 的增大而扩展，在大气污染扩散中有重要的物理意义。

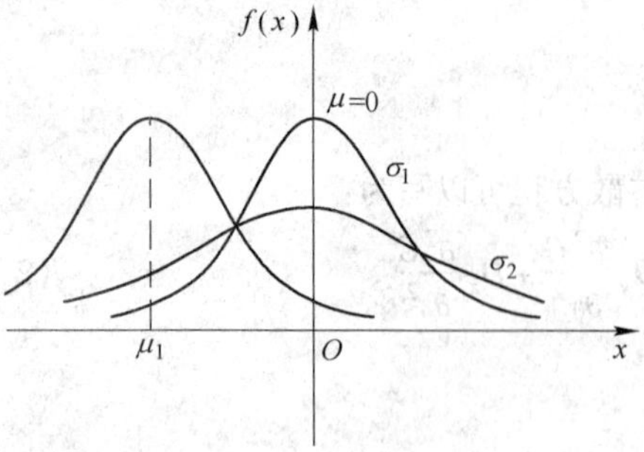

图 2－16　不同 μ、σ 时的正态分布

通常扩散方程取双正态分布形式，是每一个轴方向的单一正态分布函数的简单乘积，因此

$$f(y,z)=\frac{1}{2\pi\sigma_y\sigma_z}\exp\left[-\frac{(y-\mu_y)^2}{2\sigma_y^2}-\frac{(z-\mu_z)^2}{2\sigma_z^2}\right] \tag{2-13}$$

为此，将用这些方程与下面的研究的扩散内容进行分析比较。

2.5.1.5　地面水平点源的扩散

将式(2－10)的 K 值代入式(2－8)中，得到地面水平上污染物的浓度为

$$C(x,y,z)=\frac{Q}{2\pi x(D_yD_z)^{1/2}}\exp\left[-\left(\frac{y^2}{D_y}+\frac{z^2}{D_z}\right)\frac{u}{4x}\right] \tag{2-14}$$

将式(2－13)应用于解决点源的扩散问题，最大浓度发生在中心线上，相当于式(2－13)中的 μ_y、μ_z 为零，因而式(2－13)变为

$$f(y,z)=\frac{1}{2\pi\sigma_y\sigma_z}\exp\left[-\frac{y^2}{2\sigma_y^2}-\frac{z^2}{2\sigma_z^2}\right] \tag{2-15}$$

将式(2－14)改写成与式(2－15)相似的形式，令

$$\sigma_y^2=\frac{2D_yx}{u},\sigma_z^2=\frac{2D_zx}{u} \tag{2-16}$$

把式(2－16)代到式(2－14)中可得到地面水平点源下游的浓度关系式：

$$C(x,y,z)=\frac{Q}{\pi u\sigma_y\sigma_z}\exp\left[-\frac{1}{2}\left(\frac{y^2}{\sigma_y^2}+\frac{z^2}{\sigma_z^2}\right)\right] \tag{2-17}$$

通常 σ_y、σ_z 的单位为 m，风速 u 用 m/s 表示，如果浓度 C 用 mg/m^3，那么扩散量 Q 必须用 mg/s 表示。

如果 y、z 都取零，那么式(2－17)可化为

$$C(x,0,0)=\frac{Q}{\pi u\sigma_y\sigma_z} \tag{2-18}$$

这一方程可以用来计算地面水平点源中心线的浓度。

2.5.1.6　地面水平上高度 *H* 处点源的扩散

地面水平点源高度 H 处点源的扩散，属于高架连续点源的扩散问题，必须考虑地面对扩散的影响。根据前述高斯模式的四点假设(4)，可以认为地面像镜面一样，对污染物起全反射作用，如图 2－17 所示。可以把 P 点的污染物浓度看成是两部分贡献之和：即一部分是不存在地面对 P 点所具有的污染物浓度；另一部分是由于地面反射作用所增加的污染物浓度。这相当于不存在地面时由位置在(0，0，H)的实源和在(0，0，－H)的虚源在 P 点所造成的污染物浓度之和(H 为有效源高)。

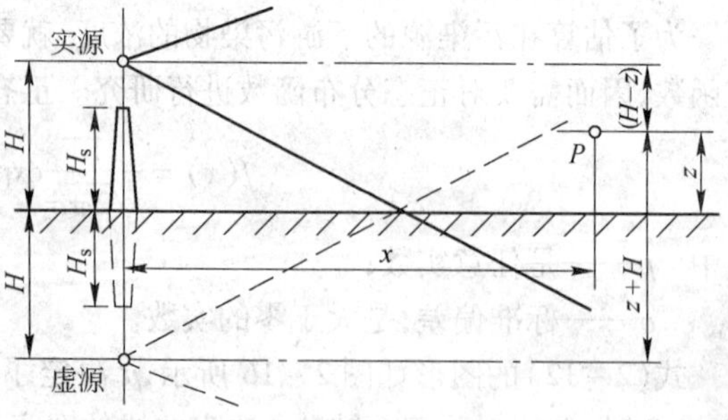

图 2－17　由地面产生的反射

A　实源的作用

P 点在以实源为原点的坐标系中的垂直坐标(距烟流中心线的垂直距离)为(z－

H)。当不考虑地面影响时,它在 P 点所造成的污染物浓度按式(2-17)计算,故实源作用在 P 点产生的污染物浓度为:

$$C(x,y,z)_{实}=\frac{Q}{2\pi u\sigma_y\sigma_z}\exp\left[-\frac{1}{2}\left(\frac{y^2}{\sigma_y^2}+\frac{(z-H)^2}{\sigma_z^2}\right)\right] \tag{2-19}$$

B　虚源的作用

P 点在以像源为原点的坐标系中的垂直坐标(距虚源的烟流中心线的垂直距离)为($z+H$)。它在 P 点产生的污染物浓度为:

$$C(x,y,z)_{虚}=\frac{Q}{2\pi u\sigma_y\sigma_z}\exp\left[-\frac{1}{2}\left(\frac{y^2}{\sigma_y^2}+\frac{(z+H)^2}{\sigma_z^2}\right)\right] \tag{2-20}$$

C　P 点的实际污染物浓度

P 点的实际污染物浓度应为实源和虚源作用之和,即

$$C=C(x,y,z)_{实}+C(x,y,z)_{虚} \tag{2-21}$$

$$C(x,y,z,H)=\frac{Q}{2\pi u\sigma_y\sigma_z}\exp\left(-\frac{y^2}{2\sigma_y^2}\right)\left\{\exp\left[-\frac{(z-H)^2}{2\sigma_z^2}\right]+\exp\left[-\frac{(z+H)^2}{2\sigma_z^2}\right]\right\} \tag{2-22}$$

式中　$C(x,y,z,H)$——源强为 Q(mg/s),有效高度为 H(m)的排放源在下风侧向空间点(x,y,z)处造成的浓度,mg/m^3;

u——烟囱口高度上大气的平均风速 ,m/s;

σ_y,σ_z——横向和纵向的扩散系数,m。

式(2-22)即为高架连续点源在正态分布假设下的扩散模式,由此模式可求出下风向任一点的污染物浓度。

D　几种常用的大气扩散模式

a　高架连续点源

(1) 地面上任意一点的浓度。当式(2-22)中,令 $z=0$ 时,得:

$$C(x,y,0,H)=\frac{Q}{\pi u\sigma_y\sigma_z}\exp\left[-\left(\frac{y^2}{2\sigma_y^2}+\frac{H^2}{2\sigma_z^2}\right)\right] \tag{2-23}$$

(2) 地面轴线浓度。当式(2-23)中,令 $y=0$ 时,得:

$$C(x,0,0,H)=\frac{Q}{\pi u\sigma_y\sigma_z}\exp\left(-\frac{H^2}{2\sigma_z^2}\right) \tag{2-24}$$

(3) 地面轴线最大浓度。由于 σ_y 和 σ_z 都随 x 的增加而增加,因此在式(2-24)中,$\frac{Q}{\pi u\sigma_y\sigma_z}$ 项随 x 的增大而减少,而 $\exp\left(-\frac{H^2}{2\sigma_z^2}\right)$ 项则随 x 的增大而增大,两项共同作用的结果,必须在某一距离上出现浓度(C)的最大值。

假定 σ_y 和 σ_z 随 x 增大而增大的倍数相同,即 $\frac{\sigma_y}{\sigma_z}=$ 常数 K,代入式(2-24),就得到一个关于 σ_z 的单值函数式。再将它对 σ_z 求偏导数,并令 $\frac{\partial C}{\partial\sigma_z}=0$,即可得到出现地面轴线最大浓度点的 σ_z 值:

$$\sigma_z|_{xC_{\max}}=\frac{H}{\sqrt{2}} \tag{2-25}$$

将上式代入式(2-24),即得地面轴线最大浓度模式:

$$C(x,0,0,H)_{max}=\frac{2Q}{\pi euH^2}\cdot\frac{\sigma_z}{\sigma_y}=\frac{0.234Q}{uH^2}\cdot\frac{\sigma_z}{\sigma_y} \tag{2-26}$$

b　地面连续点源

令式(2-22)中,$H=0$,得地面连续点源在空间任一点(x,y,z)的浓度模式,即

$$C(x,y,z,0)=\frac{Q}{\pi u\sigma_y\sigma_z}\exp\left(-\frac{y^2}{2\sigma_y^2}\right)\exp\left(-\frac{z^2}{2\sigma_z^2}\right) \tag{2-27}$$

由式(2-27)很容易得到地面源的地面浓度和地面轴线浓度模式,它们分别为:

$$C(x,y,0,0)=\frac{Q}{\pi u\sigma_y\sigma_z}\exp\left(-\frac{y^2}{2\sigma_y^2}\right) \tag{2-28}$$

$$C(x,y,0,0)=\frac{Q}{\pi u\sigma_y\sigma_z} \tag{2-29}$$

c　地面源和高架源的浓度分布

地面源和高架源在下风向造成的地面浓度分布如图2-18所示,在下风向一定距离(x)处中心线的浓度高于边缘部分。两种源的地面轴线浓度如图2-19所示,图2-19(a)表示由于地面源所造成的轴线浓度距源距离的增加面降低;图2-19(b)表示对于高架源,地面轴线浓度先随距离(x)增加而急剧增大,在距源2~3 km的不太远距离处(通常为1~3 km)地面轴线浓度达到最大值,超过最大值以后,随x继续增加,地面轴线浓度逐渐减少。

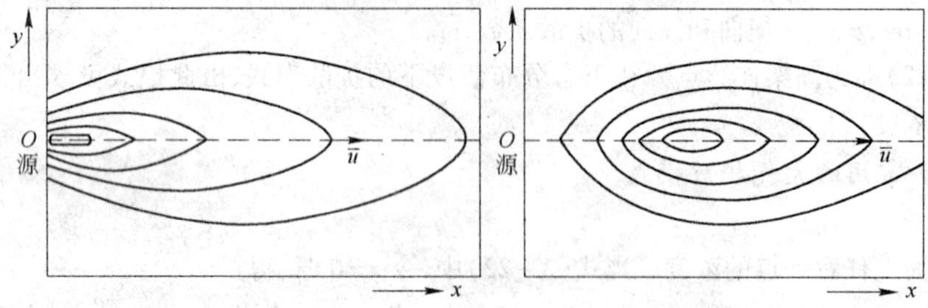

(a)　　(b)

图2-18　地面源和高架源的地面浓度分布

(a) 地面源;(b) 高架源

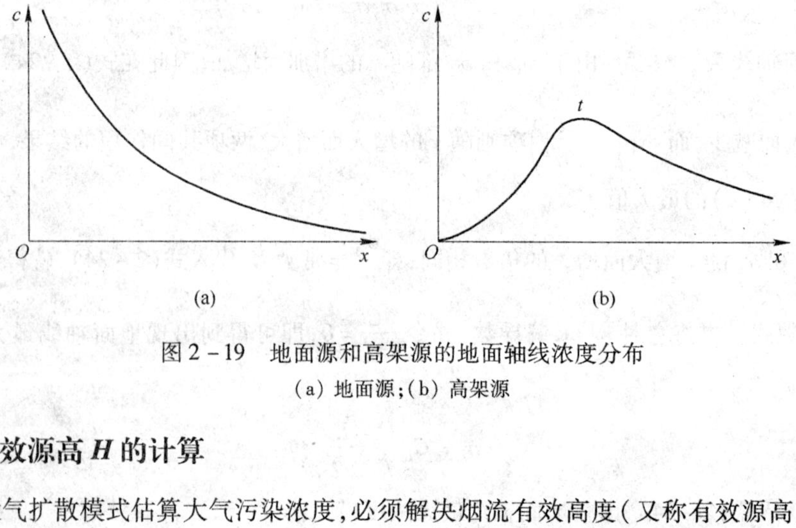

(a)　　(b)

图2-19　地面源和高架源的地面轴线浓度分布

(a) 地面源;(b) 高架源

2.5.2　有效源高 H 的计算

应用大气扩散模式估算大气污染浓度,必须解决烟流有效高度(又称有效源高)H。有效源

高是指烟囱排放的烟云距地面的实际高度，它等于烟囱（或排放筒）本身的高度 H_S 与抬升高度 ΔH 之和，如图 2－15 和图 2－17 所示，即

$$H = H_S + \Delta H \tag{2-30}$$

对于已确定的烟囱，H_S 是一定的，因此求取烟云有效高度，实质上是计算烟气的抬升高度。

2.5.2.1 影响烟气抬升高度的因素

影响烟气抬升高度的主要因素有烟气本身的热力性质、动力性质以及气象条件和近地层下垫面的状况等。

烟气抬升高度首先决定于烟气所具有的初始动量和浮力。初始动量决定于烟气出口速度（U_S）和烟囱口内径（d_S）；浮力则决定于烟气和周围空气的密度差。若烟气与空气因组分不同而产生的密度差异很小时，烟气抬升的浮力大小就主要取决于烟气温度（T_S）与空气温度（T_e）之差（$\Delta T = T_S - T_e$）。

烟气与周围空气的混合速率对烟气的抬升影响很大。烟气与周围空气混合越快，烟气的初始动量和热量散失得越快，从而抬升高度也就越小。决定混合速率的主要因子是平均风速和湍流强度。平均风速越大，湍流越强，混合越快，烟气抬升高度也越低。

稳定的温度层结对烟气抬升有抑制作用，不稳定的温度层结能使烟气抬升作用增强。

城市的地形和下垫面的粗糙度对抬升高度影响较大。近地面的湍流较强，不利于抬升。离地面愈高，地面粗糙度引起的湍流愈弱，对抬升愈有利。

2.5.2.2 烟气抬升高度计算式

由上所述，影响烟气抬升的因素很多，也比较复杂。自 20 世纪 50 年代以来，有不少人提出了烟气抬升高度的计算方法，但至今还没有一个计算式能够准确表达出烟气抬升的规律，比较多的计算式是在一定的实验条件下，经数据处理而建立的经验或半经验计算式。使用这些计算式时，要注意其使用条件。这里仅介绍几个应用较广的公式。

A 霍兰德（Holland）公式

霍兰德将大量烟气抬升实测数据，经整理提出如下抬升高度经验公式：

$$\Delta H = \frac{U_S d_S}{u}\left(1.5 + 2.7\frac{T_S - T_a}{T_S}d_S\right) = \frac{1}{u}(1.5U_S d_S + 9.56 \times 10^{-3} Q_H) \tag{2-31}$$

式中 Q_H——烟气热释放率，kJ/s。可按下式计算：

$$Q_H = Q_m \cdot c_p (T_S - T_a) \tag{2-32}$$

式中 Q_m——热烟气排放质量速率。按下式计算：

$$Q_m = \frac{\pi}{4} \cdot d_S^2 \cdot U_S \cdot \rho_S \tag{2-33}$$

将式（2－33）代入式（2－32）得：

$$Q_H = \frac{\pi}{4} \cdot d_S^2 \cdot U_S \cdot \rho_S \cdot c_p (T_S - T_a) \tag{2-34}$$

式中 ρ_S——烟气排出口处，T_S 温度下烟气的密度，kg/m^3；

c_p——恒压烟气的质量定压热容，kJ/（kg · K）。

式（2－31）适用于中性条件。此式用于计算不稳定条件下的烟气抬升高度时，烟气实际抬升高度应比计算值增加10%～20%。用于计算稳定条件下的烟气抬升高度时，烟气实际抬升高度比计算值减少 10%～20%。此式不适宜计算温度较高、热烟气或高于 100 m 烟囱的抬升高度。

B 我国标准制定《地方大气污染物排放标准的技术方法》(GB/T 3840—1991)中的推荐的计算式

(1) 当 $Q_H \geqslant 2093.5$ kJ/s,且 $T_S - T_a \geqslant 35$ K 时烟气抬升高度计算式:

$$\Delta H = \frac{n_0 Q_H^{n_1} H_S^{n_2}}{u} \qquad (2-35)$$

式中 Q_H——烟气热释放率,kJ/s。建议用下式计算:

$$Q_H = 353.8 Q_V \cdot \frac{T_S - T_a}{T_S} \qquad (2-36)$$

T_S——烟气出口温度,K;

T_a——大气温度,K,取当地气象台(站)近5年定时观测的平均气温值;

u——烟囱口高度上的平均风速,m/s;

Q_V——实际条件下的烟气排放量,m^3/s;

H_S——烟囱的几何高度,即实际建筑高度,m;

n_0, n_1, n_2——系数及指数,如表2-6所示。

表2-6 n_0、n_1、n_2 的取值

Q_H/kJ·s^{-1}	地表状况	n_0	n_1	n_2
$Q_H \geqslant 20930$	农村或城市远郊区	1.43	1/3	2/3
	城区	1.30	1/3	2/3
$20930 > Q_H \geqslant 2093.5$ 且 $\Delta T \geqslant 35$/K	农村或城市远郊区	0.33	3/5	2/5
	城区	0.29	3/5	2/5

(2) 当 $Q_H < 2093.5$ kJ/s,且 $T_S - T_a < 35$ K 时烟气抬升高度计算式:

$$\Delta H = \frac{2}{u}(1.5 U_S d + 9.8 \times 10^{-3} Q_H) \qquad (2-37)$$

式中 U_S——烟囱口处的排烟速度,m/s。

d——烟囱排出口的内径,m。

在其他文献中还可以见到很多烟气抬升高度计算式,这里不再一一介绍。当应用不同研究者所提出的烟气抬升高度计算同一气象条件、同一烟源的抬升高度,所得到的结果并不相同,甚至相差很大。这主要是因为,每一个计算式都是在特定条件下,根据数据经整理后所建立的经验关系式。如果待计算的烟源条件与所选用烟气抬升高度计算式的应用条件不相符合时,无疑所得到的计算结果将相差甚远。

例2-1 某城市火电厂的烟囱高度高100 m,出口内径5 m,出口烟气流速12.7 m/s,温度100℃,流量250 m^3/s,烟囱出口处的风速4 m/s,大气温度20℃,试确定烟气抬升高度及有效源高度。

解: 已知:$H_S = 100$ m,$Q_V = 250\ m^3/s$,$d_S = 5$ m,$U_S = 12.7$ m/s,$T_S = 373$ K,$T_a = 293$ K,$u = 4$ m/s

先计算烟气的热释放率 Q_H。

$$Q_H = 353.8 Q_V \cdot \frac{T_S - T_a}{T_S} = \frac{353.8 \times 250 \times (373 - 273)}{373} = 18970.6\ \text{kJ/s}$$

用式(2-35)计算烟气抬升高度,由表2-6查得 n_0、n_1、n_2 的值分别是0.29、3/5、2/5,于是:

$$\Delta H = \frac{n_0 Q_H^{n_1} H_S^{n_2}}{u} = \frac{0.29 \times 18970.6^{3/5} \times 100^{2/5}}{4} = 207.3\ \text{m}$$

$$H = H_S + \Delta H = 100 + 207.3 = 307.3\ \text{m}$$

所以，烟气抬升度为207.3 m，有效源高度为307.3 m。

通过烟气抬升高度的计算结果，要增加烟气抬升高度，以减轻地面烟气浓度，应注意以下几点：

（1）提高排烟温度，以减少烟道和烟囱的热损失；提高排烟温度 T_S 就会增加烟气的浮力。

（2）增加烟气的喷出速度，可以增加烟气上升的惯性力作用，但出口速度过大，会促进烟气与空气的混合，反而减少了浮力作用。

（3）增加排出的烟气量，即使喷出速度和排烟温度不变，如果增加烟气的排出量，惯性力和浮力作用均有帮助。因此，实际应用中可将分散的烟囱集合起来排放，以增加排出的烟气量。

2.5.3 扩散参数的确定

有效源高度确定后，应用大气扩散模式估算大气污染浓度，还必须解决扩散参数 σ_y 和 σ_z 的求值问题。扩散参数的确定可以现场测定，也可以在风洞中做模拟实验来确定，还可以根据经验计算式或图线法来估算。现场测定有照相法、等容（平衡）气球法、示踪剂扩散法、激光雷达测烟，以及定点观测风脉动标准差的方法等。经验估算法目前应用最多的是P—G扩散曲线法。

2.5.3.1 帕斯奎尔扩散曲线法

应用前述的扩散模式估算污染物浓度时需要确定源强 Q、平均风速 u、有效源高 H、扩散参数 σ_y 和 σ_z。其中 Q 值可由计算或实测得到，u 值可由多年的风速观测资料得到，H 的计算如前所述，余下的问题仅是如何确定 σ_y 和 σ_z 了。

扩散参数 σ_y 和 σ_z 的确定是很困难的，往往需要进行特殊的气象观测和大量的计算工作。在实际工作中，总是希望根据常规的气象观测资料就能估算出扩散参数。帕斯奎尔（Pasquill）于1961年推荐了一种方法，仅需用常规气象资料就可计算出 σ_y 和 σ_z。吉福德（Gifford）进一步将它作成应用更方便的图表，所以这种方法又简称P—G曲线法。

2.5.3.2 帕斯奎尔扩散曲线法的思想

帕斯奎尔首先提出应用观测到的风速、云量、云状和日照等天气资料，将大气的扩散稀释能力划分为 A、B、C、D、E、F 六个稳定级别，然后根据大量扩散实验的数据和理论上的考虑，用曲线来表示每一个稳定度级别的 σ_y 和 σ_z 随距离的变化。这样就可用前面导出的扩散模式进行浓度估算了。

2.5.3.3 帕斯奎尔扩散曲线法的应用

（1）根据常规气象资料确定稳定度级别。帕斯奎尔划分稳定度级别的标准如表2-7所示。对该标准的几点说明如下。

表2-7 稳定度级别划分表

地面风速距地面10 m处 /m·s^{-1}	白天太阳辐射			阴天的白天或夜间	有云的夜间	
	强	中	弱		薄云遮天或低云≥5/10	云量≤4/10
<2	A	$A\sim B$	B	D		
2~3	$A\sim B$	B	C	D	E	F
3~5	B	$B\sim C$	C	D	D	E
5~6	C	$C\sim D$	D	D	D	D
>6	C	D	D	D	D	D

稳定度级别中，A 为极不稳定，B 为不稳定，C 为弱不稳定，D 为中性，E 为弱稳定，F 为稳定。稳定度级别 A—B 表示按 A、B 级的数据内插。夜间定义为日落前 1 h 至日出后 1 h。不论何种天气状况，夜间前后各 1 h 作为中性，即 D 级稳定度。

强太阳辐射对应于碧空下的太阳高度角大于 60°的条件；弱太阳辐射相当于碧空下太阳高度角为 15°～35°。在中纬度地区，仲夏晴天的中午为强太阳辐射，寒冬晴天中午为弱太阳辐射，云量将减少太阳辐射，云量应与太阳高度一起考虑。例如，在碧空下应是强太阳辐射，在有碎中云（云量 6/10～9/10）时，要减到中等太阳辐射，在碎低云时减到弱辐射。

由于城市有较大的地面粗糙度及热岛效应，这种方法对城市地区是不太可靠的。对于开阔的乡村地区还能给出较可靠的稳定度，尤其当最大差别出现在静风晴夜时，乡村地区大气状况是稳定的，而城市地区在高度相当于建筑物的平均高度几倍之内是稍不稳定或近中性的，而它的上部则有一个稳定层。

（2）利用扩散曲线确定 σ_y 和 σ_z。图 2－20 和图 2－21 便是帕斯奎尔和吉福德给出的不同稳定度时 σ_y 和 σ_z 随下风距离 x 变化的经验曲线，简称 P—G 曲线图。在按表 2－7 确定了某地某时属于何种稳定级别后，便可用这两张图查出相应的 σ_y 和 σ_z 值。

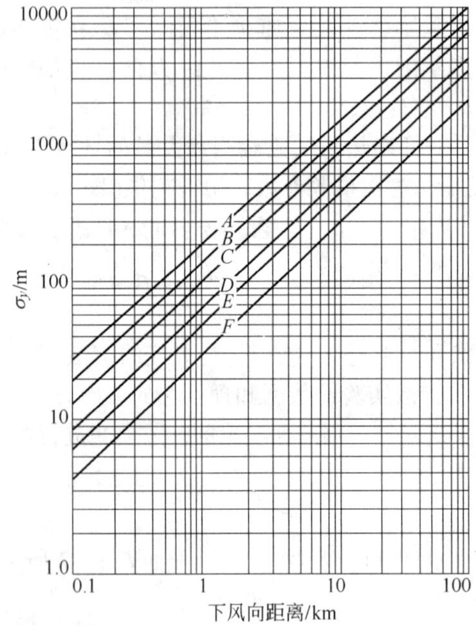

图 2－20 确定 σ_y 值的经验曲线

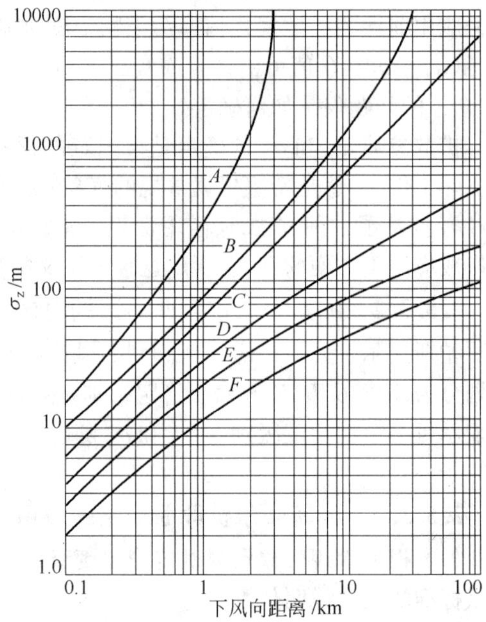

图 2－21 确定 σ_z 值的经验曲线

根据地面上方 10 m 处的风速、日照等级、阴云分布状况及云量等天气资料，按表 2－7 确定出某时某地的大气稳定度级别，然后再利用 P—G 扩散曲线图查出对于当时当地的大气稳定度及下风向距离 x 的 σ_y 和 σ_z 值。

例 2－2 某石油精炼厂排放 SO_2，排放口有效高度 $H=60$ m，SO_2 排放量 $Q=80$ g/s，试估算在风速 $u=60$ m/s 的冬季阴天清晨 8 时，距离该厂正下风向 500 m 处的地面轴线的浓度。

解：对于阴天的早晨由表 2－7 得大气稳定度取 D 类，在 $x=500$ m 时，由图 2－20 和图 2－21 分别查得 $\sigma_y=36$ m，$\sigma_z=18.5$ m，代入式（2－24）得：

$$C(x,0,0,H)=\frac{Q}{\pi u\sigma_y\sigma_z}\exp\left(-\frac{H^2}{2\sigma_z^2}\right)=\frac{80}{\pi\times6\times36\times18.5}\exp\left(-\frac{60^2}{2\times18.5^2}\right)$$
$$=0.00637\times\frac{1}{192.35}=3.3\times10^{-5}(g/m^3)$$

所以，距离该厂正下风向 500 m 处的地面轴线的浓度为 3.3×10^{-5} g/m^3。

2.5.3.4 帕斯奎尔分类方法的改进

用简单的常规的气象资料就可以确定大气稳定度的等级，这是帕斯奎尔分类方法的优点。但是也看到，这种方法没有确切地规定太阳的辐射强度，云量的观测也不准确，人为因素较多，为此，特纳尔(Turner)做了改进与补充。

特纳尔提出，在确定大气稳定度等级时，首先根据某时某地的太阳高度角和云量，按表 2-8 确定太阳辐射的等级数，然后再根据太阳的辐射等级和地面 10m 处的风速查表 2-9 来确定稳定度等级。

表 2-8 太阳辐射等级

总云量/低云量	夜间	h_0			
		$h_0\leqslant15°$	$15°\leqslant h_0\leqslant35°$	$35°\leqslant h_0\leqslant65°$	$h_0\geqslant65°$
≤4/≤4	-2	-1	+1	+2	+3
5~7/≤4	-1	0	+1	+2	+3
≥8/≤4	-1	0	0	+1	+1
≥5/5~7	0	0	0	0	+1
≥8/≥8	0	0	0	0	0

表 2-9 大气稳定度等级

地面风速 /m·s^{-1}	h_0					
	+3	+2	+1	0	-1	-2
≤1.9	A	A~B	B	D	E	F
2~2.9	A~B	B	C	D	E	F
3~4.9	B	B~C	C	D	D	E
5~5.9	C	C~D	D	D	D	D
≥6	D	D	D	D	D	D

某时某地的太阳倾角 δ 和高度角 h_0 计算如下：

(1) 太阳倾角 δ 按式(2-38)计算：

$$\delta=[0.006918-0.399912\cos\theta_0+0.070257\sin\theta_0-0.006758\cos2\theta_0+0.000907\sin2\theta_0-0.002697\cos3\theta_0+0.001480\sin3\theta_0]\times180/\pi \quad (2-38)$$

式中 δ——太阳倾角，(°)；

θ_0——$360d_n/365$，(°)。

d_n——年中日期序数，0，1，2，3，…，364。

太阳倾角的数值也可以从表 2-10(太阳倾角 δ 为 4 年平均值)中查得。

(2) 太阳高度角 h_0 按式(2-39)计算

$$h_0=\arcsin[\sin\varphi\sin\delta+\cos\varphi\cos\delta\cos(15t+\lambda-300)] \quad (2-39)$$

式中 φ——当地纬度，(°)；

t——北京时间，h；

λ——当地经度，(°)。

表 2-10　太阳倾角 δ 概略值

月	旬	倾角/(°)	月	旬	倾角/(°)	月	旬	倾角/(°)
1	上	-22	5	上	+17	9	上	+7
	中	-21		中	+19		中	+3
	下	-19		下	+21		下	-1
2	上	-15	6	上	+22	10	上	-5
	中	-12		中	+23		中	-8
	下	-9		下	+23		下	-12
3	上	-5	7	上	+22	11	上	-15
	中	-2		中	+21		中	-18
	下	+2		下	+19		下	-21
4	上	+6	8	上	+17	12	上	-22
	中	+10		中	+14		中	-23
	下	+13		下	+11		下	-23

按照上述方法，只要有风速、云量和太阳高度角等资料，就可以客观地确定大气稳定度的等级。根据我国国家气象科学研究院对全国各地风向脉动资料整理推算结果，全国大部分地区的全年平均大气稳定度为帕斯奎尔级别的 D、$C \sim D$ 及 C 级，近为中性状态，因此我国大气污染物综合排放标准选择中性大气稳定度作为计算依据。

2.6　大气污染综合防治及环境质量控制标准

大气污染具有明显的区域性、整体性特征。其污染程度受该地区的自然条件、能源构成、工业结构和布局、交通状况及人口密度等的影响，只有纳入区域环境综合防治之中，才能真正解决大气环境的污染问题。

所谓大气污染综合防治，即从区域环境整体出发，综合运用各种防治大气污染的技术措施和对策，充分考虑区域的环境特征，对影响大气质量的多种因素进行综合系统分析，提出最优化对策和控制技术方案，以达到区域大气环境质量控制的目标。

2.6.1　大气污染综合防治的原则

2.6.1.1　以源头控制为主，推行清洁生产

清洁生产是对污染实行源头控制的重要措施，积极推行清洁生产不但可以避免排放废物带来的风险和降低处理、处置的费用，而且可以提高资源利用率，降低成本。因此，以源头控制为主，推行清洁生产成为大气污染防治的重要原则。

2.6.1.2　合理利用环境自净能力与人为措施相结合

污染物排入环境中，因大气、水等环境要素的扩散稀释、氧化还原和生物降解等作用，其毒性和浓度自然降低的现象称为环境自净。实践证明，合理地利用环境自净能力，既可以保护环境，

又可节约环境污染治理的投资。但是,在利用环境自净能力时要十分慎重,因为环境容纳污染物的能力有一定的限度(这个限度就称为环境容量),超过了这个限度就会使环境质量下降。不仅要以各种类型污染物的自净规律和生态毒理实验的研究为基础,而且要对其可能造成的环境影响进行预测,比如在进行高烟囱排放时要考虑是否会造成区域环境出现酸雨。因此必须对环境自净能力和人为措施综合考虑。

2.6.1.3 分散治理与综合防治相结合

分散治理就是对污染源分别进行控制,这是防治烟尘污染的有效措施。但这种分散治理措施必须与区域综合防治相结合,才能有效地改善区域环境质量。区域污染综合防治,要坚持以污染源分散治理为基础,以污染集中控制为主的原则。如改造锅炉、消烟除尘,要与改善能源结构、提高能源利用率、集中供热等综合防治措施相结合,才能充分显示出大气污染防治的环境效益、经济效益和社会效益。

2.6.1.4 按功能区实行总量控制与浓度控制相结合

按功能区实行总量控制是指在保持功能区环境目标值的前提下,所能允许的某种污染物的最大排污量。如果某一功能区大气污染源较多,即使单个污染源均达标排放,整个功能区的污染物排放总量也可能会超过环境容量。因此,控制大气污染不能只着眼于单个污染源的排放是否达到排放标准,而应从功能区的环境容量出发,控制进入功能区的污染物总量。

2.6.1.5 技术措施与管理措施相结合

环境污染综合防治一定要管治结合。因为环境污染的许多问题不一定要投入很多资金,通过加强管理就能解决。特别在当前我国的财力有限及技术条件比较落后的条件下,通过合理工业布局,建立烟尘控制区,合理开发利用各种资源,加强工艺生产全过程等环境管理手段来防治大气污染尤为重要。另外,运用管理手段,坚持执行排污申报登记、排污收费、限期治理等各项环境管理制度,还可以促进污染治理。

2.6.2 大气污染综合防治措施

2.6.2.1 调整工业布局和工业结构

工业布局不合理是造成我国城市大气污染的主要原因之一。如工业污染源分布在城市主导风向的上风向,使城市有限的环境容量过度使用,造成大气污染。所以改善不合理的工业布局,合理利用大气环境容量是十分必要的。工业合理布局要以生态理论为指导,综合考虑经济效益、社会效益和环境效益。

调整工业结构也是大气污染综合防治的一个重要措施。在保证实现本地区经济目标的前提下,优选出经济效益、社会效益和环境效益相统一的工业结构。淘汰严重污染环境的落后工艺和设备,采用技术起点高的清洁工艺,最大限度地减少能源和资源浪费,从根本上控制污染物的产生和排放。

2.6.2.2 改善能源结构,积极采取节能措施

逐步减少直接消费煤炭,大力提倡集中供热、城市煤气化,普及民用型煤,尽快提高使用燃气、电力等清洁能源的消费比例。

2.6.2.3 大力开展综合利用,提高资源利用率

资源利用率越高,向环境排放的废物就越少,使经济发展对资源的开发强度不超过环境的承载能力,生产过程的排污量不超过环境的自净能力,从而促进生态系统的良性循环。因此,大力开展综合利用,提高资源利用率在发展工业生产、保护环境的过程中具有战略意义。

2.6.2.4 完善城市绿化系统,发展植物净化

在城市和工业区有计划、有选择地增加绿地面积是大气污染综合防治具有长效多功能的重要措施。

2.6.2.5 加强大气污染防治实用技术的推广

改革生产工艺,优先采用无污染或少污染的工艺,是防治大气环境污染的根本途径,严格生产工艺操作,选配合适的原材料,有利于减轻污染或对所产生的污染物进行处理。安装废气的净化装置,对污染源进行治理,使大气环境质量达到标准。同时建设一批典型的大气污染治理示范工程,并采取有效措施尽快推广应用。

2.6.2.6 完善环境监督管理制度

实施排污许可证制度,使排污单位明确各自的污染物排放总量控制目标,对污染源排放总量实行有效的控制。进一步提高建设烟控区的标准和监测频率,配备烟尘总量计量装置。提高大气环境监测及大气污染源监督监测的技术水平,改善监测装备条件。完善机动车排气污染监督管理体系,建立环保部门统一监督、部门协调分工的管理体系和运行机制。建立对大气污染物单项治理技术进行环境经济综合评价制度,因地制宜优化筛选单项治理技术。

2.6.3 大气环境质量控制标准

为消除日趋严重的大气污染,除抓紧对大污染源的治理,尽量减少以致消除某些大气污染物的排放之外,还应通过其他一系列措施做好对大气质量的管理工作,包括制订和贯彻执行环境保护方针政策,通过立法手段建立健全环境保护法规,加强环境保护管理等。制订大气环境标准是执行环境保护法规,实施大气环境管理的科学依据和手段。

大气环境标准按其用途可分为大气环境质量标准、大气污染物排放标准、大气污染控制技术标准及大气污染警报标准。在各标准中,根据其适用范围可分为国家标准、地方标准和行业标准。

2.6.3.1 大气环境标准的种类和作用

(1) 大气环境质量标准。大气环境质量标准是以保障人体健康和正常生活条件为主要目标,规定出大气环境中某些主要污染物的最高允许浓度。它是进行大气污染评价,制订大气污染防治规划和大气污染物排放标准的依据,是进行大气环境管理的依据。

(2) 大气污染物排放标准。这是以实现大气环境质量标准为目标,对污染源排入大气的污染物容许含量作出限制,是控制大气污染物的排放量和进行净化装置设计的依据,同时也是环境管理部门的执法依据。大气污染物排放标准可分国家标准、地方标准和行业标准。

(3) 大气污染控制技术标准。这是大气污染物排放标准的一种辅助规定。它是根据大气污染物排放标准的要求,结合生产工艺特点、燃料、原料使用标准、净化装置选用标准、烟囱高度标准及卫生防护带标准等,都是为保证达到污染物排放标准而从某一方面作出的具体技术规定,目的是使生产、设计和管理人员易掌握和执行。

(4) 警报标准。这是大气环境污染不致恶化或根据大气污染发展趋势,预防发生污染事故而规定的污染物含量的极限值。超过这一极限值时就发生警报,以便采取必要的措施。警报标准的制订,主要建立在对人体健康的影响和生物承受限度的综合研究基础之上。

2.6.3.2 我国的大气环境质量标准

我国于1982年制订出《环境空气质量标准》(GB 3095—1982)列入了总悬浮微粒(TSP)、飘尘、二氧化硫、氮氧化物、一氧化碳、光化学氧化剂(O_3)六种污染物的浓度标准。1996年国家环

境保护局批准《环境空气质量标准》(GB 3095—1996),同时代替了(GB 3095—1982)标准,并于1996年10月1日起实施,该标准中列入了二氧化硫(SO_2)、总悬浮颗粒物(TSP)、可吸入颗粒物(PM_{10})、氮氧化物(NO_x)、二氧化氮(NO_2)、一氧化碳(CO)、臭氧(O_3)、铅(Pb)、苯并(a)芘(B[a]P)、氟化物(F)等10种污染物的浓度限值,如表2-11所示。

表2-11 各项污染物的浓度限值

<table>
<tr><th rowspan="2">污染物名称</th><th rowspan="2">取值时间</th><th colspan="6">质量浓度限值</th><th rowspan="2">质量浓度单位
(标准状态)</th></tr>
<tr><th colspan="2">一级标准</th><th colspan="2">二级标准</th><th colspan="2">三级标准</th></tr>
<tr><td>二氧化硫
(SO_2)</td><td>年平均
日平均
1 h平均</td><td colspan="2">0.02
0.05
0.15</td><td colspan="2">0.06
0.15
0.50</td><td colspan="2">0.10
0.25
0.70</td><td rowspan="7">mg/m^3
(标准状态)</td></tr>
<tr><td>总悬浮颗粒物
(TSP)</td><td>年平均
日平均</td><td colspan="2">0.08
0.12</td><td colspan="2">0.20
0.30</td><td colspan="2">0.30
0.50</td></tr>
<tr><td>可吸入颗粒物
(PM_{10})</td><td>年平均
日平均</td><td colspan="2">0.04
0.05</td><td colspan="2">0.10
0.15</td><td colspan="2">0.15
0.25</td></tr>
<tr><td>氮氧化物
(NO_x)</td><td>年平均
日平均
1 h平均</td><td colspan="2">0.05
0.10
0.15</td><td colspan="2">0.05
0.10
0.15</td><td colspan="2">0.10
0.15
0.30</td></tr>
<tr><td>二氧化氮
(NO_2)</td><td>年平均
日平均
1 h平均</td><td colspan="2">0.04
0.08
0.12</td><td colspan="2">0.04
0.08
0.12</td><td colspan="2">0.08
0.12
0.24</td></tr>
<tr><td>一氧化碳
(CO)</td><td>日平均
1 h平均</td><td colspan="2">4.00
10.00</td><td colspan="2">4.00
10.00</td><td colspan="2">6.00
20.00</td></tr>
<tr><td>臭氧(O_3)</td><td>1 h平均</td><td colspan="2">0.12</td><td colspan="2">0.16</td><td colspan="2">0.20</td></tr>
<tr><td>铅(Pb)</td><td>季平均
年平均</td><td colspan="6">1.50
1.00</td><td rowspan="3">$\mu g/m^3$
(标准状态)</td></tr>
<tr><td>苯并(a)芘
(B[a]P)</td><td>日平均</td><td colspan="6">0.01</td></tr>
<tr><td rowspan="2">氟化物
(F)</td><td>日平均
1 h平均</td><td colspan="6">7①
20①</td></tr>
<tr><td>月平均
植物生长</td><td colspan="3">1.8②
1.2②</td><td colspan="3">3.0③
2.0③</td><td>$\mu g/m^3 \cdot d$
$\mu g/m^3 \cdot d$</td></tr>
</table>

① 适用于城市地区;

② 适用于牧业区和以牧业区为主的半农牧区,蚕桑区;

③ 适用于农业和林业区。

根据环境质量基准,各地大气污染状况、国民经济发展规划和大气环境的规划目标,按照分级分区管理的原则,规定我国大气环境质量标准分为三级:

一级标准。为保护自然生态和人群健康,在长期接触情况下,不发生任何危害性影响的空气质量要求。

二级标准。为保护人群健康和城市、乡村的动植物,在长期和短期的接触情况下,不发生伤害的空气质量要求。

三级标准。为保护人群不发生急、慢性中毒和城市一般动、植物(敏感者除外)正常生长和空气质量要求。

根据各地区地理、气候、生态、政治、经济和大气污染程度,确定大气质量分为三类区:

一类区:国家规定的自然保护区、风景游览区、名胜古迹和疗养地等。

二类区：城市规划中确定的居民区、商业交通居民混合区、文化区、名胜古迹和广大农村地区。

三类区：大气污染程度比较重的城镇和工业区，以及城市交通枢纽、干线等。

该标准规定，一类区由国家确定，二、三类区以及适用区域的地带范围由当地人民政府划定。三类区一般分别执行相应的三级标准。但是，凡位于三类区内的非规划的居民区，应执行三级标准。

《环境空气质量标准》是在全国范围内进行环境空气质量评价的准则，因此在标准中对环境空气、污染物项目、取值时间及浓度限值等 14 种术语的定义，以及采样与分析方法和数据统计的有效性都一一作了规定，这表明了我国对大气环境的科学管理日趋完善。

2.6.3.3 我国工业企业设计卫生标准

我国于 1962 年颁发并于 1979 年重新修订的《工业企业设计卫生标准》(TJ36—79)，规定了"居住区大气中有害物质的最高容许浓度"和"车间空气中有害物质的最高容许浓度"标准。2002 年，《工业企业设计卫生标准》经修订后再次由卫生部颁布为两个标准——《工业企业设计卫生标准》(GBZ1—2002)和《工业场所有害因素职业接触限值》(GBZ2—2002)。修订后的标准是根据职业性有害物质的理化性质、国内外毒理学及现场劳动卫生学或职业流行病学调查资料，并参考美国、德国、俄罗斯、日本等国家的职业接触限值及其制定依据而修订和制定的，是作为工业企业设计及预防性和经常性监督使用的卫生标准。GBZ2—2002 在其表 1 中列出了 329 个有毒物质容许浓度，在其表 2 中规定了工作场所 47 种粉尘容许浓度。

2.6.3.4 大气污染物排放标准

制定大气污染物排放标准应遵循的原则是：以大气环境质量标准为依据，综合考虑控制技术的可能性和地区的差异性。排放标准的制定方法，大体上有：

(1) 按最佳适用技术确定的方法；

(2) 按污染物在大气中的扩散规律推算的方法；

(3) 按环境总量控制法制定排放标准。

A 按最佳适用技术确定的方法

最佳实用技术是指在现阶段效果最好、且经济合理的实际应用的污染物控制技术。按该技术确定污染物排放标准的方法，就是根据污染现状，最佳控制技术的效果和对现有控制得好的污染源进行损益分析来确定排放标准。这样确定的排放标准便于实施，便于监督，但有时不一定能满足大气环境质量标准，有时又可能显得过严。其表现形式有：

(1) 浓度法。它是以排出气体中所含污染物的容许浓度作为排放标准的。目前，多数国家仍采用这种标准。应用这种标准便于对污染源进行监督和管理。因为可直接测定污染源所排放的污染物的浓度，不需换算即可判别污染物超标情况。但此法不便控制区域的总排放量。

(2) 林格曼黑度图法。此法是以人们的视觉判断从污染源排放污染物的黑度的大小，并与标准黑度对比判断超标程度。尽管这种方法不是很准确，但由于它简单方便，在英、美等国一直在采用。

(3) 单位产品容许污染物排放量法。这种方法所制定的标准是严格的，考虑了设备的能力、产品产量的多少。目前采用这种方法作为排放标准的国家为数不少。美国有些州就采用这种标准。应用这种标准便于控制一个地区的排放污染物的总量，也便于控制无组织的污染物的排放。但不便于直接测试和进行检查与监督。

B 按污染物扩散规律推算制定的排放标准

这种标准是以大气环境质量标准为依据，应用污染物在大气中的扩散模式推算出不同烟囱高度时的污染物容许排放量或排放标准，或者根据污染物排放量推算出最低烟囱高度。这样确定的排放标准，由于计算式的准确性和可靠性可能存一定问题，各地区的自然环境条件和污染源密集程度等并不相同，对不同地区可能偏严或偏宽。

1973 年发的工业“三废”排放试行标准 GBJ4—73，暂定了 13 类有害物质的排放标准。它是以居住区大气有害物质最高容许浓度标准为依据，应用大气扩散模式推算的不同烟囱高度时污染物容许排放量或排放浓度的标准。按此法制定的排放标准，由于计算模式的参数选择误差较大，各地区的气象条件、地形条件、污染源密集程度等也各有不同，因而，计算结果差别很大。

1996 年国家环保总局在原标准废气部分和有关其他行业性国家大气污染物排放标准的基础上，制定了《大气污染物综合排放标准》(GB 16297—1996)，并得到批准实施，标准中规定了 33 种大气污染物的排放限值，同时规定了标准执行中的各项要求。

C 总量控制标准

“总量控制”标准是对整个地区排放的污染物总量加以限定的方法。它是根据地区环境的自净能力——环境容量，确定出该地区容许排放污染物总量。环境管理部门再按责任分担率计算出各个污染源的容许排放量。用总量控制标准控制一个地区成一个城市的大气污染是最为科学的。应是我国控制大气污染的努力方向。

2.7 大气污染控制技术

2.7.1 颗粒污染物控制技术

2.7.1.1 除尘装置的分类与性能指标

A 除尘装置的分类

从气体中除去或收集固态或液态粒子的设备称为除尘装置。由于生产的需要，在实践中采用了各种各样的除尘器，根据除尘器的除尘机理不同，习惯上将除尘器分为机械式除尘器，过滤式除尘器，湿式除尘器和静电除尘器四大类。这四大类的优缺点如表 2－12 所示。

表 2－12 各类除尘器性能

类别	优点	缺点	举例
机械式除尘器	结构简单，造价低，维护方便	除尘效率不高	重力沉降室、惯性除尘器、旋风除尘器
过滤式除尘器	除尘效率高，对呼吸性粉尘也可保持较高的除尘效率，经济性好，便于回收有价值的颗粒	一次性投资高，附属部件多，滤料容易堵塞，损坏，工作性能不稳定	袋式除尘器、颗粒层除尘器
湿式除尘器	设备简单，造价低，除尘效率高	有时会消耗较高的能量，需要进行污水处理，处理风量受脱水器性能的限制	低能湿式除尘器、高能文丘里除尘器
电除尘器	除尘效率高(特别对呼吸性粉尘)，消耗动力少	设备复杂，投资大，维护要求严，不宜应用于有爆炸性的粉尘	干式电除尘器、湿式电除尘器

理论和实验已证明各种除尘器都具有一定的除尘效率，不同类型的除尘器对不同粒径的除尘效率是不一样的，如表 2－13 所示，从表中可以看出，对于大于 50 μm 的粗尘，各种类型的除尘器都有一定效果；对于小于 5 μm 的呼吸性粉尘，使用文丘里除尘器，袋式过滤除尘器，自激式湿式除尘器和静电除尘器等高效除尘器能得到满意的效果。因此，要根据粉尘产生的实际条件，

选择合理的除尘器类型。

B 评定除尘装置的指标

除尘器的类型众多,在选择除尘器时,必须从各类除尘器的除尘效率、阻力、耗钢量、一次投资、运行费用等指标加以综合评价后才确定。

a 除尘效率

除尘器的总除尘效率系指含尘气流在通过除尘器时,所捕集下来的粉尘量(包括各种粒径的粉尘)占进入除尘器的粉尘量的质量分数 η(%),即

表 2-13 各种除尘器对不同粒径粉尘的除尘效率

类别	除尘器名称	除尘效率/%		
		50 μm	5 μm	1 μm
机械式除尘器	惯性除尘器	95	16	3
	中效旋风除尘器	94	27	8
	高效旋风除尘器(多管除尘器)	96	73	27
	重力除尘器	40		
过滤式除尘器	振打袋式除尘器	>99	>99	99
	逆喷袋式除尘器	100	>99	99
湿式除尘器	冲击式除尘器	98	85	38
	自激式除尘器	100	93	40
	空心喷淋塔	99	94	55
	中能文丘里除尘器	100	>99	97
	高能文丘里除尘器	100	>99	99
	泡沫除尘器	95	80	
	旋风除尘器	100	87	42
静电式除尘器	干式除尘器	>99	99	86
	湿式除尘器	>99	98	92

$$\eta = \frac{G_c}{G_i} \times 100, \% \tag{2-40}$$

式中 G_i——进入除尘器的粉尘量, kg/s;

G_c——被捕集的粉尘量, kg/s。

除尘效率是衡量除尘器清除气流中粉尘的能力,一般根据总除尘效率的不同,除尘器可分为:

(1) 低效除尘器。除尘效率为50% ~80%,如重力沉降式、惯性除尘器等;

(2) 中效除尘器。除尘效率为80% ~95%,如低能湿式除尘器、颗粒层除尘器等;

(3) 高效除尘器。除尘效率为95%以上,如电除尘器、袋式除尘器、文丘里除尘器等。

除尘器的除尘效率除了与其结构有关,还取决于粉尘的性质、气体的性质、运行条件等因素。

如果除尘器结构严密不漏风,式(2-40)可写成:

$$\eta = \frac{Q_1 C_1 - Q_2 C_2}{Q_1 C_1} \times 100\% = \frac{C_1 - C_2}{C_1} \times 100\% \tag{2-41}$$

式中 Q_1, Q_2——分别为除尘器进口和出口的风量, m^3/s;

C_1, C_2——分别为除尘器进口和出口空气中粉尘浓度, mg/m^3。

式(2-40)要通过称重求得除尘器的除尘效率,称质量法,这种方法得到的结果比较准确,多用于实验室或产品的鉴定。由于生产过程的连续性,质量法在生产现场往往难以进行,因此,在生产现场一般采用浓度法,也就是先同时测出除尘器进出口的风量和含尘浓度,然后再按式

(2-41)计算除尘效率。

b 分级除尘效率

分级除尘效率是指某一粒径(或粒径范围)下的除尘效率 η_d,可用下式表示

$$\eta_d = \frac{G_{cd}}{G_{id}} \times 100 \tag{2-42}$$

式中 G_{cd}——除尘器被捕集粉尘中,粒径 d_p 的粉尘量,kg/s;

G_{id}——除尘器入口气流中,粒径 d_p 的粉尘量,kg/s。

分级效率与总除尘效率的关系如下式表示

$$\eta = \sum_{i=1}^{n} \eta_d \varphi_{id} \tag{2-43}$$

式中 φ_{id}——除尘器进口气流中粒径为 d_p 的粉尘质量分数,%。

c 穿透率

除尘效率是从除尘器所捕集的粉尘的角度来评价除尘器性能,而穿透率是从除尘器未被捕集的粉尘的角度来评价除尘器性能,这是一个问题的两方面。

穿透率(P)是指气流中未被捕集的粉尘占进入除尘器粉尘量的百分数,可用下式表示

$$P = (1 - \eta) \times 100\% \tag{2-44}$$

穿透率反映排入大气的粉尘量的概念,根据穿透率可以直接计算出排入大气的总粉尘量。

d 除尘器的阻力

除尘器阻力是评定除尘器性能的重要指标,它也是衡量除尘设备的能耗和运行费用的一个指标。根据除尘器的阻力可分:

低阻力除尘器——$\Delta P < 500$ Pa,一般指重力除尘器、电除尘器等;

中阻力除尘器——$\Delta P = 500 \sim 2000$ Pa,如旋风除尘器、袋式除尘器、低能耗型湿式除尘器等;

高阻力除尘器——$\Delta P = 2000 \sim 20000$ Pa,主要有高能耗文丘里除尘器。

e 除尘器的经济性

除尘器的经济性包括除尘器的设备费和运行维护费两部分,它是评定除尘器的重要指标之一。

设备费主要指是除尘器的材料消耗费(如耗钢量、滤袋、耐磨材料)、加工制作费、安装费用以及除尘器的各种辅助设备(如反吹风机、电控装置、水处理设备、压缩空气等)的费用。

运行维护费主要有气流通过除尘器所做的功、清灰时所消耗的能量,以及易损件的更换、维修材料等。

除尘器的运行费主要是指除尘器的耗电量,取决于除尘器的阻力和处理风量,可按下式计算

$$N = \frac{Q\Delta P}{102 \times \eta} \tau \tag{2-45}$$

式中 N——耗电量,kW·h;

Q——除尘器的处理风量,m^3/s;

ΔP——除尘器的阻力,Pa;

η——运行效率(包括风机、电动机和传动效率),%;

τ——运行时间,h。

2.7.1.2 机械式除尘器

机械式除尘器是利用重力、惯性力及离心力等机械作用,使含尘气流中的粉尘被分离捕集的除尘装置,包括重力沉降室、惯性除尘器和旋风除尘器。

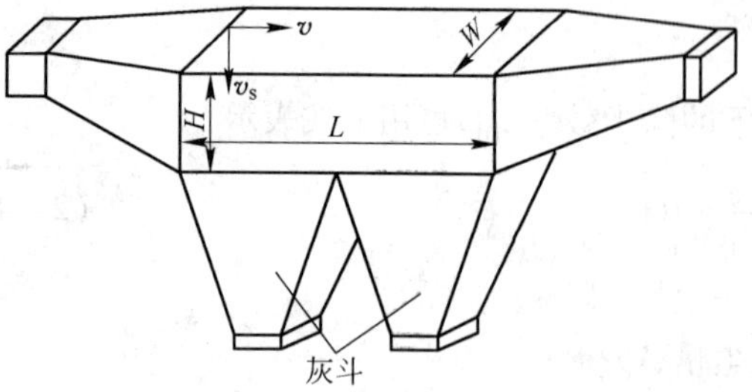

图 2－22 重力沉降室

A 重力沉降室

重力沉降室是利用粉尘本身的重量使粉尘从空气中分离的一种除尘设备，如图 2－22 所示。含尘气流从风管进入一间比风管截面大得多的空气室后，流速大大降低，在层流或接近层流的状态下运动，其中的粉尘在重力作用下缓慢下降，落入灰斗。

在沉降室内，尘粒一方面以沉降速度 v_s 下降，另一方面以气流在沉降室的流速 v 继续前进，要使沉降速度 v_s 的尘粒在重力沉降室内全部除掉，含尘气流在沉降室的停留的时间应大于或等于尘粒从沉降室顶部沉降到灰斗所需时间，即

$$\frac{l}{v} \geqslant \frac{h}{v_s} \qquad (2-46)$$

式中 l——沉降室长度，m；

v——沉降室内气流的速度，m/s；

v_s——尘粒的沉降速度，m/s；

h——沉降室的高度，m。

沉降室内气流速度，可根据尘粒的比重和粒径确定，一般取 $v=0.5$ m/s。

尘粒沉降速度，可按尘粒在静止空气中自由沉降时，由斯托克斯式进行计算，即

$$v_s = \frac{(\rho_p - \rho_g) g d_p^2}{18\mu_g} \quad 或 \quad v_s = \frac{\rho_p g d_p^2}{18\mu_g} \qquad (2-47)$$

式中 ρ_p——尘粒的密度，kg/m³；

ρ_g——气体的密度，kg/m³；

d_p——尘粒的直径，m；

g——重力加速度，9.8 m/s²；

μ——气体的动力黏性系数，Pa·s。

设计重力沉降室时，先根据式(2－47)计算出需要捕集尘粒的沉降速度 v_s，再假定沉降室高度 h，并确定沉降室内气流的速度 v，然后根据下列公式计算沉降室的长度 l 和宽度 B。

沉降室的长度：

$$l \geqslant v\frac{h}{v_s} \qquad (2-48)$$

沉降室的宽度：

$$B = \frac{Q}{3600hv} \qquad (2-49)$$

式中 Q——沉降室处理的空气量，m³/h。

将式(2－47)代入式(2－48)可求得重力沉降室能够分离出来的尘粒最小粒径 d_{min}，即

$$d_{min} = \sqrt{\frac{18\mu h v}{\rho_p l g}} \qquad (2-50)$$

由上式可以看出，尘粒的最小分离直径 d_{min} 与尘粒的下降高度 h 和水平气流速度 v 成正比，与沉降速度 v_s 成反比。因此，在处理微细粉尘时，为提高除尘效率就要降低尘粒的下降高度 h

或进入沉降室的水平气流速度 v。欲使 h 减小可在沉降室内沿高度上加隔板，即把单层沉降室改为多层沉降室，如图 2－23 所示。

沉降室内气流最好是层流，风速不宜太高，否则因紊流脉动将影响粉尘的沉降，且容易产生二次扬尘现象。

重力沉降室仅适用于除去 50 μm 以上粉尘，沉降室的压力损失约为 5 ~ 10 Pa，气流速度 v 通常取 1 ~ 2 m/s，除尘效率约为 40% ~ 60%。重力除尘器构造简单，施工方便，投资少，收效快，但体积庞大，占地多，效率低不适于除去细小尘粒。故工程上应用不广泛，仅作多级除尘系统的第一级除尘装置（即前置除尘器）。

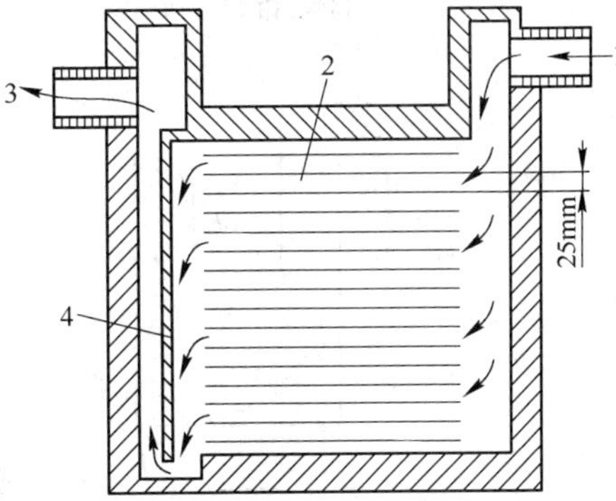

图 2－23 多层重力沉降室

1—含尘气体进口；2—隔板；3—清洁气体出口；4—挡板

B 惯性除尘器

惯性除尘器是含尘气流在运动过程中，遇到障碍物（如挡板、水滴、纤维等）时，气流的运动方向将发生急剧变化，如图 2－24 所示。由于尘粒的质量比较大，仍保持向前运动的趋势，故有部分粉尘撞击到障碍物上而被沉降分离。

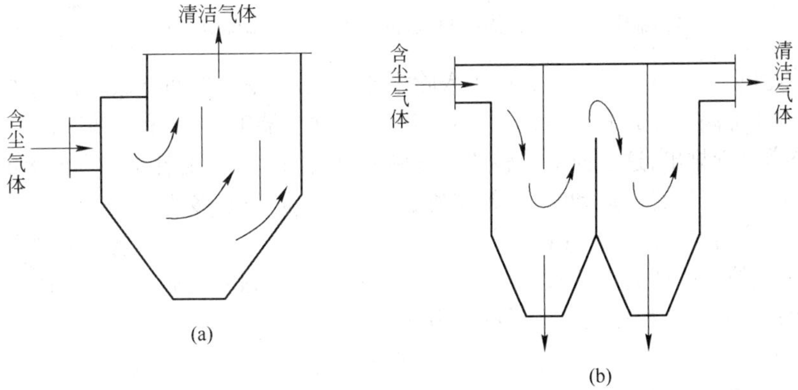

图 2－24 惯性除尘器

(a) 反转式；(b) 迷宫式

惯性除尘器较重力除尘器占地面积小些，能除掉粒径 20 ~ 30 μm 以上尘粒，除尘效率为 50% ~ 70%，多作为高性能除尘器的前一级除尘器，用它先除去较粗的尘粒或炽热状态的粒子。气流速度及其压力损失随除尘器的形式不同而不同。

C 旋风除尘器

旋风除尘器是利用离心力从含尘气体中将尘粒分离的设备。其除尘原理与反转式惯性力除尘器相类似。但惯性力除尘器中的含尘气流只是受设备的形状或挡板的影响，简单地改变了流线方向，作半圈或一圈旋转，尘粒所受到的离心力不大。而在旋风除尘器中，由于含尘气流做高速多圈旋转运动，因此旋转气流中的尘粒所受到离心力比较大。对于小直径，高阻力的旋风除尘器，离心力比重力大 2500 倍；对大直径，低阻力旋风除尘器，离心力比重力约大 5 倍。因此，用旋风除尘器从含尘气体中除下的粒子比用沉降室或惯性力除尘器除下的粒子要小得多。

旋风除尘器由筒体、锥体、排出管三部分组成，如图 2 - 25 所示。

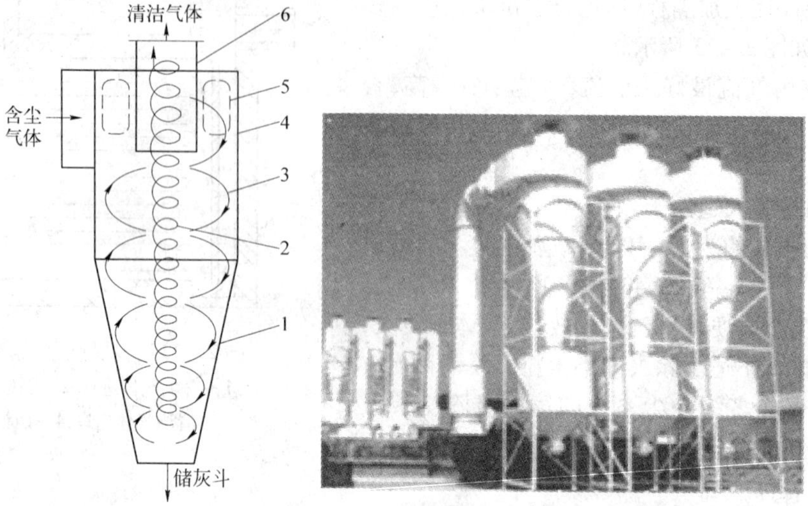

(a)　(b)

图 2 - 25　旋风除尘器

(a) 原理图；(b) 实物图

1—锥体；2—内螺旋；3—外旋涡；4—筒体；5—上旋涡；6—排出管

含尘气体由除尘器进口沿切线方向进入除尘器后，沿外壁由上而下做旋转运动，这股向下旋转的气体称为外旋涡。外旋涡随圆锥体的收缩而转向除尘器轴心，受底部所阻而返回，沿轴心向上转，最后经排出管排出，这股向上旋转的气流称为内旋涡。向下的外旋涡和向上的内旋涡旋转方向是相同的。气流做旋转运动时，尘粒在离心力作用下向外壁移动，到达外壁的尘粒在重力和向下气流带动下，沿壁面落入灰斗内。

外旋涡中尘粒所受的力有：惯性离心力 F_1(N) 和径向受到的气流对尘粒的阻力 P(N)，在不考虑其他力的作用时，尘粒在径向所受的合力 F(N) 为：

$$F = F_1 - P \tag{2-51}$$

尘粒所受的离心力 F_1 为：

$$F_1 = m\frac{v_t^2}{R} = \frac{\pi}{6}d_p^3\rho_p\frac{v_t^2}{R} \tag{2-52}$$

式中　m——尘粒的质量，kg；

v_t——尘粒的切向速度，m/s（可以近似等于该点气流的切向速度）；

R——尘粒的旋转半径，m。

当尘粒雷诺数 $Re_p \leqslant 1$ 时，尘粒受到的径向阻力 P 为：

$$P = 3\pi\mu v_r d_p \tag{2-53}$$

式中　v_r——外旋涡中气流的径向平均速度，m/s。

在假想的正圆柱面上的尘粒，在离心力作用的同时还受有相反方向的阻力。在交界面上，如果 $F_1 > P$ 时，尘粒向外运动；当 $F_1 < P$ 时，则尘粒向内运动流入内旋涡，排出除尘器外；当 $F_1 = P$ 时，尘粒进入内外旋涡机会相等，此时的除尘效率为 50%。除尘器的分级效率等于 50% 所对应的尘粒粒径叫分割粒径，以 d_{50} 表示，它是旋风除尘器的一个重要指标。d_{50} 愈小说明除尘器的除尘效率愈高。

当 $F_1 = P$ 时，将式(2 - 52)和式(2 - 53)代入式(2 - 51)得：

$$\frac{\pi}{6}d_{50}^3\rho_p\frac{v_t^2}{R}=3\pi\mu v_r d_{50} \tag{2-54}$$

由式(2-54)得分割粒径为：

$$d_{50}=\sqrt{\frac{18\mu v_r R_0}{\rho_p v_{t0}^2}} \tag{2-55}$$

式中 v_{t0}——交界面上气流的切向速度，m/s；

R_0——内、外旋涡交界面上的半径，约等于0.6倍排出管的半径，m。

由式(2-55)可知，随交界面上气流的切向速度 v_t 和粉尘密度 ρ_p 的增加，以及随外旋涡径向速度 v_r 及排气管半径的减小，都会使 d_{50}减小，有利于提高除尘效率。

旋风除尘器具有设备结构简单，造价低；没有传动机构及运动部件，维护修理方便；可用于净化高温烟气。能捕集粒径10 μm以上的尘粒，效率达80%以上，使用多管旋风除尘器(由一群小直径旋风除尘器并联)，除尘效率可达95%以上。

2.7.1.3 过滤式除尘器

过滤式除尘器是使含尘气流通过过滤材料，粉尘被滤料分离出来的一种装置。目前广泛应用的是袋式除尘器，实物照片如图2-26所示。

(a) (b)

图2-26 袋式除尘器实物图

(a) 脉冲布袋除尘器；(b) 分室侧喷低压脉冲除尘器

A 基本原理

袋式除尘器是用滤布的过滤作用进行除尘的。滤布与纤维层滤料不同，滤布是用纤维织成的比较薄而致密的材料，主要是表面过滤作用，含尘空气通过滤布后，由于过滤、碰撞、拦截、扩散、静电作用，粉尘被阻留在滤料内表面上，净化后的气体由除尘器风机口排出。

新滤布在开始时粉尘被捕集沉积于纤维间，产生架桥作用，使滤布孔隙更加缩小并均匀化，逐渐在滤布表面形成一层初始粉尘层。在过滤的过程中，初始粉尘层起着重要的作用，由于初始粉尘层的孔隙小而均匀，捕集效率增强，对粗细粉尘都有很好的捕集效果。图2-27所示为初始粉尘层的形成及过滤作用；而图2-28所示为滤布在不同条件下的分级除尘效率。

从图2-28中可以看出，新滤布或清洗后的清洁滤布的捕尘效率是很低的。但在形成初始粉尘层后，效率有很大提高，继续沉积粉尘，效率仍有增加，振打清灰后，仍需保持着初始粉尘层，并能在较高效率下运转。另外，对亚微米粉尘也有较高捕尘效率，而对0.2~0.4 μm粉尘的捕集效率却很低，这是由于惯性和扩散作用都较弱的原因；对1 μm以上粉尘，效率可达99%以上。

而随着沉积粉尘的加厚,阻力将增高,阻力过高将使风机工作风量减少,并且能把滤布空隙处沉积粉尘吹走而使除尘效率降低,所以,要把阻力控制在一定数值之内。一般为 1000 ~ 2000 Pa。为此,而要采取清落积尘的措施,称为清灰。清灰的目的:一是清沉积的粉尘层,使过滤阻力大大降低;二是不致破坏初始粉尘层,使滤布仍保持较高的捕集效率。清灰是袋式除尘器工作过程中的一项主要工序,对过滤效率、阻力、滤布寿命、维护管理等都有直接影响,采用这样的清灰方法是设计和研究袋式除尘器的一个重要问题。

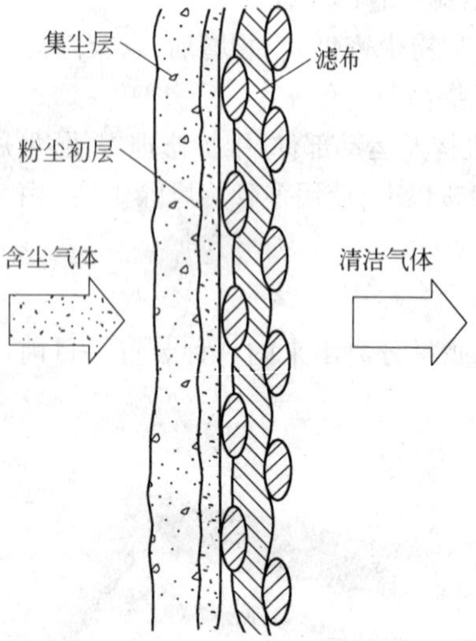

图 2-27 滤布过滤作用示意图

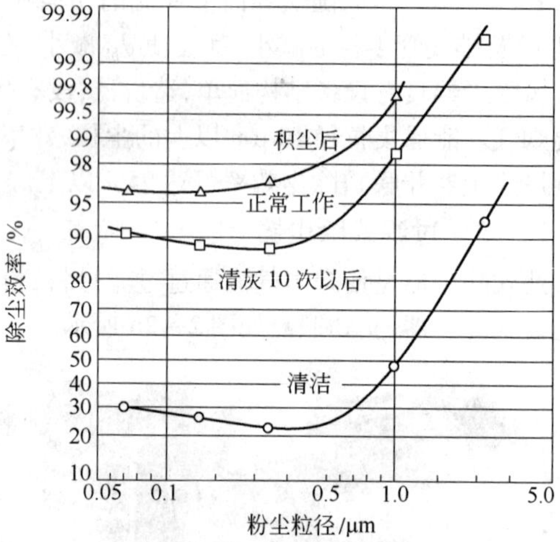

图 2-28 滤布分级效率

B 影响袋式除尘器除尘效率的因素

(1) 滤料上沉积粉尘的厚度。要保证使滤料达到一定阻力后及时清灰,清灰后还能保持初始粉尘层,最理想的阻力是控制在 1000 ~ 2000 Pa 左右。

(2) 滤料种类。滤料是袋式除尘器主要组成部分之一。常用的滤料按所用的材质可分天然滤料(如棉毛织物)、合成纤维滤料(如尼龙、涤纶等)、无机纤维滤料(如玻璃纤维、耐热金属纤维等)和毛毡滤料四类。一般要根据处理烟尘的性质选用不同的滤料,达到高效除尘的目的。目前广泛应用的滤料是涤纶绒布,它是国内性能较好的一种滤布,滤尘效率高,阻力较小而又容易清灰。

(3) 滤速的选取。滤布过滤风速的大小取决于滤料的种类和清灰方式。一般取作用于滤布全表面的平均风速,实际上多采用 0.5 ~ 2 m/min 过滤风速, 风速过高时,不仅使阻力增高,也能吹掉滤布空隙中沉积的粉尘而使除尘效率降低,亦可采用气布比表示过滤风速,即单位面积滤布单位时间通过的风量[$m^3/(s \cdot m^2)$]。

C 袋式除尘器阻力的计算

袋式除尘器阻力是袋式除尘器的一项重要性能指标,一方面它决定了除尘器的能量消耗;另一方面决定了除尘效率和清灰时间间隔。

袋式除尘器的总阻力 P 为:

$$P = P_1 + P_2 + P_3 \tag{2-56}$$

式中 P_1——机械设计阻力,Pa;

P_2——滤袋本身的阻力,Pa;

P_3——滤袋上粉尘层的阻力,Pa。

机械设计阻力 P_1 是气流通过袋式除尘器进、出口、除尘器箱体及清灰机构等所造成的流动阻力,在正常过滤风速下,此项阻力为 200 ~ 500 Pa。滤料和处理风量确定后,滤袋本身阻力 P_2 是一个定值。滤袋上粉尘层的阻力 P_3 取决于过滤风速、气体的含尘浓度和连续运行的时间。当处理含尘浓度低的气体时,清灰时间间隔(即滤料连续的过滤时间)可适当加长;当处理含尘浓度较高的气体时,清灰时间间隔应尽量缩短。含尘浓度低、清灰时间间隔短、清灰效果好的除尘器,可选用较高的过滤风速;相反,则应选用较低的过滤风速。

滤袋上粉尘层的阻力决定了袋式除尘器总阻力的变化,当该值达到一定值后,必须进行清灰。

D　除尘效率

(1) 清洁滤布的除尘效率 η:可按下式计算

$$\eta = \eta_e(1-\varepsilon) \tag{2-57}$$

式中　η_e——单一纤维的除尘效率,%;

ε——滤布的孔隙率,%。

(2) 有粉尘负荷时的除尘效率:滤布经常是在粉尘负荷情况下工作的,其经验公式如下:

$$\eta_m = \eta_e\left(1+\frac{\Delta\eta_e}{\eta_e}\right)(1-\varepsilon) \tag{2-58}$$

式中　$\Delta\eta_e$——单一纤维由于捕集粉尘效率的增加量。

E　清灰方式

袋式除尘器的清灰方式及清灰效果的好坏是影响除尘效率、阻力、滤袋寿命及工作状态的重要环节,清灰基本要求是能从滤布上迅速地、均匀地清适量的沉积粉尘,并仍能保持一定的初始粉尘层,而不损坏滤袋和消耗动力。

基本的清灰方式有:振打清灰、反气流清灰、气环喷吹清灰、压气脉冲清灰和声波清灰。清灰的工作可分为:连续工作、间断工作和分隔式工作。

2.7.1.4 湿式除尘器

湿式除尘器也称洗涤器,它是利用液体来净化气体的装置,在湿式除尘器中,气流中的粉尘主要是靠液(水)滴来捕集,水与含尘气流的接触方式大致有水滴、水膜和气泡三种形式。在实际应用的湿式除尘器中,可能兼有两种,甚至三种方式。依靠液滴捕集尘粒的机理,主要有惯性碰撞、截留、布朗扩散等,这种方法简单有效,因而在实际中得到广泛应用。湿式除尘器与其他除尘器比较具有以下优点:

(1) 在消耗同等能量的情况下,湿式除尘器的除尘效率要比干式高,高能湿式除尘器(文丘里除尘器)对于小于 0.5 μm 的粉尘仍有很高的除尘效率。

(2) 湿式除尘器适用于处理高温、高湿的烟气以及黏性大的粉尘。在这种情况下,采用干式除尘器往往受到各种条件的限制。

(3) 很多有害气体可以用湿法净化,因此在这些情况下湿式除尘器可以同时除尘和净化有害气体。为了更有效地净化有害气体,可以根据有害气体的性质选用其他液体(如表面活性剂溶液)代替水。

(4) 湿式除尘器的结构简单,一次投资低,占地面积少。

湿式除尘器的缺点有:

(1) 从湿式除尘器中排出的泥浆要进行处理,否则会造成二次污染。

（2）当净化有腐蚀性的气体时，化学腐蚀性转移到水中，因此污水系统要用防腐材料保护。

（3）不适用于憎水性和水硬性粉尘。

（4）在寒冷地区要防止冬季结冰。

下面仅介绍几种常用的湿式除尘器的结构和除尘原理。

A 湿式除尘器的分类及其特性

湿式除尘器按其结构形式分类，大致可以分为贮水式、加压水喷淋式和强制旋转喷淋式三类。

a 贮水式

贮水式除尘器内有一定量的水，由于高速含尘气体进入后，冲击贮水槽的水，形成水滴、水膜和气泡，对含尘气体进行洗涤，如图2-29所示。这类除尘器具有一个共同的特点是：一般都使用循环水，耗水量少，只消耗于蒸发和排除泥浆时的损失。另外，它们都不使用具有细小喷孔的喷嘴喷水，除尘器的各部分没有很小的间隙，不容易发生堵塞，可以处理含尘浓度高，大流量的含尘气体。属于这类除尘器有：冲击式除尘器，水浴除尘器，卧式旋风水膜除尘器。

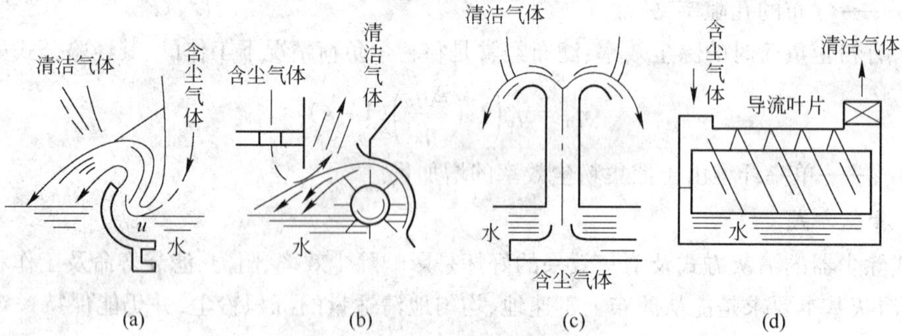

图2-29 贮水式湿式除尘装置

（a）S形叶轮；（b）旋转型；（c）喷水型；（d）螺旋导流叶片型

b 加压水喷淋式

加压水喷淋式是向除尘器内供给加压水，利用喷淋或喷雾产生水滴，对含尘气体进行洗涤。属于这类除尘器有：文丘里除尘器，旋风水膜除尘器，泡沫除尘器，填料塔，湍球塔等。

c 强制旋转喷淋式

强制旋转喷淋式除尘器，是借助机械力强制旋转喷淋，或转动叶片，使供水形成水膜、水滴、气泡、对含尘气体进行洗涤，由于这类除尘器因有机械旋转雾化器，因此气量的变化对雾化影响不大，小型设备也能处理较大气量，占地面积小，但其结构复杂，动力消耗比较大。属于这类除尘器有：旋转式喷雾式除尘器，如图2-30所示。

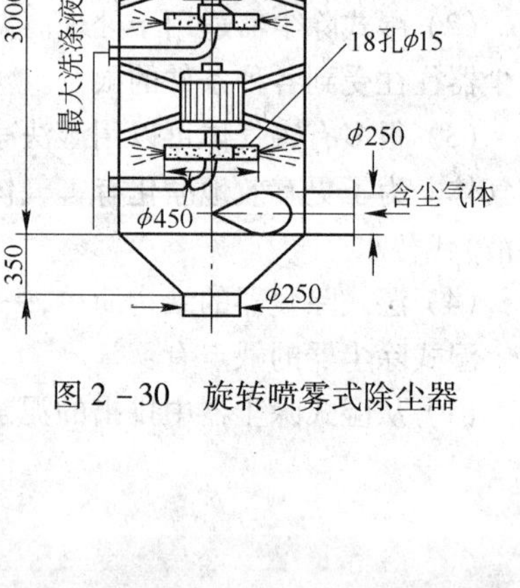

图2-30 旋转喷雾式除尘器

B 重力喷淋塔

湿式除尘器中结构最简单的是重力喷淋塔。它的结构是一个里面设置喷嘴的圆形或方形截面空塔体，依靠喷嘴产生的分布在整个截面上的大量液滴来清洗通过塔体的含尘空气。喷嘴可以安装在同一个截面上,也可以分几层安装在几个截面上。有的在一个截面上设置十多个喷嘴,有的只沿中心轴线安装喷嘴。

喷淋塔中的含尘气流流动形式有顺流、逆流和错流三种。顺流是气体和水滴以相同的方向流动;逆流是液体逆着气流喷射;错流是垂直于气流方向喷淋液体,喷淋塔典型结构如图 2 - 31 所示。在喷淋塔中往往设置空气分配格栅或多孔板,使空气在塔的截面上分布均匀。

喷淋塔除尘的主要机理是将水滴作为捕集体,在惯性、截留、扩散等作用下将粉尘捕集,其中以惯性作用为主。除尘效率取决于液滴大小和气体与液滴之间的相对运动。为了提高捕尘效率,就需要提高水滴与气流的相对速度,同时要减少水滴的大小。然而在重力喷淋塔中,这二者是相互矛盾的,即小水滴的末速度较小,因此对给定的尘粒大小有一个最优的水滴直径,使惯性碰撞的效率最高。

C 离心式洗涤器

离心式洗涤器是利用离心力的湿式除尘器。一种是借离心力来加强液滴与尘粒的碰撞作用,另一种是用固定的导流叶片使气流旋转。其中应用得比较多的除尘器是旋风水膜除尘器。

a 立式旋风水膜除尘器

立式旋风水膜除尘器的入口位于筒体下方,含尘气体切向进入除尘器,旋转上升,最后由上部出口排出。旋转气流所产生的离心力将尘粒甩向器壁,这与干式旋风除尘器的工作原理相同。但是水膜除尘器上部设有供水设施,使除尘器筒体内表面形成一层均匀的水膜,粉尘一旦到达器壁,即进入水膜中,以防止粉尘从器壁弹回气流中去。因此,水膜除尘器的净化效率高于干式旋风除尘器,一般在 90% 以上,管理得好可达到 95% 以上。其中 CLS 型旋风水膜除尘器结构如图 2 - 32 所示。

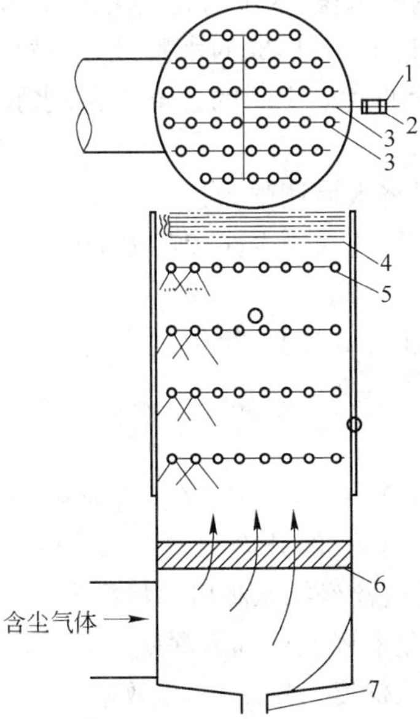

图 2 - 31 喷淋塔结构示意图

1—水入口;2—滤水器;3—水管;4—挡水板;
5—喷嘴;6—气流分布板;7—污水出口

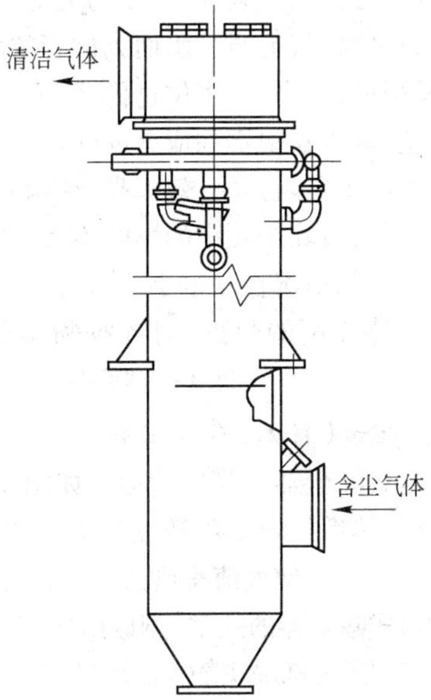

图 2 - 32 CLS 型旋风水膜除尘器

立式水膜除尘器进口的最高允许含尘浓度为 2000 mg/m^3,否则应在其前加一级除尘器,降低进口含尘浓度;入口气流速度的选取原则同干式旋风除尘器,通常在 15 ~ 22 m/s 之间,速度过高,阻力激增,而且还可能破坏水膜层,造成严重带水现象。

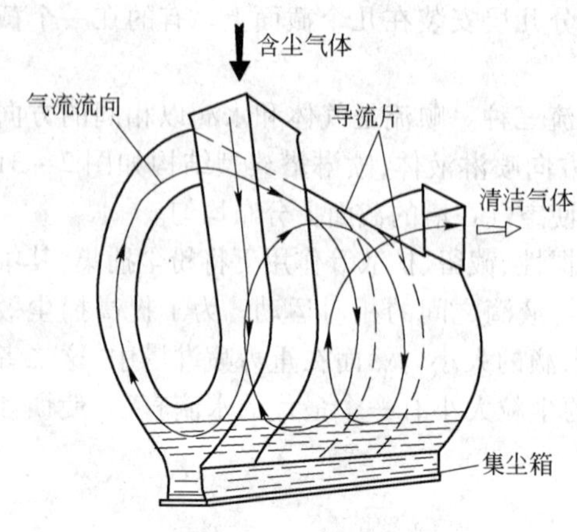

图 2－33 卧式旋风水膜除尘器

b 卧式旋风水膜除尘器

卧式旋风水膜除尘器也称水鼓除尘器、旋筒式水膜除尘器等，它主要有内筒、外筒、螺旋形导流片、集尘水箱、脱水器等组成，如图 2－33 所示。内、外筒之间的导流叶片将除尘器内部分成若干个螺旋形通道。含尘气流沿器壁以切线方向导入，沿螺旋通道流动，当气流以较高速度冲击集尘水箱的水面时，部分尘粒被水吸收，同时激起水花；气流夹带着水滴继续向前旋转，在离心力的作用下，把水滴和尘粒甩向外筒内壁，并在其上形成一层厚度为 3～5 mm 的水膜，甩至器壁的尘粒则被水膜所捕集。含尘气体连续流经几个螺旋形通道，得到多次净化，使绝大部分尘粒被分离。净化后的气体经脱水器脱除水滴后，排出器外。该种除尘器的除尘机理具有旋风、水膜和水浴三种，从而达到较高的除尘效率。其外筒内壁的水膜不是由喷嘴或溢流槽所形成的，而是靠气流冲击水面激起的水花形成的。

卧式旋风水膜除尘器在国内已普遍应用，形式也有不同。断面几何形状有倒卵形和倒梨形；螺距可以有等螺距和不等螺距的；供水方式有连续和间断的；而水槽也有隔开和不隔开的等等。

卧式旋风水膜除尘器的净化效果直接取决于除尘器内部水位高低、水膜形成和气流旋转圈数等因素。

影响卧式水膜除尘器性能的关键因素是除尘器内的水位，水位的高低又关系到水膜的形成。当水位过高时，气流通过水面到内管的底面之间的通道缩小，形成的水膜过分强烈，除尘阻力过大，风量降低；反之，若水位过低，气流通过水面到内管的底面之间的通道扩大，水膜不能形成或形成不全，除尘器得不到应有的除尘效率。

这种除尘器阻力小、效率高、结构简单。在运行时将水面调整到适当位置时，风量在 20% 的范围内变化，对除尘效率的影响不大。它的运行费用低，耗水量少（0.05～0.09 L/m^3），对所处理空气的冷却和增湿程度很小。适合于处理各种粉尘的气体。

据国外介绍的数据，对各种粉尘的粒径小到 0.1 μm 以上，除尘效率几乎全部在 90%～100%，除尘器阻力在 300～1000Pa 左右。

D 冲击（自激）式除尘器

冲击式除尘器最简单的形式如图 2－34 所示。含尘气流以一定的流速从喷头（或散流器）冲入水中，然后折转 180°改变其流动方向。在惯性作用下，部分尘粒被分离。由于气流冲击溅起水花、水雾，可使气流得到进一步的净化。净化后的气流经挡水板脱水后排出。

冲击式除尘器的效率与阻力取决于气流的冲击速度和喷头的插入深度。当冲击速度一定时，除尘效率和阻力随喷头插入深度的增加而增加。当插入深度一定时，除尘效率和阻力随冲击速度的增加而增加。但在同一条件下，当冲击速度和插入深度增大到一定值后，如继续增加，其除尘效率几乎不变化，而阻力却急剧增加。这种除尘器结构简单，可在现场因地制宜用砖或混凝土砌筑，耗水量少只有 0.1～0.3 L/m^3，但对细小粉尘的除尘效率不高，泥浆较难清理。此外当气流通过喷头冲击水中时，引起水面频繁地剧烈波动，使除尘器工作不稳定，不能保证必需的除尘效率。

图 2－35 所示为罗托克伦（Roto-Clone）型自激式除尘器，含尘气体进入除尘器后，先撞击在洗涤液的表面上，有一部分粗尘粒沉降下来，然后被迫通过一个或两个并联的 S 形固定通道，使其速度增加到 15 m/s 左右。S 形通道系由两块弯曲的叶片组成，其下部浸没在水里。因为通道

中气流速度比较高，激起一片混乱的水幕，然后破裂成许多水滴，尘粒与水滴相碰撞而被获。设计成S形的目的，是使气流迅速转变方向而增加离心力，提高液体的混乱程度。当气流离开S形通道时，由于上叶片的限制而向下拐弯，然后再上升。这时一部分水滴和灰尘因惯性的缘故就和气体分离而落入水中。上升的气流再经檐板脱水器脱除其中剩余的水滴和灰尘，便流出除尘器，达到高效除尘的目的。

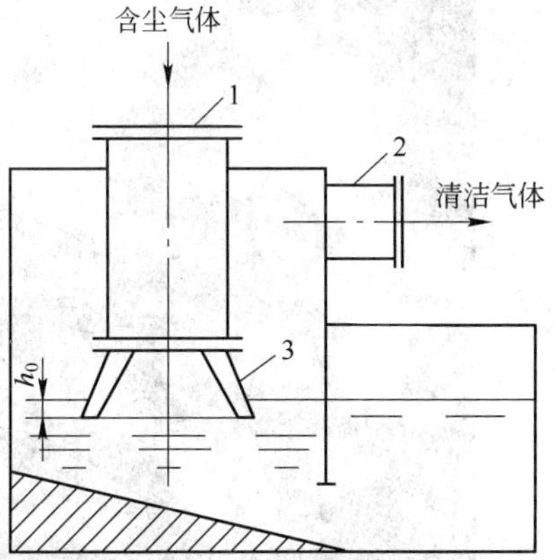

图2-34 简易冲击式除尘器
1—含尘气体进口；2—清洁气体出口；3—喷头

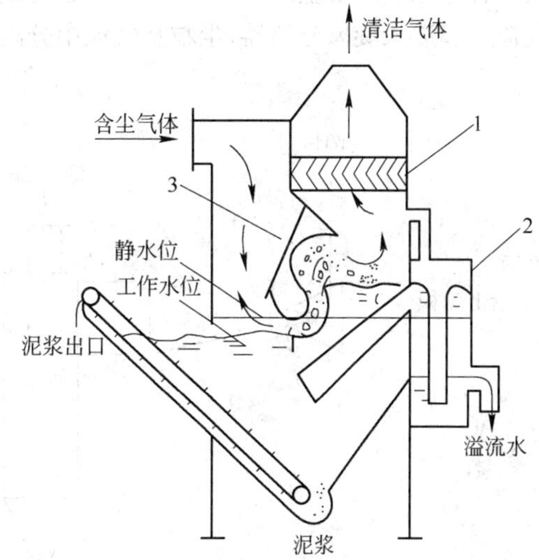

图2-35 冲击式除尘机组结构示意图
1—挡水板；2—溢流箱；3—S形通道

E 多孔洗涤器

此类洗涤器中设有多孔层。多孔层有用板构成的，称板式洗涤器；也有用填充物构成的，称填充式洗涤器。它们之间有各种不同的构造，下面仅介绍泡沫除尘器的结构原理。

在泡沫除尘器中，气流由下往上通过筛板上的水层。当气流速度控制在一定范围内时（与水层高度有关），可以在筛板上形成泡沫层，在泡沫层中的气泡不断地破裂、合并，又重新生成。气流在通过这层泡沫层后，粉尘被捕集，气体得到净化。水通过筛板泄漏至除尘器下部的水槽中，在筛板上部不断地补充水，当补充的水量与泄漏的水量相等时，泡沫层保持稳定的高度，此时称为无溢流泡沫除尘器，如图2-36（b）所示。当采用溢流以保持泡沫层高度时，称为有溢流泡沫

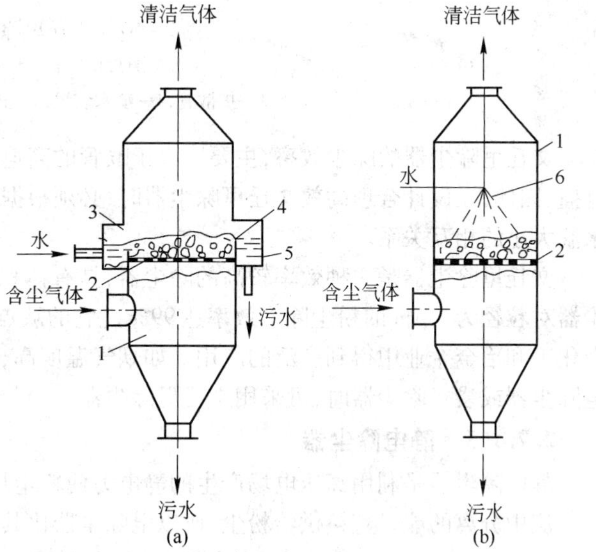

图2-36 泡沫除尘器
（a）有溢流泡沫除尘器；（b）无溢流泡沫除尘器
1—外壳；2—筛板；3—接水槽；4—水堰；
5—溢流槽；6—喷嘴

除尘器,如图2－36(a)所示。

F　文丘里除尘器

文丘里除尘器是由收缩管、喉管、扩散管和喷水装置构成,它与旋风分离器一起构成文丘里除尘器。文丘里除尘器的结构如图2－37所示。含尘气体以60～120m/s的高速通过喉管,这股高速气流冲击从喷水装置(喷嘴)喷出的液体使之雾化成无数微细的液滴,液滴冲破尘粒周围的气膜,使其加湿,增重。在运动过程中,通过碰撞,尘粒还会凝聚增大,增大(或增重)后的尘粒随气流一起进入旋风分离器,尘粒从气流中分离出来,净化后的气体从分离器排出管排出。

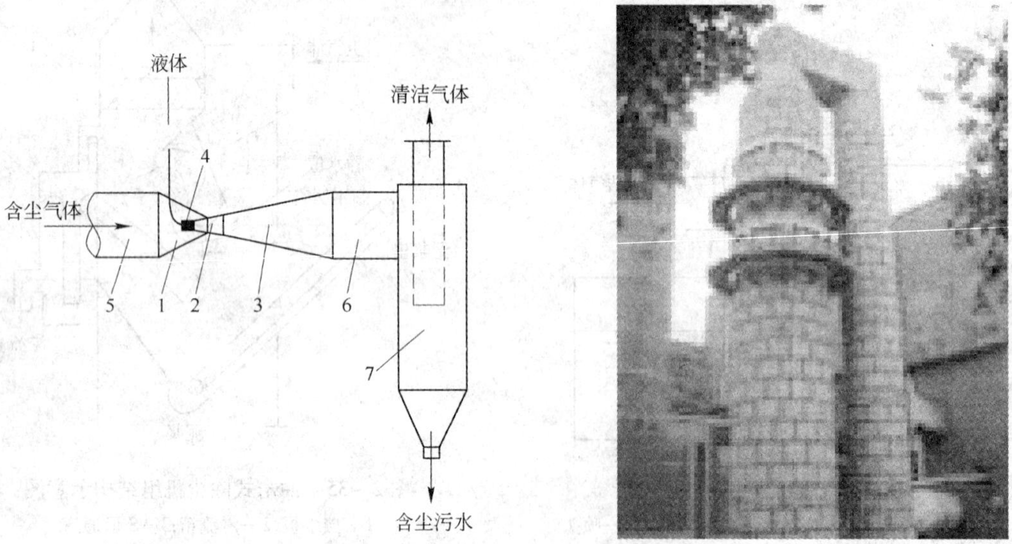

(a)　　　　(b)

图2－37　文丘里除尘器

(a) 原理图;(b) 实物图

1—收缩管;2—喉管;3—扩散管;4—喷水装置;5—进气管;6—连接管;7—旋风分离器

文丘里除尘器的除尘效率,主要取决于喉管的高速气流将水雾化,并促使水滴和尘粒之间的碰撞,因此,在设计合理高效文丘里除尘器时,必须根据尘粒的粒径,掌握好喉管速度以及雾化后水滴大小的相互关系。

文丘里除尘器是一种效率较高的除尘器,具有体积小,结构简单,布置灵活等特点。该种除尘器对粒径为1 μm的粉尘除尘效率达99%。它的缺点是阻力大,一般为6000～7000 Pa。目前,在化工和冶金企业中得到广泛的应用。如烟气温度高,含湿量大或比电阻过大等原因不宜采用电除尘器或袋式除尘器时,可采用文丘里除尘器。

2.7.1.5　静电除尘器

静电除尘器是利用高压电场产生的静电力使粉尘从气流中分离出来的除尘设备。由于粉尘从气流中分离的能量直接供给粉尘,所以电除尘器比其他类型的除尘器消耗的能量小,压力损失仅为200～500 Pa,目前在冶金、火力发电厂、水泥等工业部门获得广泛应用。静电除尘器优点是:除尘效率高,对粒径为1～2 μm粉尘的除尘效率可达98%～99%;适用于高温的烟尘净化;该装置的空气动力性能小,耗电量不大;处理风量愈大,经济效益愈显著,故适用于大型工程烟尘净化。静电除尘器的缺点是:设备较大,相应占地面积大;钢材用量多,一次投资大;制造安装复杂,技术要求较高等。

A 静电除尘原理

静电除尘器是利用直流高压电源和一对电极－放电极与集尘极，造成不均匀电场，以分离捕集通过气流中的粉尘。

放电极一般用金属线悬吊于集尘极中心。集尘极用金属板做成圆筒形（管式电除尘器）或平行平板形（板式电除尘器）。一般放电极为阴极、集尘极为阳极并接地，如图2－38所示。

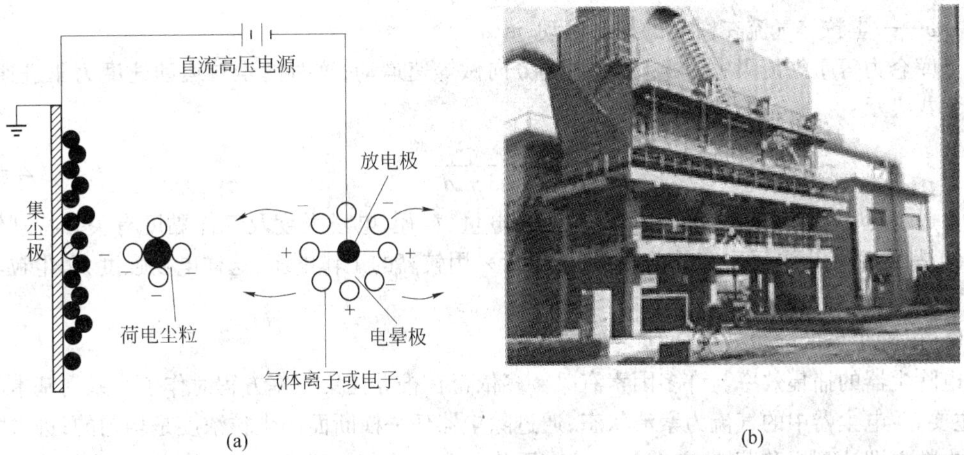

图2－38 电除尘器原理图

（a）原理图；（b）实物图

高压直流电源在集尘极和放电极间造成不均匀电场。在电场力的作用下，空气中的自由离子向两极运动，形成电流，当电压升高，电场强度增大时，自由电子运动速度增高，高速运动的离子碰撞着空气中的中性原子，并使后者电离为正、负离子，称为空气电离。空气被电离后，极间运动离子数就大大增加，因而极间电流急剧增大（这个电流称为电晕电流），空气成了导体。此时，在放电极周围出现一个淡蓝色光环，称为电晕。含尘空气通过电极空间时，由于空气中离子的碰撞和扩散，尘粒获得带电离子的电荷，在库仑力作用下，荷电尘粒向电极运动并沉落在电极上，放出所带电荷，从而使尘粒从气体中分离出来。

放电导线又称电晕极，离电晕极较远的地点，电场强度低，空气没有被全部电离。进一步提高电压使空气电离的范围扩大，当所加电压增至一定数值时，极间空气被全部电离，电路短路发生火花放电，这种现象称电场击穿，此时，电除尘器就不能工作了，为了保证除尘器正常工作，应使电晕区局限在电晕极附近的较小范围内。

电除尘器中各点的电场强度是不均匀的，这种现象称为不均匀电场。只有保证不均匀电场，才能使电除尘器正常工作。

由上可知，电除尘器工作过程是：电晕放电，尘粒荷电，尘粒捕集，振打清灰。

在工业上采用大型电除尘器时，一般采用负电晕。因为负电晕起晕电压低，击穿电压高，负离子运动速度大，所以负电晕除尘效率高。而正电晕产生臭氧等副产物较少，所以在生活和空调净化用的电除尘器中多被采用。

B 电除尘器的理论公式和设计计算

a 尘粒的驱进速度

荷电粒子在电场内受到的库仑力 F_e 为

$$F_e = q \cdot E \tag{2-59}$$

式中　q——尘粒所带荷电量,C;

E——平均电场强度,V/m。

荷电粒子沿电场方向运动时要受到气流的阻力。气流阻力 F_d 为

$$F_d = 3\pi\mu d_p \omega \tag{2-60}$$

式中　μ——空气的动力黏度,Pa·s;

d_p——尘粒直径,m;

ω——尘粒与气流在横向的相对运动,m/s。

当库仑力等于气流阻力时,尘粒在电场方向做等速运动,这时的尘粒运动速度为驱进速度。可用下式表示:

$$\omega = \frac{qE}{3\pi\mu d_p} \tag{2-61}$$

由此可见,尘粒驱进速度的大小与粒子荷电量、粒径、电场强度及气体黏度有关。特别值得提出的是,在不发生电场击穿的前提下,应尽量采用较高的工作电压,这样电场强度大,尘粒驱进速度也大。

b　电除尘器的除尘效率计算

电除尘器的捕集效率与许多因素有关。多依奇在推导捕集效率方程时作了一系列基本的假设,主要有:电尘器中的气流为紊流状态,通过除尘器任一横断面的尘粒浓度是均匀的;进入除尘器的尘粒立即达到饱和荷电;忽略气流分布不均匀和二次扬尘等影响。在这些假设条件下多依奇提出通用的静电除尘效率 η 计算式为:

$$\eta = 1 - \frac{C_o}{C_i} = 1 - \exp\left(-\frac{A}{Q}\omega\right) \tag{2-62}$$

式中　C_i——电除尘器进口粉尘浓度,mg/m³;

C_o——电除尘器进口粉尘浓度,mg/m³;

A——集尘极面积,m²;

Q——气体流量,m³/s。

从式(2-62)可知,除尘效率随极板面积和驱动速度的增加而增加,随流量的增加而降低。这一公式形式简单,应用比较广泛,可用此式计算除尘效率,亦可根据要求的效率计算除尘器的尺寸。重要的是确定正确的驱进速度,采用理论计算的驱进速度,计算的效率偏高,故多选用经验的有效驱进速度。

c　收尘极和电场断面积的确定

由于理想假定与实际的偏离,使得控制理论方程式计算的捕集效率要比实际高得多。但是理想方程式概括地说明了捕集效率与几个主要因素间的关系。为了能够在实际中应用这一方程进行计算,引入有效驱进速度 ω_p 的概念,它是根据在一定的除尘器结构形式和运行条件下测得的捕集效率值,代入多依奇方程反算出的驱进速度值。对于不同类型的粒子,可以求得相应的 ω_p。在工业电除尘器中,有效驱进速度值的大致范围为0.02~0.2 m/s,而理论计算的驱进速度值一般要比实测得到的有效驱进速度增大2~10倍左右。设计和选用类似电除尘器时,以 ω_p 为依据,将式(2-62)中的 ω 用 ω_p 来代替,即采用下列方程

$$\eta = 1 - \frac{C_o}{C_i} = 1 - \exp\left(-\frac{A}{Q}\omega_p\right) \tag{2-63}$$

已知有效驱进速度后,可以根据设计对象所要求达到的除尘效率和处理风量,按下式算出必须的收尘板面积,然后对除尘器进行布置和设计(或选型)。

$$A = \frac{Q}{\omega_p}\ln(1-\eta) \tag{2-64}$$

电场断面积可按下式计算：

$$F = \frac{Q}{u} \tag{2-65}$$

式中 u——电场风速，m/s。

电场风速（电除尘器内气体的运动速度）的大小对电除尘器的造价和效率都有很大影响。风速低，除尘效率高，但除尘器体积大，造价增加；风速过大容易产生二次扬尘，使除尘效率低。根据经验，电场风速最高不宜超过1.5～2.0 m/s。除尘效率要求高的电除尘器不宜超过1.0～1.5 m/s。

C 影响电除尘器性能的主要因素

(1) 静电除尘过程主要取决于电场强度的大小，它与除尘器所需的外加电压和电流的大小有关。在保证电极间电压不击穿的前提下，工作电压愈高，电场强度愈大，则除尘效果愈好。

(2) 粉尘的比电阻是评价粉尘导电性能的一个指标。表面积为1 cm^2，高为1 cm粉尘层的电阻称比电阻 R_b，经实测并按下式计算：

$$R_b = \frac{U}{I} \times \frac{F}{\delta} \tag{2-66}$$

式中 U——通过粉尘层的电压降，V；

I——通过粉尘层的电流，A；

F——粉尘层的横截面，cm^2；

δ——粉尘层厚度，cm。

比电阻 $R_b \leqslant 10^4\ \Omega \cdot cm$ 的粉尘，导电性好，在集尘极上容易释放电荷，失去极板吸力，以致发生二次扬尘，降低除尘效果；$R_b = 10^4 \sim 10^{11}\ \Omega \cdot cm$ 的粉尘是电除尘器能正常工作的粉尘，它以适当速度释放电荷，不致发生二次飞扬；$R_b \geqslant 10^{11}\ \Omega \cdot cm$ 的粉尘在集尘极能长久地保持其电荷，形成能带负电的粉尘层（负电晕时），它使粉尘的驱进速度降低，除尘效率也随之降低。

(3) 电场中风速过大容易扬起积尘。

(4) 电场中电流速度不均匀对除尘效率影响较大。

(5) 除尘器主要部件的结构形式亦会影响除尘效果。电晕线、集尘极和振打清灰装置是电除尘器的主要部件。

2.7.2 气态污染物控制技术

控制或降低气态污染物（主要指 SO_2、NO、碳氢化合物、氟化物等）对大气环境所造成的基本方法有吸收法、吸附法、催化法、燃烧法、冷凝法和大气污染扩散稀释法等。

大气扩散稀释法是利用自然界大气本身所具有的扩散稀释能力，降低排向大气中气态污染物的浓度方法。这种控制方法是不能减少从污染源排向大气污染物的总量。

2.7.2.1 吸收法

A 吸收法的基本原理

利用吸收剂将混合气体中的一种或多种组分有选择地吸收分离过程称作吸收。具有吸收作用的物质称为吸收剂，被吸收的组分称为吸收质，吸收操作得到的液体称为吸收液或溶液，剩余的气体称为吸收尾气。吸收法净化气态污染物是利用混合气体中各成分在吸收剂中的溶解度不同，或与吸收剂中的组分发生选择性化学反应，从而将有害组分从气流中分离出来。该法是分离、净化气体混合物最重要的方法之一，被广泛用于净化含 SO_2、NO_x、HF、HCl 等废气。

根据吸收过程中发生化学反应与否，将吸收分为物理吸收和化学吸收。物理吸收是指在吸收过程中不发生明显的化学反应，单纯是被吸收组分溶于液体的过程，如用水吸收 HCl 气体。化学吸收是指吸收过程中发生明显化学反应，如用氢氧化钠溶液吸收 SO_2，用酸性溶液吸收 NH_3 气等。由于化学反应增大了吸收的传质系数和吸收推动力，加大了吸收速率，因此在处理废气流量大，成分比较复杂，吸收组分浓度低等特点的废气时，靠物理吸收难以达到排放标准，大多采用化学吸收。

B 吸收剂

a 常用的吸收剂

水是常用的吸收剂，用水吸收可以除去废气中的 SO_2、HF、NH_3、HCl 及煤气中的 CO_2 等。碱金属和碱土金属的盐类、铵盐等属于碱性吸收剂，由于它能与 SO_2、HF、HCl、NO_x 等气体发生化学反应，从而使吸收能力大大增强。硫酸、硝酸等属于酸性吸收剂，可以用来吸收 SO_3、NO_x 等。表 2-14 列出了工业上净化有害气体所用的吸收剂。

表 2-14 常用气体的吸收剂

有害气体	吸收过程中所用的吸收剂
SO_2	H_2O，NH_3，NaOH，Na_2CO_3，Na_2SO_3，$Ca(OH)_2$，$CaCO_3/CaO$，碱性硫酸铝，MgO，Zn，MnO
NO_x	H_2O，NH_3，NaOH，Na_2SO_3，$(NH_4)_2SO_3$，$FeSO_2$—EDTA
HF	H_2O，NH_3，Na_2CO_3
HCl	H_2O，NaOH，Na_2CO_3
Cl_2	NaOH，Na_2CO_3，$Ca(OH)_2$
H_2S	NH_3，Na_2CO_3，乙醇胺，环丁砜
含 Pb 废气	CH_3COOH，NaOH
含 Hg 废气	$KMnO_4$，NaClO，浓 H_2SO_4，KI—I_2

b 吸收剂的选择

一般来说，选择吸收剂的基本原则是：吸收容量大；选择性高；饱和蒸气压低；适宜的沸点；黏度小，热稳定性高，腐蚀性小，廉价易得。

在选择吸收剂时要根据吸收剂的特点权衡利弊，有的吸收剂虽然具有很好的性能，但不易得到或价格昂贵，使用就不经济。有的吸收剂虽然吸收能力强，吸收容量大，但不易再生或再生时能耗较大，在选择时应慎重。

C 常用吸收设备

目前工业上常用的吸收设备可分为表面吸收器、鼓泡式吸收器和喷洒式吸收器三大类。

a 表面吸收器

凡能使气液两相在固定的接触面上进行吸收操作的设备均称为表面吸收器。常见的表面吸收器如填料塔、液膜吸收器、水平表面吸收器等。净化气态污染物普遍使用的是填料塔，特别是逆流填料塔。

b 鼓泡式吸收器

鼓泡式吸收器内均有液相连续的鼓泡层，分散的气泡在穿过鼓泡层时有害组分被吸收。常见的设备有鼓泡塔和各种板式吸收塔。净化气态污染物应用较多的是鼓泡塔和筛板塔。

c 喷洒式吸收器

用喷嘴将液体喷射成为许多细小的液滴，以增大气液相的接触面，完成传质过程。比较典型的设备是空心喷洒吸收器和文丘里吸收器。

2.7.2.2 吸附法

A 吸附法基本原理

由于固体表面上存在着分子引力或化学键力，能吸附分子并使其浓集在固体表面上，这种现象称为吸附。将具有吸附作用的固体物质称为吸附剂，被吸附的物质称为吸附质。吸附法净化气态污染物就是使废气与大表面多孔的固体物质相接触，将废气中的有害组分吸附在固体表面上，从而达到净化的目的。

根据吸附过程中吸附剂和吸附质之间作用力的不同，可将吸附分为物理吸附和化学吸附。在吸附过程中，当吸附剂和吸附质之间的作用力是范德华力（或静电引力）时称为物理吸附；当吸附剂和吸附质之间的作用力是化学键时称为化学吸附。

物理吸附的特点是：

(1) 吸附剂和吸附质之间不发生化学反应。

(2) 吸附过程进行较快，参与吸附的各相之间迅速达到平衡。

(3) 物理吸附是一种放热过程，其吸附热较小，相当于被吸附气体的升华热，一般为 20 kJ/mol 左右。

(4) 吸附过程可逆，无选择性。

化学吸附的特点是：

(1) 吸附剂和吸附质之间发生化学反应，并在吸附剂表面生成一种化合物。

(2) 化学吸附过程一般进行缓慢，需要很长时间才能达到平衡。

(3) 化学吸附也是放热过程，但吸附热比物理吸附热大得多，相当于化学反应热，一般在 84 ~ 417 kJ/mol。

(4) 具有选择性，常常是不可逆的。

在实际吸附过程中，物理吸附和化学吸附一般同时发生，低温时主要是物理吸附，高温时主要是化学吸附。

B 吸附法的特点

吸附法净化气态污染物的优点是：

(1) 净化效率高。

(2) 能回收有用组分。

(3) 设备简单，流程短，易于实现自动控制。

(4) 无腐蚀性，不会造成二次污染。

可以使用吸附法净化的气态污染物有：低浓度的 SO_2 烟气、NO_x、H_2S、含氟废气、酸雾、含铅及含汞废气、恶臭、沥青烟及碳氢化合物等。

C 吸附剂

a 吸附剂的种类和性质

吸附剂的种类很多，可分为无机和有机吸附剂，天然和合成吸附剂。天然矿产品如活性白土和硅藻土等经过适当的加工，就可以形成多空结构，可直接作为吸附剂使用。合成无机材料吸附剂主要有活性炭、活性炭纤维、硅胶、活性氧化铝及合成沸石分子筛等。近年来还研制出多种大孔吸附树脂，与活性炭相比，它具有选择性好、性能稳定、易于再生等优点。

b　吸附剂的选择

有大的比表面积和孔隙率；选择性要好，有利于混合气体的分离；具有一定的粒度、较高的机械强度、化学稳定性和热稳定性；大的吸附容量，易于再生；来源广泛，价格低廉。

D　常用的吸附设备

目前使用的吸附净化设备主要有固定床吸附器、移动床吸附器和流化床吸附器三种类型。流化床吸附器中，吸附剂在气流中呈流态化；移动床吸附器中，吸附剂与气流一起移动；固定床吸附器由于结构简单、操作简便，因而被广泛采用。

2.7.2.3　催化转化法

A　催化转化法的基本原理

催化转化法是利用催化剂的催化作用将废气中的有害物质转化成各种无害的物质，或者转化成比原来存在状态更易除去的物质的一种方法。如硝酸尾气中的 NO_x，可在铜铬催化作用下使之转化成无害的 N_2；冶炼尾气中的 SO_2，可在钒催化剂作用下转化成 SO_3，以易于进一步回收利用。

按照气态污染物在催化反应过程中的氧化还原性质，可分催化氧化法和催化还原法。催化燃烧可以看作催化转化的一个特殊分支，它是利用催化剂使废气中可燃物质在较低温度下氧化分解的净化方法，主要用于含有机蒸气及碳氢化合物的废气净化处理。

B　催化剂及性能

催化剂是一种能改变化学反应速度，而在反应终了时，它本身的量和化学组成几乎没有什么改变的物质。催化剂的活性是指它对一特定反应的反应速度影响大小，对反应速度影响愈大的催化剂，其活性就愈高。

a　催化剂组成

废气净化中一般采用固体催化剂，它主要由活性物质、助催化剂和载体组成。

(1) 活性物质。活性物质是决定催化剂有无活性的关键组分，一般以该组分的名称命名催化剂。铂常常单独使用或与其他贵金属联合使用作活性物质，铂的催化活性高，又具有化学惰性和稳定的耐高温性能。以贱金属作活性物质的主要是元素周期表中的过渡金属及其氮化物，其中有钒、铬、锰、铁、钴、镍、铜和锌等，通常在这些金属中选择几种金属合制成一种多活性组分催化剂。

(2) 助催化剂。助催化剂是加到催化剂中的少量物质，这种物质本身没有活性或者活性很小，但能提高主要催化活性物质的活性、选择性和稳定性。

(3) 载体。载体是催化活性物质的分散剂、黏合剂和支持物，载体提高了催化剂的机械强度和热稳定性。载体结构有片粒状和蜂窝状两种。片粒状载体又包括棒状、蜂窝状、球状、圆柱状以及其他挤压成型的形式。蜂窝状结构由于压力损失小，对热冲击适应性强，是一种很有发展前途的结构。

b　催化剂的性能

催化剂的性能主要指催化剂的活性、选择性及稳定性。

c　催化剂的选择

通常对催化剂的要求是具有极高的净化效率，使用过程中不产生二次污染；具有较高的机械强度；具有较高的耐热性和热稳定性；抗毒性强，具有尽可能长的寿命；化学稳定性好、选择性高。

C　催化反应器

催化转化法净化气态污染物所采用的气固催化反应器主要有固定床反应器和流化床反

应器。

固定床反应器与流化床反应器相比，具有反应速率快；催化剂用量较少；操作方便（气体停留时间可严格控制，温度分布可以适当调节）；催化剂不易磨损。固定床反应器的主要缺点是传热性能差。

2.7.2.4 燃烧法

燃烧法是对含有可燃性有害组分的混合气体进行氧化燃烧或高温分解，使有害组分转化为无害物的方法。燃烧法的工艺简单，操作方便，现已广泛应用于石油工业、化工、食品、喷漆、绝缘材料等主要含有碳氢化合物（HC）废气的净化。燃烧法还可以用于CO、恶臭、沥青烟等可燃有害组分的净化。有机气态污染物燃烧后生成 CO_2 和 H_2O，因此该方法不能回收有用的物质，但可以利用燃烧时放出的热。

燃烧法分为直接燃烧、热力燃烧和催化燃烧。

2.7.2.5 冷凝法

冷凝法是利用物质在不同温度下具有不同的饱和蒸气压的性质，采用降低系统的温度或提高系统的压力，使处于蒸气状态的污染物冷凝并从废气中分离出来的过程。适用于净化浓度大的有机溶剂蒸气。还可以作为吸附、燃烧等净化高浓度废气时的预处理，以便减轻这些方法的负荷。

根据所使用的设备不同，可以将冷凝法流程分为直接冷凝和间接冷凝两种。冷凝法所用的设备主要分为表面冷凝器和接触冷凝器两大类。

2.7.3 机动车污染的控制

2.7.3.1 汽车排气污染物的构成及净化途径

机动车排气中的有害物质是在燃料燃烧为发动机提供动力的过程中产生的，包括汽油挥发泄出的蒸气，曲轴箱中窜漏的废气，排气管的尾气及汽油中带入的硫、铅、磷在排气中形成的污染物，其构成情况为：

(1) 尾气污染。占总污染量的65% ~85%，有害物质为一氧化碳、氮氧化物、碳氢化合物。

(2) 曲轴箱的通风污染。占总污染量的20%，主要有害物质是碳氢化合物。

(3) 汽油箱通风污染。占总污染的量的5%，主要是汽油中轻馏分的蒸发。

(4) 化油器的蒸发和泄漏。占总污染量的5% ~10%。

(5) 硫、铅、磷的污染。

当前在国际上通常是采用先进的发动机控制技术并辅之以完善的后处理系统来达到削减汽车污染物排放的目的。污染源削减肯定是控制污染物的最佳方法。排气的净化一般可通过以下3个途径进行。

(1) 燃料的改进与替代。以无铅汽油代替有铅汽油不仅提高汽油的品位，也有利于发动机工况，而且可以降低碳氢化合物、一氧化碳的排放浓度。无铅汽油避免了由于添加剧毒的四乙基铅[$Pb(C_2H_5)_4$]而生成氧化铅（PbO）造成的污染。

(2) 机内净化。在汽车设计与制造过程中充分考虑消除汽油蒸发以及蒸气的回收利用，减少曲轴箱废气的窜漏；采用新的供油方式，提供符合发动机各种工况下所需浓度的燃料气，以降低排气量及有害物质的含量。

(3) 机外净化。机外净化是指废气离开发动机进入大气前的最后处理，也称为尾气净化。由于催化方法，所以也称为尾气催化净化。

2.7.3.2 汽车尾气的催化净化

近年来，随着城市建设和交通事业的迅速发展，汽车尾气的排放量的日益增大，并且对城市大气的污染日趋严重，净化汽车尾气已成为一些城市保护大气环境的重要课题。

汽车尾气中主要含有烃类、CO 和 NO_x 等有害物质，前两种是燃料不完全燃烧所产生，NO_x 则是由汽缸中的高温条件所造成的，在汽车发动过程中排放的这些成分造成环境污染。催化转化法，因其反应快，设备体积小，污染物可直接转化为无害物，加上发动机排气具有足够的温度，适用于汽车尾气净化。

汽车尾气的完全催化法一般是分两步完成：一步是催化还原 NO_x，另一步是催化氧化 CH 和 CO。为了不外加还原剂，一般将还原 NO_x 作为第一步，即利用尾气中的 CO 和 CH_x 作还原剂，并通过调整空燃比造成良好的还原气氛，净化 NO_x，同时也除去一部分 CO 和 CH_x，剩下 CO 和 CH_x 在第二步中被催化燃烧，以达到尾气净化的作用。目前已发展应用所谓三效催化剂，能同时完成 CH、CO 和 NO_x 的净化，在严格控制空燃比的前提下，可达到较高的净化效率。目前，这种方法已付诸实施。

2.7.3.3 柴油机颗粒物的捕集

柴油机微粒捕集器(diesel particulate filter. DPP)被公认为是柴油机微粒排放后处理的主要方式，国际上对微粒捕集器的研究始于20世纪70年代，现已逐步形成商品化产品。目前，比较成熟应用较多的产品是美国康宁(Corning)公司和日本 NGK 公司生产的蜂窝驾瓷散粒捕集器。美国 Johnson Matthey 公司开发的连续催化再生微粒捕集器以高的捕集效率和再生效率受到关注。在我国，微粒捕集器的研究起步相对较晚。颗粒捕集器的捕尘机理包括了扩散、拦截、惯性碰撞和综合过滤。

微粒捕集器对滤材料的要求是：高的微粒过滤效率、低的排气阻力、高的机械强度和抗振动性能，并且还需具备抗高温氧化性、承热冲击性和耐腐蚀性。目前国内外研究和应用的过滤材料主要有陶瓷基、金属基和复合基三大类。

微粒捕集器在过滤过程中，微粒会积存在过滤器内，导致柴油机排气背压增加。当压力损失达到 20 kPa 时，柴油机工作开始明显恶化，导致动力性、经济性等性能降低，必须及时除去沉积的微粒，才能使微粒捕集器继续正常工作。除去微粒捕集器内沉积的微粒的过程称为再生。

将捕集的微粒烧掉是常用办法，柴油机排气微粒通常在560℃以上时开始燃烧，即使在650℃以上时，微粒的氧化也要经历 2 min。而实际柴油机排气温度一般低于500℃，一些城市公交车排气温度甚至在300℃以下，排气流速也很高，因而在正常的条件下难以烧掉微粒。

再生系统根据原理和再生能量来源的不同可分为主动再生系统与被动再生系统两大类。

2.8 露天矿大气污染的防治

在露天矿山开采过程中，由于使用各种大型移动式机械设备(包括柴油机动力设备)和大爆破，促使露天矿内空气发生一系列尘毒污染，矿物、岩石的风化和氧化等过程也增加对露天矿大气的毒化作用。露天矿大气中混入的污染物质主要有粉尘、有害有毒气体和放射性气溶胶。如果不采取防止污染措施，露天矿内空气中的有害物质必将大大超过国家卫生标准规定的最高允许浓度，因而对矿工的健康和附近居民的生活环境将造成严重的危害。

2.8.1 露天矿的粉尘及其卫生特征

露天矿有两种尘源：一是自然尘源，如风力作用形成的粉尘；二是生产过程中产尘，如露天矿的穿孔、爆破、破碎、铲装、运输及溜槽放矿等生产过程都能产生大量粉尘，其产尘量与所用的机械设备类型、生产能力、岩石性质、作业方法及自然条件等许多因素有关。

由于露天矿开采强度大，机械化程度高，又受地面气象条件的影响，不仅有大量生产性粉尘随风飘扬，而且还从地面吹起大量风沙，沉降后的粉尘容易再次飞扬。所以露天矿的粉尘及其导致尘肺病发生的可能性是不可低估的。

矽肺病是由于吸入大量的含游离二氧化硅的粉尘而引起的。露天矿大气中的粉尘按其矿物和化学成分，可分为有毒性粉尘和无毒性粉尘。含有铅、汞、铬、锰、砷、锑等的粉尘属于有毒性粉尘；煤尘、矿尘、硅酸盐粉尘、矽尘等属于无毒性粉尘，但当这些粉尘在空气中含量较高时，也就成为促进矽肺病的"有毒"性粉尘了。

有毒性粉尘在致病机理方面与矽肺病不同，它不仅单纯作用于肺病、毒性还作用于机体的神经系统、肝脏、胃肠、关节以及其他器官，导致发生特殊性的职业病。

露天矿大气中粉尘的含毒性，还表现在粉尘表面能吸附各种有毒气体，如某些有放射性矿物存在的矿山。氡及其气体可吸附于粉尘表面而形成放射性气溶胶。因此，其对人体的危害就不限于矽肺病，也可导致肺癌等疾病。

2.8.2 影响露天矿大气污染的因素

2.8.2.1 地质条件和采矿技术的影响

矿山的地质条件是影响露天矿环境污染的主要因素之一。因为矿山地质条件是确定剥离和开采技术方案的依据，而开采方向、阶段高度和边坡以及由此引起的气流相对方向和光照情况又影响着大气污染程度。此外，矿岩的含瓦斯性，有毒气体析出强度和涌出量也都与露天矿环境污染有直接关系。矿岩的形态、结构、硬度、湿度又都严重影响着露天矿大气中的空气含尘量。在其他条件相同时，露天矿的空气污染程度随阶段高度和露天矿开采深度的增加而趋向严重。如图 2-39 所示。

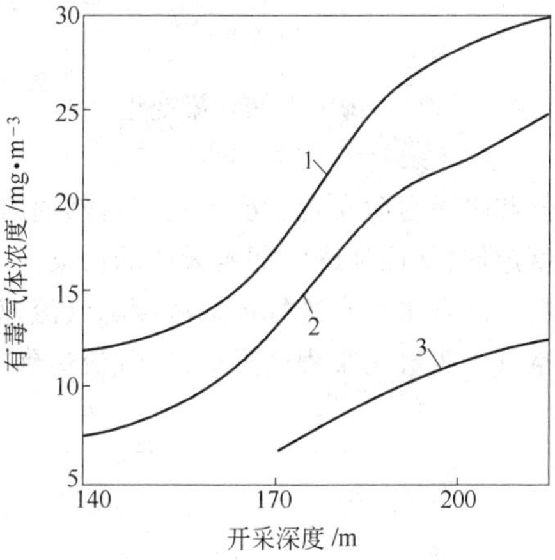

图 2-39 露天矿随深度增加与有毒气体的变化
1—醛类；2—二氧化碳；3—黑烟

露天矿的劳动卫生条件可以随着采矿技术工艺的改革而发生根本性变化。例如，用胶带机运输代替自卸式汽车运输，使用电机车运输或联合运输方式能显著地降低露天矿的空气污染程度。

2.8.2.2 地形、地貌的影响

露天矿区的地形和地貌对露天矿区通风效果有着重要的影响。例如山坡上开发的露天矿，最终也形成不了闭合的深凹，因为没有通风死角，故这种地形对通风有利，而且送入露天矿自然风流的风速几乎相等，即使发生风向转变和天气突变，冷空气也照常沿露天斜面和山坡流向谷地，并把露天矿区内粉尘和毒气带走。相反，如果露天矿地处盆地，四周有山丘围阻，则露天矿越向下开发，所造成深凹越大，这不仅使常年平均风速降低，而且会造成露天矿深部通风风量不足，从而引起严重的空气污染，而易经常逆转风向。而且会造成露天矿周围山丘之间的冷空气，不易从中流出，从而减弱了通风气流。

如果废石场的位置甚高，而且和露天矿坑凹的距离小于其高度的四倍时，废石场将成为露天矿通风的阻力物，造成通风不良，污染严重的不利局面。

一些丘陵、山峦及高地废石场，如果和露天矿坑边界相毗连，不仅能降低空气流动的速度，影响通风效果，而且促成露天采区积聚高浓度的有毒气体，造成露天矿区的全面污染。

2.8.2.3 气象条件的影响

气象条件如风向、风速和气温等是影响空气污染的诸因素的重要方面。例如长时间的无风或微风，特别是大气温度的逆增，能促成露天矿内大气成分发生严重恶化。风流速度和阳光辐射强度是确定露天矿自然通风方案的主要气象资料。为了评价它们对大气污染的影响，应当研究露天矿区常年风向、风速和气温的变化。

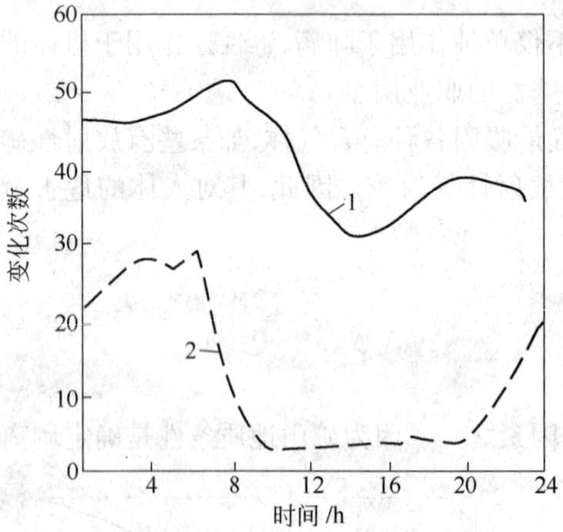

图 2－40 某矿一昼夜污染变化次数

1—冷天；2—热天

高山露天矿区气象变化复杂，冬季，特别是夜间变化幅度更大。例如在 1966 年苏联西拜欺斯克露天矿发生了气温逆增，气温逆增 89% 发生在寒冷季节、34% 发生在 1 月份，致使露天矿大气污染严重。其最大特点是发生在夜间和凌晨，如图 2－40 所示。炎热地区的气象，对形成空气对流、加强通风、降低粉尘和有毒气体的浓度是有利的。有强烈对流地区，且露天矿通风较好时，就不易发生气象的逆转。

在尘源和有毒气体产生强度不变的条件下，露天矿大气局部污染程度是下列诸因素的函数：产尘点的风速、风向、紊流脉动速度、尘源到取样地点的距离以及露天矿入风风流的污染状况。露天矿工作台阶上的风速与露天矿的通风方式、气象条件和露天台阶布置状况有关。自然通风时，露天矿越往下开采，下降的深度越大，自然风力的强度愈低，从而加剧深凹露天矿的污染。

粉尘的含量和有害气体的浓度随气流速度变化的过程是不相同的。如果增加气流速度，就会使空气中废气污染程度降低，但气流达到一定速度后，空气含尘量开始增加，如图 2－41 所示。

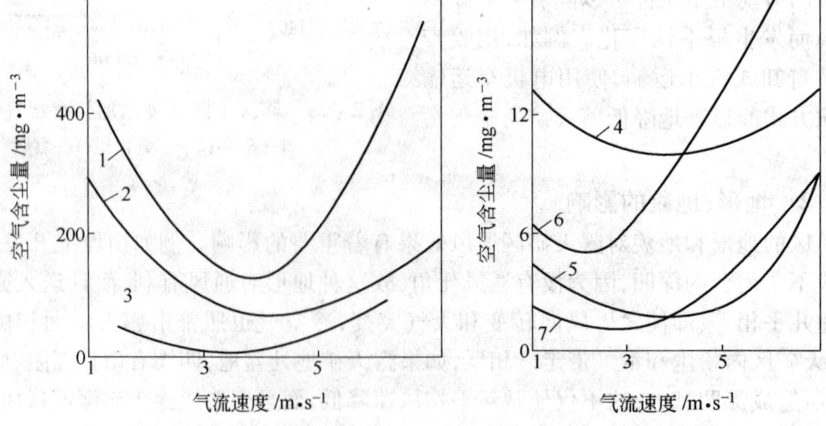

图 2－41 风向、风速变化与空气含尘量的关系

1—破碎机下风侧；2—破碎机上风侧；3—钻机下风侧；

4—电铲装矿；5—电铲司机室；6，7—全矿污染空气的含尘量和废气污染程度变化的特点在于气流速度过高会引起粉尘飞扬。当气流速度尚未达到一定数值时，粉尘和有害气体扩散过程将遵循同一规律，即有害气体和粉尘在空气中含量将下降；气流速度继续增加时，废气浓度继续下降，而空气中含尘量由于沉积粉尘飞扬而增加。这样的空气含尘量变化特征，是符合局部污染或整个大气污染的特点，并与工作位置的空气污染和风向有关。在同样速度时的风向变化，可能2~3倍地或更多地改变露天矿大气污染和局部大气污染程度。

2.8.2.4 矿山机械的生产能力的影响

试验和研究表明：当其他条件相同时，空气含尘量与矿山机械的生产能力的关系，可用式(2-67)表示：

$$n = n_e \exp\left(C_1 \frac{Q - Q_H}{Q_H}\right) \tag{2-67}$$

式中 n_e——已知生产能力或运行速度的矿山机械工作时的空气含尘量，mg/m^3；

C_1——与机械类型、结构、开采矿岩的物理机械性质有关的系数；

Q_H，Q——已知的和新的机械生产能力（或机械移运速度），m^3/h（或km/h）。

上式为一定结构的矿山机械工作时确定空气的含尘量(n)的公式。所谓“一定结构”指同一型号的电铲，但斗容不同，同一结构的钻机，但孔径不同，或直径相同但转速不同等等。

在计算Q值时，对电铲、钻机而言是代表生产能力，即每小时若干立方米；对汽车、推土机和皮带运输机，是代表移动速度，即每小时若干公里。

对式(2-67)的分析表示如图2-42所示。该图表明，研究过程有三种状态：第一是空气含尘量的增长速度比机械设备生产能力的增长速度慢；第二是空气含尘量和机械设备生产能力的增长速度一样；第三是空气含尘量的增长速度大大超过机械设备生产能力的增长速度。

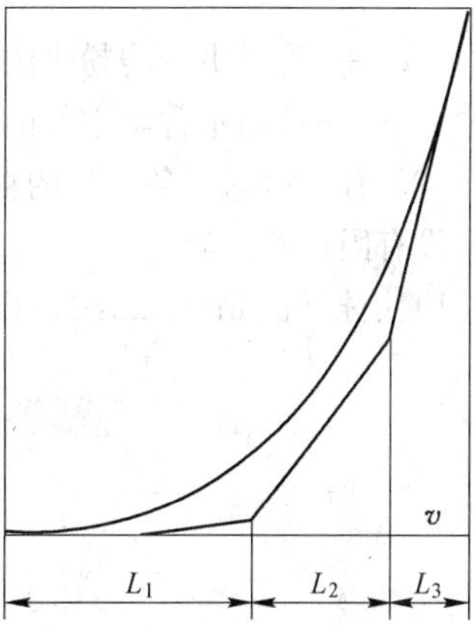

图2-42 采掘设备生产能力与空气含尘量的关系

上述任何一种状态都取决于描述空气含尘量与机械设备生产能力关系曲线的正切线与横坐标之间的夹角的正切值。线段L_1，其$\tan\alpha < 1$，符合第一种状态；线段L_2，其$\tan\alpha = 1$符合第二种状态；线段L_3，其$\tan\alpha > 1$，符合第三种状态。

露天矿机械设备能力对有毒气体生成量的关系大不相同。例如，使用火力凿岩，当不断增加钻进速度时，有毒气体生成量反而逐渐下降；对柴油发动的运矿汽车和推土机而言，尾气产生量和露天矿大气中有毒气体含量随运行速度提高而直线上升。

2.8.2.5 矿岩的湿度的影响

影响空气含尘量的主要因素之一是岩石的湿度。随着岩石自然湿度的增加，或者用人工方法增加岩石湿度能使各种采掘机械在工作时的空气含尘量急剧下降。其关系可用式(2-68)表示：

$$n = n_e - \exp[-\alpha(\varphi - \varphi_e)] \tag{2-68}$$

式中 n_e——开采具有自然湿度的矿岩时空气含尘量，mg/m^3；

φ_e——矿岩中自然湿度，%；

φ——人工增加矿岩湿度,%;

α——取决于矿岩性质和对矿岩加湿方法的系数。

当电铲工作时,如砂质岩的湿度从4%增加到8%时,电铲周围空气含尘量则从200 mg/m^{3}下降到20 mg/m^3;即水分增加一倍,台阶工作面空气中含尘量降为原来的十分之一。

但每种岩石都有自己的最佳值,超过该值后,空气中含尘量降低不多。所以,如果增加岩体的湿度超过上述极限值,不管从经济和卫生方面考虑都是不合适的。

2.8.3　露天矿大气污染的防治

由于露天开采强度大,机械化程度高,而且受地面条件影响,在生产过程中产生粉尘量大,有毒有害气体多,影响范围广。因此,在有露天矿井开采的矿区,防治矿区大气污染的主要对象是露天采场。

在露天矿的开采过程中,使用了机械化强度高的大型移动式设备,如穿孔设备、装载设备及运输设备等。根据国内有关实测资料表明:穿孔设备的产尘量占总产尘量的6.30%;装载设备产尘量占总产尘量的1.19%;运输设备的产尘量占总产尘量的91.33%;凿岩设备的产尘量占总产尘量的0.57%;推土设备的产尘占总产尘量的0.61%。

2.8.3.1　露天矿机械设备产尘强度计算

机械设备产尘强度的决定,需要考虑粉尘的生产过程和排放方式,一般有两种方式:

(1) 如果产生的粉尘没有扩散或泄漏,而是集中在一起经由一定的管道排入大气,其产尘强度g_q(mg/s)可按下式计算:

$$g_q = CQ \tag{2-69}$$

式中　C——管道中平均粉尘浓度,mg/m^3;

Q——管道中含尘空气的流量,m^3/s。

(2) 有些机械设备产生的粉尘没有经过集中捕集,而是在生成过程中就被排入大气,这种尘流又没有固定的边界。

1) 挖掘机、钻机、二次破碎凿岩区等这种点源的产尘强度g_d(mg/s)可按式(2-70)和式(2-71)计算:

$$g_d = \frac{1}{K} X^2 \psi^2 (n_x - n_0) v \tag{2-70}$$

$$\psi = K' \frac{v}{v_1} + b \tag{2-71}$$

式中　K——与采场通风方式有关的系数;

X——测点至污染源的距离, m;

ψ——与风流湍流特性有关的无因次系数;

n_x, n_0——分别为测点及上风源的污染物的浓度, mg/m^3;

v——风流速度,m/s;

K'——数值等于直线倾角正切的系数;

v_1——空气动力因素大于热力因素时,气流的最低速度,m/s;

b——由热力因素决定的无量纲系数,它与大气紊流强度有关。

K'和b的数值如表2-15所示。

表 2－15 K'和 b 的数值表

露天矿的通风方式	污染源位置	数 值	
		K'	b
循环通风	在阶段表面	0.122	0.22
	在阶段表面以上	0.07	0.05
直流式通风	在阶段表面	0.045	0.22
	在阶段表面以上	0.05	0.05
	在露天矿以外的贴地层	0.42	0.05

2）汽车、推土机等移动式线源的产尘强度 g_x（mg/s）可按式（2－72）计算：

$$g_x = \frac{Kv'uX^2\psi(P_1 - P_0)}{NQ(\beta + 2X\psi)} \tag{2-72}$$

式中 v'——空、重车运行时的平均估算速度，m/s；

u——取样时的风速，m/s；

X——公路中心至取样点的距离，m；

P_1，P_0——分别为公路上风向与下风向的粉尘浓度，mg/m^3；

N——取样的往返车辆数，辆；

β——汽车底盘车轴间距，m；

Q——取样时吸气流量，m^2/s。

式（2－70）和式（2－72）中 K 值可按表 2－16 选取，其他参数可选用污染源实测数据。

表 2－16 K 值

污染源与污染物排放点位置		数值 K	
		K'	b
点污染源	在阶段表面	5.6	5.6
	在阶段表面以上	3.6	3.0
线污染源	在阶段表面	3.0	2.7
	在阶段表面以上	1.5	1.3

2.8.3.2 穿孔设备作业时的防尘措施

钻机产生强度仅次于运输设备，占生产设备总产尘量的第二位。根据实测资料表明：在无防尘措施的条件下，钻机孔口附近空气中的粉尘浓度平均值为 448.9 mg/m^3，最高达到 1373 mg/m^3。部分钻机的类型如图 2－43 所示。

A 穿孔作业时的产尘特点

钻机作业时，既能生成几十毫米以上的岩尘，也能排放出几微米以下的呼吸性粉尘。对钻机产尘粒度进行分析结果表明，其筛上 R（%）可近似用 Rosin-Rammlar 方程表示，即

$$R = 100\exp(-\beta d_p^n) \tag{2-73}$$

式中 d_p——粉尘粒径，μm；

β——与粉尘粒径大小分布有关的系数；

n——与粉尘粒径分布有关的指数。

(a) (b)

图 2-43 部分钻机实物图
(a) 潜孔钻机；(b) 牙轮钻机

为提高钻机效率和控制微细粉尘的产生量，当钻机穿孔时，必须向钻孔孔底供给足够的风量，以保证将破碎的岩屑及时排放孔外，避免二次破碎。根据在钻孔中运送岩屑所需最低风速确定的排粉风量如表 2-17 所示。

表 2-17 钻机排粉风量

钻机类型	钻孔直径/mm	排粉风量/$m^3 \cdot min^{-1}$	钻机类型	钻孔直径/mm	排粉风量/$m^3 \cdot min^{-1}$
潜孔钻机	150	17 ~ 25	牙轮钻机	250	30 ~ 35
				310	33 ~ 50
	200	25 ~ 30		380	40 ~ 80

排粉风量不仅与钻孔直径有关，而且还受钻杆直径、岩屑密度及其粒径等因素影响，在考虑上列因素时，可按下式计算排尘风量 Q_p（m^3/min）：

$$Q_p = 60\frac{\pi}{4}(D_k^2 - D_g^2)v_a \qquad (2-74)$$

式中 v_a——在钻孔中运送岩屑所需最低风速，$v_a = \beta v_s$，m/s；

v_s——岩屑的悬浮速度，m/s；可用下式表示：

$$v_s = 3.85\sqrt{\rho_s d_s} \qquad (2-75)$$

d_s——岩屑粒径，m；

ρ_s——岩屑密度，kg/m^3；

β——系数，对于垂直钻孔 $\beta = 1.3 \sim 1.7$，对于倾斜钻孔 $\beta = 1.5 \sim 1.9$；

D_k——钻孔直径，m；

D_g——钻杆直径，m。

B 钻机除尘措施的分类

按是否用水，可将露天矿钻机的除尘措施可分为干式捕尘、湿式除尘和干湿相结合除尘三种方法，选用时要因时因地制宜。

干式捕尘是将袋式除尘器安装在钻机口进行捕尘。为了提高干式捕尘的除尘效果，在袋式除尘器之前安装一个旋风除尘器，组成多级捕尘系统，其捕尘效果更好。袋式除尘器不影响钻机的穿孔速度和钻头的使用寿命，但辅助设备多，维护不方便，且能造成积尘堆的二次扬尘。

湿式除尘，主要采用风水混合法除尘。这种方法虽然设备简单，操作方便，但在寒冷地区使用时，必须有防冻措施。

干湿结合除尘，主要是往钻机里注入少量的水而使微细粉尘凝聚，并用旋风式除尘器收集粉尘；或者用洗涤器、文丘里除尘器等湿式除尘装置与干式捕尘器串联使用的一种综合除尘方式，其除尘效果也是相当显著的。下面简要介绍干式捕尘和湿式除尘的装置结构。

a　干式捕尘

为避免岩渣重新掉入孔内再次粉碎，除采用捕尘罩外，还制成孔口喷射器与沉降箱、旋风除尘器和袋式过滤器组成三级捕尘系统。图2－44为2пу型干式捕尘装置。

2пу型捕尘装置是用喷射器从钻孔抽吸岩渣，喷射器9由空压机7供风而工作，供压气量为1 m^3/min。由钻孔抽出的岩渣，粗粒和中粒岩渣沉降在沉降箱1内，含尘气流通过旋风除尘器2和袋式除尘器5进行过滤，过滤后气体由风机6排向大气。为了使捕尘器正常工作，当钻孔深度达到3～6 m时，由气动装置3带动振打机构对滤袋进行清灰，清灰掉落的粉尘落于灰斗8内，该系统的滤速可通过闸板4进行调节，其除尘效率为99%～99.6%。

我国某露天矿研制的一种FSMC—24型干式除尘器如图2－45所示，在牙轮钻采用过滤风速为3.25 m/min时，其除尘效率为99.9%。该除尘系统结构简单，过滤风速可调，当过滤风速为4～4.5 m/min时，处理风量可达3500 m^3/h。

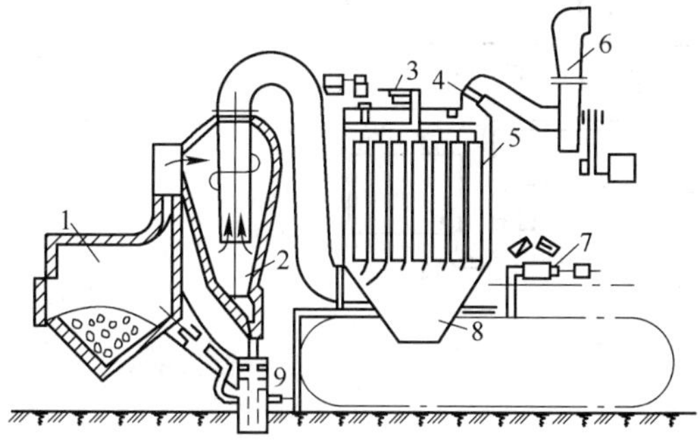

图2－44　2пу捕尘装置
1—沉降箱；2—旋风除尘器；3—气动装置；4—闸板；5—袋式除尘器；6—风机；7—空压机；8—灰斗；9—喷射器

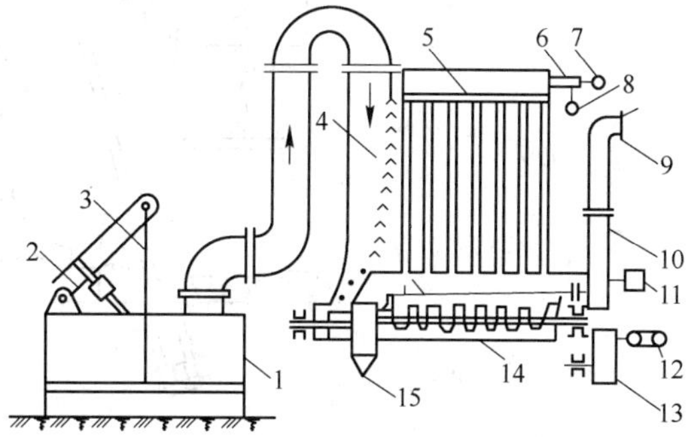

图2－45　FSMC－24型除尘系统
1—捕尘罩；2—汽缸；3—绳索；4—碰撞板；5—布袋；6—脉冲阀；7—电磁阀；8—压气包；9—排风管；10—风管；11—风机；12—螺旋机电机；13—减速器；14—螺旋输送机；15—放灰阀

b　湿式除尘

牙轮钻机的湿式除尘可分为钻孔内除尘和钻孔外除尘两种方式。钻孔内除尘主要是气水混合除尘法，该法可分为风水接头式与钻孔内混合式两种。钻孔外除尘主要是通过对含尘气流喷水，并在惯性力作用下使已凝聚的粉尘沉降。前苏联、美国等国家在一些露天矿还采用了湿润剂除尘和泡沫除尘的湿式除尘法，都收到一定效果。

图2－46为前苏联用于牙轮钻的孔内湿式除尘系统。通过混合器将压气与水混合，用水泵将水箱中的水打上水管，由风包供给压气将分散为极细水雾，风水混合后经风水接头和钻杆进入

孔底，孔口风机风流将排出的泥浆吹向孔口一侧，并沉积该处，干燥后呈胶结状，不会出现二次飞扬。该装置设有加热器，以防冰冻。该除尘系统能使司机室、作业平台和钻机周围的空气中粉尘浓度达到 0.5 ~ 1.0 mg/m^3，钻机班效率提高 10% ~12%。

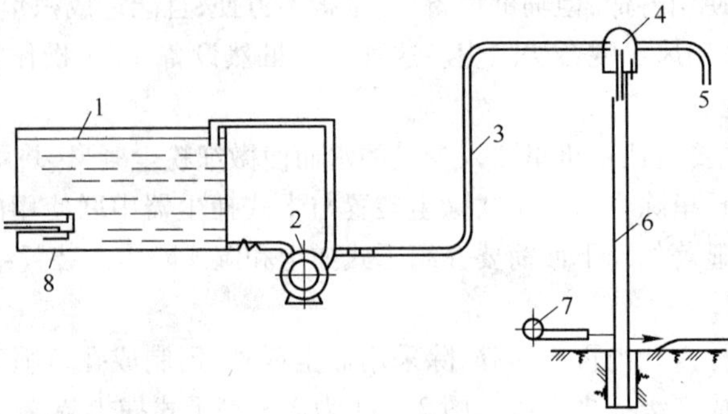

图 2 - 46　孔底气水混合除尘器

1—水箱；2—水泵；3—水管；4—混合器；5—压缩空气管；6—钎杆；7—风机；8—加热器

图 2 - 47 为我国某铁矿的潜孔钻机湿式除尘系统示意图，也是采用风水混合方式捕尘。

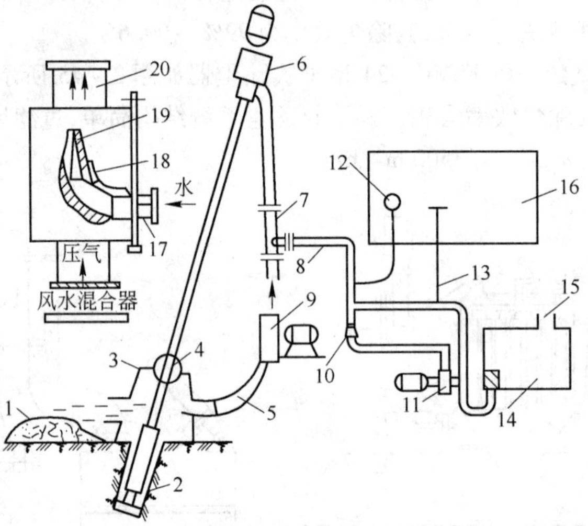

图 2 - 47　某铁矿钻机风水混合除尘系统

1—岩粉堆；2—冲击口；3—集尘罩；4—密封球；5—帆布风管；6—减速器；7—风水混合器；8—出水管；9—风机；10—逆止阀；11—水泵；12—水压表；13—控制阀；14—水箱；15—进水口；16—司机室；17—水管；18—弯头；19—喷嘴；20—风管

若采用防冻剂，风水混合除尘可在 - 20 ~ - 15℃下应用。氯化钠（1 m^3 水中加 230 ~ 290 kg）或氯化钙（1 m^3 水中加 220 ~ 270 kg）溶液可用作防冻剂，也可以向水中通压缩空气的方法来防止水箱冻结。

2.8.3.3　岩矿装卸过程中的防尘措施

电铲给运矿列车或汽车卸载时，可使爆破时产生的和装卸过程中二次生成的粉尘，在风流作用下，向采场空间飞扬。卸载过程中的产尘量与矿岩的硬度、自然含湿量、卸载高度及风流速度等一系列因素有关。

我国露天矿山多数使用 4 m^3 电铲。据测定：微风时电铲工作场地附近粉尘的平均浓度达

31 mg/m³，司机室内平均浓度为 20 mg/m³；干燥季节且有自然风流时，司机室最高粉尘浓度为 38 mg/m³，平均浓度为 9.3 mg/m³，而室外则超过 40 mg/m³。在无防尘措施时，潮湿季节司机室内的平均粉尘浓度为 6 mg/m³，室外为 9 mg/m³。上述数据是在具体条件下实测的，其数值的变化与采掘矿石比重、湿度，以及铲斗附近的风速等因素有关。

装卸作业的防尘措施主要采用洒水；其次是密闭司机室，或采用专门的捕尘装置。

装载硬岩，采用水枪冲洗最合适；挖掘软而易扬起粉尘的岩土时，采用洒水器为佳。

武钢大冶铁矿在待装运的爆堆上安装可以任意旋转的强力喷雾装置，即为农田喷灌用的喷雾器，效果良好，如图 2－48 所示。

图 2－48 铲装时喷洒爆堆

爆堆喷水前，铲装工作面粉尘最高达 45.1 mg/m³，平均为 21 mg/m³；喷水后平均为 1.3 mg/m³，最高为 2 mg/m³。喷水前后粉尘分散度无显著变化。

白银露天矿电铲尾部配重箱处的一个间隔改装为容积 4 m³ 的水箱，利用水泵将水加压后，经管道送给两组喷雾器。一组装在天轮下部，共有 12 个喷嘴向铲斗方向喷水；另一组 4 个喷嘴装在司机室前窗下部，防止粉尘窜入司机室。上述措施收到良好的除尘效果。

岩体预湿是极有效的防尘措施，在国内外煤层开采时都得到应用。在露天矿中，可利用水管中的压力水，或移动式、固定式水泵进行压注，也可利用振动器，脉冲发生器或爆炸进行压注，而利用重力作用使水湿润岩体却是一种简易的方法。

露天矿的岩体预湿工艺可分为：通过位于层面的钻孔注水；通过上一平台和垂直或与层面斜交的钻孔注水；也可利用浅井或浅槽使台阶充分湿透并渗透湿润岩体。钻孔注水时，钻孔间距为 2～3 m（中硬岩石），注水压力为 12 kg/cm²，每个钻孔的注水量达 3 m³。

2.8.3.4 大爆破时防尘

大爆破时不仅能产生大量粉尘，而且污染范围大，在深凹露天矿，尤其在出现逆温的情况下，污染可能是持续的。露天矿大爆破时的防尘，主要是采用湿式措施。当然，合理布置炮孔、采用微差爆破及科学的装药与填充技术，对减少粉尘和有毒有害气体的生成量也有重要意义。

A 大爆破前洒水和注水

在大爆破前，向预爆破矿体或表面洒水，不仅可以湿润矿岩的表面，还可以使水通过矿岩的裂隙透到矿体的内部。在预爆区打钻孔，利用水泵通过这些钻孔向矿体实行高压注水，湿润的范围大、湿润效果明显。洒水和注水量如表 2－18 所示。

表 2－18 洒水和注水的单位用水量

矿岩类型	单位矿石耗水量/L·m⁻³		
	水枪喷射	高压注水或喷水	洒 水
岩 石	20～30	160～180	150～200
煤 层	60～65	40～17	100～160

B 水封爆破

水封爆破有孔内孔外两种。孔外水封爆破是在炮孔的孔口附近布置水袋和辅助起爆药包，每个炮孔的耗水量约为 0.5～0.7 m³，相当爆破 1 m³ 矿石耗水量约为 0.01～0.015 m³，如

图 2－49 所示。孔内水封爆破也需设辅助药包，其耗水量小于孔外水封爆破，每个炮孔约用水量为 0.4 ~ 0.5 m^3 即可。

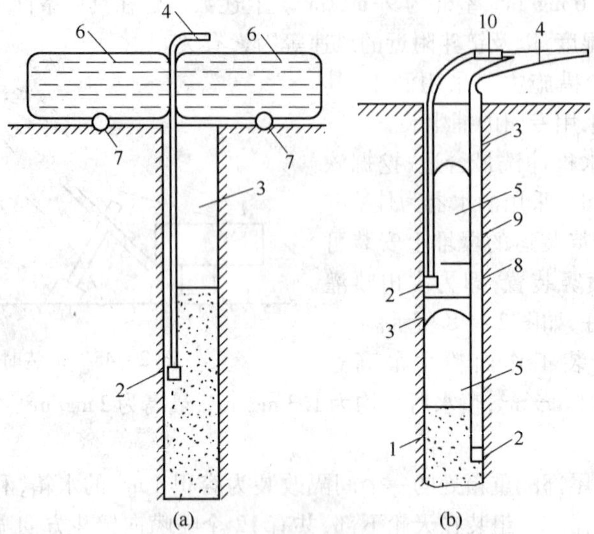

图 2－49　孔内与孔外水封爆破

(a) 孔内水封爆破；(b) 孔外水封爆破

1—主药包；2—起爆药包；3—炮孔充填物；4—导爆管；5—孔内水袋；6—孔外水袋；7—辅助药包；8—附加炮孔充填物；9—保护管；10—导爆连接管

C　大爆破后通风降尘

前苏联矿冶研究总院研制的 OB 系列风机中的一种如图 2－50 所示，它是 Бепъз-540 型汽车底盘上改装的。OB-3 型通风洒水装置直径为 3.6 m 的 AB-7H-161 型螺旋桨，由汽车发动机带动。另外还设有水箱、高压水泵、水枪和喷嘴等。螺旋桨的轴向可以在水平面内转动 45°，开动螺旋桨和水枪，能同时进行通风和喷雾洒水。耗水量：水枪为 15 m^3/h，喷嘴为 5 m^3/h。该装置的风量为 240 m^3/s，初始断面的风速可达 21 m/s。全部设备的操纵工作都可在司机室内进行。另外苏联还研制了以飞机螺旋桨为主体的 умп 系列移动式通风装置。

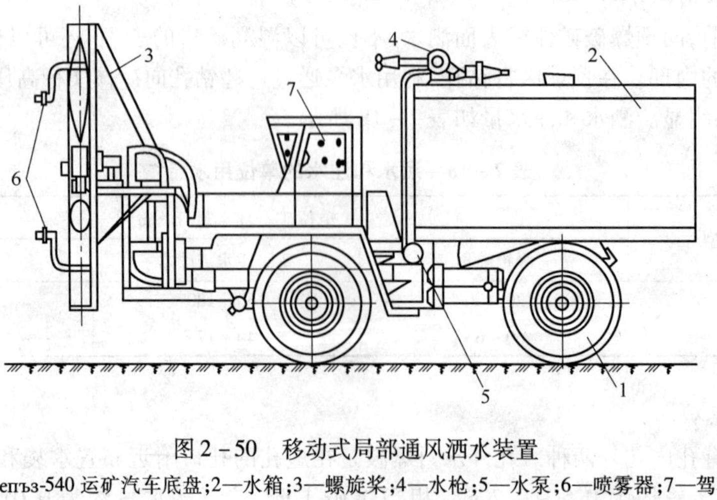

图 2－50　移动式局部通风洒水装置

1—Бепъз-540 运矿汽车底盘；2—水箱；3—螺旋桨；4—水枪；5—水泵；6—喷雾器；7—驾驶室

2.8.3.5 露天矿运输路面防尘措施

汽车路面扬尘造成露天矿空气的严重污染是不言而喻的。其产尘量的大小与路面状况、汽车行驶速度和季节干湿等因素有关。据国外测定,其产尘强度为620～3650 mg/s;国内测定的数值是:载重25～27 t的"玛斯"、"别拉兹"两类汽车司机室内的粉尘平均浓度是:"玛斯"为21 mg/m^3,"别拉兹"为8.1 mg/m^3,汽车路面的空气粉尘浓度在2.3～15.1 mg/m^3。不管是司机室或路面的空气中粉尘浓度,其变化频率和幅度都是很大的,在未采取措施的情况下,引起大幅度变化的重要因素是气象条件和路面状况。

目前国内外为防止汽车路面积尘的二次飞扬,主要采取的措施有:

(1) 路面洒水防尘。通过洒水车或沿路面铺设的洒水器向路面定期洒水,可使路面空气中的粉尘浓度达到容许值,但其缺点是用水量大,有效抑尘期短(30～40 min),花钱多,且只能在夏季使用。还会使路面质量变坏,引起汽车轮胎过早磨损,增加养路费。

(2) 喷洒氯化钙、氯化钠溶液或其他溶液。如果在水中掺入氯化钙,可使洒水效果和作用时间增加。喷洒氯化钙溶液时,路面要作专门处理:先挖松路面(非硬质路面),喷洒10%的氯化钙溶液,再修成所需路面断面形状,铺80～100 mm厚粗砂,在其上喷洒25%的溶液压实。这样处理的路面,10天内的空气中含尘量为1.8～2.6 mg/m^3。据国外实验表明:10%～30%浓度的氯化钙溶液可使空气中含尘量在2～5天内不超过允许标准,40%～50%浓度的氯化钙溶液可维持10天。

我国某露天铁矿用氯化钠溶液作黏尘剂进行工业试验。在气温－20℃下,每千克水加入氯化钠300 g,可防水结冰,喷洒后路面空气中粉尘浓度下降至原来的三分之一,平均耗水量为0.95 kg/m^2,盐耗费用为0.05元/m^2,最短洒水周期为5～7昼夜。

(3) 用颗粒状氯化钙、食盐或二者混合处理汽车路面。用颗粒状氯化钙处理后,空气中含尘量在45～90天内不超过2～3 mg/m^3;用食盐和氯化钙混合后处理路面在30～40天内不超过1.8～2.6 mg/m^3;用食盐处理后在10～15天内不超过3.5～4.5 mg/m^3。经济分析表明,用氯化钙处理路面的费用比洒水低2/3。

(4) 用油水乳浊液处理路面。前苏联推广使用乌尼维辛油(униврсин),这是乌费姆石油加工厂专为公路防尘研制的产品。其成分如下:经过选择净化的石油提炼物70%～94%,硫化石油沥青2%～10%,石油裂炼渣2%～10%。乌尼维辛油乳浊液用亚硫酸盐发酵麦芽浆浓缩液做乳化剂。乳浊液各组分的最佳配比为:水50%～60%,乌尼维辛油10%～20%,亚硫酸盐发酵麦芽浆20%～40%。新路面一次喷洒量为2 L/m^2,通车的老路面为0.5～0.8 L/m^2。当汽车运行频度达100辆/h时,乳浊液有效抑尘期为10～12天。

美国曾采用过路面涂沥青的方法,其缺点是沥青的黏尘作用时间短,而长期使用氯化钙溶液处理路面又容易损坏车胎。近年来美国研制了一种石油树脂冷水乳液的黏尘剂,这种乳液是把15%的乳液水溶液,注入12 mm深的路面表层中,即可起到凝聚粉尘的作用。

(5) 人工造雪防尘。在负温条件下露天矿防尘还没有好的办法。前苏联皮特科洛夫提出在汽车路面上造雪防尘的方法,目前正在某矿进行试验。雪花对粉尘的抑制机理,主要有三种力的作用:即机械力对悬浮粉尘的捕集作用、雪花与粉尘之间的黏着力,以及雪花和粉尘之间的相互作用力。雪花表面的液层对捕尘也有一定的作用。

现场试验表明,在不同负温上造雪器都能正常工作。当20个喷嘴呈梳状排列时,喷水量为80 kg/min。如果平均雾化系数为2.2,计算造雪量相应为10～11 m^3/h左右。为了在一个工作班时间内实现露天矿汽车路面有效防尘,每1 m^{3}路面的雾化水量约为3～3.5 kg。这一方法的优点是雪的体积质量小,雪花表面积大,因而容尘量大,不会冻结岩石和腐蚀矿山机械的金属部件,也不会污染环境。

2.8.3.6 采掘机械司机室空气净化

在机械化开采的露天矿山,主要生产工艺的工作人员,大多数时间都位于各种机械设备的司机室里或生产过程的控制室里。由于受外界空气中粉尘影响,在无防尘措施的情况下,钻机司机室内空气中粉尘平均浓度为 20.8 mg/m^3,最高达到 79.4 mg/m^3;电铲司机室内平均浓度为 20 mg/m^3。因此,必须采取有效措施使各种机械设备的司机室或其他控制室内空气中的粉尘浓度都达到卫生标准,是露天矿防尘的重要措施之一。

A 采掘机械司机室空气净化的主要内容

(1) 保持司机室的严密性,防止外部大气直接进入室内。

(2) 利用风机和净化器净化室内空气并使室内形成微正压(大于 20~30 Pa),防止外部含尘气体的渗入。

(3) 保持室内和司机工作服的清洁,尽量减少室内产尘量。

(4) 调节室内温度、湿度及风速,创造合适的气候条件。

B 司机室的粉尘来源

司机室内的粉尘来自外部大气和室内尘源。室内粉尘来自沉积在司机室墙壁、地板和各种部件上的粉尘和司机工作服上粉尘的二次飞扬。如钻机司机室空气中粉尘的来源,主要因钻机孔口扬尘后经不严密的门窗缝隙窜入;其次为室内工作台及地面积尘的二次扬尘,前者占 70%,后者占 30%。电铲司机室内粉尘的来源:一是铲装过程所产生的粉尘沿门窗缝隙窜入;二是室内二次扬尘,后者占室内粉尘量的 13.5%~54.6%。室内产尘量带有很大的随机性,往往根据司机室的布置、人员、工作服清洗状况等而变化,目前只能根据相类似的司机室实测数据确定。

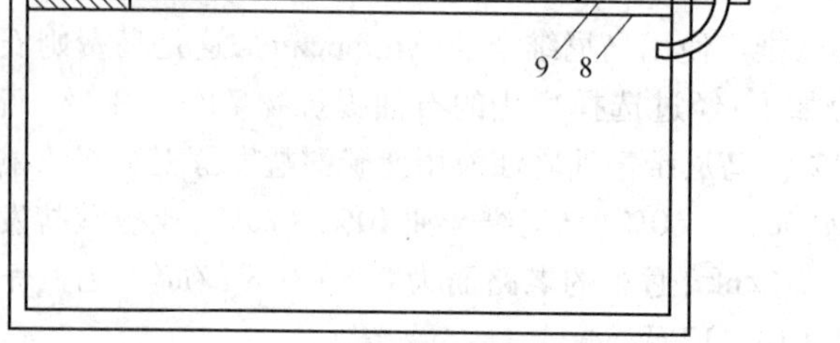

图 2-51 典型司机室净化系统

1—送风百叶窗;2—空调器;3—过滤器;4—扩散器;5—双吸风离心风机;6—外部入风口;7—入风口调节把手;8—循环风入口;9—循环风调节风门

C 司机室净化系统

典型司机室净化系统如图 2-51 所示。系统由下列部分组成:

(1) 通风机组,宜采用双吸离心式风机。

(2) 前级净化器,在外部大气粉尘浓度高时,为提高末级净化器的寿命,可用百叶窗式或多管式净化器作前级。

(3) 纤维层过滤器,作为净化系统的末级。

(4) 空调器,冬季时加热空气,夏季时降温。

此外还有入风口百叶窗、调节风量用的阀门、外部进气口与内循环风口等部件。

2.8.3.7 废石堆防尘措施

矿山废石堆、尾矿池是严重的粉尘污染源,尤其在干燥、刮风季节更严重。台阶的工作平台上落尘也会大量扬起,例如,当风速为 5.8~7.3 m/s,前苏联卡拉达格斯克露天矿空气含尘量达 412 mg/m^3,可见,风流扬尘的严重危害。

在扬尘物料表面喷洒覆盖剂是一种防尘措施。喷洒的覆盖剂和废石间具有黏结力,互相渗透扩散,由于化学键力的作用和物理吸附,废石表面形成薄层硬壳,可防止风吹、雨淋、日晒而引起的扬尘。

复习思考题

2－1　划分大气圈分为五层的依据是什么，哪一层对人类的关系最为密切，该层有何特点？

2－2　什么是大气中的恒定组分、可变组分和不定组分？

2－3　简述大气污染控制的含义及内容。

2－4　大气污染中主要颗粒物和气态污染物有哪些？主要来自何种排放源。

2－5　简述大气污染中"光化学烟雾"的形成过程。

2－6　影响大气污染的主要因素有哪些？

2－7　什么是大气的温度层结、气温的垂直递减率、气温的干绝热递减率，它们与大气稳定度有何关系？

2－8　从温度层结和大气静力稳定度的角度，简单分析烟流扩散的形状与大气稳定的关系？

2－9　大铁塔上观测到的气温资料如表2－19所示，试计算各层大气的气温垂直递减率：$\gamma_{1.5\sim1.0}$、$\gamma_{10\sim30}$、$\gamma_{30\sim50}$、$\gamma_{1.5\sim30}$、$\gamma_{1.5\sim50}$，并判断各层的大气稳定度。

表2－19　气温资料

高度 Z/m	1.5	10	30	50
气温 T/K	298	297.8	297.5	297.3

2－10　某城市火电厂的烟囱高度100 m，出口内径5 m，出口烟气速度12.7 m/s，温度100℃，流量250 m^3/s。烟囱出口处平均风速为4 m/s，大气温度20℃，试确定烟气抬升高度及有效源高度。

2－11　位于北纬40°，东经120°的某厂建有一座排气烟囱，高40 m，出口内径0.5 m，排气温度323 K，出口喷速10 m/s。8月中旬某日下午2点，云量5/4，气温303 K，地面平均风速2.8 m/s，在1000 m以上存在明显逆温层。试求此时下风向地面轴线上距源1000 m、5000 m、8000 m处的污染物浓度。

2－12　某污染源排出的SO_2量为80 g/s，有效源高为60 m，烟囱出口处平均风速为6 m/s。在当时气象条件下，正下风方向500 m处的$\sigma_y=35.3$ m，$\sigma_z=18.1$ m，试求正下风方向500 m处SO_2的地面浓度。

2－13　用一单层沉降室处理含尘气流，已知含尘气体流量$Q=1.5\ m^3/s$，气体密度$\rho=1.2\ kg/m^3$，气体黏度$\mu=1.84\times10^{-5}$ kg/(m·s)，颗粒真密度$\rho_p=2101.2\ kg/m^3$，沉降室宽度$w=1.5$ m，要求对粒径$d_p=$ 50 μm的尘粒应达到60%的除尘效率。试求沉降室的长度。

2－14　简述旋风除尘器中颗粒物的分离过程及其影响粉尘除尘效率的因素。

2－15　简述袋式除尘器中颗粒物的分离过程及其影响粉尘除尘效率的因素。

2－16　为什么说文丘里除尘器可达到很高的除尘效率？

2－17　简述SO_2脱硫技术的几种方法。

2－18　影响露天采矿大气污染的主要因素有哪些？

2－19　简述露天开采中穿孔、爆破、装载、运输等工艺过程中的除尘措施。

3 矿山水污染及其防治

水是人类生活、动植物生长和工农业生产不可缺少的物质，是地球上最丰富的自然资源。随着近代工业生产的迅速发展，工矿企业生产过程中大量用水，排出的工业废水也日益增多；城市人口集中，产生的生活污水数量迅猛增加；许多工业废水和生活污水未经处理直接排入水体，必然引起水体的严重污染，因而造成各种危害。水中有毒物质（氰、铬、汞、镉、酚等）会被人体和生物吸收而使机体受毒；大量有机物和无机物（如硫化物、亚硫酸盐等还原性物质）排入水体后，使水中溶解氧显著下降，甚至达到完全缺氧，因而影响鱼类生活；含有某些无机物的废水排入水体。会使水中硬度或盐量增高，若用此类废水灌溉农田，将使土壤盐碱化。

在环境污染中，以水体污染发现最早，影响也最大、最广泛。据不完全统计，全世界每年约有 4.5×10^{11} m^3 废水排入水体。我国每年排入水体的废水量约为 3.03×10^{10} m^3，其中每 1 m^3 的污水又可污染十几立方米的天然水，水污染不仅使人畜受害，而且还导致土壤和植物遭到破坏，农、牧、渔业大幅度减产。由于水体污染而造成的经济损失，每年达 377 亿元以上。随着采矿工业的不断发展，开采、选矿、矿物运输、防尘及防火等诸多生产及辅助工艺产生大量废水。我国每年因采矿产生的废水、废液排放总量约占全国工业废水排放总量的 10% 以上，而处理率仅为 4.23%。全国的选矿废水年排放总量约为 36 亿 t。有色金属工业每年产生工业废水 6.0×10^8 t，其中含汞 3 t，镉 78 t，砷 257 t，铅 352 t，铜 558 t，锌 3945 t，镍 18 t，以及剧毒的氰化物，这些废水毒性大，治理难度高。我国北方岩溶地区的煤、铁矿山，每年排放矿坑水 12 亿 t，其中 30% 左右经处理使用，其他都是自然排放。这些未经处理或处理不完全的废水直接外排，必将给自然水体造成严重污染，水资源将遭到严重破坏。

3.1 水体污染与水体自净

3.1.1 水体污染

水体污染是当前世界上突出的环境问题之一，不少国家的河流、湖泊、海湾和地下水出现了污染，甚至发展为严重污染。造成水体污染的原因是水体（包括降水、地面水及地下水）受到人类或自然因素（或因子）的影响，使水的感官性状、物理化学性能、化学成分、生物组成及地质状况产生了恶化。

目前，关于水体污染的定义有三种：一是与水的自净作用相联系的，即认为水体污染是指排入水体的污染物超过了水的自净能力，从而使水质恶化的现象；二是指进入水体的外来物质含量超过了该物质在水体本底中的含量；三是指外来物质进入水体的数量达到了破坏水体原有用途的程度。在上述定义中，认为第三种较为适用，因为它把水体污染与人类的生活和生产活动联系了起来，将水体污染与水的用途紧密结合在了一起。水体污染的发生和过程取决于污染物、污染源及承受水体三个方面的特征及其相互作用和关系。

按造成水体污染原因分：水体污染可分为自然污染和人为污染两大类。自然污染是指自然因素所产生的污染，例如，降水对各种矿石的溶解作用和对大气的淋洗以及地表径流携带各种污染物质进入水体而形成的污染。在矿山，自然污染主要是由于各种矿石的溶解产生的，如茂名北部油页岩矿区潜水水质呈酸性即是因矿区范围内的油页岩矿石溶解所致。但是,一般地说自然污染只发生在局部地区,因此危害也往往具有地区性。所谓人为污染是指人类在生产和生活中产生的"三废"对水资源的污染。其中工业废水是造成水体污染的主要污染源。

按释放有害物种类分:水体污染一般可分为生理性污染、物理性污染、化学性污染和生物性污染四大类。生理性污染是指污水排入水体后,引起感官性状恶化,衡量指标主要有嗅、味、外观、透明度等。物理性污染指污水排入水体后,改变了水体的物理性质,使水的混浊度增高,悬浮物增加,呈现颜色,水面飘浮气泡、油膜等,衡量指标主要有混浊度、色度、悬浮物含量等。化学性污染是指污水排入水体后,改变了水体的化学性质,如有机物会消耗水中大量的溶解氧,酸、碱污水使水的 pH 值发生变化,有毒物质超过一定量时,使水体变成"毒水"等,衡量指标有 pH、硬度、生化需氧量(BOD)、化学需氧量(COD)、溶解氧(DO)以及汞、镉、砷、铬、铅等污染物含量。生物性污染是指病源微生物排入水体后,直接或间接使人感染或传染各种疾病,衡量指标有大肠菌类指数、细菌总数等。

3.1.2 水体的自净

进入水体的污染物,通过物理、化学和生物等方面的作用,使污染物的浓度逐渐降低,经过一段时间后,水体将恢复到受污染前的状态,这一现象就称为水体的自净作用。狭义的自净,是指水体中的微生物氧化分解有机污染物而使水净化的作用。

水体的自净能力是有限度的,影响水体自净的因素也很多。主要有:河流、湖泊、海洋等水体的地形和水文条件;水中微生物的种类和数量;水温和复氧状况;污染物的性质和浓度等。水体自净的机制,可以分为以下几类:

(1) 物理净化(物理过程)。它是指污染物由于稀释、扩散、沉淀和混合等作用,而使污染物质在水体中浓度降低的过程。其中,稀释作用是一项重要的物理净化过程。

(2) 化学和物理化学净化。它是指污染物质由于氧化、还原、分解、化合及吸附、凝聚等作用,而引起的水体中污染物质浓度降低的过程。

(3) 生物化学净化。由于水中微生物对有机物的氧化、分解作用,而引起的污染物质浓度降低的过程。

上述各种净化过程是同时发生、相互影响并相互交织进行的。一般说来,物理和生物化学过程在水体自净过程中占主要地位。

通过上述分析可见,污染水体的物质极其复杂,来源广泛,而且各类污染物质之间又相互牵连、相互影响,它们对水质的影响是多方面的,根据现有的技术水平难以分别测定出各类污染物的含量,因此在实际工作中常采用需氧污染物的概念及其综合指标,来评价水体中有机污染物的含量。

3.1.3 需氧污染物的概念及综合指标

3.1.3.1 需氧污染物的概念

水环境中有机污染物的种类繁多,按其对环境质量的影响和污染危害,可概括为两大类:一类为耗氧有机物;另一类为有毒有机物。耗氧有机物指动、植物残体和生活污水及工业废水中所含的碳水化合物、蛋白质、脂肪和木质素等易于被微生物分解的有机化合物,它们在微生物的作用下最终分解为简单的无机物质、二氧化碳和水。其分解过程中要消耗水中的溶解氧,使水质恶化。故又称之为需氧污染物。有机物质耗氧性分解反应方程式一般可表示为:

$$\text{有机物质} + \text{细菌} + O_2 \longrightarrow CO_2 + H_2O + \text{新的细菌细胞}$$

3.1.3.2 需氧有机物的综合指标

由于水体中的有机污染物组成比较复杂,要想分别测定各种有机物的含量比较困难,所以在实际工作中一般采用一些综合指标来表示水中需氧有机物的含量，现分述如下：

（1）理论需氧量（Theoretical Oxygen Demand，简称 ThOD）。理论需氧量是根据化学方程式计算求得的有机物全部分解（氧化）所需要的氧量，例如含有 300 mg/L 葡萄糖溶液的理论需氧量可按下式计算：

$$C_6H_{12}O_6 + 6O_2 \longrightarrow 6CO_2 + 6H_2O$$

$$\frac{180}{300} = \frac{6 \times 32}{ThOD}$$

求得 ThOD = 320 mg/L。

因计算废水的理论需氧量，必须对废水进行全面的化学分析，故在矿山较少应用。

（2）生化需氧量（Bio-Chemical Oxygen Demand，简称 BOD）。生化需氧量，亦称生物化学耗氧量。它表示好氧性生物在水体中有氧存在的条件下，分解 1 L 水中有机物（即，碳水化合物、蛋白质、脂肪等）的生物化学过程中所需要的溶解氧量。常用单位为 mg/L。生化需氧量越高，表示水中需氧有机污染物越多，水体污染就越严重。

（3）化学需氧量（Chemical Oxygen Demand，简称 COD）。化学需氧量是指在一定条件下，用强氧化剂氧化水中的有机物质和一些还原性物质时所消耗的氧化剂量，以氧的 mg/L 来表示。它是表示水体被有机物和亚硝酸盐、亚铁盐和硫化物等还原性物质污染的一个重要指标。化学需氧量越高，表示水中有机物越多。目前用的氧化剂主要是重铬酸钾和高锰酸钾。在实际工作中常用 COD 表示重铬酸钾法测定的化学需氧量；用 OC 表示高锰酸钾法测定的化学需氧量。

（4）总需氧量（Total Oxygen Demand，简称 TOD）。在化学需氧量的测定条件下，有机污染物中的吡啶、苯、硫等物质不能被氧化，故对很多有机物来说，所测定的 COD 一般仅为理论值的 95% 左右。因而近年来发展了一种总需氧量的测定方法。总需氧量系表示在高温下燃烧化合物所耗去的氧量。以 TOD 表示，单位为氧的 mg/L。总需氧量可用仪器测定，测定迅速（可在几分钟内完成），且可自动化、连续化。

3.2 矿山废水污染的特点

水在一定的使用过程中，若丧失了使用价值而被废弃外排，则这种水就称为废水。导致水丧失使用价值的基本原因，是水中出现了污染物质。这些污染物质绝大部分是由使用环境中转移到废水中来的。但也有极少数的废水是受外部因素，如热能、辐射等影响，而由水本身转化来的。

在矿山范围内，从采掘生产地点、选矿厂、尾矿坝、排土场以及生活区等地点排出的废水，统称为矿山废水。由于矿山废水排放量大，持续性强，而且其中含有大量的重金属离子、酸和碱、固体悬浮物、选矿时应用的各种药剂，在个别矿山废水中甚至还含有放射性物质等，因此，矿山废水在外排过程中对环境的污染是特别严重的，其污染特点主要表现在以下几个方面。

3.2.1 矿山废水的排放量大，且持续时间长

一般情况下，矿山废水的排放量是相当大的，而且其持续时间也较长。在矿山诸生产工艺中，选矿厂废水的排放量尤其惊人，如：浮选法处理 1 t 原矿石，废水排放量一般在 3.5 ~ 4.5 t 左右；浮选 - 磁选法处理 1 t 原矿石，废水排放量为 6 ~ 9 t；若采用浮选 - 重选法处理 1 t 原铜矿石，其废水排放量可达 27 ~ 30 t。美国的西雅里塔铜钼矿，浮选法日处理原矿石 0.85Mt，若不考虑回水利用，则每天尾矿废水的排放量 3.4×10^5 t 左右。

地下开采，尤其是水力采煤、水沙充填采矿法采矿，废水的排放量较大。据统计，若不考虑回

水利用时，每产 1 t 矿石，废水排放量约为 1 m^3左右。在一些矿山关闭后，还会有大量废水继续污染矿区环境。

3.2.2 矿山废水污染范围大，影响地区广

矿山废水引起的污染，不仅限于矿区本身，其影响范围，远比矿区本身为广。例如，日本足尾铜矿，由于矿山废水流出矿区，排入渡良濑川，又遇发生洪水泛滥，导致矿山的废水广为扩散，茨城、栖木、群马、崎玉四县数万公顷的农田遭受危害，废水流经之处，田园荒芜、鱼类窒息，沿岸数十万人民流离失所，无家可归。美国仅由于选矿的尾矿池和废石堆所产生的化学及物理废水污染，致使 14881 km 以上的河流水质恶化。在美国的阿肯色、加利福尼亚几个州内，主要河流都受金属矿山废水的污染，水中所含有毒元素砷、铅、铜等都超过了容许标准浓度。

3.2.3 矿山废水成分复杂，浓度极不稳定

矿山废水中有害物质的化学成分比较复杂，含量变化亦较大。如，选矿厂的废水中含有多种化学物质，这是由于选矿时使用了大量的各种表面活性剂及品种繁多的其他化学药剂而造成的。选矿药剂中，有些化学药剂属于剧毒物质（如氰化物），有的化学药剂虽然毒性不大，但当用量较大时，也会造成环境污染，如大量使用各类捕收剂、起泡剂等表面活性物质，会使废水中生化需氧量（BOD）、化学需氧量（COD）迅速增高，使废水出现异臭；大量使用硫化钠会使硫离子浓度增高；大量使用石灰等强碱性调整剂，会使矿山废水的 pH 值超过排放标准。

总之，选矿时添加化学药剂的品种和数量不同，废水中的化学成分、浓度大小及危害程度亦有所不同。

3.3 矿山废水的形成和危害

3.3.1 矿山废水的来源

在矿山开采的过程中，会产生大量矿山废水，如矿坑水、矿山工业用水、废石场淋滤水、选矿厂废水及尾矿坝废水等，其中矿坑水、矿山工业用水（包括选矿水等）是矿山废水的主要来源。

3.3.1.1 矿坑水

矿坑水亦称为矿井水，主要由下列水源组成：地下水及老窿水涌入巷道；采矿生产工艺形成的废水；地表降水通过裂隙、地表土壤及松散岩层或其他与井巷相连的通道流入井下或露天矿场。

矿井涌水量主要取决于矿区地质、水文地质特征、地表水系的分布、岩层土壤性质、采矿方法以及气候条件等因素。

矿坑水的性质和成分与矿床的种类、矿区地质构造、水文地质等因素密切相关。此外，地下水的性质对矿坑水的性质及成分亦有影响，但是，矿坑水在成分和性质上比地下水复杂得多，不能把矿坑水和地下水混为一谈。

(1) 地下水是矿坑水的一个主要来源。地下水的基本特点是，悬浮杂质含量较少，比较透明清晰，有机物和细菌含量较少，受地面的污染较小，但溶解盐含量高、硬度和矿化度较大。

地下水水质特征随其距地表深度变化而不同。近地表区多为氧化物介质，水交换活跃，故多出现淡水、碳酸盐类水。再往深处转为碳酸盐 - 硫酸盐水和硫酸盐 - 碳酸盐水类水。中深段（距地表 500 ~ 600 m）的地下水水交换缓慢，且接触的多为还原介质，水具有较大的矿化度。再

往深部为水停滞区,深部的地下水是含有很浓的氯化物盐类的水。

(2)沿井巷流动的地下水和采矿用水所形成的矿坑水,都溶解和掺入了各种可溶物质的分子、离子、气体,以及混入了各种固体微粒、油类、脂肪及微生物等,使水的成分发生显著变化,此外,地下水亦可能含有某种有害气体(如氡等),它们从水中逸出,会造成空气环境的污染。

矿坑水中常见的离子有:Cl^-、SO_4^{2-}、HCO_2^-、Na^+、K^+、Ca^{2+}、Mg^{2+}等数种;微量元素有:钛、砷、镍、铍、镉、铁、铜、钼、银、锡、碲、锰、铋等。可见,矿坑水是含有多种污染物质的废水,其被污染的程度和污染物种类对不同类型的矿山是不同的。

矿坑水污染可分为:矿物污染、有机物污染及细菌污染,在某些矿山中还存在放射性物质污染和热污染。矿物污染有沙泥颗粒、矿物杂质、粉尘、溶解盐、酸和碱等。有机污染物有煤炭颗粒、油脂、生物代谢产物、木材及其他物质氧化分解产物。矿坑水不溶性杂质主要为大于100 μm的粗颗粒,以及粒径在100~0.1 μm和0.1~0.001 μm的固体悬浮物和胶体悬浮物。矿井水的细菌污染主要是霉菌、肠菌等微生物污染。

矿坑水的总硬度多在30以上,故矿坑水多为最硬水,未经软化是不能用作工业用水的。通常,矿坑水的pH值在7~8之间,属弱碱性,但是含硫的金属矿山的矿坑水中,SO_4^{2-}较多,大都是酸性水。

3.3.1.2 矿山工业用水产生的废水

矿山诸多生产工艺中都需要用水,而且使用后的水都受到不同程度的污染而变成废水。图3-1所示为金属矿山用水流程。由图3-1可看出,矿山废水污染的主要途径包括:

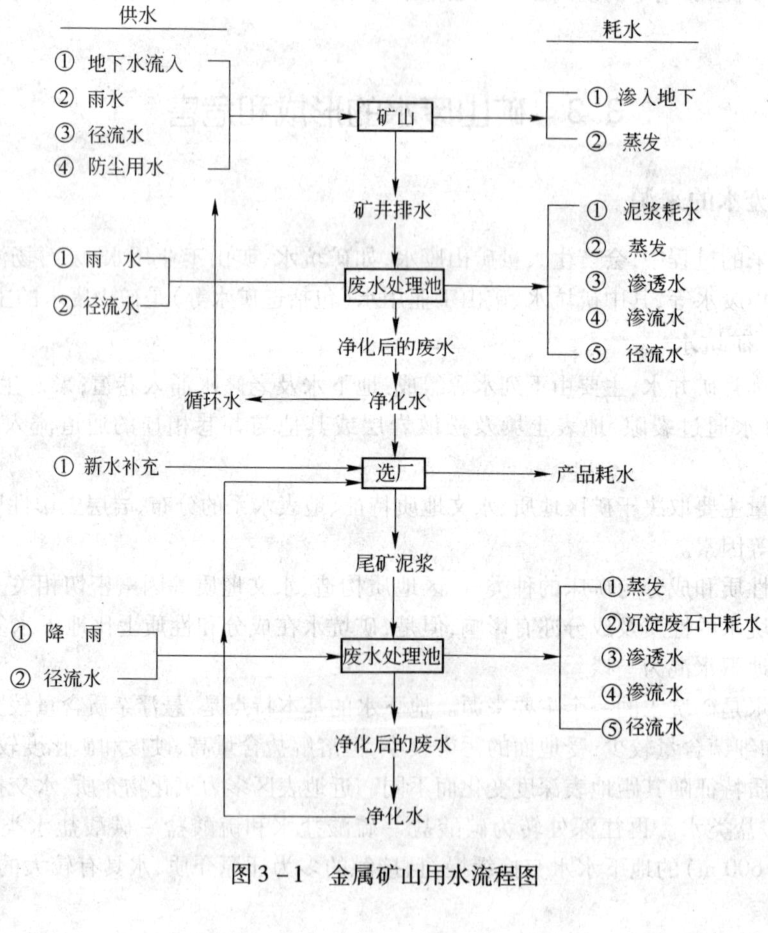

图3-1 金属矿山用水流程图

(1) 矿井排水。矿山地下采掘工作会使地表降水及蓄水层的水大量涌入井下,尤其是水力采煤、水沙充填采矿,更会使矿井排水量增加。

由于采矿业产生的废水中含有大量的矿物微粒和油垢、残留的炸药等有机污染物,故在排放过程中造成地表和地下水源的严重污染。

(2) 渗透污染。矿山废水或选矿废水排入尾矿池后,通过土壤及岩石层的裂隙渗透而进入含水层,造成地下水资源的污染。同时,矿山废水还会渗过防水墙,造成地表水的污染。

(3) 渗流污染。由于含硫化物废石堆,直接暴露在空气中,不断进行氧化分解生成硫酸盐类物质,尤其是当降雨侵入废石堆后,在废石堆中形成的酸性水就会大量渗流出来,污染地表水体。

(4) 径流污染。采矿工作会破坏地表或山头植被,剥离表土,因而造成水蚀和水土流失现象的发生;降雨或雪融后水流,搬运大量泥沙,不但堵塞河流渠道,而且会造成农田的污染。

综上所述,采矿过程中水污染的途径是多方面的,其污染所造成的后果也是相当严重的。

3.3.2 矿山酸性水的起源

在金属矿山,由于矿石或围岩中含有硫化矿物,它们经氧化、分解并溶解在矿坑水源之中,从而使之形成酸性水。尤其在地下开采的坑道里,有大量渗入的地下水和良好的通风条件,为硫化矿的氧化、分解创造了极为有利的条件。

无论是地下或露天开采的矿山,其酸性水形成的机制如下:

(1) 在干燥环境下,硫化物与氧起反应生成硫酸盐和二氧化硫:

$$FeS_2 + 3O_2 \xlongequal{} FeSO_4 + SO_2$$

在潮湿环境中,有:

$$2FeS_2 + 2H_2O + 7O_2 \xlongequal{} 2FeSO_4 + 2H_2SO_4$$

(2) 硫酸亚铁在硫酸和氧的作用下生成硫酸铁,在此过程中细菌是触媒剂,它大大加速这个过程:

$$4FeSO_4 + 2H_2SO_4 + O_2 \xlongequal{} 2Fe_2(SO_4)_3 + 2H_2O$$

(3) 生成的硫酸铁溶液与水的 OH^- 离子结合生成氢氧化铁,沉淀下来:

$$Fe_2(SO_4)_3 + 6H_2O \xlongequal{} 2Fe(OH)_3 + 3H_2SO_4$$

因为硫酸铁可与硫化铁反应,进一步促进氧化,并加速酸的形成:

$$Fe_2(SO_4)_3 + FeS_2 \xlongequal{} 3FeSO_4 + 2S^0$$

$$S^0 + 3O + H_2O \xlongequal{} H_2SO_4$$

除上述过程外,还有一些生成酸的其他反应同时进行。一般在下列条件下会形成酸性水:

(1) 矿岩中含有黄铁矿。

(2) 矿岩中没有足够数量中和酸的碳酸盐或其他碱性物质。

(3) 黄铁矿被随意排弃在非专用的水池。

矿山酸性水除了来自含有硫化矿物的矿山外,废石堆和尾矿池亦产生酸性渗流水。

3.3.2.1 废石场淋滤水

废石是矿山开采及选矿生产过程中形成的数量巨大的产物,尤其是在露天矿,废石排放量更大。如,美国的西雅里塔露天矿,仅在基建过程中剥离的废石和泥土量就达 1.2×10^{10} t。我国湖北某露天矿,自 1958 年开采以来,废石的排放量就达 1.0×10^{9} t 以上。这些含有一定矿石成分的废石在大量堆积的情况下,其所含有的硫化矿物就会不断与水或水蒸气接触,不断氧化分解,甚至还形成浓度较高的硫酸盐,从而不断形成酸性水。同时废石堆表面层的废石物料不断地风化，陆续暴露新的硫化铁矿物，发生的氧化反应较充分时，可产生浓度很高的酸性溶液（即高浓度的硫酸盐）。当降水或降雪融化时，便因大量外泄，造成附近地区的环境污染。

从废石堆泄出的废水中所含硫酸铁、硫酸亚铁每升可高达几千微升，由于酸性大和有毒盐类高度集中，使在废石堆上进行种植十分困难，并使地表水质恶化，河流中大量鱼类死亡，生物群毁灭，造成严重的环境问题。

3.3.2.2 尾矿池产生的酸性渗流水

尾矿酸性渗流水是矿山酸性水又一来源。在处理尾矿工艺中，最为棘手和涉及面最广的问题即为处理尾矿池中渗出的酸性水问题。尾矿池中渗出的污水中，不仅含有酸性物质，而且还含有有害的重金属离子、溶解的盐类及未溶解的微小悬浮颗粒物。

将尾矿倾卸于湖泊中造成的污染也是十分严重的。如1960年美国雷色孚采矿公司的银湾燧石选矿厂，每天倾卸67 kt尾矿到萨伯雷湖中。这些尾矿如果就地堆放，就需在沟槽中占用长93 km、宽48 km、深0.27 km的体积。在20世纪70年代初期，当地居民就指控该矿对水的污染，经检验发现尾矿中有石棉的纤维。1974年4月，该厂拟定一份“关闭土地管理法”，将20 km^2的土地开辟为储留尾矿区，并以2亿5千万美元的费用防治污染，这是美国历史上的一次改善环境的投资。

3.3.2.3 采矿场产生的酸性污水

采矿场产生酸性污水起因与废石场、尾矿池相似，主要是在采场由于地表径流与矿物和废石中含硫物质、重金属元素等发生物理或化学作用产生酸性污水。

另外，在矿山未开采前赋存于地下（或有露头）的矿体，由于自然的淋蚀作用，本身也存在对环境的污染。例如，我国永平铜矿是多金属元素共生的硫化矿床，矿体埋藏较浅，并在许多地方直接露出地表，形成分布广泛的硫化矿床氧化带－铁帽。矿物主要由黄铜矿和黄铁矿组成。矿区已有近2000年开采历史，矿区内老窿密布，而且石灰岩内岩溶现象非常发育。酸性水主要来源于矿体露头及强烈矿化带的围岩被溶化、淋蚀的地下水。在未开采前是以泉水和老窿水形式流出，开采后是从坑道直接排出。其特点是酸度高、金属离子含量多、流量大。成为永平地区最严重的污染源。矿区酸性污水流量平均约为4000 t/d，其中采场为3000 t/d，废石场为1000 t/d。酸性污水严重污染矿区附近的交集河。该矿酸性水进入交集河口以下约5 km的河段上，河水完全变为金属离子含量高的酸性水，河中鱼虾绝迹，水草不生，成为一条典型的“死河”。在交集河河口以下直到信江上的河口镇近25 km的河道上，河水中Cu离子和pH值都超过了国家规定的标准。酸性水还严重地污染了矿区周围的农田土壤，并对当地居民的身心健康造成了不良影响。

3.4 矿山废水中的主要污染物及其危害

概括起来，水体中的污染物可分为四大类。即无机无毒物、无机有毒物、有机无毒物和有机有毒物。无机无毒物主要是酸、碱及一般无机盐和氮、磷等植物营养物质。无机有毒物主要是指各类重金属（汞、铬、铅、镉）和氰、氟化物等。有机无毒物主要是指在水体中比较容易分解的有机化合物，如，碳水化合物、脂肪、蛋白质等。有机有毒物主要是苯酚，多环芳烃和各种人工合成的具有积累性的稳定的化合物，如多氯联苯农药等。有机无毒物的污染特征是消耗水中溶解氧，有机有毒物的污染特征是具有生物毒性。除上述四类污染物质外，还有常见的恶臭、细菌、热污染等污染物质和污染因素。

一种物质排入水体后是否会造成水体污染取决于：该物质的性质及其在废水中的浓度；含这种物质的废水排放总量以及受污染水体的特性和它吸收污染物质的容量。下面简述矿山废水中主要污染物质及其危害。

3.4.1 有机污染物

有机污染物是指生活污水和废水中所含的碳水化合物、蛋白质、脂肪、木质素等有机化合物。矿山废水池和尾矿池中植物的腐烂,可使废水中有机成分含量很高。矿山选厂、炼焦炉以及分析化验室排放的废水中含有酚、甲酚、萘酚等有机物,它们对水生物极为有害。

3.4.2 油类污染物

油类污染物是矿山废水中较为普遍的污染物。水面油膜的存在,不仅给人以讨厌的感觉,而且当油膜厚度在 10^{-4} cm 以上时,它会阻碍水面的复氧过程,阻碍水分蒸发和大气与水体间的物质交换,改变水面的发射率和进入水面表层的日光辐射,这种情况对局部区域气候可能造成影响,而主要是影响鱼类和其他水生物的生长繁殖。

3.4.3 酸、碱的污染

酸碱污染是矿山水污染中较普遍的现象。如美国水体中的酸有70%来自矿山排水,尤其是煤矿排水中含酸最多。

在矿山酸性废水中,一般都含有金属和非金属离子,其质和量与矿物成分、含量、矿床埋藏条件、涌水量、采矿方法、气候变化等因素有关。表3－1列出了我国几个矿山井下和废石场废水中的pH值和有害物质含量。

表3－1 几个矿山废水中pH值及有害元素含量

有害元素＼矿山	湘潭锰矿	东乡铜矿	丁家铜矿	凹山铁矿	大冶铁矿	潭山硫铁矿
pH值	3~3.8	1.8~4.2	2~3	1.7	4~5	2~3
总酸度	4000~5000		506			
SO_4^{2-}				7789		4120
Cu^{2+}		4.2~27.2	20~80		170~400	
Fe^{3+}		18~4711		465		
Fe^{2+}		7.8~5033		9.1		
总铁	10~25		10~800			926
Mn^{2+}	600~800					
Al^{3+}	50~190					
Mg^{2+}	200~300					
Ag						1.6

酸性废水排入水体后,使水体pH值发生变化,消灭或抑制细菌及微生物的生长,妨碍水体自净;还可腐蚀船舶和水工构筑物;若天然水体长期受酸碱污染,使水质逐渐酸化或碱化,从而产生生态影响。

酸、碱污染不仅改变水体的pH值,而且还大大增加水中一般无机盐和水的硬度。酸、碱与水体中的矿物相互作用产生某些盐类,水中无机盐的存在能增加水的渗透压,对淡水生物和植物生长有不良的影响。

3.4.4 氰化物

矿山含氰化物废水的主要工艺有：浮选铅锌矿石时每处理1 t矿排出4.5～6.5 m^3水，其中含氰化物20～50 g，平均浓度约为4～8 mg/L；在用氰化法提金时，所排放的废水也含有氰化物；电镀水中氰化物的含量为1～6 mg/L。此外，高炉和焦炉冶炼生产中，煤中的碳与氨或甲烷与氨化物化合生成氰化物，一般在其洗涤水中氰化物的含量高达31 mg/L。氰化物虽是剧毒污染物，但在水体中较易降解，其降解途径如下：

（1）氰化物与水中二氧化碳作用生成氰化氢，挥发而出，这个降解过程可除去氰化物总量的90%，如下式：

$$CN^- + CO_2 + H_2O = HCN\uparrow + HCO_3^-$$

（2）水中游离氧使氰化物氧化生成 NH_4^+ 和 CO_3^{2-} 离子，逸出水体，这个过程只占净化总量的10%，如下式所示

$$2CN^- + O_2 = 2CNO^-$$

$$CNO^- + 2H_2O = NH_4^+ + CO_3^{2-}$$

氰化物剧毒，一般人只要误服0.1 g左右的氰化钠或氰化钾就会死亡，敏感的人甚至会服用0.06 g就致死。当水中 CN^- 含量达0.3～0.5 mg/L时便可使鱼类死亡。

3.4.5 重金属污染

在废水污染中，重金属是指原子序数在21以上83以下范围内的金属，矿山废水中主要有：汞、铬、镉、铅、锌、镍、铜、钴、锰、钛、钒、钼和铋等，特别是前几种危害更大。如汞进入人体后被转化为甲基汞，在脑组织内积累，破坏神经功能，无法用药物治疗，严重时能造成全身瘫痪甚至死亡。镉中毒时引起全身疼痛腰关节受损、骨节变形，有时还会引起心血管病。

重金属毒物具有以下特点：

（1）不能被微生物降解，只能在各种形态间相互转化、分散，如无机汞能在微生物作用下，转化为毒性更大的甲基汞。

（2）重金属的毒性以离子态存在时最严重，金属离子在水中容易被带负电荷的胶体吸附，吸附金属离子的胶体可随水流迁移，但大多数会迅速沉降，因此重金属一般都富集在排污口下游一定范围内的底泥中。

（3）能被生物富集于体内，既危害生物，又通过食物链危害人体。如淡水鱼能将汞富集1000倍、镉300倍、铬200倍等。

（4）重金属进入人体后，能够和生理高分子物质，如蛋白质和酶等发生作用而使这些生理高分子物质失去活性，也可能在人体的某些器官积累，造成慢性中毒，其危害，有时需几十年才能显现出来。

被重金属污染的矿山排水随灌渠水进入农田时，除流失一部分外，另一部分被植物吸收，剩余的大部分在泥土中聚积，当达到一定数量时，农作物就会出现病害。土壤中含铜达20 mg/kg时，小麦会枯死，达到200 mg/kg时，水稻会枯死。此外，重金属污染了的水还会使土壤盐碱化。

3.4.6 氟化物

天然水体中氟的含量变化为每升零点几至十几毫克，地下水特别是深层地下热水中，氟的含量可达每升十几毫克。饮用水中氟的含量过高或过低均不利于人体健康。萤石矿的废水中含有氟化物，因为这种废水通常都是硬水，其中氟形成钙或镁沉淀下来，故不表现出很大的毒性，而软

水中的氰毒性却很大。

3.4.7　可溶性盐类

当水与矿物、岩石接触时，会有多种盐类溶解于水中，如，氯化物、硝酸盐、磷酸盐等。低浓度的硝酸盐和磷酸盐是藻类营养物，可以促进藻类大量生长，从而使水失去氧；硝酸盐类、磷酸盐类浓度高的水，对鱼类有毒害作用。淡水中含氟的盐类不超过 100 mg/L，超过此值就会成为盐水（大于 1000 mg/L）。碳酸氢盐、硫酸盐、氯化钙、氯化镁等会使水变为硬水。

除此之外，矿山废水中污染物还有放射性污染、热污染、水的浊度污染以及固体悬浮物和颜色变化等污染形式。

3.5　矿山废水的排放标准

3.5.1　水质标准

环境标准是为维护环境质量、控制污染而制定的各种技术指标和准则的总称。它是伴随环境立法而发展起来的，是环境保护法律体系的组成部分，是具有法规性的技术指标和准则。根据《中华人民共和国环境保护标准管理办法》的规定，我国环境标准分为两级、三类。两级就是国家级和省、自治区、直辖市级。三类就是环境质量标准、污染物排放标准、环境保护基础和方法标准，最后一类只有国家一级。

目前，我国水环境质量标准，主要是依据《地面水环境质量标准》（GB3838—2002），其中地表水环境质量标准基本项目标准限值如表 3－2 所示。该标准根据地面水域使用目的和保护目标将其划分为五类：

Ⅰ类主要适用于源头水、国家自然保护区；

Ⅱ类主要适用于集中式生活饮用水地表水源地一级保护区、珍稀水生生物栖息地、鱼虾类产卵场、仔稚幼鱼的索饵场等；

Ⅲ类主要适用于集中式生活饮用水地表水源地二级保护区、鱼虾类越冬场、洄游通道、水产养殖等渔业水域及游泳区；

Ⅳ类主要适用于一般工业用水区及人体非直接接触的娱乐用水区；

Ⅴ类主要适用于农业用水区及一般景观要求水域。

表 3－2　地表水环境质量标准基本项目标准限值　　(mg/L)

序号	项　目	Ⅰ类	Ⅱ类	Ⅲ类	Ⅳ类	Ⅴ类
1	水温/℃	人为造成的环境水温变化应限制在： 周平均最大温升≤1 周平均最大温降≤2				
2	pH 值（无量纲）	6～9				
3	溶解氧	饱和率 ≥90%（或 7.5）	≥6	≥5	≥3	≥2
4	高锰酸盐指数	≤2	≤4	≤6	≤10	≤15
5	化学需氧量（COD）	≤15	≤15	≤20	≤30	≤40
6	五日生化需氧量（BOD_5）	≤3	≤3	≤4	≤6	≤10
7	氨氮（NH_3-N）	≤0.15	≤0.5	≤1.0	≤1.5	≤2.0

续表 3－2

序号	项　目	Ⅰ类	Ⅱ类	Ⅲ类	Ⅳ类	Ⅴ类
8	总磷(以 P 计)	≤0.02 (湖、库 0.01)	≤0.1 (湖、库 0.025)	≤0.2 (湖、库 0.05)	≤0.3 (湖、库 0.1)	≤0.4 (湖、库 0.2)
9	总氮(湖、库,以 N 计)	≤0.2	≤0.5	≤1.0	≤1.05	≤2.0
10	铜	≤0.01	≤1.0	≤1.0	≤1.0	≤1.0
11	锌	≤0.05	≤1.0	≤1.0	≤2.0	≤2.0
12	氟化物(以 F^- 计)	≤1.0	≤1.0	≤1.0	≤1.5	≤1.5
13	硒	≤0.01	≤0.01	≤0.01	≤0.02	≤0.02
14	砷	≤0.05	≤0.05	≤0.05	≤0.1	≤0.1
15	汞	≤0.00005	≤0.00005	≤0.0001	≤0.001	≤0.001
16	镉	≤0.001	≤0.005	≤0.005	≤0.005	≤0.01
17	铬(六价)	≤0.01	≤0.05	≤0.05	≤0.05	≤0.1
18	铅	≤0.01	≤0.01	≤0.05	≤0.05	≤0.1
19	氰化物	≤0.005	≤0.05	≤0.2	≤0.2	≤0.2
20	挥发酚	≤0.002	≤0.002	≤0.005	≤0.01	≤0.1
21	石油类	≤0.05	≤0.05	≤0.05	≤0.5	≤1.0
22	阴离子表面活性剂	≤0.2	≤0.2	≤0.2	≤0.3	≤0.3
23	硫化物	≤0.05	≤0.1	≤0.2	≤0.5	≤1.0
24	粪大肠菌群/个·L^{-1}	≤200	≤2000	≤10000	≤20000	≤40000

3.5.2 工业废水的排放标准

废水排放标准是根据环境质量标准,并考虑技术经济的可能性和环境特点,对排入环境的废水浓度所做的限量规定。我国污水排放标准分综合标准和部门、行业标准两种。综合标准主要依据《污水综合排放标准》(GB8978—1996)的规定。该标准适用于排放污水和废水的一切企事业单位。工业废水中有害物质最高允许排放浓度,分两类:

第一类污染物。它指能在环境或动植物体内蓄积,对人体健康产生长远不良影响者。含有这类有害污染物质的污水,不分行业和污水排放方式,也不分受纳水体的功能类别,一律在车间或车间处理设施排出口取样,其最高允许排放浓度必须符合表 3－3 的规定。

表 3－3　第一类污染物最高允许排放浓度

序　号	污 染 物	最高允许排放浓度/mg·L^{-1}
1	总　汞	0.05
2	烷基汞	不得检出
3	总　镉	0.1
4	总　铬	1.5
5	六价铬	0.5
6	总　砷	0.5
7	总　铅	1

续表 3－3

序 号	污 染 物	最高允许排放浓度/mg·L^{-1}
8	总 镍	1
9	苯并(a)芘	0.00003
10	总 铍	0.005
11	总 银	0.5
12	总 α 放射性	1 Bq/L
13	总 β 放射性	10 Bq/L

第二类污染物。它指其长远影响小于第一类污染物质的，在排污单位排出口取样，其最高允许排放浓度必须符合表 3－4 的规定。

表 3－4 第二类污染物最高允许排放浓度

污 染 物	1997 年 12 月 31 日前建设的单位			1998 年 1 月 1 日后建设的单位		
	一级标准	二级标准	三级标准	一级标准	二级标准	三级标准
pH 值	6～9	6～9	6～9	6～9	6～9	6～9
色度(稀释倍数)	50	80	—	50	80	—
悬浮物(SS)	100	300	—	70	300	—
生化需氧量(BOD_5)	30	60	300	20	30	300
化学需氧量(COD)	100	150	500	100	150	500
石油类	10	10	30	5	10	20
动植物类	20	20	100	10	15	100
挥发酚	0.5	0.5	2	0.5	0.5	2
总氰化合物	0.5	0.5	1	0.5	0.5	1
硫化物	1	1	2	1	1	1
氨 氮	15	25	—	15	25	—
氟化物	10	10	20	10	10	20
磷酸盐(以 P 计)	0.5	1	—	0.5	1	—
甲 醛	1	2	5	1	2	5
苯胺类	1	2	5	1	2	5
硝基苯类	2	3	5	2	3	5
阴离子表面活性剂	5	10	20	5	10	20
总 铜	0.5	1	20	0.5	1	2
总 锌	2	5	5	2	5	5
总 锰	2	2	5	2	2	5
元素磷	0.1	0.3	0.3	0.1	0.1	0.3

为了保证矿区环境不受污染和危害，矿区排放的废水还必须符合国家《工业企业设计卫生标准》(GBZ 1—2002)的规定，如表 3－5 所示。对矿山企业的行业规定有：现有企业悬浮物最高允许排放浓度为 150 mg/L(一级)和 300 mg/L(二级)，新扩改企业为 200 mg/L(二级)。

表 3－5 地表水体水质卫生要求

指 标	卫 生 要 求
悬浮物质	含有大量悬浮物的工业废水，不得直接排入地面水体，以防淤积河床
色、嗅、味	不得呈现工业废水和生活污水所特有颜色，异臭或异味
漂浮物质	水面上不得出现较明显的油膜和泡沫
pH 值	6.5～8.5
BOD(20℃)	不得超过 3～4 mg/L
溶解氧	不得低于 4 mg/L(东北地区渔业水体低于 5 mg/L)
有害物质	不得超过表 3－3 规定的最高许可浓度
病原体	含病原体废水必须严格消灭病原体后，才许排入地面水体

3.6 矿山水体的测定

对矿山水体做全面的水量、水质测定，是选择与确定治理方法的依据。没有科学的测定数据，盲目地建造处理设施，必然导致运行失调，造成浪费。因此，矿山废水的水质、水量测定是极其重要的步骤。水质监测内容广泛，涉及的分析技术和仪表非本书所及范围，以下仅概述有关监测的几个主要问题。

3.6.1 水质分析内容和项目

水质分析的内容分物理、化学和微生物（包括生物）分析。水质分析的项目总共有数百种，其中具有基本意义的项目约为一百余种，日常进行分析的项目有 10 种左右。应根据目的和要求、水质状况、分析与测定条件等方面选择具体的分析项目。不同的工业废水，其主要分析项目是不同的，但是，它们都应首先考虑水中主要杂质成分的测定项目。

3.6.2 矿山废水的采样方法

3.6.2.1 采样点的选择

由于待测水体的水质是不均匀的，而且随时间和地点而不断发生着变化。因此，采集水样必须具有代表性。否则，无论分析工作做得如何认真、精确，也是没有意义的。

为了保证采样具有代表性，采样点的选择和布置十分重要。一般应根据矿区水源的具体情况和污水成分及其含量，慎重考虑和布置采样点。例如应在河流的不同区段（清洁区段、污染区段及净化区段）选择布置采样点，并将采样点分为基本点、污染点、对照点和净化点。基本点应设在河流的清洁区段，即其入口或矿区以外的下游河段；污染点应设在河流污染特定区段，以控制和掌握矿区造成的污染程度；对照点应设在河流的发源地，或是矿区的上游区段，以便和污染点进行对比；净化点应设在矿区的下游区段，以检查水体自净作用。同时，还应考虑河面的宽度和深度。河流水质采样点可根据污染状况、河流的流量、河床宽窄等条件采用：单点布设法、断面布设法、三点布设法、多断面布设法等具体布置方法。

除河流布点外，在矿区内还应布置如图 3－2 所示的采样监测点。

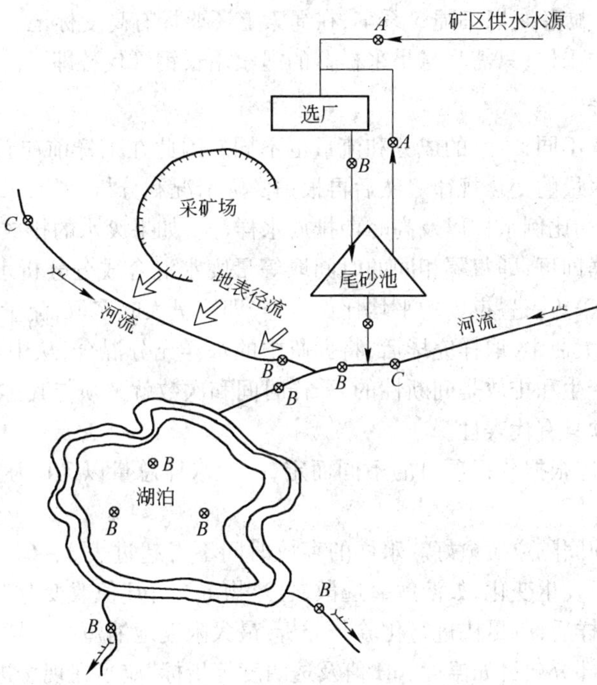

图3-2　矿区水体监测采样点布设略图

矿区内采样点的选择亦应具有代表性。凡是矿山生产可能影响到的水体，都要布点采样监测。为了使生产用水合乎标准，就应设置生产用水监测点，如图3-2中的 *A* 点。为了检查废水排放的污染程度，应设置废水排放控制点，如图3-2中的 *B* 点。为了检查与对比水源的污染程度，还应设置水源监测点，如图3-2中的 *C* 点所示。

实际工作中，除了布置上述的河流与矿区水质采样监测点外，为了调查地下水源的污染情况，还应对地下水源布点监测。一般情况下，可围绕污染源，取不同的井下水作为分析水样即可。

3.6.2.2　采样方法

采样点确定后，使用正确的采样方法，也是水体监测中的一个重要环节。一般可根据水体的性质，采用不同的方法采集水样。

A　*表层水样采集方法*

对河流、水库以及湖泊等地表水体，凡是可以直接吸水的场合，可直接把采样瓶置于水中，或者以适当的容器吸水。若从桥上采样时，可将系着绳子的采样瓶，投入水中取样。

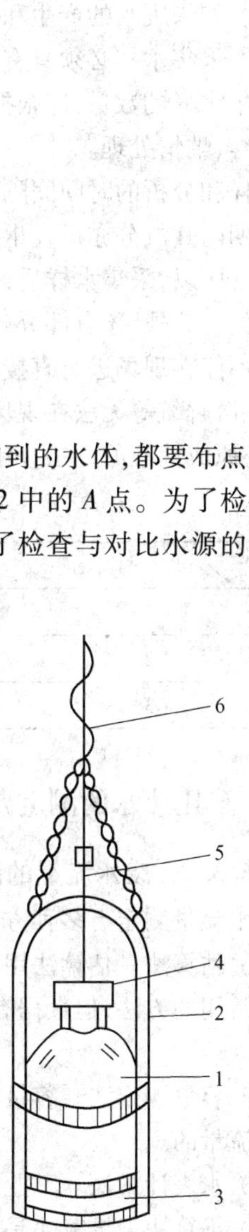

图3-3　简单采样器示意图

1—采样瓶；2—金属框架；3—铅块；4—瓶塞；5—系瓶塞的细绳索；6—吊采样瓶的绳索

表层水采样，最好取水面以下10～15 cm的水。若需采集一定深度的水样，应将采样瓶投放相应深度处采样。常用的简单采样器的构造如图3-3所示，它是一个装在金属框架2内用绳索吊起的采样瓶1，金属框架底部装有铅块3,以增加瓶重,瓶口配塞4,以细绳5系牢,在绳索上还要标有高度标记。

在流速大的河流中采样,只需将悬吊采样器的绳索用长钢管代替即可。

B 矿山废水采样

由于采选工艺过程不同,废水的成分和流量也不同。因此在采样前应首先了解生产废水的工艺过程,掌握水质、水量的变化规律。然后再根据实际情况和分析目的,采用不同的采样方法,分别采集平均水样、平均比例水样以及高峰期排放水样等。如果废水的排放流量比较稳定,只需采集一昼夜的平均水样即可,即每隔相同的时间取等量废水混合成分分析水样。如果废水的排放流量不稳定时,则要采集一昼夜内的平均比例水样,即流量大时多取,流量小时少取,把每次取得的水样,倒在清洁的大瓶中,取样完毕后,将大瓶中的水样充分混合,从中取出1~2 L,作为分析水样。如果废水的产生和排放是间断性的,采样时间和次数就必须与其排放的特点相适应,并应注意所采集水样必须具有代表性。

采集水样的数量,应根据分析项目的不同而定,一般水样总量以3 L为宜,也可根据分析项目的内容,酌情处理。

采样和分析的时间间隔愈短愈好。水样的存放时间不得超过表3-6所规定的标准。水样在保存期内其成分亦可发生变化,如溶解氧逸散、悬浮物沉淀、pH值改变及有机物或无机物发生氧化等。所以,采集水样后,应尽快进行化验与分析,最大限度地缩短存放期,防止水样变化而造成的损失。此外,还有部分项目如温度、pH值及透明度等指标,应当在现场进行直接测定。部分项目若不能在现场进行直接测定,可采用加入试剂或冷冻保存等方法,如,在测定矿山废水中的挥发分、溶解氧等无法在现场测定的指标时,采取加入试剂或冷冻使水样变成固态,待进行分析时,再还原成液态的方法,可大为减少保存期间产生的损失。

表3-6 水样保存时间标准

序 号	水样性质	保存时间/h
1	未污染的水样	72
2	轻度污染的水样	48
3	严重污染的水样	12

3.6.3 矿山废水的测定方法

3.6.3.1 废水流量的测定方法

废水流量测定有多种方法,下面简单介绍几种常见的方法:

(1) 估算法。估算法用水泵运行所持续时间和额定率估算废水流量的方法。这是工业企业目前最常用的方法,但数据有波动,误差很大,泵体的新旧、维护操作技术的高低均会影响流量值的大小。

(2) 容量测定法。容量测定法适用于小流量和间歇性排放的情况,它是利用容器和秒表计时换算流量的。

(3) 水表计量法。工业上所用的水表有浮子流量计、磁力流量计等。

(4) 推算法。推算法是通过测定沿程两个固定点间一个漂浮物的漂流时间,计算流速来求流量的方法。这种方法适用于非满流排水管。测出水流深度后,可得到断面积,从直接测定出的表面流速可以估算出断面的平均流速,如果是层流,平均流速约为0.8倍的表面流速。

(5) 流量堰计量法。流量堰测定方法可分为矩形堰测定法、帕歇尔水槽测定法两种。采用这种方法时，在明渠或满流排水段设流量堰。由于流量堰计量法具有测定准确、便于维护等特点，因此在流量测定方法中，最适合于矿山废水处理系统。

3.6.3.2 废水中悬浮物的测定

废水中呈固体状的不溶解物质称为悬浮物。悬浮物指标是衡量工业废水污染程度的基本指标之一。经过两个小时静止沉淀后，悬浮物中的一部分沉淀下来，这部分悬浮物称为沉淀物。而能够仍旧漂浮于水中的悬浮物，其粒径一般多在 50 μm 以下。悬浮物从性质上可分为无机性的和有机性的两种。无机性悬浮物如泥沙、各种矿粉、金属碎屑等；有机性悬浮物如纤维、木质素、油脂等。

A 悬浮物的沉淀性能

各种矿山废水中所含沉淀物的种类和性质很不一样。处于颗粒状态，并且颗粒表面比较光滑沉降时互不相关，这样的沉淀物称为沉渣。选矿、冶金及机加工等工艺产生废水的沉淀物多为沉渣。沉渣在多数情况下易于脱水，成分单一，便于回收利用。处于绒絮状态的悬浮物质所形成的沉淀物称为污泥，其主要成分为有机物质，如焦化、毛纺等工业废水的沉淀物。

一般用沉淀曲线描述悬浮物的沉淀性能。如图 3－4 给出了数条沉淀物质的沉淀曲线。从这几条曲线中可以看出，废水中的沉淀物质在最初一个阶段沉淀特别快，原因是沉淀物的颗粒大小不一样，颗粒较大、较重的沉淀物下沉亦较快。沉淀曲线是研究废水中沉淀物的沉淀规律性和设计沉淀池的重要资料。在矿山废水处理和净化工艺中，往往采用投加混凝剂的方式，进行絮凝沉淀。由于投药种类、数量和悬浮物本身性质不同，所测得沉淀曲线也不一样。

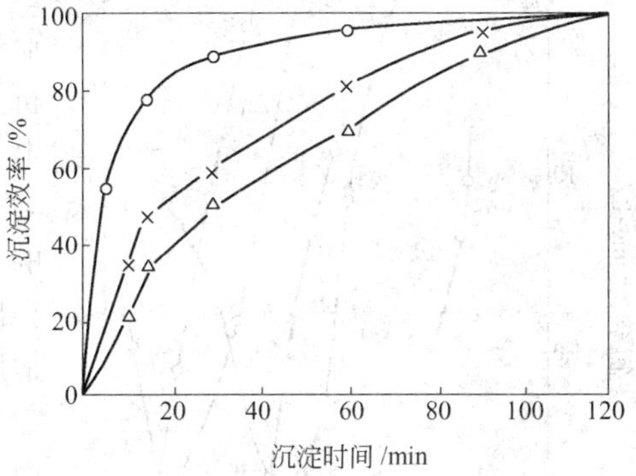

图 3－4 悬浮物沉淀曲线

B 沉淀物的含水率

沉淀物含水的多少，以其水的质量与沉淀物总质量之比值来表示，称为含水率。测量沉淀物含水率的方法如下：

取一部分经充分搅拌的沉淀物，精确称量后放入烘箱中，在 105℃下一直烘至恒重为止再称重，按下式计算含水率：

$$P = \frac{a - b}{a - c} \times 100\%$$

式中 P——沉淀物的含水率，%；

a——未烘干时沉淀物和器皿总质量，g；

b——干燥后沉淀物和器皿总质量，g；

c——器皿质量，g。

沉渣的比重较大，含水率较小；而污泥却呈疏松状态，含水率较大。为了便于脱水，常将沉淀下来的沉渣或污泥泵入浓缩池，浓缩后再进行脱水。

C 有机物与无机物含量的测定

污泥中的有机物质和无机物质含量的测定方法是，首先，将污泥放在烘干箱中以 105℃的温度烘至恒重，称重后得出污泥的固体物质（包括无机和有机物质）的总重量。随后，将此烘干的污泥在600℃的高温下烧灼,将其中的有机成分烧掉,再进行称量,剩下的无机物重量与固体物质在烧灼前的重量之比值称为污泥灰分,以百分数表示。污泥中有机物含量与无机物含量对研究活性污泥的活性、污泥消化的产气量等都有直接关系。

3.6.3.3 矿山废水的pH值测定

对于矿山废水来讲,pH值既是一项污染指标,又是净化中需要控制的指标。矿山废水的pH值差别极大,呈强酸性及强碱性的废水很多。pH值对废水的净化效果有直接影响,这是因为中和反应、化学混凝等过程均受pH值的制约。在各种不同pH值时,金属的沉淀程度视金属本身的性质、所形成的不溶性金属盐(如氢氧化物、碳酸盐等)的不同而不同。图3-5给出了几种金属氢氧化物的理论沉淀性能与pH值的关系曲线。该曲线是矿山废水处理中,除去重金属离子的非常重要的技术依据。Fe^{3+}在较低的pH值情况下,形成氢氧化物沉淀,然而要想除去Cd则必须把pH值调至9以上。更值得注意的是有些金属离子,如Cr、Zn等,在pH值不同时会产生沉淀和反溶的两种截然不同的反应,所以,矿山废水的净化,往往首先要测定pH值,并考虑pH值的调节方式。

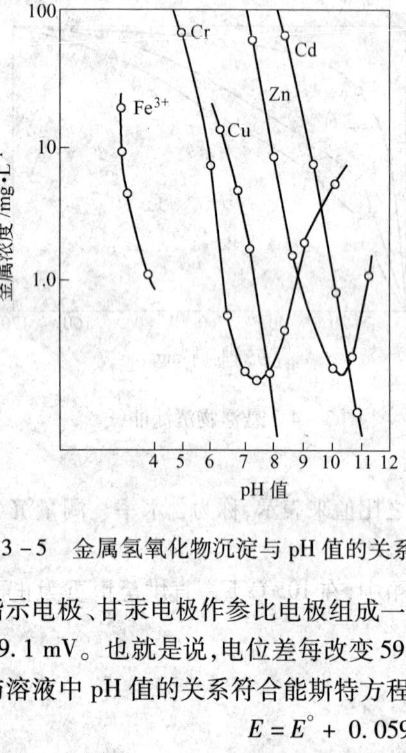

图3-5 金属氢氧化物沉淀与pH值的关系

水的pH值,由于其所溶解的CO_2数量的变化,而经常改变。因此,水样采回后应立即进行测定分析。测定水的pH值方法主要有:试纸法、比色法和电位法。

试纸法比较简单,使用时取试纸一条,浸入待测的水样中,半秒钟取出与试纸上的标准色板比较,即得出pH值的大小。此法极为方便,但误差大,且不适用于色度高的溶液,只供粗略测定使用。

比色法是把待测溶液与指示剂所生成的颜色和由已知pH值的溶液与指示剂组成的标准色阶进行比较,当它们的颜色和标准色阶中某一溶液的颜色一致时,则表示它们的pH值相同,比色法也不需要仪器,简单易行,但该法也是一种粗略近似的测定方法。

电位法亦称玻璃电极法,主要是利用玻璃电极作指示电极、甘汞电极作参比电极组成一个电池,在25℃下,溶液中每一个pH单位,电位差变化为59.1 mV。也就是说,电位差每改变59.1 mV,溶液中的pH值就相应地改变一个pH单位。电位与溶液中pH值的关系符合能斯特方程式,即

$$E = E^{\circ} + 0.0591\lg[H^+] \quad (\text{在25℃温度时})$$

或

$$E = E^{\circ} + 0.0591\,pH$$

按上述关系,若将电压表上的刻度换算成pH值刻度,便可直接读出溶液的pH值。温度差异可以通过仪器上的补偿装置加以校正。

玻璃电极基本上不受含盐量的影响,也与溶液的颜色、浊度以及所含的胶体物质、氧化剂和还原剂无关。但是,当pH值大于10时,因有大量钠离子存在,产生较大的误差(即钠差)。因此,在测定碱性废水前,一般采用标准缓冲液对酸度计校正后,再进行测定。

3.6.3.4 矿山废水的无机物成分的测定

矿山废水中无机污染物主要有砷、硫化物、氯化物、氟化物以及放射性物质等,现简述如下。

A 重金属离子的测定

含重金属离子的废水,在冶金矿山废水中占用很大比重。测定废水中重金属的含量,一方面能掌握其污染程度及其富集量的多少;另一方面,也可以借以确定采取回收工艺的经济合理性。重金属含量的测定方法主要有化学测定法和原子吸收分光光度仪测定法两种,目前多采用后一种方法测定。

B 硫化物的测定

水体中的硫化物,一般指金属与硫作用生成的化合物,但其中也包括硫化氢等非金属硫化物和有机硫化物。

自然水体中的硫化物,一部分是天然水溶蚀含硫矿物质进入地表与地下径流所致;另一部分是水或底泥中厌氧微生物以有机物为养料,将硫酸盐转化成硫离子(S^-)造成的。含硫金属矿的选矿废水和硫化染料的制造、漂染等工业废水也含有数量不等的硫化物。硫化物是耗氧物质,使水体中溶解氧减少,而影响水生物、植物的生长,对人体具有强烈的刺激神经作用。所以河流、湖泊、生活饮用水及灌溉等环境用水均不能含有硫化物。

硫化物在地面水中按溶解氧计算,不得检出。废水排放的最高许可浓度为1 mg/L,硫化物的测定,常采用碘量法和比色法。

a 碘量法

碘量法测定硫化物的原理是,硫化物与醋酸锌作用生成白色硫化锌沉淀。将此沉淀在酸性介质中与碘液作用,然后用硫代硫酸钠标准溶液滴定过量的碘液。其反应式如下:

$$Zn^{2+} + S^{2-} \longrightarrow ZnS\downarrow \text{(白色)}$$

$$ZnS + I_2 \longrightarrow ZnI_2 + S$$

$$I_2 + 2Na_2S_2O_3 \longrightarrow 2NaI + Na_2S_4O_6$$

b 比色法

对氨基二甲基苯胺比色法测定的原理是,胺离子与对氨基二甲基苯在高铁离子的酸性溶液中,生成亚甲基蓝,其蓝色深度与水中硫离子含量成正比关系。根据蓝色深浅进行比色定量分析。

C 氯化物的测定

自然界中很多矿物都含有氯化物,天然水中也含有氯化物,其中多以钠、钾、钙、镁等化合物的形式存在于水体之中。生活污水和工业废水中,一般都含有大量的氯化物。

氯化物对人体健康没有多大的影响,但水中的氯化钠超过250 mg/L时,将使水质具有明显的盐味。氯化物含量较高的水体,对金属管道及其他构筑物有腐蚀作用。长期灌溉农田,则会形成盐碱地,影响农业生产。因此,氯化物含量多少也是水质监测的主要指标之一。测定方法一般多采用硝酸银容量法。也可采用氯化银比浊法或氯离子电极法。

硝酸银容量法测定的原理是,硝酸银与氯化物生成氯化银沉淀,用铬酸钾做试剂,当水样中氯化物全部与硝酸银作用后,过剩的硝酸银与铬酸钾作用生成砖红色的铬酸银沉淀,表示滴定至终点。根据硝酸银的消耗量,求算出氯化物的含量,其反应式为:

$$NaCl + AgNO_3 \longrightarrow AgCl\downarrow \text{(白色沉淀)} + NaNO_3$$

$$2AgNO_3 + K_2CrO_4 \longrightarrow 2KNO_3 + Ag_2CrO_4\downarrow \text{(砖红色沉淀)}$$

D 氰化物的测定

水体氰化物是由于工业废水排放造成的。就矿山而言,主要来源于金属选矿及炼油、焦化、煤气工业等。例如,每吨锌、铅矿石进行浮选时,其排放的废水中氰化物的平均浓度为4 ~

10 mg/L，高炉煤气洗涤水中氰化物的含量最高可达 31 mg/L。

水体中氰化物的测定多采用容量法、比色法以及电极法。当水氰化物的含量在 1 mg/L 以上时，采用硝酸银容量法比较适宜；水氰化物的含量在 1 mg/L 以下时，采用比色法为佳。

a　硝酸银容量法原理

在碱性溶液（pH 值在 11 以上）中，以试银灵作为指示剂，用硝酸银溶液（标准）进行滴定，形成银硝络合物[$Ag(CN)_2^-$]，当到达终点时，多余的银离子与指示剂生成橙色络合物。根据硝酸银的用量，可求得氰化物的含量，其反应式为：

$$Ag^+ + 2CN^- \longrightarrow [Ag(CN)_2^-]$$

b　比色法原理

吡啶盐酸联苯胺比色法的测定原理是，在酸性溶液中，溴水使氰化物变成溴化氰，以硫酸肼除去多余的溴，加入吡啶盐酸联苯胺试剂，生成橘红色的烯醛衍生物，所显颜色的深浅与氰化物含量成正比关系。可用比色法测定氰化物的含量。

3.6.3.5　矿山废水有机物成分的测定

水体中有机污染物种类繁多，成分复杂。主要有碳水化合物、脂肪、蛋白质、酚类、醛、硝基化合物等。其测定方法也各不相同。大致可归纳为综合指标法和单项测定法两类方法。综合指标法主要是测定水中溶解氧（DO）、生化需氧量（BOD）、化学需氧量（COD）以及总有机碳（TOC）等。单项测定法主要是测定酚类、有机氨农药、阴离子洗涤剂等。

矿山废水有机污染物的测定，主要采用综合指标法，现简述如下。

A　水中溶解氧（DO）的测定

溶解于水中的游离氧称为溶解氧，通常用 mg/L 表示。水中溶解氧主要来源于空气中的氧溶解于水和水生生物光合作用放出的氧。溶解氧是水质好坏的重要指标。清洁的地面水中所含溶解氧量，接近饱和状态。生活污水和工业废水中，因含有大量的有机物质和无机还原物质，如，碳水化合物、醛类、可氧化的含氮化合物等，在进行生物氧化分解时，这些物质要消耗水中的溶解氧，导致水体中的溶解氧量大量减少，污染严重时，溶解氧量可减少到零。这时厌氧菌将大量繁殖，有机物腐败、使水质恶化，水生动植物因缺氧而无法生存（水体中溶解氧含量低于 4 mg/L 时，鱼类就不能生存）。所以，溶解氧的测定，是衡量水体污染程度的一个重要综合指标。

溶解氧的测定一般采用碘量法和隔膜电极法两种方法。

a　碘量法

碘量法测定溶解氧的实质是，在水样中加入硫酸锰和氢氧化钠－碘化钾溶液作用，生成氢氧化锰白色沉淀，即

$$MnSO_4 + 2NaOH \longrightarrow Mn(OH)_2 \downarrow + Na_2SO_4$$

由于这种沉淀很不稳定，立即与水样中溶解氧进行氧化－还原反应，生成锰酸锰棕色沉淀，其反应式如下：

$$O_2(\text{水样中}) + 2Mn(OH)_2 \longrightarrow 2H_2MnO_3$$

$$2H_2MnO_3 + 2Mn(OH)_2 \longrightarrow 4H_2O + 2MnMnO_3 \downarrow$$

然后，用浓硫酸酸化，使锰酸锰与碘化钾（KI）反应，析出碘（I_2），碘的析出量与溶解氧呈定量关系，溶解氧越多，析出的碘就越多，溶液的颜色就愈深，其反应式如下：

$$2MnMnO_3 + 4H_2SO_4 + 4HI \longrightarrow 6H_2O + 4MnSO_4 + 2I_2$$

反应析出的碘，以淀粉做指示剂，用硫代硫酸钠标准溶液滴定至终点（蓝色消失为止），其反应式为：

$$2I_2 + 4Na_2S_2O_3 \longrightarrow 6NaI + 2Na_2S_4O_6$$

结果计算：

$$DO = \frac{N \cdot V_L}{V_S} \times 100\%$$

式中 DO——水样中溶解氧摩尔浓度，mol/L；

N——硫代硫酸的摩尔浓度，mol/L；

V_L——硫代硫酸溶液的用量，mL；

V_S——取水样体积，mL。

b 隔膜电极法

这种方法的原理是，利用只能透过气体而无法透过溶质的薄膜（通常为 10^{-2} cm 左右的聚乙烯或聚氟乙烯材料），将电池和试样隔开，其透过薄膜的氧在电极上还原，产生微弱的扩散电流，而扩散电流和试样中的氧分子浓度呈线性比例关系。

根据这一原理制成的溶解氧测定仪器很多，如 WOSTN 溶解氧分析仪、STANK 溶解氧分析仪、YS-154 型测氧仪及 TH-2 型溶解氧分析仪等。

B 生化需氧量（BOD）的测定

生化需氧量的测定方法与溶解氧的测定方法基本相同，所不同的就是先在采集的水样中加入一定量特制的稀释水，并培养 5 天（也有人建议培养 20 天，甚至 100 天。但 5 天就基本上达到平衡）。首先测定当时的溶解氧（DO）；再测定培养一定时间后的溶解氧（DO），两者之差即为生化需氧量（BOD）。

特制的稀释水，实际上就是给水中补充微生物养料，即在蒸馏水中加硫酸镁、氯化铁、氯化钙以供微生物繁殖之用。

除了上述方法外，近来，有关部门根据库仑分析原理研制成功了生化需氧量（BOD）自动分析仪，如图 3－6 所示。

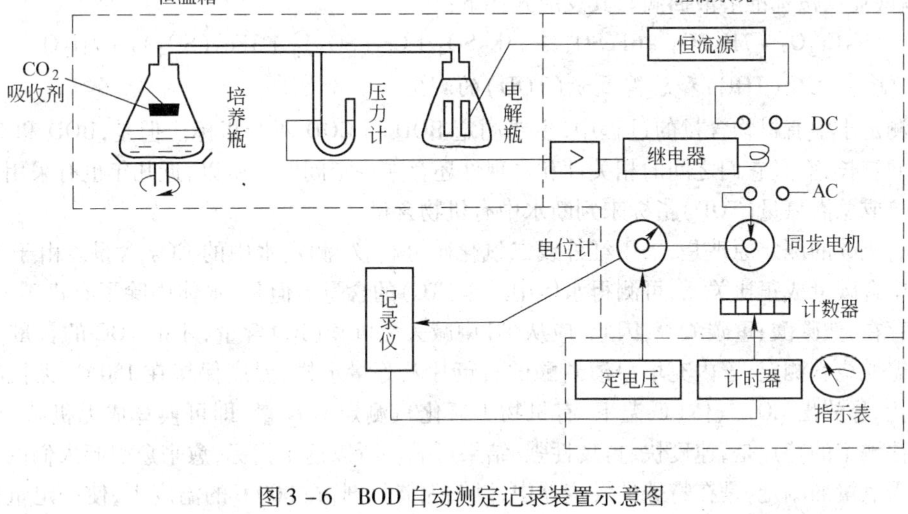

图 3－6 BOD 自动测定记录装置示意图

C 化学需氧量（COD）的测定

化学需氧量是指在一定条件下，水中还原性物质（包括有机的和无机的）被氧化剂氧化，所消耗氧化剂的量。因此，测定化学需氧量可以了解水中被还原性物质污染的轻重程度，是衡量水质好坏的综合指标。COD 测定方法有:酸性高锰酸钾法、碱性高锰酸钾法及重铬酸钾法等,其中,酸性和碱性高锰酸钾法适用于污染较轻的地表水样 COD 的测定;重铬酸钾法适用于污染较重的 COD 测定。以下简述各种测定方法的基本原理。

a 酸性高锰酸钾法

酸性高锰酸钾法适用于水样中所含的氯离子少于 300 mg/L 的水样。其测定的实质是,在酸性溶液中,加入准确称量的高锰酸钾溶液,氧化水中还原性物质,所剩下的高锰酸钾,再用过量而又准确称量的草酸予以滴定还原。而过量的草酸,可用高锰酸钾滴定至终点。根据高锰酸钾的用量来计算水中化学需氧量,其反应式为

$$MnO_4^- + 8H^+ + 5e \longrightarrow Mn^{2+} + 4H_2O$$

$$MnO_4^- + 5C_2O_4^{2-} + 16H^+ \longrightarrow 2Mn^{2+} + 8H_2O + 10CO_2\uparrow$$

b 碱性高锰酸钾法

当水样中所含的氯离子超过 300 mg/L 时,则必须用碱性高锰酸钾法进行测定。其测定原理是,在碱性溶液中,加入过量的高锰酸钾,氧化水样中的还原性物质,而其本身变为二氧化锰,其反应式为

$$MnO_4^- + 2H_2O + 3e \longrightarrow MnO_2 + 4OH^-$$

还原作用完成后,把反应溶液酸化,并加入经准确称量的过量草酸溶液,将剩下的高锰酸钾和反应生成的二氧化锰还原。过量的草酸可再用高锰酸钾滴定,以测知化学需氧量。

c 重铬酸钾法

当水样中含有比较多而难以氧化的有机物质时,用高锰酸钾法不能完全分解氧化它们,而重铬酸钾在酸性溶液中是强氧化剂,在加热的条件下,比高锰酸钾能更好地氧化水中的有机物质和还原性物质。因此,重铬酸钾法适用于污染比较严重的水质测定,如矿山废水、生活污水等。

重铬酸钾测定的实质是,在酸性溶液中,以硫酸银为催化剂。重铬酸钾作氧化剂,将还原性物质氧化,根据重铬酸钾的用量,计算出相当于氧的含量。过剩的重铬酸钾用试亚铁灵作指示剂,用硫酸亚铁按标准溶液回滴。其反应式如下:

$$K_2Cr_2O_7 + 7H_2SO_4 + 6FeSO_4 \longrightarrow K_2SO_4 + Cr_2(SO_4)_3 + 3Fe_2(SO_4)_3 + 7H_2O$$

D 总有机碳(TOC)和总需氧量(TOD)的测定

在测定水中有机物含量的过程中,主要测定 BOD 和 COD 两个指标。但是,BOD 和 COD 的测定时间较长,而且它们之间的相关性和再现性还存在一定问题。所以,近几年也有采用总有机碳(TOC)或总需氧量(TOD)指标来判断水中有机物含量。

总有机碳的测定原理是,采用红外线二氧化碳分析仪,测定水中的 CO_2 含量。由于 CO_2 量与水样中含碳量成正比关系,可测得水体中总碳(TC)的含量。但是,水体中除了有机碳外,还有无机碳存在,如碳酸、重碳酸等,因此,应从 TC 中减去无机碳(IC)含量,才是 TOC 的含量。IC 可采用低温燃烧管测定,管内充填浸渍磷酸的石英片及等量水样,温度保持在 150℃,无机物在低温下氧化,释放出 CO_2 气体(低温下,有机物不氧化),测定 CO_2 量,即可换算成无机碳(IC)量。这种方法测定的特点是,速度快、再现性强、结果可靠。所以这个指标,愈来愈引起人们的重视。

总需氧量的测定,是在特殊的燃烧器中,以铂为催化剂,在 900℃ 的温度下,使一定量的水样汽化,并与载体(氧气)共同燃烧,把燃烧过的气体脱水后,送入氧化锆或检氧装置中,测定剩余氧,载体中氧的减少量即为水样中能被氧化物质完全氧化时所需要的氧量(TOD)。可见,这种方法也具有简便、快速的特点,而且比 BOD 和 COD 测定法更接近实际。但是,这种方法还存在着一定的误差,故尚不能作为唯一综合指标应用。

3.7 矿山废水处理的基本方法

3.7.1 矿山废水污染的控制

为了解决矿山废水所造成的危害,必须采取各种措施和方法,严格控制废水排放,减少废水对周围环境的污染。

3.7.1.1 控制废水的基本原则

由于矿山废水排放的特性,决定了该废水的处理原则是:采取最有效、最简便和最经济的处理方法,使处理后的水和重金属等物质都能回收利用。故应做到以下几点基本要求。

A 改革工艺、抓源治本

污染物质是从一定的工艺过程中产生出来的,因此,改革工艺以杜绝或减少污染源的产生,是最根本、最有效的途径。如选矿厂生产,可采用无毒药剂代替有毒药剂,选择污染程度少的选矿方法(如磁选、重选等),可以大大减少选矿废水中的污染物质。国外已开始应用无氰浮选工艺,我国也有不少单位正在开展氰化物及重铬酸盐等剧毒药剂代用品方面的研究,并取得了一定的实效。如广东某铅锌矿,过去一直是采用氰化钠作为铅锌分选的抑制剂,致使尾矿水和铅锌精矿浓缩溢流水含氰量大大超过排放标准,曾先后污染了几千亩农田,造成了大量牲畜及水生物死亡,现改成无毒浮选工艺,采用硫酸锌代替氰化钠,不仅减少了污染危害,而且也提高了选矿厂的经济效益。

B 循环用水、一水多用

采用循环供水系统,使废水在一定的生产过程中多次重复利用或采用接续用水系统。既能减少废水的排放量,减少环境污染,又能减少新水的补充,节省水资源,解决日益紧张的供水问题。如矿山电厂、压气站用水和选矿厂废水循环利用等。特别是选矿厂废水的循环利用,还可回收废水中残存的药剂及有用的矿物,既能节省用药量,又能提高矿物的回收率。如河北某铜矿,每天排放废水达两万余吨,过去直接排入渤海,引起近海水资源的污染,后来该矿进行了选矿工艺改革,加高了尾矿坝,开凿了1000多米地下隧道,架设了几百米的污泥管道,使尾矿溢流水利用高差自流到选厂循环利用,使水的回收率达到90%以上,基本上实现废水闭路循环使用。

C 化害为利、变废为宝

工业废水的污染物质,大都是生产过程中进入水中的有用元素、成品、半成品及其他能源物质。排放这些物质既污染环境,又造成了很大的浪费。因此,应尽量回收废水中的有用物质,变废为宝、化害为利,是废水处理中优先考虑的问题。据估计,全国有色企业每天排放“三废”中的剧毒物质,如汞、镉、砷就达两万多吨,若能正确地回收与处理这些废弃物,将有一举多得的好处。

3.7.1.2 控制矿山废水的措施

采取“防”、“治”、“管”相结合的方法,严格控制废水的形成和排放,是控制和减少水污染的积极措施。

A 选择适当的矿床开采方法

地下采矿时,选择使顶板及上部岩层少产生裂隙或不产生裂隙的采矿方法。是防止地表水通过裂隙进入矿井而形成废水的有效措施。露天开采时,应尽量避免采用陡峭边坡的开采方法,以减轻边坡遭水蚀及冲刷现象;及时覆盖黄铁矿的废石,以防止氧化;下边坡应留矿壁以防止地面水流入采场;可能情况下应回填采空区,以免积水;合理布置采矿场排水沟,如图3-7所示。

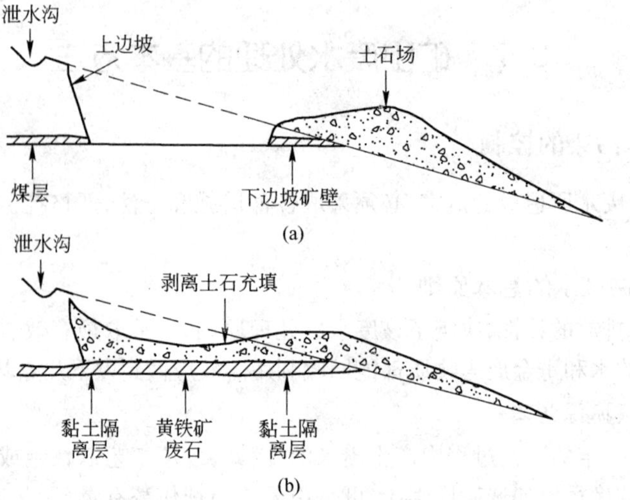

图 3-7 防止采区积水示意图

(a) 保留矿壁;(b) 采完充填空场

B 控制水蚀及渗透

地下水、老窿水、地表水及大气降雨渗入废石堆后,流出的将是严重污染了的水。因此,堵截给水、降低废石堆的透水性,是防止和减少水渗透的有效措施。高速水流经废石堆时会出现水蚀现象,使水受污染。将废石堆整平、压实、植被废石堆以导开地表水流,是防止废石堆水蚀的有效方法,如图 3-8 所示。

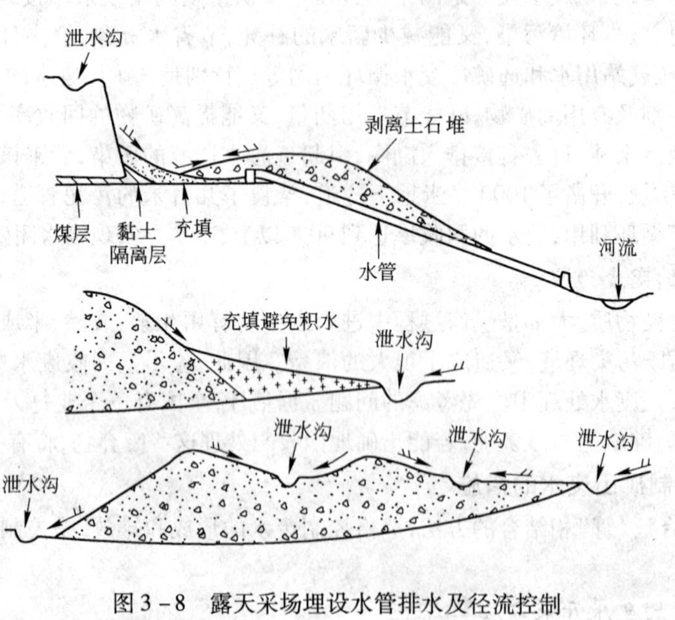

图 3-8 露天采场埋设水管排水及径流控制

此外,利用某种化学物质喷洒硫化矿废石堆表面,使之与空气和水隔绝是控制水污染的有效措施。

C 控制废水量

在干燥地区亦可建造池浅而面积大的废水池蒸发废水,这对排水量大的矿山是减少废水处理量的合理办法。

D 平整矿区及其植被

平整遭受破坏的土地，可以收到掩盖污染源，减少水土流失，防止滑坡及消除积水的效果。植被可以稳定土石，降低地表水流速度，因而能在一定程度上减少水土流失、水蚀及渗透。让废水流经某些种植物的地面后排入河流，也能使矿井水得到一定的净化。

3.7.2 矿山废水处理系统

3.7.2.1 废水处理系统的基本概念

A 废水处理系统的含义

废水的种类和性质非常复杂，处理的目的要求也各不相同，因此往往需要将几种处理方法（或称单元技术）组合起来，并合理地配置其主次关系和前后顺序，使之构成一个有机的整体，才能最有效、最经济地实现处理任务。这种由几种单元过程合理组合成的整体，称为废水处理系统。把处理系统以图形方式表示出来，则称为处理系统图，或称工艺流程图。

B 废水处理系统的组成

废水处理系统一般都由几个处理系列组成。处理系列就是用来完成某特定处理目标的一种或几种方法组合的序列。处理目标可以有各种分类法，废水处理通常按所去除物质颗粒大小、性质（称为颗粒级谱）来确定处理目标。按照这种处理目标划分，并包括泥渣的处理在内，可以把矿山废水处理系列分为以下四类：

(1) 颗粒状物质去除系列。方法有筛分法、重力分离法等。

(2) 悬浮颗粒和胶体去除系列。方法包括浓缩、澄清、混凝沉淀等。

(3) 溶解物质去除系列。处理方法很多，包括各种化学沉淀法、吸附法、离子交换法、膜分离法、萃取法等。

(4) 泥渣处理系列。方法包括浓缩、脱水（过滤）、干燥等。

3.7.2.2 废水处理方法和处理系统的选择确定

废水处理方法和系统的选择取决于许多因素，主要是废水性质、对出水水质的要求、需要的场地、未来发展以及该系统在技术上的可行性和经济上的适宜性等。

一般地说，城市生活污水的水质比较均一，目前已形成了一套行之有效的典型处理系统。根据处理目标和任务的不同，可归纳一级处理（或称为初级处理或机械处理）、二级处理（亦称为生物化学处理或生物处理）及三级处理（或称高级处理）等三级处理方式。

工业废水的水质千差万别，处理要求也极不一致。因此，很难形成一种像城市生活污水那样的典型处理系统。只能根据前面所述的一些因素和四个系列，同时根据试验研究资料和参考某些厂矿经验，认真选择与论证特定情况下的处理方法和袭用。归纳起来，正确选择废水处理系统，应从以下几点入手：

(1) 废水的水质及水量特征是正确选择处理系统的出发点。从废水的种类来说，需要考虑采用混合处理还是单独处理，或者单独处理一定程度后再混合处理；从排水量及排水规律来说，需要考虑是否要设置蓄水池、均合池，是连续还是间歇运行等。从污染物质种类和浓度来说，需要考虑和分析的内容就更多，因为这是选择处理方法和处理设备的主要依据。例如，当污染物为胶体时，要考虑采用混凝、气浮、生物絮凝等方法；当污染物为溶质时，就要考虑采用化学沉淀、萃取、离子交换等物理化学方法；如果有几种污染物存在，就要考虑用一种方法还是用几种方法联合处理问题；若污染物浓度足够高，具有回收价值，就应选择能回收利用有价值成分的方法。

（2）废水处理后的利用或排放以及对水质的具体要求，是决定和选择处理系统的关键。根据水质的具体要求，考虑处理工艺的繁简深浅，处理规模的大小，以正确地选择与确定废水处理系统。

（3）进行全面的技术经济综合比较是选择与确定处理系统的基本方法。这一条最重要的是要进行多方案的比较，从技术上、经济上认真分析和论证，选择和确定出最佳方案。

3.7.2.3 废水处理系统的设计

正确选择与确定废水处理系统是整个设计的中心环节和重要内容，因此，一般的设计原则应包括：必须贯彻国家环境保护及其他有关的方针政策；必须遵守国家《环境保护法》和建设项目环境管理方面的规章制度；必须根据具体情况，并在总结生产实践经验和科学研究成果的基础上，充分论证比较，确定方案；必须依据准确可靠的原始资料和设计参数，进行设计、计算；必须按规定编制概算和预算。

设计程序和设计阶段按国家规定的有关规章制度和办法进行。

3.7.3 工业废水处理的基本方法

废水处理的目的，就是用各种方法将废水中含有的污染物分离出来，或将其转化为无害物质，从而使废水得到净化。工业废水的处理方法很多，可按其处理原理划分为物理法、化学法、物理化学法及生化处理法等类型，现简述如下。

3.7.3.1 物理处理法

这种方法比较简单，主要是通过沉淀、过滤、浮选等物理手段，除去废水中的固体悬浮物质。属于这种类型的方法有五种。

A 筛选法

筛选法是废水预处理工艺中常采用的方法。主要是筛滤废水中大颗粒物质，以防废水在排放过程中损坏排水设备，如水泵、管道、阀门等。其设置方式是在废水流入水池前，在排水沟道中安置活动栅或固定格栅，以筛滤废水中大颗粒物质。通常废水通过格栅的流速为0.3 m/s为宜。

B 过滤法

过滤法是使废水通过多孔滤料，进一步降低固体悬浮物的处理方法。过滤法按其工作原理又可分为重力过滤法、真空过滤法、离心过滤法和压力过滤法四种。采用重力过滤法可除去浓度较低的液体悬浮物质；采用真空过滤法可使浓度较高的泥浆脱水；采用压力过滤法可滤去水中的微小固体颗粒；采用离心过滤法主要除去水中的胶体微粒。一般应根据废水的具体情况及处理要求，适当选用。当前我国主要采用的离心过滤法及重力过滤法，相应的设备主要有机械滤罐及重力式快滤池等。

图3-9所示为重力式快滤池的构造及工作过程示意图。过滤时，废水由进水管经闸门进入池内，并通过滤料层和垫层流到池底，水中的悬浮物和胶体被截留于滤料表面和内层空隙中，滤过的水由集水系统闸门排出。随着过滤过程的进行，污物在滤料层不断积累，当过滤水头损失超过滤池所能提供的水头（高、低水位之差），或者出水中污染物浓度超过许可值时，即应终止过滤，进行反洗。反洗时，冲洗水进入配水系统（即过滤时的集水系统），向上流过垫层和滤料层，冲去沉积于滤料层内的污物，并夹带着污物进入洗砂排水槽，由此经闸门排出池外。反洗完毕后，即可进行下一循环的过滤。

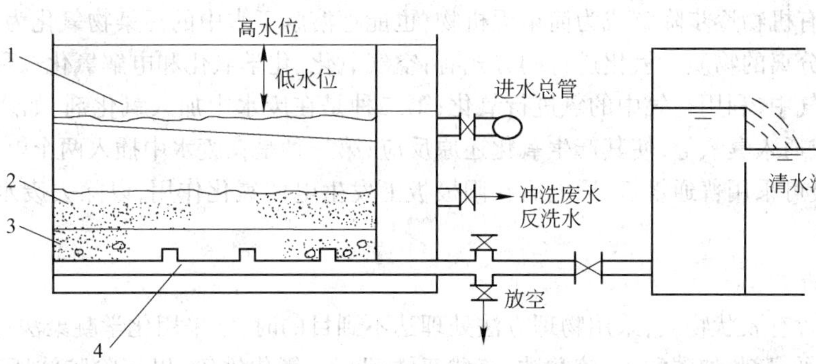

图 3-9 重力式快滤池构造及工作过程

1—洗砂排水槽;2—滤料层;3—垫层;4—集水系统(配水系统)

在采用过滤法时,以焦炭为滤料处理含氰废水,其效果显著。氰化物在焦炭表面被催化成 CO_2 和 N_2,除氰效率在90%以上。吸附病菌效率可达99.6%以上。

C 沉淀法

一般废水经过筛滤法处理,除去较大的固体颗粒后,可用沉淀法除去其中的固体悬浮物质。这是一种最经济的使用方法,根据固体颗粒物质的特性,分为三种类型:

(1) 分离沉降。它指颗粒之间互不聚合,单独进行沉降。因而颗粒的物理性质(大小、形状、密度)在此过程均不发生任何变化,如沉砂池中的砂粒沉降。

(2) 絮凝沉降。它指沉降颗粒附聚,颗粒密度及其沉降速度也随之变化,如初次沉淀池发生的沉淀。

(3) 区域沉降。它指颗粒形成一种绒体,大面积的沉降,并与液相有显著的界面,如二次沉淀池中的活性污泥沉降等。

D 吹脱法

若废水中含有较多易挥发物质时,可采用此方法。此方法是将压气压入废水中,使易挥发物质吸附于压气并逸出,以达到除去挥发性物质的目的。而逸出的气体则可使其逸散到空气中或直接引入燃炉中作为燃料,亦可将逸出的气体加以回收,进行综合利用。

E 气浮法

气浮法就是将空气压入废水中,水中乳状油粒(0.5~2.5 μm)和悬浮颗粒(固体或液态颗粒)黏附在气泡表面,并随气泡升浮到水面形成泡沫层,然后用机械方法清除,使污染物从废水中分离出来。

3.7.3.2 化学处理法

化学处理法,这是一种通过化学反应的作用来分离与回收废水中处于各种形态的污染物质,或改变污染物质的性质,使其从有害变成无害。

A 中和法

中和法是保护水域不受污染的一种基本方法。主要是利用化学手段调整废水中的酸碱度,使其呈中性,如酸性废水利用碱性废水中和、向酸性废水投加碱性废渣、通过碱性滤料层过滤中和等;而碱性废水可利用酸性废水中和、投加中和剂、利用烟道气中和等。金属矿山废水多为酸性水,故大多数采用石灰或石灰石方法处理。

B 氧化法

氧化法是利用强氧化剂氧化与分解废水中的污染物净化废水的一种化学处理方法。强氧化剂能把废水中有机物逐步降解成为简单无机物,也能把溶解于水中的污染物氧化为不溶于水、而且易于从水中分离的物质。氧化进行的方式有:空气氧化、化学氧化和电解氧化三种。前者是将废水暴露在空气中,利用空气中的氧进行氧化;第二种是在废水中加入氧化剂,如通入液态氯或投加次氯酸,或通入臭氧等,使其产生氧化还原反应;第三种是在废水中插入两个电极,阳极可采用石墨板,阴极可采用普通钢板,通电后在阳极板上发生电解氧化作用,以除去废水中某些污染物质的毒性。

C 凝聚法

当废水中含有胶状物质,采用物理方法处理达不到目的时,常采用化学凝聚法进行处理。即在废水中加入凝聚剂,如碳酸铝、硫酸铁、硫酸亚铁、明矾、氯化铁等,以消除胶体所带电荷,使之变成絮状物质而迅速地沉降以达到废水净化的目的。近年来,国外广泛采用碱式氯化铝作为凝聚剂,该物质具有形成颗粒大、凝聚速度快、用量小、成本低等优点,效果十分显著。

D 离子交换法

当除去或回收废水中的重金属时,常用离子交换法进行处理。离子交换法是一种特殊的吸附过程,即吸附重金属离子的同时放出等当量的离子,这就是该方法的实质。该方法主要是在液相和固相之间进行离子交换,以达到废水净化和回收重金属的目的。现仅以不溶于水体的固体磺酸($R—SO_3H$)为例,对离子交换法净化水的原理加以说明。把磺酸置于含食盐的水溶液中,则液相和固相之间产生如下反应:

$$R—SO_3H + NaCl \longrightarrow R—SO_3Na + HCl$$

由反应式可见,水溶液中的一部分钠离子吸附到固体磺酸上,同时另一部分等量的氢离子从固体磺酸上溶离到水溶液中,这种反应称为离子交换。显然,利用离子交换法可以从废水中分离电解质。

3.7.3.3 物理化学处理法

运用物理和化学的综合作用使废水得到净化的方法有:吸附法、泡沫分离法、反渗透法。

A 吸附法

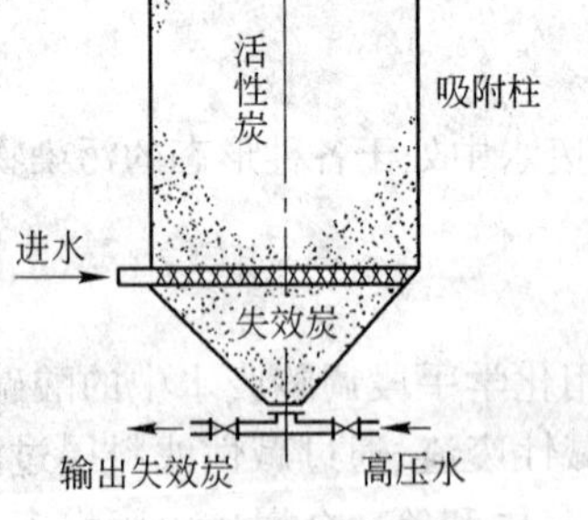

图 3-10 活性炭吸附柱构造示意图

当废水中含有较多的溶解态的污染物分子和离子时,可采用吸附法。该法是让废水与多孔性固体吸附剂接触,利用吸附剂表面的活性,将分子态或离子态污染物吸附或浓集于其表面,然后将吸附剂和废水分离,达到净化废水的目的。吸附剂通常采用活性炭、活性硅石及腐殖酸等物质。

活性炭对废水中有机物具有较强的吸附能力。例如对酚、苯、石油及其产品、杀虫剂、洗涤剂、合成染料、胺类化合物都有很好的去除效果。

采用吸附法所使用的设备类型有:固定床、流化床和移动床三种。图 3-10 为活性炭移动床吸附柱的构造示意图。废水从吸附柱底部进入,处理后的水由吸附柱上部排出。在操作过程中,定期将饱和的活性炭从柱底排出,送至再生装置进行再生。与此同时,将等量的新鲜活性炭从柱锭贮炭斗加至吸附柱内。

B 泡沫分离法

用物理处理法的气浮法后尚不能清除废水中污染物时,投加浮选剂,改变污染物表面特性,使某些亲水性物质转变为疏水性物质，随气泡浮升到水面、形成泡沫层，然后用机械法清除，使污染物得以从废水中分离，这就是泡沫分离法。

C 反渗透法

反渗透法是利用半渗透膜和加压的办法分离水中污染物质的一种方法。

一般渗透作用是溶剂通过半渗透膜，从低浓度溶液流向高浓度溶液，如果在高浓度一面加压，使压力超过渗透压力时，则溶剂出现反向流动，即从高浓度溶液流向低浓度溶液，这种现象称为反渗透作用。该方法就是利用这种反渗透作用，除去废水中的有机和无机污染物质，以达到净化废水的目的。目前半渗透以醋酸纤维为最好。此法操作简单、方便、效率高。但是处理费用较高，经济效果差。

3.7.3.4 生化处理法

生化处理法，亦称生物处理法。这是一种历史最久而相当行之有效的废水处理方法。它是利用水体中多种微生物，将水体中的有机物分解成无毒、无害的简单无机物，以达到净化废水的目的。属于这种类型的处理方法有：好气生化处理法；嫌气生化处理法。

A 好气生化处理法

好气生化处理法就是在废水中通入大量的空气，促使好气微生物大量繁殖，并注意调节 pH 值(6 ~ 9)、温度(20 ~ 40℃)和增加必要的养料(BOD: N: P = 100: 5: 1)等条件，以利于微生物的发育和生长。当微生物大量繁殖时，就可将废水中的有机物大量分解，转化为二氧化碳、水、氨及磷酸盐等，达到清除污染物的目的。含氰废水经过处理后，氰被氧化成二氧化碳、水、氨盐等无毒物质，从而使水得到净化。

B 嫌气生化处理法

嫌气生化处理法就是在缺氧的条件下，利用嫌气微生物来进行废水处理的一种技术。该方法适用于处理有机物含量较高的废水，即生化需氧量在 500 ~ 1000 mg/L 以上的废水。

嫌气微生物对有机物具有很强的分解能力。能将有机物分解并转化为甲烷和二氧化碳，使废水得到净化。同时还可将甲烷气体收集起来作燃料。嫌气微生物除去污染物的效率可达 80% ~ 90%。当处理条件适宜时净化效果更好，如废水温度 53 ~ 54℃时的处理效果，比水温 37 ~ 38℃时提高 2.5 倍。

嫌气法与好气法相比较，其处理费用较低，处理后的产物甲烷还可作燃料；但该方法在分解过程中产生大量硫化氢，使水产生恶臭味，同时水体颜色变黑。因此，该方法尚有待于进一步研究改进。

3.7.4 矿山废水处理基本方法

一般井下废水，通常采用筛滤法和过滤法，即在水池入口处设格栅、砾石或其他滤料，使采掘工作面排出的废水，先通过格栅，除去大块物料，再经过滤料进行过滤，然后进入井底水仓，如图 3 - 11 所示。

一般在矿井水仓进水的一侧构筑澄清水池。澄清水池的容积应能容纳矿井 2 小时的正常涌水量。有时还在澄清水池前面设置过滤井，其深度多为 1 ~ 1.5 m，位于运输大巷一侧。在过滤井内沿对角线设过滤网或带孔铁板，以便滤去井下废水中的大颗粒杂质。为了较好地澄清矿坑水，也可以在井底水仓进水一侧连续设置 2 ~ 4 个澄清池，并在其上安置格栅，在格栅上铺以焦炭层。使矿坑水通过几个澄清池过滤，然后再自动流入井底水仓。

矿山废水多为酸性水，通常采用中和法。这种方法简单方便，可处理不同性质、不同浓度的酸性水,尤其适用于处理含重金属和杂质比较多的矿井酸性水,矿井采用中和法处理酸性水的一般流程如图 3－12 所示。常用的中和方法有 3 种。

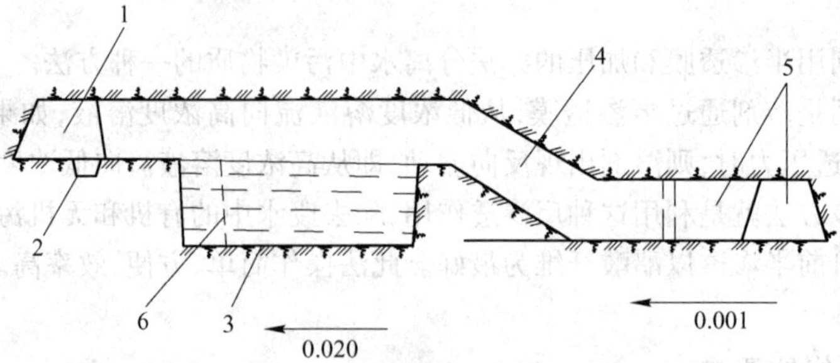

图 3－11 附设有澄清池的水仓布置

1—运输大巷;2—水沟;3—澄清水池;4—绕道;5—水仓;6—挡水墙

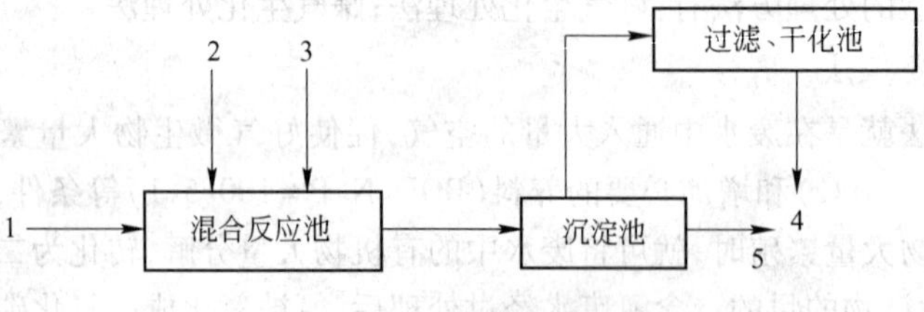

图 3－12 矿井酸性水处理流程图

1—矿井酸性废水;2—加入碱性药剂;3—搅拌器;4—出水;5—净化后的水

3.7.4.1 利用碱性废水、废渣中和

此方法既能除碱,又能除酸,一举两得。当附近有电石厂、造纸厂等排出碱性废水、滤渣时,宜予以利用。例如,龙游黄铁矿选矿厂将酸性流程改为碱性流程后,尾矿水呈碱性,与矿区酸性水同时排入河道进行自然中和,改善了被污染的水体,使排入河流后 2 km 区段内仍有鱼类生长。

中和酸性废水的计算公式如下:

$$Q_1B_1 = Q_2B_2aK$$

式中 Q_1——碱性废水流量,m^3/h;

Q_2——酸性废水流量,m^3/h;

B_1——碱性废水浓度,mol/m^3;

B_2——酸性废水浓度,mol/m^3;

a——中和 1 kg 酸所需碱量,参见给排水手册;

K——反应不均匀系数,取 $K = 1.5 \sim 2.0$。

3.7.4.2 加石灰和石灰乳中和

采用此方法处理的酸性水量和浓度不限,但成本较高,沉渣多而难处理。向山硫铁矿结合处理矿井酸性水,为了采用此方法,将选矿厂的酸性流程改为碱性流程,既处理了矿井排出的酸性水,又使精矿品位和回收率有所提高。其处理过程如下:

将 pH 值为 3～4、流量约为 4000 m^3/d 的矿井酸性水,扬送至选矿厂上部的高位水池中,再流入药池,加入 pH 值为 12～14 的石灰乳,调整至 pH 值 8～9 后,直接供选矿厂用水,其石灰用量为 0.8～1.5 kg/m^2。

3.7.4.3　用具有中和性能的滤料进行过滤中和

可作为过滤中和的物料有石灰石、白云石和大理石等。目前,国内外厂矿企业对酸性水作过滤中和时,常采用的设施有:

(1) 普通中和滤池。用粒径较小的石灰石作滤料,可处理硫酸含量不超过1.2 g/L的废水。因中和反应生成的硫酸钙在水中的溶解度小,经常沉积在滤料表面,致使滤料失去过滤中和的能力、影响其效果。

(2) 升流式膨胀滤池。它是在普通中和滤池基础上进行改进的滤池。可处理硫酸含量不超过2 g/L的废水。其特点是滤池体积小、管理操作简便。酸性废水由池底以50~70 m/s速度向上通过滤料,使粒径为0.5~3.0 mm的石灰石呈"悬浮"状态不断地翻滚,互相碰撞摩擦,使过滤中和生成的硫酸钙不易在滤料表面沉结、效果稳定。

(3) 卧式过滤中和滚筒。用以处理的废水含酸浓度可高达17 g/L,对处理硫化矿矿山酸性水是一种较理想的设施。

3.8　矿山废水处理实例

3.8.1　铜矿废水处理实例

某铜矿废水水质如表3-7所示。废水含Cu较高,应采用如图3-13所示的置换法回收。在水溶液中,较负电性的金属可置换出较正电性的金属,达到分离的目的。铁较铜负电性高,利用铁屑置换废水中的铜可得到品位较高的海绵铜。但该法不能将废水酸度降下来,必须与中和法等方法联合使用,以达到废水排放或回收的目的。为提高沉铁效果和降酸,用铁屑置换铜后,采用连续两次中和,并加入絮凝剂以提高沉铁率和降低废水酸度。废水处理得到的海绵铜$w(Cu)$20%~30%,用作炼铜原料,净水可直接排放。

表3-7　铜矿废水处理前后水质对比　　(10^{-5} mol/L)

项　目	Cu	Zn	Cd	As	Fe	Pb	pH值
处理前	173	46	0.75	0.07	806	0.24	2.5
处理后	<0.08	<0.08	0.00007	<0.03	11.0	<0.02	8.2

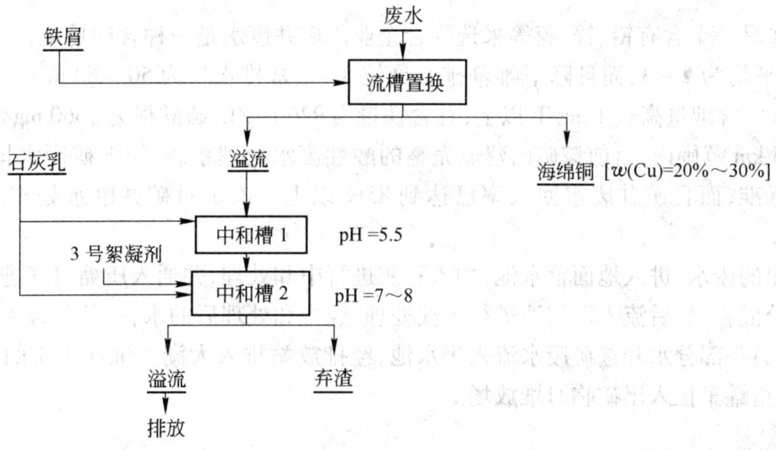

图3-13　铁屑置换中和法处理铜矿废水流程

3.8.2 铅锌矿废水处理实例

某铅锌矿废水水质如表3－8所示。该废水含铁、锌较高，采用如图3－14所示的工艺流程处理。为了提高沉铁效果，先用液氯将Fe^{2+}氧化为Fe^{3+}之后，采用两段石灰中和法，在低pH值下尽量将铁沉淀除去，然后在较高pH值下将锌沉出，以回收锌。回收的锌渣中含锌高，可作炼锌原料，净水排放或返回使用。

表3－8 铅锌矿废水处理前后水质对比 （10^{-5} mol/L）

项 目	Fe	Zn	Cu	Cd	As	pH值
处理前	330	379	7.01	1.00	2.03	3.28
处理后	痕量	1.00	0.005	0.02	0.04	8.50

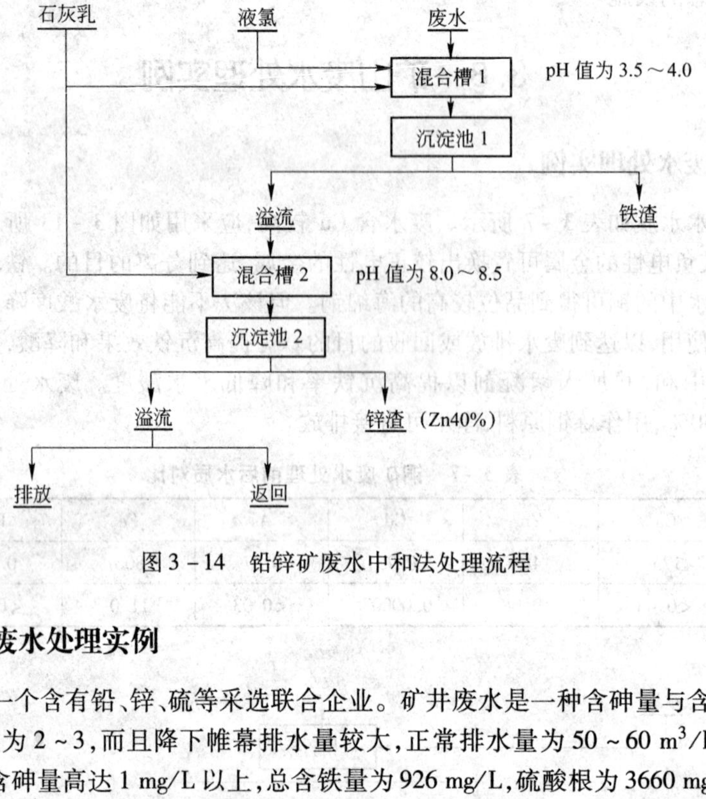

图3－14 铅锌矿废水中和法处理流程

3.8.3 硫铁矿废水处理实例

某硫铁矿是一个含有铅、锌、硫等采选联合企业。矿井废水是一种含砷量与含铁量较高的酸性水。pH值平均为2～3，而且降下帷幕排水量较大，正常排水量为50～60 m^3/h，最大为80～100 m^3/h。水中含砷量高达1 mg/L以上，总含铁量为926 mg/L，硫酸根为3660 mg/L。该矿地处太湖保护区5 km范围内，目前该矿已建成完整的酸性废水处理系统，使该矿废水排放完全达到国家规定的标准，而且矿井废水回收率已达到85%以上。该矿对矿井废水处理工艺流程，如图3－15所示。

矿井排出的废水，进入地面蓄水池，加入石灰进行中和处理，并通入压缩空气进行曝气，让废水和药剂充分混合，然后流入沉淀池进行沉淀处理，经中和处理后的水，一部分排入选矿回水池，供选矿使用；另一部分水和选矿废水流入集水池，经排放站排入太湖。沉淀出来的废水，进入污水池，沉泥由槽罐车拉入尾矿临时堆放场。

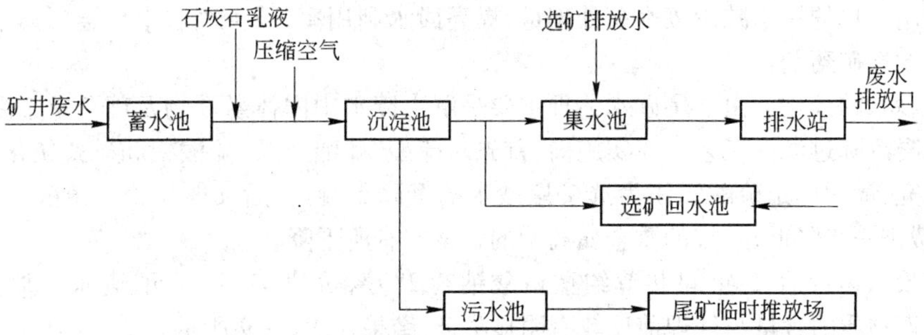

图 3 – 15　硫铁矿废水处理工艺流程图

3.8.4　露天矿场废水处理实例

我国安徽某露天铁矿，由于剥离的废石为黄铁矿化的粗面岩凝灰岩及含硫为 5% ~6% 的黄铁矿。上述废石在堆放过程中，经风化和雨水淋蚀，形成酸性废水。酸性水的含酸量和排水量随着降雨量的大小而变化。排水量为 160 m^3/h，pH 值平均为 1.7 左右。酸度很高。对矿区附近的农业和渔业生产造成了严重影响。

为了解决上述问题，该矿对矿区废水及废石堆排出来的废水进行了研究与试验，建成了一整套完善的废水处理系统。其工艺流程如图 3 – 16 所示。

矿坑内排出来的酸性水进入废水池后，自动流入混合反应池，与石灰溶液池流出的石灰水充分混合反应，然后排入立式沉淀池进行沉淀。澄清水经排水管排入贮水池，供矿坑内作业使用，取得了良好的实效。

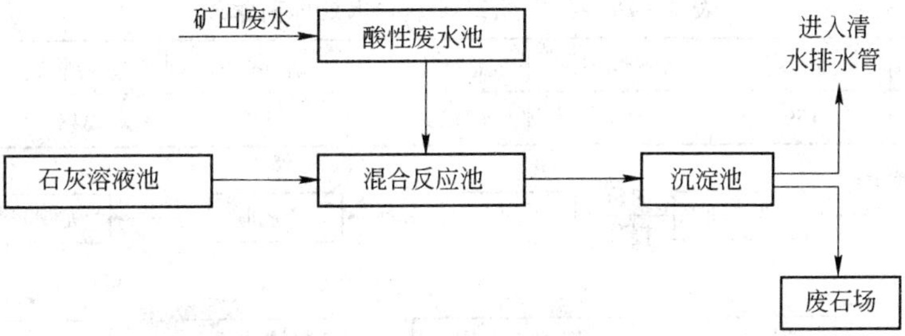

图 3 – 16　某露天矿废水处理系统示意图

3.8.5　选矿厂废水处理实例

湖南省某铅锌矿选矿厂生产铜、铅、锌和萤石四种精矿产品。选矿过程使用十多种药剂，每年约有 90 万 t 尾砂排入尾砂库，尾砂水量约 400 万 t，另外在精矿产品脱水过程中，还产生精矿溢流水约 30 万 t。在未治理前，选矿废水均排入新墙河，使河水变成乳白色，成了“湘北白河”，给水域带来了严重污染。为此，在省政府的支持下，该选厂先后完成了尾砂废水、主厂房工艺废水和精矿溢流水的循环使用等综合治理工作。

针对选矿废水量大、成分复杂和排放点多等主要特点，确定了能复用的废水尽量复用，减少废水处理量大的压力；能利用的设施或设备要尽可能利用，减少治理的投资费用等综合治理原则。并在对比试验的基础上，确定了分两个部分处理废水的工艺流程：

(1) 铜、铅、锌精矿溢流水循环使用。流程的具体结构是由本作业产生的精矿溢流水，返回作业循环使用。目的在于减少废水总处理量，提高回水利用率，减少废水中重金属离子、固体悬浮物和残存的选矿药剂。

（2）尾砂水的处理。由于尾砂水治理主要是解决废水中固体悬浮物及部分重金属离子，所以采用了混凝沉降过滤的工艺。在实施前，首先对硫酸、硫酸亚铁、硫酸铝和碱式氯化铝等进行对比实验研究，最后确定硫酸铝作为选矿尾砂水的沉降絮凝剂，后又改用聚合硫酸铁作为絮凝剂，使处理费进一步降低，外排的重金属离子的含量亦有所下降。

该设施投入运行后，5 年间共节约重铬酸钠约 280 t，价值 92 多万元，废水排放达标率为 96.88%，有害物质的含量与处理前比较有明显降低，结果如表 3－9 所示。

表 3－9　选厂废水处理前后水质对比　（mg/L）

项　目	Cu	Pb	Zn	Cr^{6+}	F	SS
处理前	0.173	1.142	1.582	0.097	50	1500
处理后	0.071	0.285	0.586	0.043	9.93	247.8

除此之外，还杜绝了事故尾砂排入水域，淤塞河道问题，从而改善了农工关系，取得了良好的社会效益。

3.8.6 煤矿矿井水综合利用工程

河南某集团矿井水总涌水量 3193 m^3/h。矿井水综合利用工程中，在一矿、五矿、六矿、八矿、十矿建设常规水处理站；九矿、四矿、二矿、三矿因属高浊高矿化度矿井水而建四座深度脱盐处理站，通过絮凝沉淀、过滤、反渗透脱盐技术，使处理后水质达到电厂循环冷却水标准。以二矿为例，矿井涌水量 550 m^3/h，水质如表 3－10 所示。工艺流程如图 3－17 所示。

表 3－10　某集团二矿矿井水处理前水质　（mg/L）

项　目	浊　度	溶解性固体	总 硬 度	硫 酸 盐	重碳酸盐	总 碱 度
含　量	159	1645	1236	640	248	203

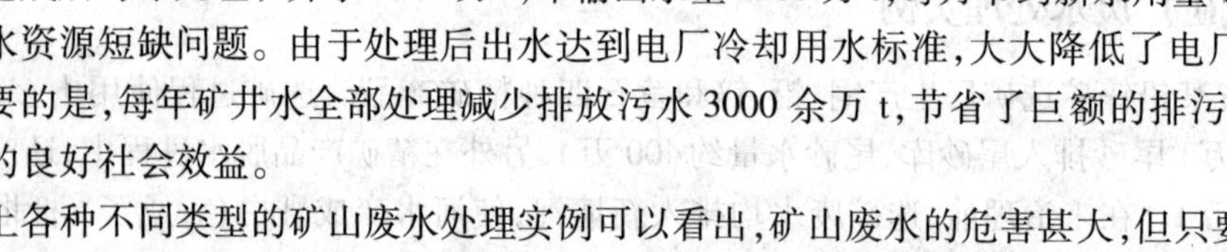

图 3－17　煤矿矿井水处理系统示意图

项目建成后每年处理矿井水 3294 万 t，年输出水量 2986 万 t，每月节约新水用量 186 万 t，缓解了当地水资源短缺问题。由于处理后出水达到电厂冷却用水标准，大大降低了电厂的生产成本。更重要的是，每年矿井水全部处理减少排放污水 3000 余万 t，节省了巨额的排污费用，达到节能减排的良好社会效益。

从以上各种不同类型的矿山废水处理实例可以看出，矿山废水的危害甚大，但只要处理措施适当，即可化害为利，取得良好的技术经济效果。

复习思考题

3－1　什么是水体污染和水体自净？

3－2　什么是需氧污染物，简述衡量水中需氧有机物含量的综合指标。

3－3　试述矿山废水污染的特点。

3-4　试述矿山酸性水的来源及其形成机制。

3-5　简述矿山废水中主要污染物的危害性。

3-6　什么是第一类污染物和第二类污染物，矿区排放的废水必须符合哪些标准？

3-7　简述矿山废水的采样方法。

3-8　如何测定矿山废水的流量、悬浮物及 pH 值？

3-9　试述碘量法测定废水中硫化物和溶解氧（DO）的基本原理。

3-10　酸性和碱性高锰酸钾法测定 COD 的实质是什么？两种方法有何异同之处？

3-11　简述控制矿山废水的基本原则。

3-12　什么是矿山废水处理系统，简述废水处理系统的组成和选择方法。

3-13　物理法和化学法处理矿山废水的方法有哪些？并简述其基本原理。

3-14　简述物理化学法处理矿山废水的基本原理。

3-15　试举例说明，生化法处理矿山废水的基本原理。

4 矿山噪声污染及其防治

4.1 振动、声波和噪声

4.1.1 振动与声波

在我们的生活环境中，每时每刻都能听到各种各样的声音，例如人的说话声、汽车的行驶声、风机的运转声等。总之，不论在什么地方或者干什么事情，总有声音伴随着我们。声音与人们的关系如此密切，那么声音究竟是什么，它是怎样产生和传播的，声音具有什么特性，怎样度量，这些都是人们感兴趣的问题。

当我们用鼓槌敲鼓，就会听到鼓声，这时用手摸鼓面，就会感到鼓面在振动。如果用手压着鼓面使其停止振动，鼓声就没有了。由此可知，声音是由物体振动而产生的。不仅固体振动产生声音，气体和液体振动也会发出声音。如火车的汽笛声，就是蒸汽通过汽笛时振动的结果；海洋的波浪声，就是液体振动的结果。通常把振动的物体称为声源。

声源在空气中振动时，会引起声源周围空气分子的振动，现以图 4－1 为例说明声音在空气中产生和传播。

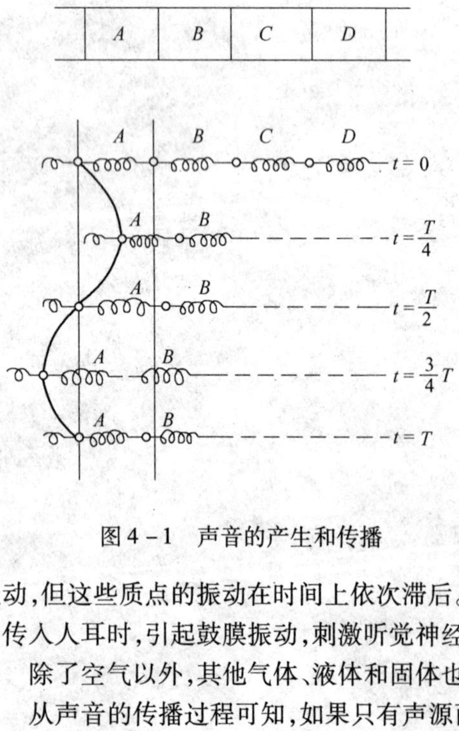

图 4－1 声音的产生和传播

假定声源为扬声器，当扬声器纸盆振动时，可以看到纸盆时前时后，做快速往复运动。把纸盆前面的连续空气划分为图 4－1 中所示的 *A*、*B*、*C*、*D* 等若干区域。*A* 质点受到扰动，向 *B* 质点运动，压缩了 *B* 这部分媒质，由于空气是一种弹性媒质，媒质 *B* 在压缩时产生一个反抗压缩的力，这个反作用力作用于质点 *A*，并使它向原来的平衡位置移动，而由于质点 *A* 具有质量因而具有惯性力，使质点 *A* 在经过平衡位置时继续向另一侧运动，又压缩另一侧的相邻媒质，该相邻媒质也会产生一个反抗压缩的力，使质点 *A* 又回过来向平衡位置运动，这样由于媒质的弹性和惯性作用，就使这个最初被扰动的空气媒质在平衡位置附近来回振动。同样原因，媒质振动 *B*、*C*、*D* 也在各自的平衡位置附近继续振动，但这些质点的振动在时间上依次滞后。这些媒质质点的机械振动便由近及远的传播出去，当传入人耳时，引起鼓膜振动，刺激听觉神经，产生听觉使人听到声音。

除了空气以外，其他气体、液体和固体也能传播声音，把能够传播声音的物质叫传声媒质。

从声音的传播过程可知，如果只有声源而没有传声媒质，人耳是不会听到任何声音的。1969

年,美国“阿波罗”号飞船首次载人登上月球时,由于月球上没有空气,宇航员没有听到任何声音。因此,物体的振动是声音产生的根源,弹性媒质的存在是声波传播的必要条件。单有发声物体的振动,而没有传播声音的媒质(气体、液体或固体),也不会形成声音。可见,一个完整的声学系统是由声源、传声媒质、接收者三要素构成的。

媒质中有声波存在的区域称为声场。声场可分为自由声场、扩散声场和半扩散声场。声波在任何方向传播都没有反射的声场称为自由声场。例如室外开阔的旷野,周围没有任何能引起反射的障碍物,空间受声点只有来自声源的直达声,而没有反射声。又如在声学研究中建造的消声室,可以近似看作自由声场。声波在各传播方向上接近全反射状态的声场称为扩散声场。

用来表示声波在媒质中传播方向的声射线称声线。将某一时刻声波到达空间的各个点连成一个假想的表面,该表面叫做波阵面。不同的波阵面就决定了波的不同类型。波阵面为平面的波称平面波,波阵面是柱面的波称作柱面波,波阵面是球面的称作球面波。

声波在气体和液体中传播,质点振动方向和声波传播方向相同,称这种波为纵波。声波在固体中传播,质点振动方向和声波传播方向可能相同(纵波)也可能垂直(横波)。

4.1.2 描述声波的物理量

声波作为一种机械波,可以用频率、波长、速度、相位等物理量来描述它。

声音在空气中以疏密波的形式向外传播,其相邻的两个压缩层(或稀疏层)之间的距离称为波长,用 λ 表示,单位为 m。

物体在一秒钟内振动的次数称为频率,用 f 表示,单位是 Hz。人耳并不是对所有频率的声音都能感受到的。一般说来,人耳只能听到频率为 20 ~ 20000 Hz 的声音,通常把这一频率范围的声音称为可听声。低于 20 Hz 的声音称为次声,高于 20000 Hz 的声音称为超声。次声和超声人耳都听不到。一般认为,噪声不包括次声和超声,而是指可听声范围的声波。噪声控制指的是对可听声的控制。

声波以疏、密波前进的速度,称为声速,通常以符号 c 表示,单位为 m/s。显然,频率和波长的乘积就是声速。其数学式为

$$c = f\lambda \tag{4-1}$$

由式(4-1)可知,若声速一定,波长和频率则成反比。即是说,振动频率越低,则波长越长;频率越高,则波长愈短。

声波的传播速度与媒质的特性有关,在空气中声速与媒质的特性参数的关系是

$$c = \sqrt{\frac{\gamma p_0}{\rho_0}} \tag{4-2}$$

对理想气体而言又有下式成立

$$c = \sqrt{\frac{\gamma RT}{M}} \tag{4-3}$$

式中 γ——比热比,定压比热/定容比热,$\gamma_{空气} = 1.4$;

R——摩尔气体常数,$R_{空气} = 8.31$ kJ/(mol · K);

M——气体相对分子质量;

T——绝对温度,K。

把空气的各常数代入式(4-3)有式(4-4)存在

$$c = 20.05\sqrt{T} = 331.4 + 0.61t \tag{4-4}$$

式中 t——空气媒质温度,℃。

液体和固体中的声速,与气体中声速相差较大。表4-1列出一些常用媒质在室温下的声速近似值。一般计算时,空气中声速可取340 m/s(15℃)。

表4-1　21℃时各媒质声速近似值

媒质名称	空气	水	混凝土	玻璃	铁	铅	钢	硬木	软木
声速/$m \cdot s^{-1}$	344	1372	3048	3658	5182	1219	5182	4276	3553

声波通过时,媒质中各质点的振动频率虽相同,但各自的振动相位却不同。所谓相位是指任一时刻的质点振动状态。正是由于各个质点振动在时间上有超前和滞后,才在媒质中形成向前传播的行波。所以相位也是描述声波的一个重要物理量,在声波的叠加中起着重要作用。

4.1.3　噪声定义及分类

4.1.3.1　噪声定义

心理学观点认为,凡是人们不需要的声音称为噪声。即凡是妨碍交谈和会议、妨碍学习、妨碍睡眠等有损于人的欲求、愿望目的的声音都称为噪声。收音机里,播放出悦耳的交响乐,但对于正在睡眠或需要集中注意力工作的人来说就是一种讨厌的噪声。从物理学观点看,噪声是由许多不同频率和强度的声波杂乱无章组合而成的。

4.1.3.2　噪声分类

噪声的分类有多种方法。按频率不同,噪声可分为低频噪声(<500 Hz)、中频噪声(500~1000 Hz)和高频(大于1000 Hz)噪声;按传声介质不同,噪声可分为固体噪声、气体噪声和液体噪声;按噪声随时间的变化,噪声可分为稳态噪声、非稳态噪声和瞬时噪声;按噪声产生的机理,噪声可分为机械噪声、空气动力性噪声和电磁噪声。

机械噪声是由于机械部件之间在摩擦力、撞击力和非平衡力的作用下振动而产生的。例如球磨机、破碎机等发出的噪声是典型的机械噪声。

空气动力性噪声,是由高速气流、不稳定气流以及由于气流与物体相互作用产生的噪声。例如空压机、凿岩机等产生的噪声。

电磁噪声是由于电磁场的交替变化而引起某些机械或空间容积振动而产生的。如电动机、发电机、变压器等发出的噪声。

4.2　噪声的物理量度

4.2.1　声压

由于声源的振动,使得组成媒质的微粒在原有的杂乱运动中,附加一个有规律的运动,媒质中出现稠密和稀疏的交替变化,声波的传播实际也就是这种疏密相间状态的传播。媒质密集时,压强P超出平衡状态的压强(静压)P_0。媒质稀疏时,压强P低于静压P_0。即声波传播时媒质压强随着声波作周期性变化。因此可用声扰动所产生的逾量压强p(逾压)来表示声波状态:

$$p = P - P_0 \tag{4-5}$$

这个逾量压强p就称为声压,单位是帕(Pa),1 Pa = 1 N/m^2。

大量实测指出,一定频率声波的声压或声强有上、下两个限值。在下限以下,人耳听不到声音,在上限以上,人耳会有疼痛感觉。正常人耳刚可听到的最小声压值称为闻阈声压。对于1000 kHz的纯音,闻阈声压值为2×10^{-5} Pa,使人耳产生疼痛感觉的界限声压称为痛阈声压,

1000 kHz 纯音的痛阈声压值为 20 Pa。

4.2.2 声压级

从闻阈声压到痛阈声压，数值相差一百万倍，可见用声压的大小来表示声音的强弱是不方便的。将声压的变化用一个对比关系的对数量级来表示声音的大小，这就是声压级。人耳听觉的灵敏度也是呈对数关系变化的。

一个声音的声压级，是测得该声音的有效声压与基准声压之比的常用对数再乘以 20，它的数学表达式为

$$L_p = 20\ \lg\left(\frac{p}{p_0}\right) \tag{4-6}$$

式中 L_p——声压级，dB；

p——有效声压，Pa；

p_0——基准声压，2×10^{-5} Pa。

由于人耳感觉到的以及声学测量仪器测量到的声压，都是有效声压，在实际应用中和本章中，若没有另加说明，声压 p 均指有效声压。

闻阈声压级 $L_p=0$ dB，痛阈声压 $L_p=120$ dB，这样，把声压值相差一百万倍的变化范围，用声压级表示，就变成了 0～120 dB 的变化范围，从式(4-6)可以看出，声压值增加 1 倍，声压级增加 6 dB；声压级每变化 20 dB 或 40 dB，就相当于声压值变化 10 倍或 100 倍。可见在噪声控制中，如果使噪声降低 20 dB 或 40 dB，是个相当大的变化。

4.2.3 声强级

一个声音的声强级是该声音的声强与基准声强之比的常用对数乘以 10，数学表达式为：

$$L_I = 10\ \lg\left(\frac{I}{I_0}\right) \tag{4-7}$$

式中 L_I——声强级，dB；

I——声强，W/m^2；

I_0——基准声强，10^{-12} W/m^2。

4.2.4 声功率级

一个声源的声功率级，等于该声源的声功率与基准声功率之比的常用对数乘以 10，其数学表达式为：

$$L_W = 10\ \lg\left(\frac{W}{W_0}\right) \tag{4-8}$$

式中 L_W——声功率级，dB；

W——声功率，W；

W_0——基准声功率，10^{-12} W。

4.2.5 声强级与声压级的关系

在自由声场中，平面波和球面波的声强级与声压级的关系经变换可得下式：

$$L_I = 10\ \lg\frac{I}{I_0} = 10\ \lg\left(\frac{p^2}{p_0^2}\times\frac{p_0^2}{I_0\rho c}\right) = L_p + 10\ \lg\frac{p_0^2}{I_0\rho c} = L_p + \Delta L \tag{4-9}$$

ΔL 与特性阻抗有关。在一个大气压下,38.9℃的空气的阻抗 $\rho c=400\ \mathrm{Pa\cdot s/m}$ 时,此时对于空气中传播的平面波有:$L_I=L_p$。在一般情况下,ΔL 较小,可以忽略不计,即可认为声场中某点的声压级在数值上近似等于该点声强级。

4.2.6 声功率级与声强级的关系

在自由声场中,对于均匀辐射的声源 $W=IS$,将该式代入声功率级表达式,经整理得

$$L_W=L_I+10\lg S \tag{4-10}$$

式中 S——垂直于声波传播方向的声源的封闭面积,m^2。

对于自由声场中,球面波的半径为 r 时,

$$L_W=L_I+10\lg 4\pi r^2=L_I+20\lg r+11 \tag{4-11}$$

对于点声源在刚性反射面上,声波只向半空间辐射,其波阵面为 $2\pi r^2$,这种声场称为半自由声场,此时

$$L_W=L_I+10\lg 2\pi r^2=L_I+20\lg r+8 \tag{4-12}$$

4.2.7 声功率级与声压级的关系

将式(4-9)代入式(4-11)、式(4-12),得声功率级与声压级的关系式,对于球面波有

$$L_W=L_p+20\lg r+11+\Delta L \tag{4-13}$$

对于半球面波

$$L_W=L_p+20\lg r+8+\Delta L \tag{4-14}$$

当 $\Delta L<0.5\ \mathrm{dB}$ 时,式(4-13)和式(4-14)可表示为

$$L_W=L_p+20\lg r+11 \tag{4-15}$$

$$L_W=L_p+20\lg r+8 \tag{4-16}$$

4.3 声波的传播特性

4.3.1 声波的折射和反射

当平面声波入射于两媒质的界面时,声波的反射和折射的规律与光学中的反射和折射规律相同,如图4-2所示。入射线、法线、反射线在同一平面内,入射角 θ_i 和反射角 θ_r 相等,折射线和法线及入射线也在同一平面内,入射角的正弦与折射角正弦之比等于在第一媒质中的声速与第二媒质中的声速之比。

$$\frac{\sin\theta_i}{\sin\theta_t}=\frac{c_1}{c_2} \tag{4-17}$$

在同一种媒质中,由于媒质本身特性的变化会引起各处的声速不同,同样会产生折射现象。在大气中,使声波折射的主要因素是温度和风速。例如,白天地面吸收太阳的热能,使靠近地面的空气层温度升高,声速变大,自地面向上温度降低,声速也逐渐变小。根据折射概念,声线将折向法线,因此,声波的传播方向向上弯曲,如图4-3(a)所示。反之,傍晚时,地面温度下降得快,即地面温度比空气中的温度低,因而,靠近地面的声速小,声波传播的声线将背离法线,而向地面弯曲,如图4-3(b)所示。这就说明了声音为什么在晚上比白天传得远的原因。

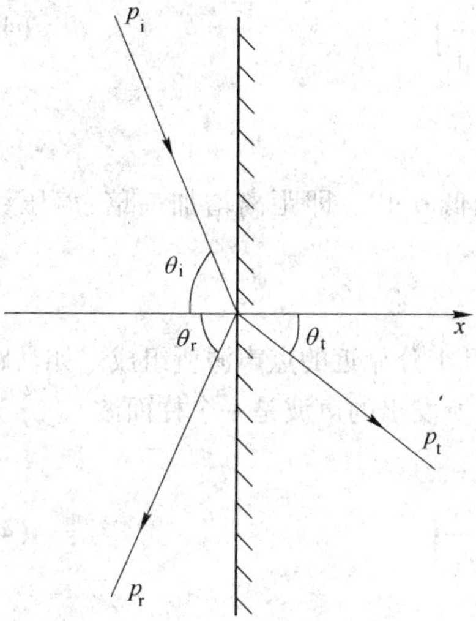

图 4－2　声波的反射和折射图

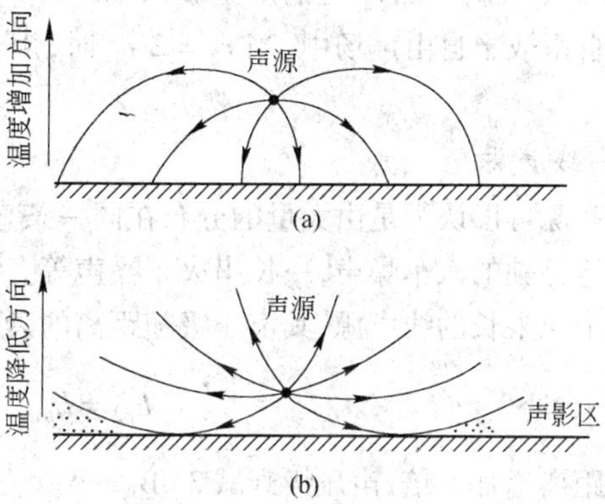

图 4－3　气温变化引起声线折射
（a）夜间声线的弯曲；（b）白天声线的弯曲

同样，由于大气的风速分布情况不同，也会改变声波传播方向，出现折射现象。当声波逆风传播时，声线向上折射，反之，声波顺风传播时，声线向下折射。这种现象说明了声音顺风传播时要比逆风时传播得远。

4.3.2　声波的绕射

声波在传播过程中，遇到障碍物或孔洞时，当波长 λ 比障碍物或孔洞大得多时，会发生绕射现象。声波频率不同，绕射能力也不同，低频声波比高频声波易发生绕射。由于声波的绕射，会使隔声屏等隔声构件的隔声能力变差。

4.3.3　声波的衰减

声波在任何声场中传播都会有衰减。究其原因有以下几点：一是由于声波在声场传播过程中，波阵面面积随着传播距离的增加而不断扩大，声能逐渐扩散，从而使单位面积上通过的声能相应减少，使声强随着距离的增加而衰减，这种衰减称为扩散衰减；二是声波在空气中传播时，由于空气的内摩擦、黏滞性、导热性等特性使声能不断被空气吸收转化为其他形式的能量，使声强逐渐衰减，这种衰减称为吸收衰减。此外，声波沿地面长距离传播时，也会受到地面植被等因素的附加衰减。

4.3.3.1　声发散衰减

按声源类型可分为点声源、线声源及面声源三类。声源类型不同，所发出声波的波阵面形状也不一样，随距离增加而衰减的规律也不相同。下面按声源类型分别进行论述。

A　*点声源*

如果声源尺寸不大，比波长小得多，这样可以把声源看作为点声源。点声源像一个球心，声波从球心以同样速度向四面八方辐射出去。对于点声源来说，在任何时候，波阵面都是圆形的，所以称为球面波。

球面波的强度与离开声源距离的平方成反比。距离增加到原来的 2 倍，球面面积就增大到原来的 4 倍，声强就减小到原来的 1/4。对于点声源，声压级随距离的衰减量为：

$$L_{p2} = L_{p1} - 20\lg\left(\frac{r_2}{r_1}\right) \tag{4-18}$$

式中 L_{p2}——离声源 r_2 处的声压级,dB;

L_{p1}——离声源 r_1 处的声压级,dB。

在自由或半自由声场中,当 $r_2 = 2r_1$ 时,声压级降低 6 dB。即距离增加一倍,声压级减小 6 dB。

B 线声源

线声源可以认为是由大量的分布在同一条直线上且十分靠近的点声源所组成。如马路上接连不断地行驶的汽车噪声,一长串火车噪声等。线声源所发出的声波是一个柱面波。

一个无限长的线声源,其声压级随距离的衰减量为:

$$L_{p2} = L_{p1} - 10\lg\left(\frac{r_2}{r_1}\right) \tag{4-19}$$

即距离增加一倍,声压级衰减 3 dB。

若是有限长的线声源(见图 4-4),长度为 l m,则声压级随距离的衰减分两种情况:

(1) $r_0 \leqslant l/\pi$ 时,声压级的距离衰减量近似于无限长线声源的距离衰减,按式(4-19)计算;

(2) $r_0 \geqslant l/\pi$ 时,声压级的距离衰减量近似于点声源的衰减量,按式(4-18)计算。

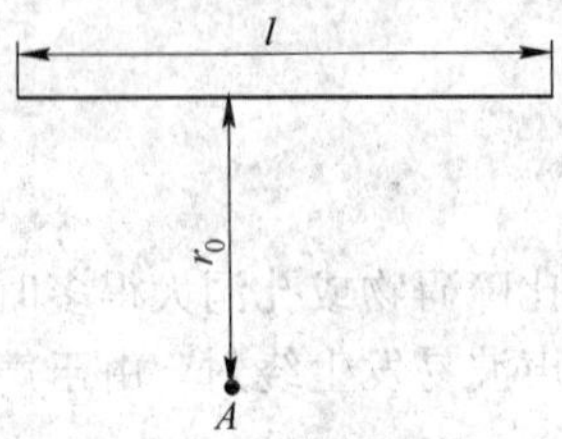

图 4-4 有限长声源的距离衰减

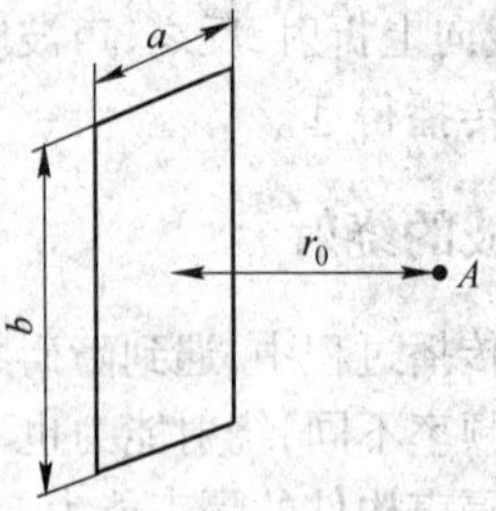

图 4-5 面声源的距离衰减

C 面声源

若一矩形面声源(见图 4-5),其边长分别为 a、b,且 $a < b$。设测点 A 距离声源中心的垂直距离为 r_0,分三种情况讨论声压级衰减。

(1) 若 $r_0 < a/\pi$,声源辐射平面声波,声压级衰减值为零。即在面声源附近,声源发射的是平面波,声压级不变化。

(2) 若 $a/\pi \leqslant r_0 \leqslant b/\pi$,声压级衰减近似于无限长线声源,按式(4-19)计算,距离增加一倍,声压级衰减 3 dB。

(3) 若 $r_0 \geqslant b/\pi$,声压级衰减近似于点声源,按式(4-18)计算,即距离增加一倍,声压级衰减 6 dB。

4.3.3.2 空气吸收的附加衰减

声波在传播时,因空气的黏滞性和热传导,在压缩和膨胀过程中,使一部分声能转化为热能而损耗。因空气吸收造成的噪声衰减量,与气压、温度、湿度有关。尤其是频率的影响最为显著。表 4-2 列出了常温下,声波传播 1000 m 后,不同频率的声压衰减值 ΔL。由表 4-2 可看出,高频声波比低频声波衰减快,所以高频声波是传不远的。从远处传来的强噪声,例如:飞机声、炮声等都比较低沉,这就是在长距离的传播过程中,高频成分衰减得较快的缘故。

表 4-2 频率与衰减值的关系

频率/Hz	125	500	4000	8000
ΔL/dB	0.3	1.6	25	78

注：在 1000 m 处的衰减值，dB/1000 m。

在噪声控制工程中，当温度为 20℃，因空气吸收造成的衰减量常用下式表示：

$$A_a = 7.4\frac{f^2 r}{\phi}\times 10^{-8} \tag{4-20}$$

式中 A_a——每 100 m 的衰减量，dB；
f——频率，Hz；
r——传播距离，m；
ϕ——相对湿度。

4.3.3.3 地面吸收的附加衰减

当声波沿地面传播较长距离时，地面的声阻抗对传播将有较大影响。不同的地面条件，衰减量有较大差异。声波在厚的草原上或穿过灌木丛的传播，在 1000 Hz 衰减较大，可高达 25 dB/100 m，其衰减量可由下式近似计算：

$$A_{g1} = (0.18\lg f - 0.31)r \tag{4-21}$$

声波穿过树林或森林的传播实验表明，不同树林的衰减相差很大。从浓密的常绿树 1000 Hz 时有 23 dB/100 m 的衰减，到地面稀疏树干只有 3 dB/100 m 甚至还小的衰减。各种树木的平均附加衰减可用下式近似表示：

$$A_{g2} = 0.01 f^{1/3} r \tag{4-22}$$

4.4 分贝的运算

4.4.1 分贝和

实际工程中，声源往往不止一个，两个及两个以上声源的总声级，不是各个声源声压级的代数和，这是因为声压级是对数量。声波的叠加是能量叠加。一般情况下，噪声是由不同频率、无固定相位差的声波组成，因此不发生干涉。多个声源在某一测点处产生的总声压为

$$p_t^2 = p_1^2 + p_2^2 + \cdots + p_n^2 \tag{4-23}$$

式中 $p_1, p_2, \cdots, p_n$——第 1，2，…，n 个声源单独在测点产生的有效值声压。

按声压级定义，有

$$p = p_0 \times 10^{L_p/20} \tag{4-24}$$

将式(4-24)代入式(4-23)，等式两边取对数，并整理得

$$L_{pt} = 10\lg\sum_{i=1}^{n} 10^{0.1L_{pi}} \tag{4-25}$$

如果有几台机器同时开动，每台机器对某点的声压级几乎都一样，则总声压级可按下式计算

$$L_{pt} = L_p + 10\lg n \tag{4-26}$$

式中 L_p——一台机器的声压级，dB；
n——机器台数。

分贝加法还可以用图和表进行计算，图和表是通过式(4-25)推导出的。设两声压级分别为 L_{p1} 和 L_{p2}，并且 $L_{p1} > L_{p2}$，令 $L_{p1} - L_{p2} = \Delta L_p$，则

$$L_{p2} = L_{p1} - \Delta L_p$$

由式(4－25)有

$$L_{pt} = L_{p1} + 10\lg(1 + 10^{-0.1\Delta L_p}) = L_{p1} + \Delta L_p' \tag{4-27}$$

式中设 $$\Delta L_p' = 10\lg(1 + 10^{-0.1\Delta L_p}) = 10\lg(1 + 10^{-0.1(L_{p1} - L_{p2})}) \tag{4-28}$$

从式(4－27)看出，$\Delta L_p'$仅是已知量 L_{p1} 和 L_{p2} 的函数，故可用 L_{p1} 与 L_{p2} 之差计算 $\Delta L_p'$，从而求出总声压级。以 $L_{p1} - L_{p2}$ 为横坐标，$\Delta L_p'$为纵坐标绘制成图 4－6 的曲线。

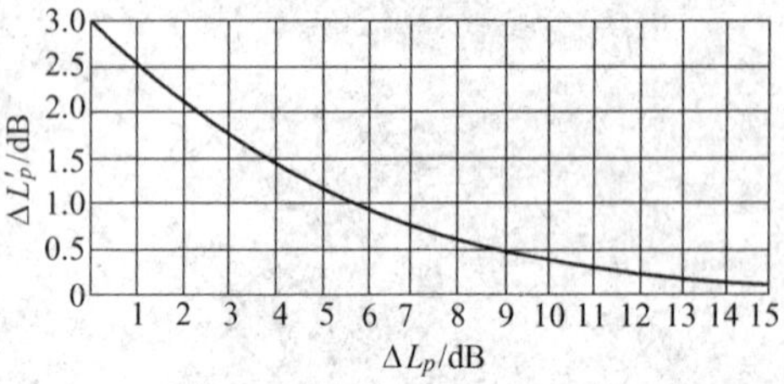

图 4－6　分贝相加曲线

用图或表计算分贝和的步骤是：

(1) 把要相加的分贝值从大到小排列；

(2) 计算 $\Delta L_p = L_{p1} - L_{p2}$；

(3) 由 ΔL_p 查图或表得 $\Delta L_p'$，然后计算出第 1 和第 2 个分贝值之和 L_{pt}；

(4) 用第 1、第 2 个分贝和的值与第 3 个分贝值相加，依次加下去，直到两分贝之差大于 10 dB，可停止相加，此时得到的分贝和即为总分贝和。

4.4.2　分贝差

在噪声测量中往往会受到环境噪声的干扰，环境噪声通常称为本底噪声。在有本底噪声的环境里，仪器只能测定到包括本底噪声在内的总声压级及机器停止运转时的本底噪声。从总声压级中扣除本底噪声，才能得到机器真实的声压级，这就涉及到分贝差的运算。

根据式(4－25)

$$L_{pt} = 10\lg\sum_{i=1}^{n}(10^{0.1L_{pB}} + 10^{0.1L_{ps}})$$

因此，被测机器的实际声压级为：

$$L_{ps} = 10\lg\sum_{i=1}^{n}(10^{0.1L_{pt}} - 10^{0.1L_{pB}}) \tag{4-29}$$

令总声压级与本底声压级之差 $\Delta L_B = L_{pt} - L_{pB}$

求得从总声压级中减去的差值：

$$\Delta L_{ps} = -10\lg(1 - 10^{-0.1(L_{pt} - L_{pB})}) \tag{4-30}$$

ΔL_{ps}可由图 4－7 分贝相减曲线查得。

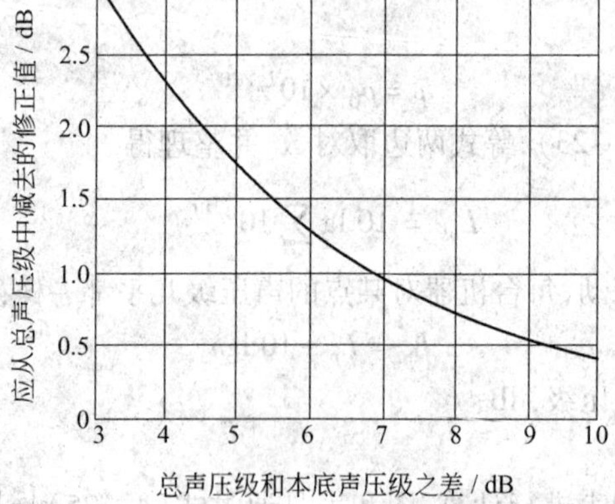

图 4－7　分贝相减曲线

4.4.3 分贝的平均

声级的平均值也是先求出能量的平均数，然后求其分贝值。如求 $L_1, L_2, L_3, \cdots, L_n$ 几个声级的平均值，按照分贝求“和”的方法，把几个分贝数相加，再减去 10 lg$n$。

$$\bar{L} = L_{和} - 10\lg n \tag{4-31}$$

例 4-1 求 102、101、99 和 98 dB 四个声压级的平均值。

解：按分贝“加法”原则求出这四个分贝数的总声压级

$$\bar{L} = L_{和} - 10\lg n = 106.1 - 10\lg 4 = 100.1\ \text{dB}$$

对于工业噪声来说，分贝平均值可按下述方法近似计算：

（1）当分贝值之差在 0 ~ 5 dB 时，可直接按算术平均值计算（误差小于 1 dB）。

（2）当分贝值之差在 5 ~ 10 dB 时，取算术平均值后再加 1 dB（误差小于 1 dB）。

4.5 噪声的主观评价

4.5.1 等响曲线、响度和响度级

声音给人耳的感觉，主要是响的感觉。声压和声压级是反映噪声强弱的主要物理参数，声压级越高，声音越响；声压级越低，声音越弱。但人耳对声音的感觉不仅与声压级有关，而且和频率有直接关系。声压级相同而频率不同的两种声音，听起来很可能不一样响。大量实验研究证明：人耳对高频声波是敏感的，而对低频声波是迟钝的。如空气压缩机和电锯的噪声，声压级都是 90 dB，但由于前者为高频声，后者为低频声，对于人耳的感觉来说，则前者就比后者响得多。这里就有一个客观存在的物理量和人耳的主观感觉量相统一的问题。

那么人耳对于某一声音响亮程度的感觉，究竟与其声压级和频率有什么关系呢？为了定量地确定这种关系，人们首先把某频率的声音引起人耳的感觉相当于1000 Hz 纯音多少分贝，定义为该频率纯音的响度级，其单位为方（phon）。这就是说，假如 1000 Hz 纯音声压级为 80 dB 时与某一机器发出的声音听起来同样地响，那么不管这台机器噪声的声压级是多少分贝，它的响度级都被认为是 80（phon）。由响度级的定义，不难看出，对 1000 Hz 的纯音，其以分贝（dB）为单位的声压级和以方（phon）为单位的响度级在数值上是相等的。在此基础上，人们对 18 ~25 岁听力正常的人做了大量试听实验，以测定响度级与频率及声压级的关系，从大量测量的统计结果中，得到一般人对不同频率的纯音感觉为同样响的响度级与频率的关系曲线，这就是等响曲线，如图 4-8所示。

图 4-8 中每一条曲线是用频率为 1000 Hz 的纯音对应的声压级数值作为该曲线的响度级。每条曲线表示不同频率、不同声压级的纯音具有相同的响度级。最下面的曲线为听阈曲线，即 0（phon）响度级曲线。这条曲线上的点表明人耳刚能听到声音的频率和声压级，低于这条曲线的点所表示的声音，人耳都听不到。120（phon）曲线是痛阈曲线，在这条曲线上方的声音，给耳朵的感觉主要是疼痛。

观察等响度曲线可知，在同一条曲线上，低频对应的声压级高，高频对应的声压级低，说明人耳对高频声敏感。例如在 60（phon）曲线上，要使 100 Hz 声音与 1000 Hz 的声音同样响，声压级必须提高到 67 dB。根据这个道理，汽车喇叭声和救护车笛声的频率一般都设计在 1000 ~5000 Hz 范围内。

当声压级高于 100 dB，等响度曲线逐渐拉平，说明当声压级高于 100 dB 时，人耳分辨高、低频声音的能力变差，此时声音的响度级与频率关系不大，而主要取决于声压级。

响度级是一个相对量，有时需要用绝对量来表示声音的强弱，因此引入响度的概念，响度的单位是宋（sone）。频率为 1000 Hz、声压级为 40 dB 的纯音所产生的响度定义为 1（sone），即响度级为 40（phon）的纯音为 1（sone）。响度级增加 10（phon），响度加倍。若用 N 表示响度，L_N 表示

响度级,它们之间有如下关系

$$L_N = 40 + 33.3\lg N \tag{4-32}$$

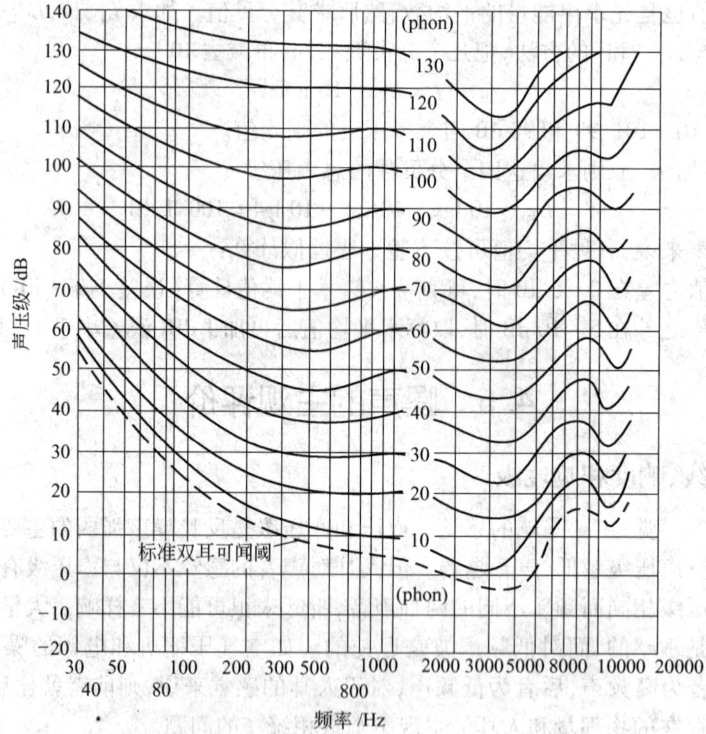

图4-8　等响度曲线

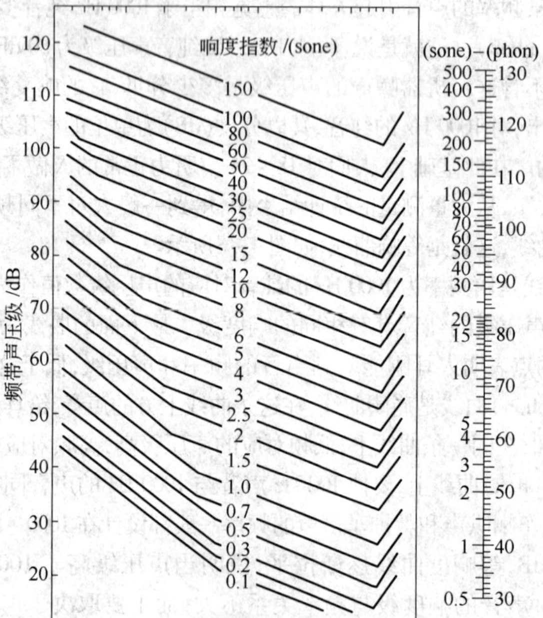

图4-9　斯蒂文斯等响度指数曲线

响度不能直接测量，需通过计算得到。Stevens 计算响度的方法是：首先测出噪声的倍频带声压级，然后由等响度指数曲线（见图 4－9）查出响度指数，再根据下式计算总响度。

$$N_t = N_{max} + F\left(\sum N_i - N_{max}\right) \tag{4-33}$$

式中　N_t——噪声的总响度，（sone）；

N_i——某频率和声压级对应的响度指数，（sone）；

N_{max}——N_i 中最大的一个响度指数，（sone）；

F——计权因子，对于倍频程 $F=0.3$，1/3 倍频程 $F=0.15$。

用响度表示噪声的大小比较直观，可直接算出声音增加或减少的百分比。

4.5.2　计权网络、A 声级、等效 A 声级

4.5.2.1　计权网络和 A 声级

从图 4－8 的等响曲线中可以看出，人耳对高频声敏感，对低频声不敏感，即声压级相同的声音会因为频率不同而产生不一样的主观感觉。为了使声音的客观量度和人耳的主观感受近似取得一致，通常对不同频率声音经某一特定的加权修正后，再叠加计算得到噪声的总声压级，此声压级称为计权声级。

通常采用的有 A、B、C、D 四套计权网络，如图 4－10 所示。

A 计权网络相当于 40（phon）等响度曲线的倒置；经 A 计权测量得到的分贝数，简称为 A 声级，记作 dB（A）。当声音信号进入 A 计权网络时，中、低频的声音就按比例衰减通过，而 1000 Hz 以上的声音无衰减地通过，这与人耳对宽频带声音的灵敏度相当。

B 计权网络相当于 70（phon）等响度曲线的倒置，对低频段（500 Hz）以下的声压级有较大衰减；C 计权网络相当于 100（phon）等响度曲线的倒置，在整个可听声频率范围内有近乎平直的特性，即对可听声频率基本不衰减。D 计权网络常用于航空噪声的测量。

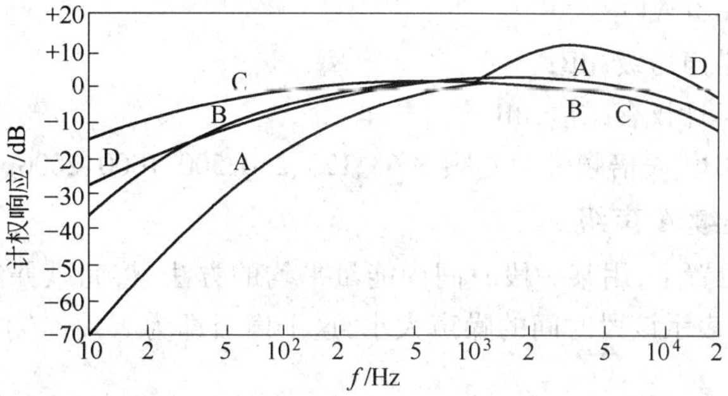

图 4－10　计权网络的频率响应特性

利用 A、B、C 三档声级读数可略微了解噪声频谱特性。由图 4－10 中各种计权网络的衰减曲线可以看出：

当 $L_A > L_B = L_C$ 时，表明噪声的高频成分较突出；

当 $L_C = L_B > L_A$ 时，表明噪声的中频成分较多；

当 $L_C > L_B > L_A$ 时，表明噪声是低频特性。

图 4－10 中计权网络放大器的频率响应曲线在 1000 Hz 处为 0 dB，对其他频率则大多数为负值，曲线在有关频率处的具体数值如表 4－3 所示。

经过大量的实验和测量，现在世界各国的声学界和医学界都公认，用 A 声级测量得到的结

果与人耳对声音的响度感觉基本一致,用它来评价各类噪声的危害和干扰,都得到了良好的结果。因此A声级已经成了一种国内外广泛使用的最主要的评价量。

表4-3 计权网络的频率响应

频率/Hz	曲线 A/dB	曲线 B/dB	曲线 C/dB
31.5	-39.5	-17	-3
63	-26	-9	-1
125	-16	-4	0
250	-805	-1	0
500	-3.0	0	0
1000	0	0	0
2000	+1.0	0	0
4000	+1.0	-1	-1
8000	-1.0	-3	-3
16000	-6.5	8	9

A声级可采用仪器直接测量,也可以从测量出的8个倍频带声压级,查表4-3求出相应中心频率的衰减值,然后再分别将8个倍频带声压级加上相应的衰减值,并将8个声压级求和即为A声级,其数学表达式为:

$$L_{\mathrm{A}} = 10\lg\sum_{i=1}^{8}10^{0.1(L_{pi}+\Delta A_i)} \tag{4-34}$$

式中 L_{A}——A声级,dB(A);

L_{pi}——某倍频带声压级,dB;

ΔA_i——不同频率计权衰减值,dB;

i——1,2,…,8代表倍频带中心频率63、125、250、500、1000、2000、4000、8000 Hz。

4.5.2.2 等效连续A声级

在声场中的某一位置上,用某一段时间内能量平均的方法,将间歇暴露的几个不同A声级噪声,用一个A声级来表示该段时间的噪声大小,这个声级即为等效连续A声级。用L_{eq}表示,单位为dB(A)。

等效连续A声中用下式表示:

$$L_{\mathrm{eq}} = 10\lg\left\{\frac{1}{t_1-t_2}\int_{t_1}^{t_2}10^{0.1L_{\mathrm{PA}}}\mathrm{d}t\right\} \tag{4-35}$$

式中 L_{eq}——等效连续A声级,dB(A);

L_{PA}——声级变化的瞬时值,dB(A)。

对于有限个声级测定值,上式可简化为

$$L_{\mathrm{eq}} = 10\lg\left(\frac{1}{\sum_i t_i}\sum_i 10^{0.1L_{\mathrm{PA}i}}t_i\right) \tag{4-36}$$

式中 $L_{\mathrm{PA}i}$——第i个A声级的测定值,dB。

例4-2 某人一天工作8 h,其中4 h在90 dB(A)的噪声下工作,3 h在85 dB(A)下工作,1 h

在 80 dB(A)下工作,计算等效 A 声级。

解: $L_{eq} = 10\lg\frac{1}{4+3+1}(10^{0.1\times 90}\times 4 + 10^{0.1\times 85}\times 3 + 10^{0.1\times 80}\times 1) = 82.4$ dB(A)

等效声级对于衡量工人噪声暴露量是一个很重要的物理量。许多种噪声生理效应的评价都以等效声级为指标。听力损失、神经系统和心血管系统疾病的阳性率,也都发现与等效声级有较好的相关性。1971 年,ISO 公布了等效声级。现在,绝大多数国家的听力保护噪声标准和我国颁布的《工业企业噪声卫生标准》都是以等效声级为指标的。

4.5.2.3 噪声评价数 *NR*

1962 年,C. W. Kosten 和 Vanos 基于等响度曲线,提出一组评价曲线(即 *NR* 曲线),如图 4-11 所示。曲线号数与该曲线在 1000 Hz 的声压级值相同。1971 年 *NR* 曲线被国际标准化组织采纳,建议用来评价公众对户外噪声的反应,简单表示为 *NR*,因而在国际上被广泛采用。

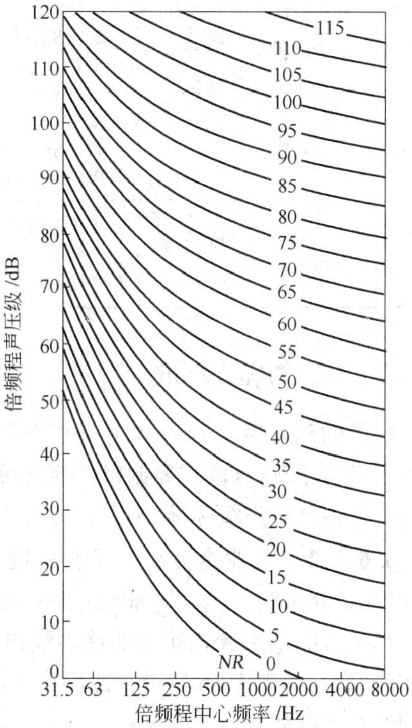

图 4-11 噪声评价曲线

噪声评价曲线的声压级范围是 0~120 dB,频率范围是 31.5~8000 Hz 9 个倍频程。在 *NR* 曲线簇上,1000 Hz 声音的声压级等于噪声评价数 *NR*。实测得到的各个倍频程声压级 L_p 与 *NR* 的关系为:

$$L_{pi} = a + bNR_i \tag{4-37}$$

式中 L_{pi}——第 i 个频程声压级,dB;

a,b——与各倍频程声压级有关的常数,见表 4-4。

表 4-4 a、b 常数表

频率/Hz	31.5	63	125	250	500	1000	2000	4000	8000
a	55.4	35.5	22	12	4.8	0	-3.5	-6.1	-8.0
b	0.681	0.79	0.87	0.93	0.974	1.00	1.015	1.025	1.03

噪声评价数 *NR* 与 A 声级有较好的相关性,它们之间的关系可近似表示为

$$L_{pA} = NR + 5 \tag{4-38}$$

近年来,各国规定的噪声标准都以 A 声级或等效 A 声级作为评价标准,如生产车间噪声标准规定为 90 dB,则根据上式可知,90 dB 相当于 *NR*-85。由此可知,*NR*-85 曲线上个倍频程声压级的值即为允许标准。

4.6 噪声的危害、容许标准和测定技术

4.6.1 噪声的危害

噪声对人的影响是一个复杂的问题,不仅与噪声的性质有关,而且还与每个人的心理、生理状态以及社会生活等多方面的因素有关。表 4-5 列出矿山噪声的危害情况。

表 4－5　矿山噪声危害一览表

影响方面	内容
影响正常生活	使人们没有一个安静的工作和休息环境,烦躁不安,妨碍睡眠,干扰谈话等
对矿工听觉的损伤	矿工长期在强噪声 90 dB(A)以上中工作,将导致听阈偏移,当 500 Hz、1000 Hz、2000 Hz 听阈平均偏移 25 dB,称噪声性耳聋
引起矿工多种疾病	噪声作用于矿工的中枢神经系统,使矿工生理过程失调,引起神经衰弱症;噪声对心血管系统,可引起血管痉挛或血管紧张度降低,血压改变,心律不齐等;使矿工的消化机能衰退,胃功能紊乱,消化不良,食欲不振,体质减弱
影响矿山安全生产和降低矿山劳动生产率	矿工在嘈杂环境里工作,心情烦躁,容易疲乏,反应迟钝,注意力不集中,影响工作进度和质量,也容易引起工伤事故;由于噪声的掩蔽效应,使矿工听不到事故的前兆和各种警戒信号,更容易发生事故

4.6.2　噪声的容许标准

噪声的危害很大,必须对它予以严格的控制。为了保护人的听力和健康,保证生活和工作环境不受噪声干扰,这就需要制定一系列噪声标准。对于不同行业、不同时间、不同区域规定有不同的最大容许噪声级标准,国家权力机关根据实际需要和可能,颁布了各种噪声标准。

4.6.2.1　工业企业噪声卫生标准

《工业企业设计卫生标准》(GBZ1—2002),该标准是听力保护标准,它所规定的噪声标准是指人耳位置的稳态 A 声级或非稳态噪声的等效声级。该标准适用于现有企业的工业生产车间或作业场所,如表 4－6 所示。此标准可保证 >95% 的工人不致耳聋,绝大多数工人不引起血管和神经系统疾病。

表 4－6　《工业企业设计卫生标准》(GBZ1—2002)

每个工作日接触噪声时间/h	8	4	2	1	1/2	1/4
企业允许噪声 A 声级/dB	85	88	91	94	97	100
A 声级最高不得超过 115 dB						

从表 4－6 可以看出,暴露时间减半,允许噪声可相应提高 3 dB(A),此标准也是按"等能量"原理制定。

4.6.2.2　环境噪声标准

关于噪声对人们的交谈、工作与休息、睡眠以及吵闹感觉等多方面的影响,都属于环境噪声标准。我国在进行大量测试、评价和研究工作后,于 1993 年公布了《中华人民共和国城市区域环境噪声标准》(GB3094—1993),2008 年 10 月 1 日起实施的《工业企业厂界环境噪声排放标准》(GB12348—2008)是将《工业企业厂界噪声标准》(GB12348—1990)和《工业企业厂界噪声测量方法》(GB12349—1990)合并为一个标准。其工业企业厂界环境噪声排放限值如表 4－7 所示。夜间频发噪声的最大声级超过限值的幅度不得高于 10 dB(A),夜间偶发噪声的最大声级超过限值的幅度不得高于 15 dB(A);工业企业若位于未划分声环境功能区的区域,当厂界外有噪声敏感建筑物时,由当地县级以上人民政府参照 GB 3096 和 GB/T 15190 的规定确定厂界外区域的声环境质量要求,并执行相应的厂界环境噪声排放限值;当厂界与噪声敏感建筑物距离小于 1 m 时,厂界环境噪声应在噪声敏感建筑物的室内测量,并将表 4－7 中相应的限值减 10 dB(A)作为评价依据。

表 4-7 我国城市区域环境噪声标准 [L_{Aeq}/dB(A)]

适用区域	类别	昼间(6:00~22:00)	夜间(22:00~6:00)
疗养区、高级别墅区、高级宾馆区等特别需要安静的区域	0	50	40
居住、文教机关为主的区域	1	55	45
居住、商业、工业混杂区	2	60	50
工业区	3	65	55
城市中的道路交通干线道路两侧、穿越城区的内河航道两侧区域	4	70	55

4.6.2.3 噪声暴露率

这是美国某研究单位提出的计算法。以噪声级高于 90 dB(A)为标准,对于超过 90 dB(A)实际噪声暴露时间除以容许暴露时间,即为噪声暴露率。若接受噪声不是某一个固定声级,则噪声暴露率应按具体的声级和相应的暴露时间进行计算。

$$D=\frac{C_1}{T_1}+\frac{C_2}{T_2}+\frac{C_3}{T_3}+\cdots+\frac{C_n}{T_n} \tag{4-39}$$

式中 D——噪声暴露率;

C_n——在特定噪声级下工作的总时间,h;

T_n——在该噪声级下容许工作的时间,h。

噪声暴露率不得超过“1”,相当于等效连续 A 声级不超过 90 dB(A),超过越多,对听力损伤危险越大。

4.6.3 噪声测定技术

为了研究和控制噪声,必须对噪声进行测定与分析,根据不同的测定目的和要求,可选择不同的测定方法。对于工矿企业噪声的现场测定,一般常用的仪器有声级计、频率分析仪、自动记录仪和优质磁带记录仪等,其实物如图 4-12 所示。

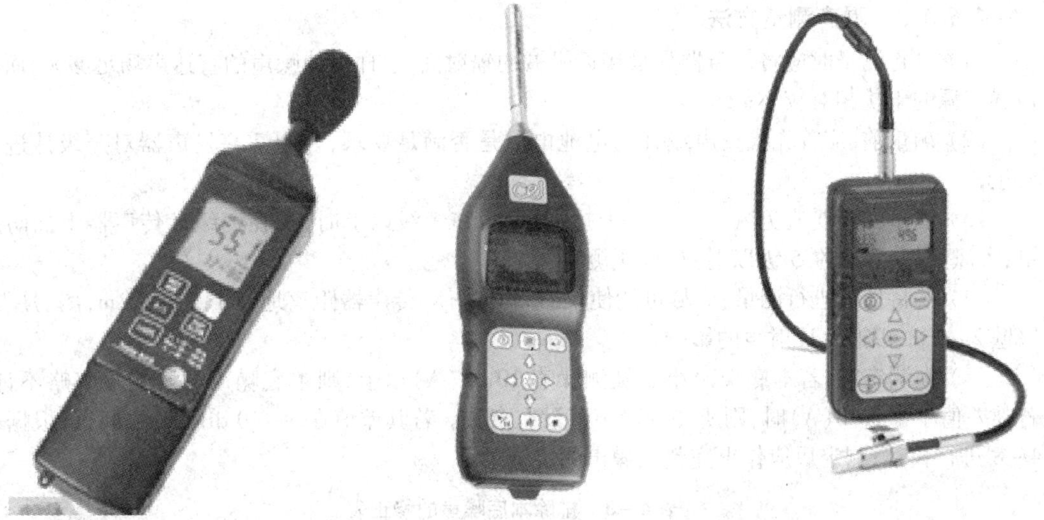

(a) (b) (c)

图 4-12 噪声测定仪

(a) 声级计;(b) 实时噪声分析仪;(c) 噪声记录仪

4.6.3.1 声级计

声级计是一种按频率计权和时间计权测量声音的声压级和声级的仪器，是声学测量中最常用的基本仪器。

声级计按用途可以分为一般声级计、脉冲声级计、积分声级计、噪声暴露计、统计声级计和频谱声级计。按准确度分为四种类型：0型声级计作为标准声级计，固有误差为 ± 0.4 dB；1型声级计作为实验室精密声级计，固有误差为 ± 0.7dB；2型声级计作为一般用途的普通声级计，固有误差为 ± 1.0 dB；3型声级计作为噪声监测的普查型声级计，固有误差为 ± 1.5 dB。

声级计由传声器、前置放大器、衰减器、放大器、模拟人耳听觉特性的频率计权网络和有效值指示表头等部分构成，其结构框图如图4-13所示。

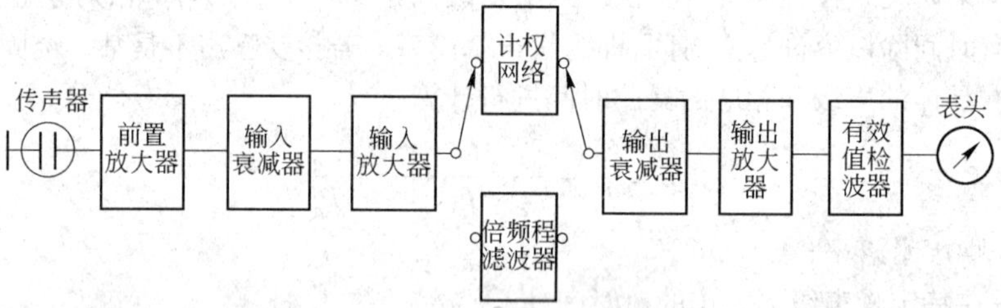

图4-13 声级计结构框图

声级计是噪声测量中最基本的仪器，它的工作原理是：由传声器将声音转换成电压信号，由衰减器控制输入信号的大小，经过放大器、计权网络或滤波器检波后，由表头显示分贝值，若要记录噪声波形，可由输出端连接到记录器上。

4.6.3.2 频率分析仪

频率分析仪是用来测量噪声频谱的仪器，它主要是由两大部分组成，一部分是测量放大器，一部分是滤波器。若噪声通过一组倍频程带通滤波器，则得到倍频程噪声频谱；若通过一组1/3倍频程带通滤波器，则得到1/3倍频程噪声频谱。在矿山噪声测量时，常用倍频程带通滤波器。

4.6.3.3 噪声测量方法

(1) 进行测量时应将传声器尽量接近机械的辐射面，这样可使噪声的直达声场足够大，而其他噪声源的干扰相对较小；

(2) 测量前，应首先检查声级计的电池电压是否满足要求，并用活塞发声器对声级计进行校正；

(3) 测量噪声要避免风、雨、雪的干扰，若风力在三级以上时，要在声级计传声器上加防风罩；大风天气(风力在5级以上)应停止测量；

(4) 手持仪器进行测量，应尽可能使仪器离开身体，传声器距离地面1.2~1.5 m，离房屋或墙壁2~3 m，以避免反射声的影响；

(5) 在测定时，若本底噪声小于被测噪声10 dB(A)以上，则本底噪声的影响可忽略不计。若其差值小于3 dB(A)时，则所测的噪声值没有意义。若其差值在3~10 dB(A)之间，可根据表4-8进行校正；测定后应作出完整的噪声测定记录。

表4-8 排除本底噪声的修正表

所测出的声源噪声级与本底噪声的差值/dB	3	4,5	6,7,8,9
修 正 值	-3	-2	-1

4.7 噪声的控制原理和方法

4.7.1 噪声控制的一般方法

如前所述,构成声系统3个要素是:声源、声音传播的途径、接受者。所以控制噪声也必须从这三个环节着手,即从声源上根治噪声,在传播途径上控制噪声和在接受点进行防护。

4.7.1.1 从声源上根治噪声

A 合理选择材料和改进机械设计来降低噪声

一般金属材料,如钢、铜、铝等,它们的内阻尼、内摩擦较小,消耗振动能量的能力较弱。因此,凡用这些材料制成的零部件,在激振力的作用下,在构件表面会辐射较强的噪声。而采用内耗大的高分子材料或高阻尼合金就不同了,如锰-铜-锌合金,它的晶体内部存在一定的可动区,当它受到作用力时,合金内摩擦将引起振动滞后损耗效应,使振动能转化为热能而耗散掉,因此,在同样作用力的激发下,减振合金比一般合金辐射的噪声小得多。如用锰-铜-锌合金与45号钢试件相比较,前者内摩擦损耗是后者的12~14倍,在同样激励作用下,前者辐射噪声比后者低27 dB(A)。

通过改进设备结构减少噪声,其潜力是很大的。如风机叶片形式不同产生的噪声大小有较大差别,若将风机叶片由直片形改成后弯形,可降低噪声约10dB(A)。

改变传动装置也可以降低噪声。从控制噪声角度考虑,应尽量选用噪声小的传动方式。如将正齿轮传动装置改用斜齿轮或螺旋齿轮传动装置,用皮带传动代替正齿轮传动,或通过减少齿轮的线速度及传动比等均能降低噪声。

B 改进工艺和操作方法降低噪声

改进工艺和操作方法,是从声源上降低噪声的另一种途径。例如,用低噪声的焊接代替高噪声的铆接;用液压来代替高噪声的锤打;用喷气织布机代替有梭织布机等,都会得到降低噪声的效果。在工矿企业,若把铆接改为焊接,把锻打改为摩擦压力或液压加工,均可降低噪声20~40 dB(A)。

C 提高零部件加工精度和装配质量降低噪声

在机器运行时,由于机件间的撞击、摩擦或由于动平衡不好,都会导致噪声增大。可采用提高零部件加工精度和机器装配质量,采用良好的润滑、平时注意检修等方法降低噪声。例如一台齿轮转速在1000 r/min的条件下,当齿轮误差从17 μm降为5 μm时,则其噪声可降低8 dB(A)。若将轴承滚珠加工精度提高一级,则轴承噪声可降低10 dB(A)左右。

4.7.1.2 在噪声传播途径上降低噪声

由于目前的技术水平、经济等方面原因,无法把噪声源的噪声降到人们满意的程度,就可考虑在噪声传播途径上控制噪声。

在总体设计上采用“闹静分开”的原则是控制噪声较有效的措施。例如,在城、镇、产业开发区的规划时,将机关、学校、科研院所与闹市区分开;闹市区与居民区分开;工厂与居民区分开;工厂的高噪声车间与办公室、宿舍分开;高噪声的机器与低噪声的机器分开。这样利用噪声在传播中的自然衰减作用,缩小噪声的污染面。此外还可因地制宜,利用地形、地物,如山丘、土坡、深堑或已有建筑设施来降低噪声作用。利用噪声源的指向性合理布置声源位置,可使噪声源指向无人或对安静要求不高的地区。另外,绿化不但能改善环境,而且具有降噪作用。种植不同的树木,使树疏密及高低合理的配置,可达到良好的降噪效果。

当利用上述方法仍达不到降噪要求时,就需要在噪声的传播途径上直接采取声学措施,包括吸声、隔声、减振、消声等噪声常用控制技术。各种噪声控制的技术措施,都有其特点和适用范围,采用何种措施,视噪声源的实际情况,参照有关标准,综合考虑技术、经济因素进行选定。

4.7.1.3　在噪声接受点采取防护措施

在其他技术措施无法控制噪声时,或者只有少数人在吵闹的环境下工作,个人防护乃是一种既经济又实用的有效方法。常用的防声用具有耳塞、防声棉、耳罩、头盔等。它们主要利用隔声原理来阻挡噪声传入人耳,以保护人的听力,并能防止由噪声引起的神经、心血管、消化等系统的病症。常用防噪声用具及效果如表 4－9 所示。

表 4－9　几种防噪声用具的效果

种　类	说　明	质量/g	衰减值/dB(A)
棉　花	塞在耳内	1～5	5～10
棉花涂蜡	塞在耳内	1～5	10～20
伞形耳塞	塑料或人造橡胶	1～5	15～30
柱形耳塞	乙烯套充蜡	3～5	20～30
耳　罩	罩壳内衬海绵	250～300	20～40
防声头盔	头盔内加耳塞	1500	30～50

4.7.2　吸声处理

4.7.2.1　吸声原理和室内吸声减噪量

一般工矿车间和矿井硐室内的表面多是一些坚硬的、对声音反射很强的材料,如混凝土的天花板、光滑的墙面和水泥地面。当声源发出噪声时,对操作人员来说,除了听到由声源传来的直达声外,还可听到由房间或硐室内表面多次反射形成的反射声(又称混响声)。直达声和反射声的叠加,加强了室内噪声的强度。根据实验,同样的声源放在室内和室外自由声场相比较,由于室内反射声的作用,可以使室内声压级提高 5～10 dB。

如果在室内天花板和墙壁或硐室内表面装饰吸声材料或吸声结构,在空间悬挂吸声体或装饰吸声屏,声源发出的噪声碰到吸声材料,部分声能就被吸收,使反射声能减弱。操作人员听到的只是从声源发出经过最短距离到达的直达声和被减弱的反射声,这种降低噪声的方法称为吸声处理。

值得注意的是:吸声处理方法只能吸收反射声,对于直达声没有什么效果。所以只有当反射声占主导地位时才会有明显的吸声效果。

A　吸声系数 α

当声波入射到吸声材料或结构表面上时(见图 4－14),部分声能被反射,部分声能被吸收,还有一部分声能透过它继续向前传播,故吸声系数的定义为:

$$\alpha = \frac{E_\alpha + E_t}{E} = \frac{E - E_\gamma}{E} = 1 - \gamma \qquad (4-40)$$

式中 E——入射总声能，J；

E_α——吸声材料或吸声结构吸收的声能，J；

E_t——透过吸声材料或吸声结构的声能，J；

E_γ——在吸声材料或吸声结构表面反射的声能，J；

γ——反射系数。

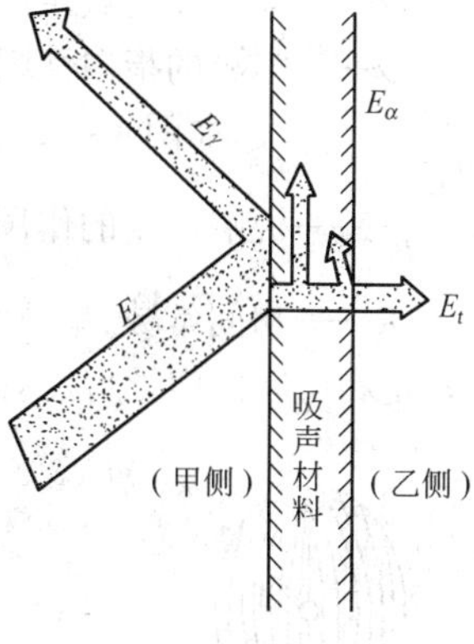

图4-14 吸声示意图

入射声能被反射得越少，表明材料的吸声能力越好。

不同的材料具有不同的吸声系数，完全反射的材料，$\alpha=0$，完全吸收的材料，$\alpha=1$，一般材料的吸声系数在0～1之间。吸声材料对于不同的频率，具有不同的吸声系数。在工程上，一般采用125 Hz、250 Hz、500 Hz、1000 Hz、2000 Hz、4000 Hz的6个频带的吸声系数的算术平均值，来表示某种吸声材料的吸声性能。对于吸声系数大于0.2的材料，称为吸声材料。光滑水泥地面的平均吸声系数 $\alpha=0.02$，钢板 $\alpha=0.01$，它们均不是吸声材料。

B 吸声量 A

吸声系数只表明材料所具有的吸声能力，而实际吸声量的大小不仅与材料的吸声系数有关，而且还与使用材料的面积有关。对于吸声系数为 α，面积为 S（m^2）的一块材料，其吸声量为 A，单位为 m^2。

$$A=S\alpha \tag{4-41}$$

按照定义，向着自由空间开着的1 m^2的窗户所引起的声吸收就为1 m^2。如果某材料的吸声系数为0.5，则该材料的面积为2 m^2时，所吸收的声能才具有1 m^2的吸声量。

如果厂房内各壁面具有不同吸声系数的材料时，则该厂房内总吸声量

$$A=S_1\alpha_1+S_2\alpha_2+\cdots+S_n\alpha_n \tag{4-42}$$

房间的平均吸声系数

$$\bar{\alpha}=\frac{A}{S}=\frac{S_1\alpha_1+S_2\alpha_2+\cdots+S_n\alpha_n}{S_1+S_2+\cdots+S_n}=\frac{\sum_i S_i\alpha_i}{\sum_i S_i} \tag{4-43}$$

式中 A——室内各壁面的总吸声量；

S——室内吸声面的总面积；

$S_1,S_2,\cdots,S_n$——相应吸声系数分别为 $\alpha_1,\alpha_2,\cdots,\alpha_n$ 的壁面面积。

C 厂房（硐室）吸声减噪量的计算

室内某点噪声级大小的计算，不仅决定于声源发出的直达声的大小，还与从周壁反射回来的反射声有关。具体地说，由于声源性质和声源所处的位置、房间的体积、形状以及房间内表面的吸声条件的不同，都会造成室内各点噪声级的差异。室内某一控制点的声压级一般用式(4-44)进行估算：

$$L_p=L_W+10\lg\left(\frac{Q}{4\pi r^2}+\frac{4}{R}\right) \tag{4-44}$$

式中 L_p——房间内某一控制点声压级，dB；

L_W——声源的声功率级，当噪声源辐射总声能量为 W 时，$L_W=10\lg\left(\frac{W}{10^{-12}}\right)$；

$\frac{Q}{4\pi r^2}$——直达声场的作用；

r——某一控制点距声源的距离，m；

Q——声源的指向性因数。它是个无量纲量，它与声源的指向特性及声源放置的位置有关，如图4－15所示；

$\frac{4}{R}$——混响声场的作用；

R——房间常数，单位为m^2。

R是和房间的声学特性有关的物理量，其数学表达式为：

$$R = \frac{S\,\bar{a}}{1-\bar{a}} \tag{4-45}$$

式中　S——房间的总表面积。

由式(4－44)可以看出：房间内表面作吸声处理后的噪声改变量仅仅和房间常数R有关。

设R_1、R_2分别为室内设置吸声装置前后的房间常数，则距声源中心r处相应的声压级L_{p1}、L_{p2}为：

$$L_{p1} = L_W + 10\lg\left(\frac{Q}{4\pi r^2}+\frac{4}{R_1}\right)$$

$$L_{p2} = L_W + 10\lg\left(\frac{Q}{4\pi r^2}+\frac{4}{R_2}\right)$$

所以室内作吸声处理前后该点噪声降低量ΔL_p

$$\Delta L_p = L_{p1} - L_{p2} = 10\lg\left(\frac{\frac{Q}{4\pi r^2}+\frac{4}{R_1}}{\frac{Q}{4\pi r^2}+\frac{4}{R_2}}\right) \tag{4-46}$$

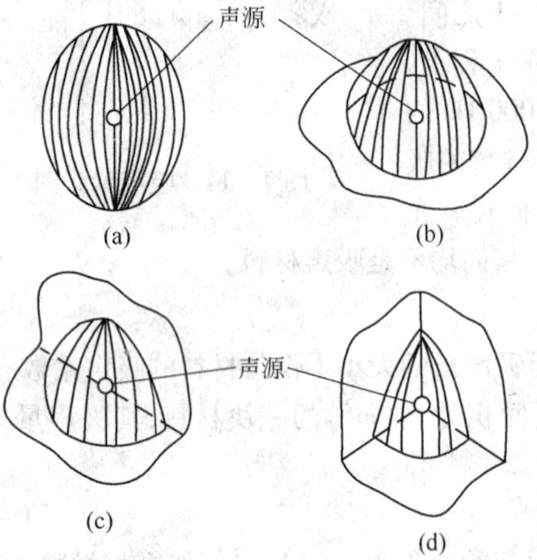

图4－15　声源的指向性因数

(a) $Q=1$；(b) $Q=2$；(c) $Q=4$；(d) $Q=8$

分析式(4－46)可知：

(1) 当受声点距离声源很近，$\frac{Q}{4\pi r^2}\gg\frac{4}{R}$，$\frac{4}{R}$可以忽略不计，则噪声降低量为0。这表明，在声源附近位置上，直达声占主导地位，作吸声处理无降噪效果。

(2) 当受声点距离声源超过临界半径时，$\frac{Q}{4\pi r^2}\ll\frac{4}{R}$，$\frac{Q}{4\pi r^2}$可以忽略不计，则噪声降低值为：

$$\Delta L_p = 10\lg\frac{R_2}{R_1} = 10\lg\left(\frac{\bar{\alpha}_2}{\bar{\alpha}_1}\times\frac{1-\bar{\alpha}_1}{1-\bar{\alpha}_2}\right) \tag{4-47}$$

考虑到$\bar{\alpha}_1$、$\bar{\alpha}_2$都是小数，$\bar{\alpha}_1$、$\bar{\alpha}_2$乘积很小，可忽略不计，于是上式变为：

$$\Delta L_p = 10\lg\frac{\bar{\alpha}_2}{\bar{\alpha}_1} \tag{4-48}$$

式(4－48)反映了在扩散声场内，远离声源处的最大吸声减噪量。

(3) 车间内其他各控制点减噪量，均介于$0\sim\Delta L_p$之间。

D　混响时间及其计算

声源在室内发声后，由于反射与吸收作用，使室内声场有一个逐渐增长的过程。同样当声源停止发声后，声音也不会立即消失，而是要经历一个逐渐衰变的过程，称混响过程。混响时间长，将增加音质的丰满感，但如果这一过程过长，则会影响听音的清晰度。混响时间短，有利于清晰度，但如果过短，又会使声音显得干涩，强度变弱。

混响时间是指当室内声能达到稳态后，声源突然停止发声，衰减 60 dB 所需要的时间，用 T_{60} 表示，单位 s。例如，声源发出 100 dB 的声音，从声源突然停止发生降低到 40 dB 时所需的时间，就是混响时间。混响的理论是 W. C. Sabine 在 1900 年提出的。他提出的混响时间的概念，迄今为止在厅堂音质设计中仍是唯一用来定量计算音质的参量。

W. C. Sabine 通过大量的实验，首先得出混响时间的计算公式：

$$T_{60}=\frac{0.16V}{A}=\frac{0.16V}{S\,\overline{\alpha}} \tag{4-49}$$

式中 T_{60}——混响时间，s；

A——房间吸声量，m^2；

S——房间总表面积，m^2；

$\overline{\alpha}$——房间平均吸声系数；

V——房间的体积，m^3。

从式(4-49)可以看出，混响时间 T_{60} 与房间的体积 V 成正比，与室内吸声量 A 成反比。当室内体积一定时，T_{60} 主要取决于 A，若 $\overline{\alpha}$ 愈大则混响时间 T_{60} 愈短。

对于形状不太复杂的房间或车间，当体积已确定时，室内处理前后噪声降低值可由式(4-50)确定。

$$\Delta L_p=10\lg\left(\frac{T_1}{T_2}\right) \tag{4-50}$$

式中 ΔL_p——噪声降低量，dB；

T_1，T_2——处理前后的混响时间，s。

在有混响声和直达声的稳态声场中，室内平均吸声减噪量可用下式计算

$$\Delta L_p=10\lg\frac{\overline{\alpha}_2}{\overline{\alpha}_1}=10\lg\frac{T_1}{T_2}=10\lg\frac{A_2}{A_1} \tag{4-51}$$

4.7.2.2 吸声材料和吸声结构

吸声材料都是一些多孔材料，如玻璃棉、矿渣棉、泡沫塑料、石棉绒、软质纤维板以及微孔吸声砖等。这类材料的吸声机理为：当声波进入材料的孔隙内，引起空隙间的空气分子和纤维振动，由于摩擦阻力和空气的黏滞阻力及热传导等作用，使相当一部分声能变成热能耗散掉，从而起到吸声作用。因此，多孔材料的内部要求蓬松多孔，各孔之间要连通，同时这些连通的孔隙与外界还要连通。

多孔性吸声材料对于高频声是非常有效的，但对低频声来说，吸声系数就低得多。若用加大厚度及容重，在背后设置空气层等办法，能够改善低频段的吸声性能，但这样做往往不够经济。为了弥补多孔吸声材料的不足，在实用中通常采用各种吸声结构来进行吸声处理。

A 薄板共振吸声结构

薄板共振吸声结构如图 4-16 所示。它是由薄板(金属板、胶合板或塑料板等)和板后的空气层构成振动系统，薄板相当于质量，板后的空气相当于弹簧。当入射声波投射到板面时，在声波的交变压力作用下，迫使薄板产生弯曲振动，引起板的内部摩擦损耗，使声能转变为热能。

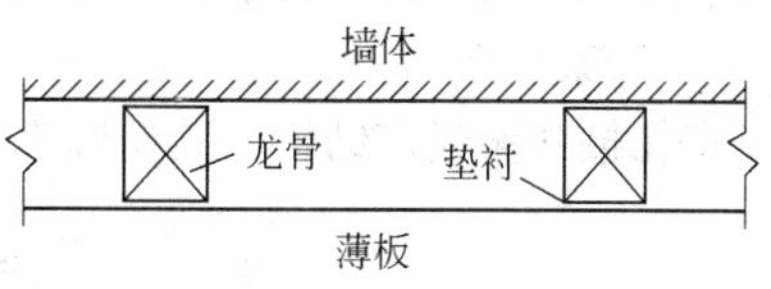

图 4-16 薄板共振吸声结构的吸声原理

当入射声波的频率接近板振动系统的固有频率(共振频率)时就发生了共振，此时，声能得到最大的吸收。由于薄板共振吸声结构的固有频率，一般都在 80~300 Hz 之间，所以这种结构

的主要特点就是能较多地吸收低频噪声。

薄板共振吸声结构的共振频率 f_0，可按式(4－52)进行计算：

$$f_0 = \frac{600}{\sqrt{M \times D}} \quad (4-52)$$

式中 M——薄板单位面积的质量，kg/m^3；

D——空气层厚度，cm。

从式(4－52)中可以看出，增加板质量 M 或空气层厚度 D，可以降低结构的共振频率 f_0，反之则提高。

实用中薄板厚度通常取 3～6 mm，空气层厚度取 3～10 cm，共振频率处的吸声系数可达 0.5 以上。值得强调指出的是，薄板共振吸声结构的吸声带较窄，吸声系数也不高。为了改善这种结构的吸声性能，可在空气层中填入一些多孔吸声材料，如玻璃棉、矿渣棉等，或者采用不同单元大小的薄板及不同腔深的吸声结构，来增大吸声频带的宽度。

B 穿孔板共振吸声结构

穿孔板共振吸声结构如图 4－17(c)所示。它是由穿以一定数量孔的薄板(金属板、胶合板或塑料板等)及在其后的空气层(空腔)所组成的吸声结构。它可以看成是由单腔共振吸声结构并联而成。

当入射声波的波长比腔体和孔口尺寸大得多时，孔颈中的空气柱视为不可压缩的流体，它相当于弹性系统中的质量 M，声学上称为质量，而充满空气的空腔可视作弹簧 K，它能阻抗外来声波的压力，相当于劲度，称为声顺。于是整个系统类似于弹簧振动系统，称为亥姆霍兹共振器。

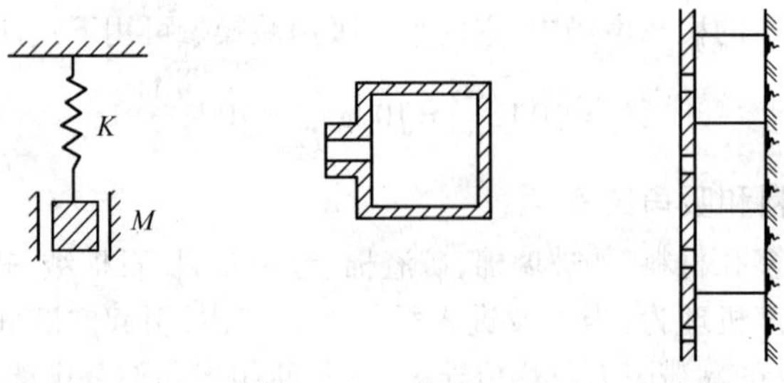

图 4－17 穿孔板共振吸声结构示意

(a) 力学原理图；(b) 声学原理图；(c) 结构图

当外来声波的频率与共振器的固有频率一致时发生共振，此时，孔颈中的空气柱往返振动最强烈，振动中，空气柱与孔壁摩擦而消耗声能，从而起到吸声效果。

a 共振频率

穿孔板共振吸声结构的共振频率 f_0 可由下式求出：

$$f_0 = \frac{c}{2\pi}\sqrt{\frac{S}{A \times Dl_e}} = \frac{c}{2\pi}\sqrt{\frac{P}{Dl_e}} \quad (4-53)$$

式中 P——穿孔率(穿孔面积/全面积)，%；

c——声速，一般取 $c = 340$ m/s；

S——面积，m^2；

D——空腔深度，m；

l_e——穿孔板有效长度，$l_e = l_0 + (\pi/4) \times d$，其中 d 为孔径，l_0 为板厚，m。

由式（4－53）可以看出，f_0 与 p 成正比，即是说，板的穿孔面积越大，则吸收的频率越高，并且，f_0 与 D 及 l_e 成反比，即空腔越深或颈口有效深度越大，则吸收的频率越低。因此，在工程设计中，板厚、腔深和穿孔率的大小不能任意选取，而应根据所需吸收的频率，选择一个比较合适的尺寸。

b 有效吸声频带宽度

穿孔板共振吸声结构的缺点是频率的选择性很强，在共振频率 f_0 附近具有最大的吸声性能，偏离共振频率，它的吸声效果急剧下降。因此，设计结构尺寸时应尽可能地使吸声频带宽一些。通常取共振频率 f_0 处的吸声系数 α_0 的 50% 范围内的频带宽为使用区。其吸声频带宽 Δf 可由式（4－54）进行估算：

$$\Delta f = 4\pi D \frac{f_0}{\lambda_0} \tag{4-54}$$

式中 Δf——吸声带宽，Hz；

λ_0——共振频率 f_0 的波长，cm；

D——空腔深度，cm。

c 吸声带宽的改善

为了提高结构的吸声带宽，可采用以下几种改善办法：

（1）缩小穿孔板的孔径，提高孔内的阻尼效应，例如微穿孔板吸声结构就属这种类型。

（2）在穿孔板后面蒙一层阻性材料，如薄布、玻璃布等，以增加其孔径摩擦，提高频带宽度。

（3）在穿孔板后面的空腔中填充疏松的吸声材料。

（4）针对所需吸收的频率，设计多种不同尺寸的共振吸声结构。

d 穿孔板的排列及穿孔率的计算

穿孔板中穿孔的排列形式有正方形排列与等边三角形排列两种，如图 4－18 所示，其穿孔率 P 的计算公式如下：

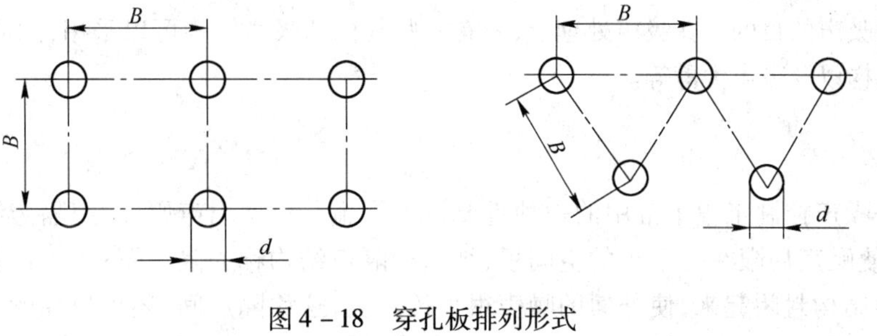

图 4－18 穿孔板排列形式

正方形排列

$$P = \frac{\pi}{4} \times \frac{d^2}{B^2} \tag{4-55}$$

等边三角形排列

$$P = \frac{\pi}{2\sqrt{3}} \times \frac{d^2}{B^2} \tag{4-56}$$

式中 P——穿孔率，%；

d——圆孔直径，mm；

B——孔心距，mm。

C　微穿孔板吸声结构

为克服穿孔板共振吸声结构吸声频带较窄的缺点，我国声学专家马大猷教授在普通穿孔板结构的基础上，研究出一种新型的微穿孔板吸声结构。它是由板厚小于1 mm、孔径也小于1 mm、穿孔率为1% ~4%的薄金属微穿孔板与板后的空腔所组成的吸声结构。薄板常用铝板或钢板制作，有单层、双层和多层之分。

微穿孔板吸声结构实质上仍属于共振吸声结构，因此其吸声机理与共振吸声结构相同。利用空气柱在小孔中的来回摩擦消耗声能，用板后的腔深大小控制吸声峰值的共振频率，腔越深，共振频率越低。但因为板薄、孔细，与普通穿孔板相比，声阻显著增加，声质量显著减小，因而明显提高了吸声系数，增宽了吸声频带宽度。微穿孔板吸声结构的吸声系数很高，有的可达0.9以上；吸声频带，可达4~5个倍频程以上，因此属于性能优良的宽频带吸声结构。减小微穿孔板的孔径，提高穿孔率，或使用双层或多层微孔板，可增大吸声系数，展宽吸声带宽，但孔径太小，易堵塞，故多选用0.5~1 mm，穿孔率多以1% ~3%为好。微穿孔板吸声结构吸声峰值的共振频率与多孔板共振结构类似，主要由腔深决定；若以吸收低频声为主，空腔宜深；若以吸收中高频声为主，空腔宜浅。腔深一般取5~20 mm。

微穿孔板吸声结构可用于多种场合，包括高速气流管道中。耐高温、耐腐蚀，不怕潮湿和冲击，甚至可承受短暂的火焰。其缺点是加工比较困难复杂，使用时容易堵塞，所以在实际工程中应针对实际情况合理选用。

在微穿孔板吸声结构理论研究与实践应用领域，我国处于国际领先地位。一个十分典型的例子是；德国新议会大厦的会议大厅为玻璃墙面建成的圆形建筑，耗资2.7亿马克，但建成后，由于存在声聚焦和声场不均匀等声学缺陷而无法使用。德国聘请了许多专家都没有解决。1993年一位中国访问学者根据微穿孔理论，在5 mm厚的有机玻璃板上用激光穿孔（孔径为0.55 mm，孔距为6 mm，穿孔率在1.4%左右），将其装于原玻璃墙内侧，成功地解决了这一声学缺陷，在德国和西欧传为佳话。

此外，为了吸收不同频率的声音，还将吸声材料做成各种形状的空间吸声体，悬挂在室内顶棚上以达到吸声的目的。在吸声处理上，还有一些其他的吸声结构可以采用，如薄膜吸声结构，帘幕吸声结构以及吸声尖劈等。

4.7.3　隔声

隔声是噪声控制工程中常用的一种重要技术措施。根据隔声原理，用隔声结构把噪声源封闭起来，使噪声局限在一个小的空间里，把这种隔声结构称为隔声罩；也可以把需要安静的场所用隔声结构封闭起来，使外面的噪声很少传进去，这称隔声间；还可以在噪声与受噪声干扰的位置之间，设立用隔声结构做成的屏障，隔挡噪声向接受点位置传播，这称为隔声屏。隔声罩、隔声间、隔声屏是按隔声原理设计制成的三种噪声控制设备，在防噪工程中有广泛的应用。

4.7.3.1　透声系数与传声损失

反应隔声构件透声能力大小的物理量用透声系数来表示。透声系数 τ 是指透射声功率 W_t 与入射声功率 W 之比。

$$\tau=\frac{W_t}{W} \tag{4-57}$$

τ 是一个无量纲的量，τ 值越小，表明透射过去的声能越少，即隔声效果越好。反之，τ 值越大,隔声性能越差。τ 值是永远小于 1 的,介于 0 ~ 1 之间。

一般构件的透声系数很小,约在 $10^{-1} \sim 10^{-5}$之间,使用很不方便。在实际工程中,通常用透声系数 τ 的倒数,取常用对数乘以 10 来表示透声损失的大小。透声损失又称传声损失或隔声量,用 L_{TL}表示,单位是 dB。

$$L_{TL} = 10\lg\left(\frac{1}{\tau}\right) \tag{4-58}$$

隔声量的大小与隔声构件的结构、性质有关,也与入射声波的频率有关。同一隔墙对不同频率的声音,隔声性能有很大差异。所以,在工程中常用 125 ~ 4000 Hz 6 个倍频程中心频率的隔声量的算术平均数来表示某一构件的隔声性能。

值得一提的是,吸声与隔声是两个不同的概念,其区别体现在以下三方面:

(1) 注重方面不同:吸声注重于入射声一侧反射声能的大小,反射声越小,吸声效果越好;隔声侧重于入射声另一侧的透射声能的大小,透射声能越小,隔声效果越好。

(2) 所用材料属性不同:一般透射声能小的材料往往厚重而密实,是良好的隔声材料,但这类材料对入射声能往往是反射性很强的材料,因而也是吸声性能很差的材料。而吸声材料则要求质轻柔软、多孔、透气性好,声能很容易透过材料,所以隔声性能就很差。

(3) 所适宜处理的空间不同:在实际应用中,吸声处理是用以吸收同一空间内的声能,以降低室内噪声。隔声处理则用以防止相邻两个空间之间的噪声干扰。

因此,在工程实际应用中,决不能把两者混淆用错,否则,既不合理,也不经济,更重要的是达不到预计的噪声控制效果。

4.7.3.2 质量定律

当声波传至墙的表面时,使墙体像“膜片”一样的振动,墙体质量越大,其惯性阻力越大,就越不易振动,声音也就越难传过去,隔声效果就好。此外,墙体的隔声效果还与入射声波的频率有关,高频声隔声效果较好,低频声隔声效果较差。

在仅考虑声波垂直入射的单层均质密实墙,设该墙是无限大,墙的两边均为通常状况下的空气,不考虑墙的内摩擦等,推导出“质量定律”的定量关系式。

在质量控制范围内,在垂直入射条件下,墙的隔声量 L_{TL}为:

$$L_{TL} = 20\lg m + 20\lg f - 43\,(\text{dB}) \tag{4-59}$$

在实际工作中,墙的面积不可能是无限大,而是有边界、有弹性、有阻尼、有损耗等。因此,质量定律的经验式为:

$$L_{TL} = 18\lg m + 12\lg f - 25\,(\text{dB}) \tag{4-60}$$

由式(4-60)可看出,L_{TL}随 m 和 f 的变化而变化,当 m 不变时,f 增加一倍,TL 增加约 3.6 dB;当 f 不变时,m 增加一倍,TL 值约增加 5.4 dB。

如果使用单一数值来表示单层墙的平均隔声量,则常取 50 ~ 5000 Hz 频率范围内的几何平均值,500 Hz 的隔声量作为 L_{TL}的平均值,用 L_{TL500}表示,这时式(4-60)可化简为:

当 $m > 100\ \text{kg/m}^2$时,
$$L_{TL500} = 18\lg m + 8\,(\text{dB}) \tag{4-61}$$

当 $m < 100\ \text{kg/m}^2$时,
$$L_{TL500} = 18\lg m + 13\,(\text{dB}) \tag{4-62}$$

4.7.3.3 双层结构的隔声

由隔声质量定律得知,若想提高单层密实均匀板材的隔声量,唯一的办法是增加其面密度或厚度。但提高隔声量是有限的,而且会显得很厚很笨重,是不经济、不现实的。人们在实践中发现,如果将单层隔声结构分成双层或多层,在各层之间留出空气层,或在空气层中填充一些吸声材料,往往可以突破质量定律的限制,较大地提高隔声量。实测表明,一个留有空气层的双层结构要比重量相等的单层结构在隔声量上大 5～10 dB；在隔声量相同的条件下，双层结构的重量仅是单层结构的 2/3～3/4。

A　双层墙共振频率

双层墙可视作为“质量－空气－质量”振动系统，当外来声波的频率与夹层结构的固有频率相一致时，要发生共振现象，其共振频率与各层结构面质量及夹层中空气层厚度有关，可用下式表示：

$$f_0 = \frac{c}{\pi}\sqrt{\frac{\rho}{D}\left(\frac{1}{M_1}+\frac{1}{M_2}\right)} \tag{4-63}$$

式中　ρ——空气的密度，常温下为 1.2 kg/m^3；

c——空气中的声速，340 m/s；

M_1，M_2——两层墙的面密度，kg/m^2；

D——空气层厚度，m。

当入射声波的频率比带空气层隔声结构的固有频率低时，其隔声能力与同样重量的单层结构没有区别，因为较低的频率是容易传过去的。只有当入射声波的频率大于结构的固有频率倍时，才显示带空气层结构双层墙比单层密实墙结构的优越性。

B　双层墙的隔声量

双层密实隔声结构的隔声量，可按下式进行估算：

$$L_{TL} = 20\lg(m \times d) - 26 \tag{4-64}$$

式中　m——隔声结构的面密度，kg/m^2；

d——空气层厚度，mm。

C　声桥

对于声波的传递，双层墙的空气层起着犹如弹性层的作用，如果在空气层中有固体的刚性联结，则第一层墙板的振动能量将通过刚性连接传递到第二层，空气层将起不到弹性层的作用，这种刚性连接称为声桥。声桥的存在将使隔声量降低 5～10 dB。因此在设计施工中，应避免声桥的出现。

在施工中需要注意的是：采用具有空气层的夹层结构，在施工中不要把砖头瓦块丢进夹层中间，以免在两层墙之间形成声桥或刚性连接，使隔声效果大大降低；其次是这种夹层结构的空气层相当于一个具有弹性的弹簧，在施工中，如果空气层太薄会把两墙连接起来形成共振，大大影响墙体的隔声效果。

4.7.3.4　隔声罩

隔声罩的隔声量一般用插入损失 L_{IL} 来表示。其表达式为：

$$L_{IL} = 10\lg\left(\frac{W}{W_\tau}\right) \tag{4-65}$$

式中　W——无罩时声源辐射的声功率；

W_τ——加罩后透过罩壳向外辐射的声功率。

$$L_{IL} = 10\lg\frac{\overline{\alpha}}{\tau} = L_{TL} + 10\lg\overline{\alpha} \tag{4-66}$$

式中　L_{TL}——隔声罩壁与罩顶透声量；

τ——隔声罩壁与罩顶平均透声系数；

α——罩壁和罩顶的平均吸声系数。

当 $\alpha = \tau$ 时，$L_{IL} = 0$，即声源的声功率全部透过隔声罩壁辐射出去。

当 $\alpha = 1$ 时，$L_{IL} = L_{TL}$。

一般情况是 $0 < \tau < \alpha < 1$，隔声罩的插入损失小于其罩体的平均隔声量。

根据实际经验，插入损失与隔声罩的隔声量之间存在如下关系：

(1) 当隔声罩内无吸声处理时，$L_{IL} = L_{TL} - 20$(dB)；

(2) 当隔声罩内略作吸声处理时，$L_{IL} = L_{TL} - 15$(dB)；

(3) 当隔声罩内作强吸声处理时，$L_{IL} = L_{TL} - 10$(dB)。

分析上式可知，隔声罩体的平均隔声量越大，插入损失越大；内表面的平均吸声系数越高，插入损失越大。

例 4-3 用 2 mm 厚的钢板做一隔声罩。已知钢板的传声损失 $L_{TL} = 29$ dB，钢板的平均吸声系数 $\alpha = 0.01$。由于隔声效果不理想便做了改进，在隔声罩内做了吸声处理，使平均吸声系数提高到 $\alpha = 0.6$。求改进后隔声罩的实际隔声值提高了多少？

解： 罩内未做吸声处理时，隔声量 $L_{TL1} = 29$ dB，根据式(4-66)可得：

$$L_{IL1} = 29 + 10\lg 0.01 = 29 - 20 = 9(\text{dB})$$

罩内做了吸声处理后，隔声量 L_{TL2} 为：

$$L_{TL2} = 29 + 10\lg 0.6 = 29 - 2 = 27(\text{dB})$$

所以，改进后的隔声罩的实际隔声量比改进前提高了 18 dB，由此看出，隔声罩内壁进行吸声处理与否对隔声罩的实际隔声效果是至关重要的。

例 4-4 有一隔声罩，面积 $S = 10\ \text{m}^2$，透声系数为 $\tau_1 = 10^{-5}$，现开一通风口散热，面积 $S_2 = 0.1\ \text{m}^2$，透声系数 $\tau_2 = 1$，计算因开通风口隔声量下降多少？

解： 隔声罩在未开孔时的隔声量 L_{TL1} 为：

$$L_{TL1} = 10\lg\frac{1}{\tau} = 10\lg\frac{1}{10^{-5}} = 50(\text{dB})$$

隔声罩开孔后的隔声量 L_{TL2} 为：

$$L_{TL2} = 10\lg\frac{S}{S_1\tau_1 + S_2\tau_2} = 10\lg\frac{10}{9.9\times10^{-5} + 0.1\times1} = 20(\text{dB})$$

由此看出，罩体因有 $0.1\ \text{m}^2$ 孔洞可使隔声量下降 30 dB，因散热或管道通过墙而需要开孔时，应分别采取消声措施。

4.7.3.5 组合墙隔声量的计算

组合墙是指由墙、门、窗三者组成的隔声构件，三者的隔声材料不同，计算其隔声量可按如下步骤进行：

(1) 选择组成墙、门、窗的材料，查出其隔声量，计算各自透声系数。

$$\tau = 10^{-\frac{L_{TL}}{10}}$$

(2) 计算组成墙、门、窗的面积 S_1、S_2、S_3。

(3) 计算组合墙的平均透声系数 τ。

$$\tau = \frac{S_1\tau_1 + S_2\tau_2 + \cdots}{S_1 + S_2 + \cdots}$$

(4) 计算综合隔声量。

$$L_{TL} = 10\lg\left(\frac{1}{\tau}\right)$$

例 4-5 有一个组合墙，墙隔声量 $L_{TL} = 20$ dB，面积 $S_1 = 8\ \text{m}^2$；门隔声量 $L_{TL} = 10$ dB，面积 $S_2 = 2\ \text{m}^2$，求其隔声量？

解：组合透声系数为：

$$\tau = \frac{S_1\tau_1 + S_2\tau_2 + \cdots}{S_1 + S_2 + \cdots} = \frac{8 \times 10^{-\frac{20}{10}} + 2 \times 10^{-\frac{10}{10}}}{8+2} = 2.8 \times 10^{-2}$$

$$L_{TL} = 10\ \lg\left(\frac{1}{\tau}\right) = 10\ \lg\frac{1}{2.8 \times 10^{-2}} = 15.5\ \text{dB}$$

若墙隔声量 L_{TL} 由 20 dB 提高至 50 dB，其他情况不变，则综合隔声量达 17 dB，仅提高 1.5 dB；若门隔声量 L_{TL} 由 10 dB 提高至 15 dB，其他情况不变，则综合隔声量达 18.4 dB，提高 2.9 dB。

综上所述，组合隔声墙有门、窗、墙时，其组合隔声量取决于隔声量较低的门和窗，要提高综合隔声量，只有改变门和窗的材料和结构，提高门和窗的隔声量，若提高墙的隔声量，其结果是花钱多收效不大造成浪费。在隔声间对于结构上的孔洞缝隙必须进行密封处理。否则将使隔声效果大大降低，若需要开通风口散热时，必须安装消声器。

4.7.3.6 隔声屏

隔声罩或隔声间能把噪声源与接受点完全隔开，在控制噪声上是很有效的。但是，在某些情况下，由于操作、维护、散热或厂房内有吊车作业等原因，不宜采用全封闭性的隔声措施，便可考虑采用隔声屏降低接受点的噪声。所谓隔声屏，就是用隔声结构做成屏障，放在噪声源与接受点之间，利用屏障拦挡噪声直接向接受点辐射的一种降噪措施。由于声波在传播中遇到障碍时具有绕射的特性，所以隔声屏的降噪效果有限。高频声因波长短，绕射能力差，隔声屏效果显著；低频声波长，绕射能力强，所以效果有限。

对于室内有限长屏障，声波会从屏障顶端和两侧绕射，屏障后的声场由室内混响声场和衍射声场组成，如图 4－19 所示。认为室内混响声场在设置屏障前后不变化。

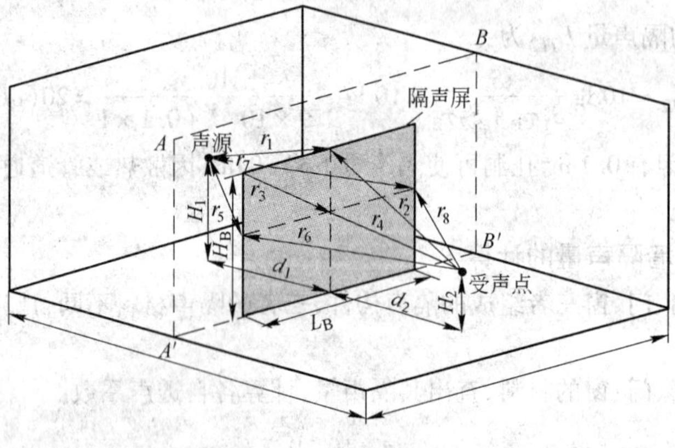

图 4－19　室内隔声屏

根据衍射理论，衍射声场的声压均方值为：

$$p_b^2 = W\rho c\,\frac{DQ}{4\pi r^2} \tag{4-67}$$

式中　W——声功率；

Q——指向性因子；

D——衍射系数，$D = \sum_{i=1}^{n} \frac{1}{3 + 10N_i}$，而 $N_i = 2\delta_i/\lambda$，其中，δ_i 为有屏障和无屏障时声波从声源到接收点之间的最短路程差。

则屏障后某点声压级为 L_{p2}

$$L_{p2}=L_W+10\lg\left(\frac{DQ}{4\pi r^2}+\frac{4}{R_r}\right)$$

设置屏障前某点声压级为 L_{p1}

$$L_{p1}=L_W+10\lg\left(\frac{Q}{4\pi r^2}+\frac{4}{R_r}\right)$$

$$L_{IL}=L_{p1}-L_{p2}=10\lg\left(\frac{\dfrac{Q}{4\pi r^2}+\dfrac{4}{R_r}}{\dfrac{DQ}{4\pi r^2}+\dfrac{4}{R_r}}\right) \tag{4-68}$$

此式即为室内隔声屏插入损失的一般表达式。从式中可以看出，插入损失大小与房间的吸声情况、接收点与声源的距离、衍射系数有关。

A 自由声场中的隔声屏

若在自由声场中，房间的吸声系数近似于1，则房间常数很大，有下式成立

$$L_{IL}=10\lg\frac{1}{D}=10\lg\frac{1}{\sum\limits_{i=1}^{n}\dfrac{\lambda}{3\lambda+20\delta_i}} \tag{4-69}$$

对于无限长屏障，屏障两侧的衍射可以忽略不计，则有：

$$L_{IL}=10\lg\frac{3\lambda+20\delta_1}{\lambda} \tag{4-70}$$

可见无限长屏障的插入损失与路程差 δ_1 有关，δ_1 越大，插入损失越大。因此，屏障要有一定高度，宜仅设在紧靠声源处，或者宜设在紧靠接收点处。此外，屏障的插入损失与入射声波有关，声波越长，插入损失越小。这说明隔声屏对高频声的隔声效果好于对低频声的隔声效果。

对在自由声场中的无限长隔声屏，其插入损失可进一步简化为：

$$L_{IL}=10\lg\frac{H^2}{r}+10\lg f-15 \tag{4-71}$$

值得注意的是上式适应于点声源，对于线声源，其插入损失比按点源算出的低5～10 dB。此外，屏障的高度应远大于声波波长，用于点源时，屏长比屏高高出5倍以上，可将屏障作为无限长屏障处理。

B 混响声场中的隔声屏

如果隔声屏处在混响声场中，$4/R_r \gg Q/4\pi r^2$，则 $L_{IL}=0$。这说明在混响声为主的房间，隔声屏不起作用。故在混响声明显的房间，隔声效果不好，应配合吸声措施方有效果。

4.7.4 消声器

消声器是一种使声能衰减而允许气流通过的装置。将其安装在气流通道上便可控制和降低空气动力性噪声。根据其消声原理，可分为阻性消声器、抗性消声器、阻抗复合消声器、扩散消声器和有源消声器。设计一个性能优良的消声器，必须具备以下三个条件：

(1) 具备良好的消声性能。即要求消声器在有足够宽的频率范围内具有最佳消声效果，将噪声水平控制在规定范围之内。

(2) 具有良好空气动力性能。要求消声器对气流阻力损失足够小，并确保不影响设备的工

作效率和进、排气的畅通。

（3）在机械性能上要求消声器体积小、结构简单、成本低。具有一定的刚度和较长的使用寿命，便于现场安装和无再生噪声。

4.7.4.1 阻性消声器

阻性消声器是利用铺设在气流通道内壁上的多孔材料来吸收声能。当外来声波沿着消声器通道传播时，激起管壁上的多孔材料中的空气分子振动，由于摩擦阻力和黏滞阻力使声能变为热能，从而达到消声降噪的目的。与电学类比，吸声材料就相当于电阻，故称阻性消声器。这种消声器具有结构简单和良好吸收中、高频噪声的优点，因此在噪声控制技术中得到广泛应用。

阻性消声器常见的形式是直管式。另外还有：片式、折板式、蜂窝式、声流式、弯头式等，如图4－20所示。

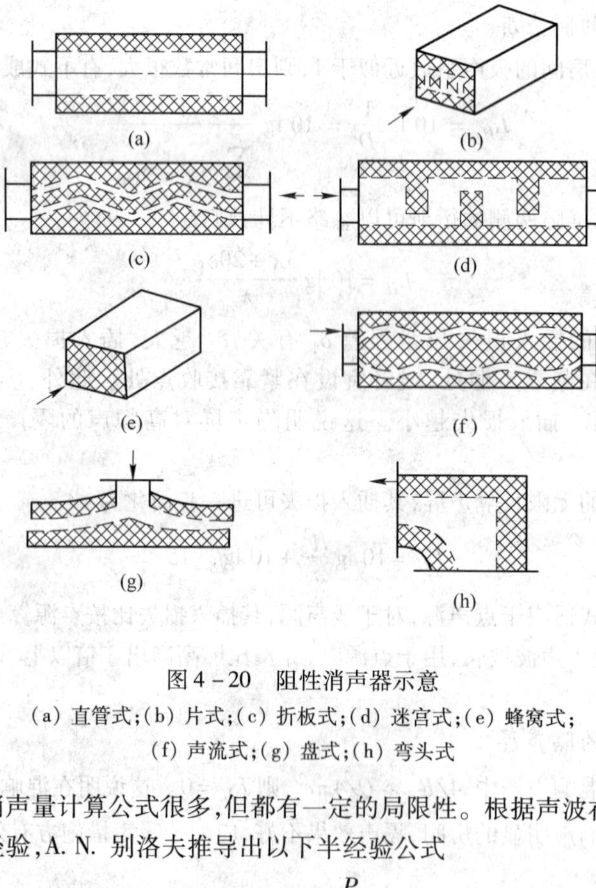

图4－20　阻性消声器示意
（a）直管式；（b）片式；（c）折板式；（d）迷宫式；（e）蜂窝式；
（f）声流式；（g）盘式；（h）弯头式

阻性消声器的消声量计算公式很多，但都有一定的局限性。根据声波在管道中的传播理论，并结合大量的实践经验，A. N. 别洛夫推导出以下半经验公式

$$L_A = \Phi(\alpha_0)\frac{P}{S}\cdot l \tag{4-72}$$

式中 L_A——消声器的消声量，dB；
P——气流通道断面的周长，m；
S——气流通道的横截面积，m^2；
l——消声器的有效长度，m；
$\Phi(\alpha_0)$——消声系数，它是与阻性材料的吸声系数有关的数值，见表4－10。

表 4－10 $\Phi(\alpha_0)$ 与 α_0 的关系

α_0	0.1	0.2	0.3	0.4	0.5	0.6～1.0
$\Phi(\alpha_0)$	0.1	0.25	0.40	0.55	0.70	1～1.5

可见，阻性消声器的消声量与吸声材料的声学特性和消声器的几何尺寸有关，材料的吸声性能越好，管道越长，消声量越大。对于相同截面积的通道，比值 P/S 以圆形最小，方形次之，狭矩形最大，因此采用狭矩形通道（即片式消声器）消声量最高。对截面较大的通道，通常在管道纵向插入几片消声片，将其分隔成多个通道，以增加周长，减少截面积，而使消声量提高。

直管式阻性消声器中、高频噪声有较好的消声效果。但就一定截面积的消声器来说，当频率增至某一限度后，其消声性能急剧下降。这是因为波长短高频声以窄束状从通道穿过，很少或不与吸声材料接触的缘故，这时的频率称为高频失效频率 f_n，可由下式确定：

$$f_n \approx 1.85\frac{c}{D} \qquad (4-73)$$

式中 D——消声器通道的当量直径（对圆截面即为直径），m；

c——声速，m/s。

这样，在设计消声器时小风量的细管道，可采用单通道直管式消声器，而对风量较大的粗管道，由于高频失效，则不能采用单通道直管式消声器，否则高频消声效果将显著下降。为了解决这个问题，可将消声器设计成多通道形式，如片式消声器、折板式消声器、声流式消声器等。

4.7.4.2 抗性消声器

抗性消声器与阻性消声器的原理是不同的。抗性消声器并不直接吸收声能，而是利用管道内声学特性突变的界面，将部分声波向声源反射回来。这样，沿通道继续向前传播的只是原来声波的一部分，从而达到消声的目的。抗性消声主要有扩张室消声器、共振腔消声器等。抗性消声器具有良好的中、低频消声特性，但阻力损失较大。

扩张室消声器又称膨胀室消声器，它是由连管和扩张室组成的，如图 4－21 所示。它是利用管道截面的扩张、收缩引起反射和干涉而达到消声目的。最简单的形式是单节扩张室消声器。

A 单节扩张室消声器消声量的计算

如图 4－21 所示，在扩张室（腔室）与前后气流通道断面（细管）突变处，大部分声能发生反射，只有一小部分声能传递出去。故它的消声量主要决定于突变处，扩张室的截面积 S_2 与气流通道截面积 S_1 的比值 m，m 值愈大则消声量愈高。其消声量 ΔL 为

$$\Delta L = 10\lg\left[1+\frac{1}{4}\left(m-\frac{1}{m}\right)^2\sin^2 kl\right] \qquad (4-74)$$

式中 l——扩张室的长度，m；

m——扩张比，$m=S_2/S_1$，S_2 为扩张室截面积，S_1 为进、出气管截面积；

k——波数，$k=2\pi f/c=2\pi/\lambda$，m^{-1}。

从式（4－74）可知，管道截面收缩 m 倍或扩张 m 倍，其消声作用是相同的，在工程中为了减少对气流的阻力，常用扩张管。

消声量不仅与 m 有关，而且是 $\sin kl$ 的周期函数，所以这种消声器对某些频率的消声量为零，而对另一些频率的消声量则很大。不同扩张比时，单节扩张室消声器消声频率特性如图 4－22 所示。

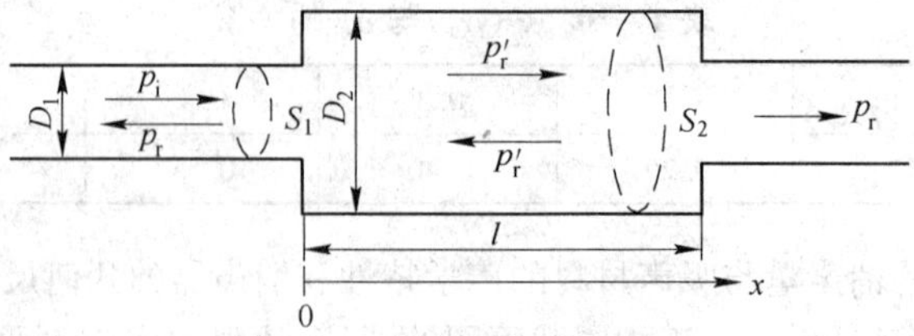

图 4-21 单节扩张室消声器

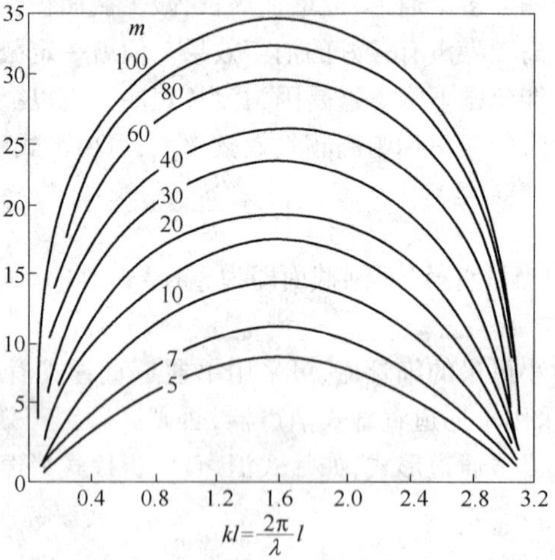

图 4-22 单节扩张室消声器消声频率特性曲线

当 $kl=\frac{(2n+1)\pi}{2}$时，即 $l=\frac{(2n+1)\lambda}{4}$，$\sin kl=1$ 时，得到消声量最大值。

$$\Delta L=10\lg\left[1+\frac{1}{4}\left(m-\frac{1}{m}\right)^2\right] \tag{4-75}$$

最大消声量对应的频率为最大消声频率

$$f_{\max}=\frac{(2n+1)c}{4l} \tag{4-76}$$

当 $kl=n\pi$ 时，$\sin kl=0$，这时的消声量为零，相应的频率为通过频率

$$f_{\min}=\frac{nc}{2l} \tag{4-77}$$

B 设计单节扩张室消声器时，应注意以下几个问题

（1）必须有足够大的扩张比 m。由上述分析可知，最大消声量 $\Delta L_{\max}$ 是由扩张比 m 决定的。当 m 较小时，$\Delta L_{\max}$ 是相当小的；当 m 增大时，$\Delta L_{\max}$ 近似按 m 的对数规律缓慢地增加。如果要求消声器具有明显消声效果，那么 m 就必须有足够大的数值。例如，要求消声量 $\Delta L_{\max}\geqslant 10$ dB 时，则 m 值必须选定在 6 以上。

（2）在实际工程中，扩张比 m 值不允许取得很大。这是因为 m 受消声器所占空间体积的限制，同时，也受声学性能方面的限制。因为扩张室消声器与阻性消声器一样，也存在着高频失效现象。若扩张段的截面积过大，从进口管进入扩张室的声波将集中在扩张室中部穿过，使扩张室不能充分发挥作用，从而使消声效果急剧下降。扩张室消声器有效消声的上限频率

$$f_{上}=1.22\frac{c}{D} \tag{4-78}$$

式中 c——声速，m/s；

D——扩张部分的几何尺寸（对圆形截面，D 为直径；对方形截面，D 为边长；对矩形截面，D 为截面积的平方根）。

从上式可知，扩张室的截面积越大，$f_上$ 值越小，即消声上限频率就越低，扩张室消声器的有效消声频率范围就越窄。所以，扩张比 m 不能盲目选太大，应使消声量与消声频率范围二者兼顾统筹考虑。

（3）从式（4－76）可知，扩张室消声量达最大值时的频率是由声速与扩张室长度比值 c/l 决定的。要改变消声器的频率特性，主要是改变扩张室的长度 l。比如欲提高扩张室消声器的低频消声性能，就需要加大扩张室的长度 l。这样就可以使最大消声频率向低频方向移动。

（4）扩张室消声器除了上限频率 $f_上$ 的限制外还存在有下限频率 $f_下$ 的。在低频范围，当波长远大于扩张室或连接管等长度时，扩张室和连接管可以看做是集总声学元件构成的声振系统。当外来声波在这个系统的共振频率 f_0 附近时，消声器不但不能消声，反而会对声音产生放大作用。扩张室有效消声的下限频率可用下式来计算：

$$f_下 = \frac{c}{\pi}\sqrt{\frac{S_1}{2Vl_1}} \tag{4-79}$$

式中 S_1——连接管截面积，m^2；

V——扩张室的容积，m^3；

l_1——连接管（气流通道）的长度，m；

c——声速，m/s。

C 改善扩张室消声性能的办法

由式（4－74）可知，单节扩张室消声器的主要缺点是存在许多通过频率（其消声量为零），为解决这一问题，通常采用下面两种方法。

（1）利用内接管的办法将扩张室的入口管和出口管分别插入扩张室内，如图 4－23 所示。在单节扩张室消声器内，当插入管长度为 $l/2$ 时，可消去式（4－74）中 n 为奇数的通过频率；若插入管长度为 $l/4$ 时，可消去 n 为偶数的通过频率。如果两者综合，即在扩张室消声器中，从一端插入长度为 $l/2$ 的插入管；从另一端插入 $l/4$ 的插入管，则整个消声器可以得到无通过频率的消声性能。

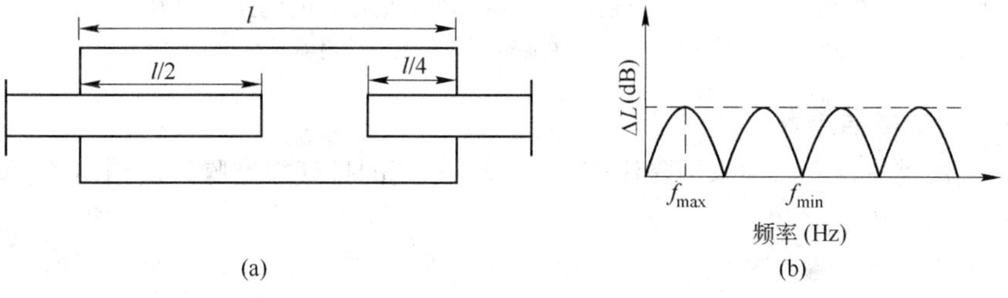

图 4－23 带插入管的扩张室消声器及消声特性

（a）带插入管的扩张室消声器；（b）带插入管扩张室消声曲线

（2）通常将几节扩张室消声器串联起来。并且各节扩张室采取互不相等的长度，使它们通过频率互相错开。比如，使一节具有的最大消声频率正是另一节的通过频率。这样多节串联，既可提高总的消声量，又可以改善整个消声器的消声频率特性。图 4－24 是多节扩张室消声器串联的示意图。

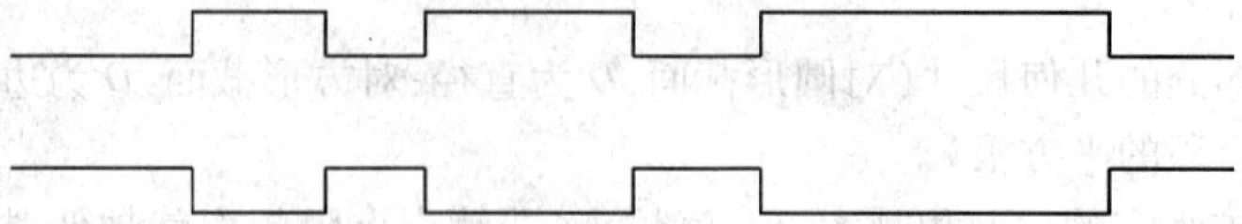

图 4－24 多节扩张室消声器串联

4.7.4.3 阻抗复合消声器

如前所述,阻性消声器在中高频范围内有较好的消声效果,而抗性消声器适用于消除低中频噪声。如果把两者组合起来,可以获得低、中、高频宽频带范围的消声效果。这就是阻抗复合消声器。常用的阻抗复合式消声器有:阻－扩复合式消声器;阻－共复合式消声器;阻－扩－共复合式消声器等。总之,根据阻性和抗性消声器两种消声原理,通过不同方式进行创造性组合,便可以设计出各式各样的阻抗复合消声器。图 4－25 所示为常见阻抗复合式消声器示意图。

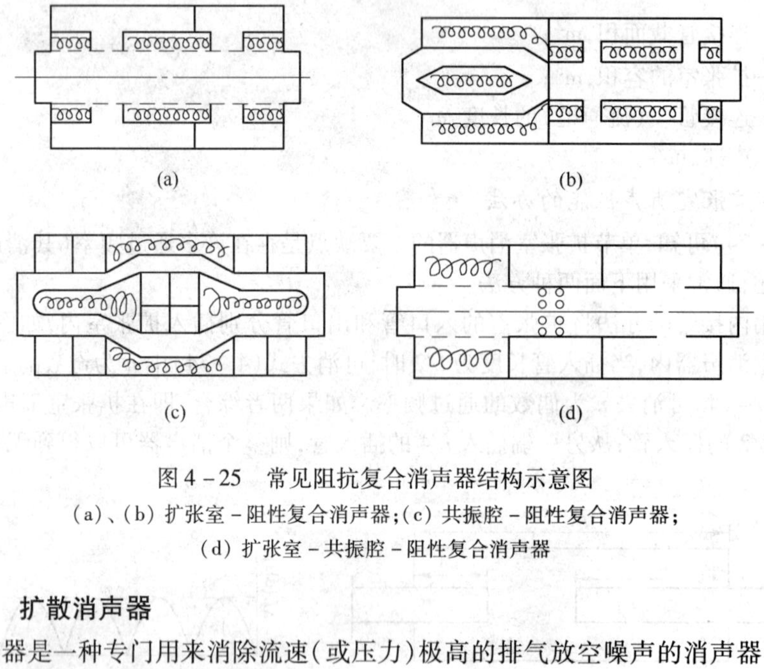

图 4－25 常见阻抗复合消声器结构示意图
(a)、(b) 扩张室－阻性复合消声器;(c) 共振腔－阻性复合消声器;
(d) 扩张室－共振腔－阻性复合消声器

4.7.4.4 扩散消声器

扩散消声器是一种专门用来消除流速(或压力)极高的排气放空噪声的消声器,包括小孔喷注消声器和节流减压消声器。

A 小孔喷注消声器

小孔喷注消声器是利用移频的原理来设计的消声器,如图 4－26 所示。一般的放空排气管的直径为几厘米,峰值频率较低,辐射的噪声主要在人耳听阈范围。而小孔消声器的小孔直径为 1 mm,其峰值频率比普通排气管喷注噪声的峰值频率要高几十倍或几百倍,将喷注噪声移到了超声范围。在保证排气口总面积相等的前提下,用多个小喷口来代替一个大喷口,使噪声频谱向高频方向移动,让噪声能量大部分进入超声频率范围,使对人干扰的声频部分大幅度降低,从而达到降噪目的。

小孔喷注消声器的插入损失可用下式估算

$$L_{IL}=27.2-30\lg D \tag{4-80}$$

从式(4－80)可知,在小孔范围内,孔径减半,消声量提高 9 dB。但从生产工艺出发,小孔的孔径过小,难以加工,又易于堵塞,影响排气量。实用的小孔消声器的孔径一般为 1～3 mm,尤以 1 mm 为多,小孔的孔间距取 5～10 倍的孔径。

为保证安装消声器后不影响原设备的排气,一般要求小孔的总面积比排气口的截面积大 20%～60%。现场测试表明,在高压源上采用小孔消声器,单层 2 mm 的小孔可以消声 16～21 dB;单层 1 mm 的小孔可以消声 20～28 dB。

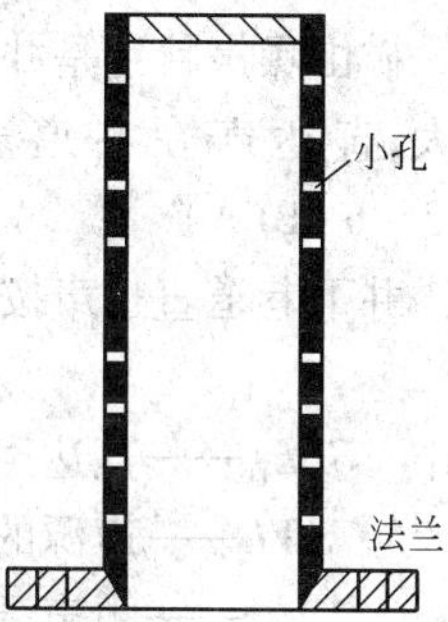

图 4－26　小孔喷注排气消声示意图

这种消声器具有结构简单,消声效果好,占地体积小等优点,工程应用广泛。

B　节流减压消声器

根据节流降压原理,当高压气体通过具有一定流通面积的节流孔板时,压力得到降低。通过多级节流孔板串联,就可以把原来高压直接排空的一次大的突变压降分散为多次小的渐变压降。排气噪声功率与压降的高次方成正比,所以把压力突变排空改为压力渐变排空,便可取得消声效果。

4.8　矿山机械设备噪声控制

4.8.1　冶金矿山机械设备噪声源分析

噪声是污染矿山环境的公害之一,而矿井作业人员所受危害更甚。在大型矿山开采时,使用了许多大型、高效和大功率设备,随之带来的噪声污染越来越严重。目前解决矿山机械设备噪声污染已经成为环境保护和劳动保护的一项紧迫任务。图 4－27 为现场测定矿山机械设备噪声级范围。

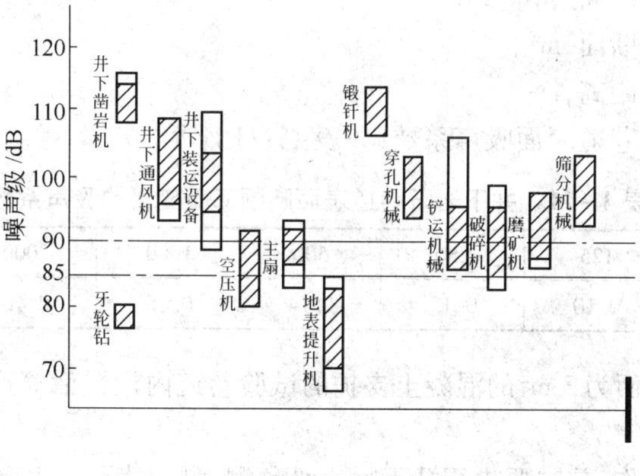

图 4－27　矿山机械设备噪声级范围

从测定结果的分析可知,矿山噪声的特点是:声源多、连续噪声多、声级高,矿山设备的噪声级都在 95～110 dB(A)之间,有的超过 115 dB(A),噪声频谱特性呈高、中频。噪声级超过国家颁发的《工业企业噪声卫生标准》,严重危害职工身体健康。

在矿山企业中,噪声突出的危害是引起矿工听力降低和职业性耳聋。据统计,井下工龄10年以上的凿岩工80%听力衰退,其表现为语言听力障碍;20%为职业性耳聋。此外,还引起神经系统、心血管系统和消化系统等多种疾病。并使井下工人劳动效率降低,警觉迟钝,不容易发现事故前征兆和信号,增加发生工伤事故的可能性。

4.8.2 井下噪声的特点、控制程序和处理原则

矿山噪声特别是井下作业点噪声与地面噪声是有差别的。其表现为井下工作面狭窄,反射面大,直达声在巷道表面多次反射而形成混响声场,使相同设备的井下噪声比地面高5~6 dB(A)。

井下巷道直达声按下式计算:

$$SPL_D = SWL - 20\lg r - 11 \tag{4-81}$$

式中 SPL_D——直达声的声压级,dB;

SWL——声源的声功率级,dB;

r——距声源的距离,m。

一般说来,声压级随距离每增加一倍就减少6 dB,每增加10倍就减少20 dB。

井下巷道反射声按下式计算:

$$SPL_R = SWL - 10\lg a + 6 \tag{4-82}$$

式中 SPL_R——反射声的声压级,dB;

a——完全吸收表面的等效面,每平方米的总吸收量。

$$a = A\frac{\alpha}{1-\alpha} \tag{4-83}$$

式中 A——岩石巷道表面积,m^2。

实际上,在距声源5 m时,可用下式估算井下巷道内噪声的衰减值。

$$\Delta L = 1.26\frac{P}{S}\cdot x\cdot\alpha^{1.4} \tag{4-84}$$

式中 ΔL——井下巷道声音的衰减量,dB;

P——巷道断面的周边,m^2;

S——巷道的横断面,m^2;

x——距声源的距离,m;

α——根据频率巷道表面吸声系数,如表4-11所示。

表4-11 井下岩石巷道表面随频率而变化的吸声系数

倍频程/Hz	63	125	250	500	1000	2000	4000	8000
吸声系数	0.15	0.10	0.13	0.14	0.15	0.16	0.16	0.16

图4-28表示在断面为3 m^2的混凝土支护的试验巷道内设置话筒产生噪声,并测量噪声随距离增加而衰减情况。

井下噪声的控制工作,首先要进行井下噪声级预测,测定声压级和频谱特性,根据预测结果和允许标准确定减噪量,选择合理控制措施,进行施工安装,再进行减噪效果的测定和评价,噪声控制程序可按图4-29进行。

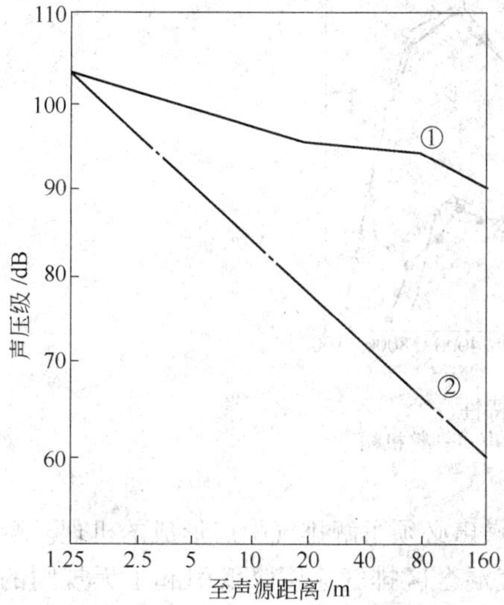

图 4-28 40 巷道内噪声随距离衰减值
①—巷道内实测值;②—自由空间实测值

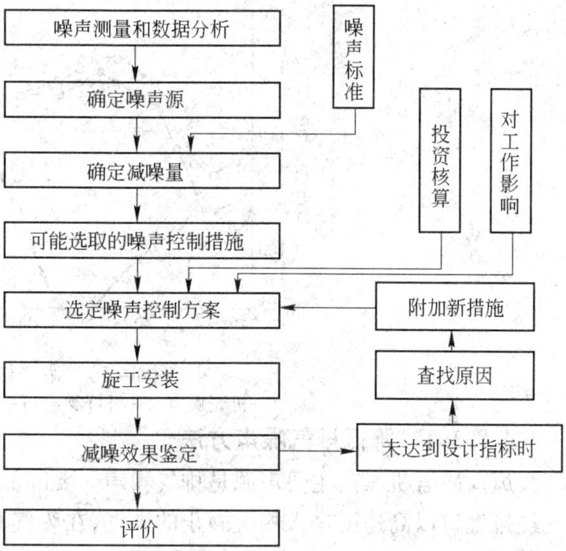

图 4-29 噪声控制程序

由于井下存在多种噪声源,在降低井下噪声时必须遵循如下原则:

(1) 在降低多种噪声源时,首先要降低其最大干扰的噪声源,这是获得显著效果的唯一途径。

(2) 一旦最响噪声源已被降到比剩余噪声源低 5 dB(A)时,再进一步降低该噪声源对总噪声量的降低不会产生明显的作用。

(3) 如果噪声是由许多等响噪声源组成,要使总噪声有明显降低,只有对其中全部噪声源进行降噪处理。

(4) 尽管降低 3 dB(A)噪声级是很有限的,但是在感觉响度上则有明显的差别,因为噪声降低 3 dB(A)相当于声功率减少一半。

4.8.3 风动凿岩机噪声控制

风动凿岩机是井下采掘工作面应用最普遍、噪声级最高的移动设备。一般噪声级达 110 ~ 120 dB(A)之间,是目前井下最严重噪声源。

凿岩机总声功率级可由下式估算:

$$L_W = 140 + 10\lg Q\,(\mathrm{dB}) \tag{4-85}$$

式中 Q——凿岩机标准耗气量,m^3/s。

风动凿岩机噪声源有:废气排出的空气动力性噪声;活塞对钎杆冲击噪声;凿岩机外壳和零件振动的机械噪声;钎杆和被凿岩石振动的反射噪声。风动凿岩机总噪声频谱较宽,是属于具有低频、中频和高频成分的广谱声。如图 4-30 所示,排气噪声频谱呈中、低频特性,在频率为500 Hz时峰值高达 115 dB(A);冲击噪声和机械噪声频谱呈高频特性,在频率为 4000 Hz时峰值高达 118 dB(A)。对标准凿岩机进行测试表明:68% 来自排气噪声;32% 来自活塞与钎杆、钎杆与岩石的冲击或碰撞及机壳振动噪声。因此,解决风凿机噪声首先应降低排气噪声。

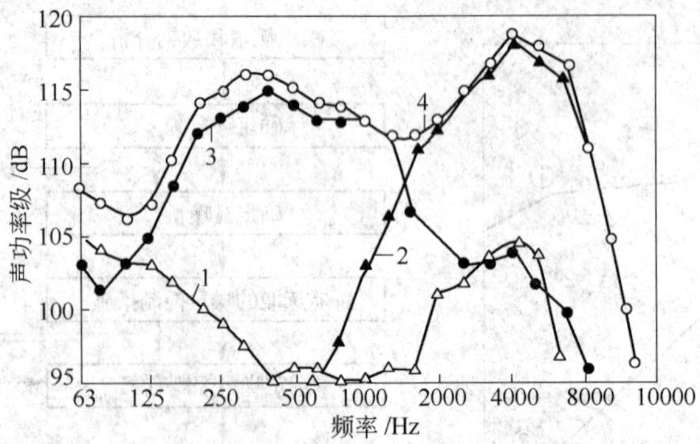

图 4－30　凿岩机频谱特性

1—机壳噪声；2—钎杆噪声；3—排气噪声；4—整机噪声

4.8.3.1　降低排气噪声方法

风动凿岩机噪声主要声源是排气噪声。要降低排气噪声必须了解排气噪声形成的机理。废气经排气口以高速度进入相对静止的大气，在废气和大气混合区排气速度降低引起了无规则的旋涡，旋涡以同样无规则的方式运动、消散，出现许多频带不规则的噪声；活塞往复一次压气从汽缸排出两次产生周期性脉动噪声；排气本身就是凿岩机内部机械噪声的传播介质，上述过程产生噪声概括称为“空气动力性噪声”。对于一个确定的排气管来说，辐射出的排气噪声在一定的频率上往往有较高的峰值，这个峰值频率 f 可用下式估算：

$$f = 0.2 \times \frac{u}{d} \tag{4-86}$$

式中　u——气流速度，m/s；

　　d——排气管直径，m。

由式（4－86）可见，排气的流速越大，排气管直径越细，则产生的噪声峰值频率越高，越趋于尖叫刺耳。至今人们还无法消除风动凿岩机的排气声源，但用限制排气速度和工作速度的办法来降低排气噪声是有可能的，也就是说创造最好环流条件，减少气流排出时压力波动，使缸体内部和大气间保持较小的压力差。上述方法可通过在风动凿岩机排气口安装消声装置实现。

A　凿岩机机外消声装置

在凿岩机的排气口装上一段排气软管，将排出废气引向安装在气腿子内部或距工人一定距离处的消声器。图 4－31 是一种典型机外排气消声装置示意图，这种消声器是用隔板分为两个不同小室的圆柱体。被引射器吸入，并经过扩散器进入小室。从扩散器出口到消声器排气口，空气经过隔板上分布不对称的小孔，不断改变其运动方向。通过降低接受小室的压力来补偿消声器气流的阻力，该消声器不仅能够降低低频噪声级 16～30 dB，而且能提高钻进速度约 20%～25%，能起到降噪、降尘和降低油雾，改善工作面的劳动条件的作用。

B　凿岩机排气口消声装置

根据各类凿岩机的频谱特性和排气口形状，以及工人操作方法设计各种类型凿岩机排气口消声器。美国矿山局和奥萨克铅公司研制用于凿岩台车上的风动凿岩机排气口消声器。其原理如图 4－32 所示，当废气进入消声器时，通过前端弯曲的过风道后直接作用在第一块处于振动中折流板，再向中间流动，这样气流就按正弦曲线轨迹通过所有折流板，迂回折转、光滑流动，消除了排气直线运动，缓和了气流，降低排气速度。因折流板强烈振动，在折流板不会结冰。实验证明：该消声器可降低排气噪声 15 dB（A），并可降低整机噪声 8～10 dB（A），消声器内部不结冰，对凿岩机性能无影响。

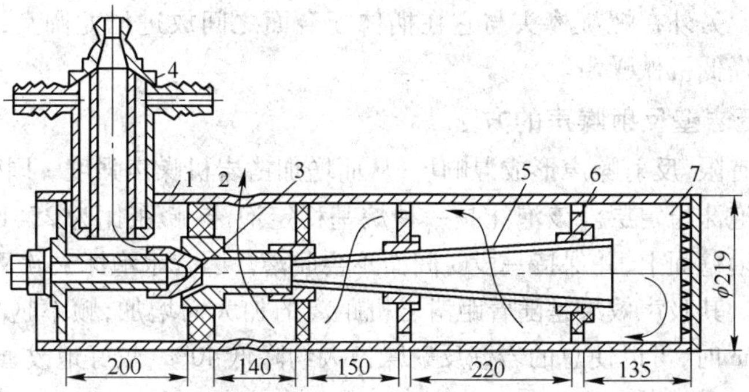

图4-31 凿岩机机外排气消声器

1—圆柱体;2—隔板;3—引射器;4—连接管;5—扩散器;6—带孔隔板;7—吸声材料

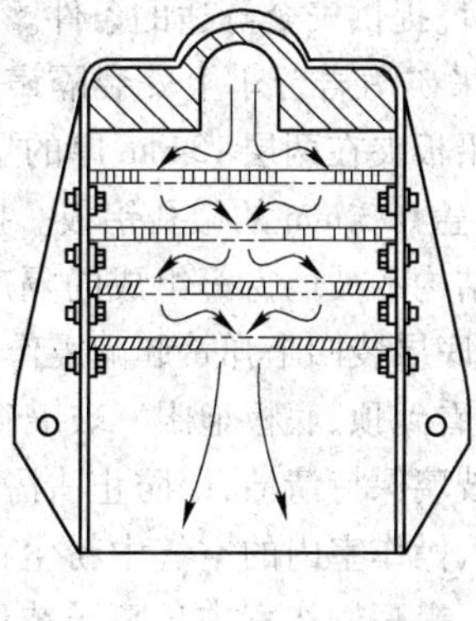

图4-32 排气在消声器内流动示意图

4.8.3.2 降低钎杆冲击噪声方法

钎杆噪声主要是活塞冲击钎尾引起钎杆振动而发出的噪声。通过理论分析实验研究,欲降低钎杆噪声,可采取如下措施:

(1) 增加活塞与钎杆撞击的延续时间,当撞击时间增加1倍,声功率约减少12 dB。

(2) 增加钎杆结构损失系数,在钎杆表面镀铬,使结构损失系数增加1倍,声功率级减少3 dB。

(3) 增加钎杆横截面半径,比如,钎杆横截面半径增加1倍,可在高频范围的声功率级减少13.5 dB;低频率范围的声功率级可降低4.5倍。

(4) 减少撞击偏心率,当撞击偏心率减少1倍时,声功率级在全部频率内降低6 dB。

(5) 在钎肩处加橡皮垫,可使钎杆在钎肩处增加1个约束,使钎杆与活塞更趋于对中,加垫后凿岩机噪声级降低3 dB(A)。

4.8.3.3 降低机械噪声方法

机械噪声是由机械部件振动、摩擦而产生,属于高频噪声。采用超高分子聚乙烯制包封套,使凿岩机机械噪声由115 dB(A)降至100 dB(A)。另外还使用一种吸收噪声的合金制作凿岩机外壳,该合金能吸收振动应力,故衰减噪声能力特别强。

除外,还要采用结实的非谐振材料,例如尼龙做棘轮机构和阀动机构的某些零件,使连接零件的相对运动变为尼龙和钢的运动,从而完全消除钢对钢的运动。同样,螺旋棒中四个棘爪和配气阀都换成尼龙件。另外在螺旋棒头与它在柄体配合面之间放进尼龙圆盘,以防止冲击噪声。上述措施可进一步降低机械噪声。

4.8.3.4 降低岩壁反射噪声的方法

由于巷道空间有限,反射噪声形成混响场,从而增加凿岩机噪声强度。国外曾试验在井下巷道周壁喷射高膨胀泡沫稳定层。该泡沫是一种烷基稳定泡沫,膨胀比为25∶1,喷射后泡沫稳定层能牢固地粘在巷道壁面上,并保持一段时间而不会脱落。因含水泡沫又软又多孔,可有效地降低岩壁的反射噪声。其吸声效果是随着距凿岩机距离的加大而增加,频率越高效果就越好。当泡沫层厚度为51 mm时,可以使总的岩壁反射噪声大约降低40%,较好地改善听觉环境。

4.8.4 凿岩台车的噪声控制

为提高采矿和掘进速度,目前国内外广泛地采用多机凿岩台车。美国和加拿大联合研制应用于万能-1型台车的隔声防震司机室和法国赛马科掘进台车都装配有隔声防震操作间,为多机凿岩台车作业时全面改善井下环境提供安全舒适的条件。

我国梅山铁矿在CTC-141型采矿凿岩台车上安装隔声防震操作室,其隔声结构采用多层复合结构。操作室外壁为1 mm的铅板夹在两层15 mm厚的聚氨酯泡沫塑料之间,泡沫塑料外侧覆盖1 mm的钢板,操作室的内壁覆盖0.3 mm的微孔铝板。操作室的前方装配两层不同厚度强化玻璃,整个操作室是由上述复合结构和玻璃窗等组成的隔声组合结构。操作室安装在台车双梁尾部,用螺栓连接,便于装卸。室底层装四个弹簧起减震作用,室内有双人坐椅,室顶两侧架设探照灯,使司机视野宽广,能清楚地看到顶、底板炮眼。玻璃窗顶部有两个喷嘴向玻璃喷出液体清洁剂,一个动臂型刮水器用来使玻璃保持清洁,以防止沾污玻璃而影响视线。操作室内安装有滤气装置和负离子发生器,净化进入操作室内的空气中粉尘、油雾和其他有害杂质,并使负离子通过风口和风流均匀混合进入室内,提高操作室内负离子浓度,改善室内空气质量。经测定:该操作室的隔声效果、滤尘效果、负离子发生量等项指标均达到设计要求。改善凿岩台车操作人员的工作环境,可以满足矿山工业卫生的要求。

4.8.5 通风机噪声控制

4.8.5.1 通风机噪声源分析

通风机噪声主要由空气动力性噪声、机械噪声和电磁噪声组成。

(1) 空气动力性噪声。空气动力性噪声是由通风机叶片旋转驱动空气,使巨大能量冲击机壳产生各种反射、折射而形成。它由下列两种噪声组成:

1) 旋转噪声。它是由于旋转的叶片周期性打击空气质点,引起空气压力脉动而产生的噪声。

2) 涡流噪声。它是由于风机叶片转动时,使周围空气产生涡流,这些涡流由于黏滞力的作用,又分裂成一系列的小涡流,使空气发生扰动形成压缩和稀疏的过程而产生的噪声。

(2) 机械噪声。机械噪声是由通风机机壳、风门和其他零件的冲击、摩擦而形成。

(3) 电磁噪声。电磁噪声是由电动机驱动、运转而形成。

在这三部分噪声中,以空气动力性噪声危害最大,具有噪声频带宽、噪声级高、传播远等特点,并且比其他两个噪声源高20 dB,因此是通风机噪声控制的重点。

4.8.5.2 通风机噪声控制方法

控制通风机噪声的根本性措施是:改进风机的结构参数,提高风机的加工精度,从研制低噪声、高效率的新型风机入手,在设计新风机时可通过下列措施降低噪声。

(1) 流线型进气道并配置弹头形整流罩,整流罩直接固定于叶轮,可使气流均匀,减少阻力损失。

(2) 装配流线型电机。

(3) 增大电机定子和风机叶轮之间的距离。

(4) 增加风机转动装置和导流器之间的距离。

对目前正在使用的高噪声通风机,则应采取如下措施。

A　主通风机噪声控制

(1) 用隔声室隔离机体噪声。它是将发声体和周围环境隔开,不让所发出的噪声向外辐射,其隔声效果与隔声室结构形式、材料面密度有关,用下式表示:

$$TL = 18\lg(Mf) - 44 \tag{4-87}$$

式中 TL——隔声室的隔声量,dB;

M——隔声材料的面密度,kg/m²;

f——频率,Hz。

某矿在通风机壳两侧砌筑宽 240 mm,高 26 m 的砖墙,顶盖用 15 mm 钢板做隔声罩,该罩四周与混凝土地面接触处加垫一层橡胶,该罩实际隔声量达 27 dB(A)。若在罩内壁面敷设吸声层,可减少室内混响场,提高实际隔声量。

(2) 排风口消声装置。采用矿渣膨胀珍珠岩吸声砖或水泥蛭石混合料吸声砖,是目前主通风机排风口消声装置中较理想的材料。具有耐燃、耐潮、抗腐蚀、无二次污染物和较好的吸声性能。图 4－33 为赤马山矿东、西风井排风口消声装置。采用排行式结构,消声器长 5～6 m,片间距 0.25～0.36 m,通道风速为 5.65～12.65 m/s,阻塞比 0.3～0.4,吸声砖厚度为 190 mm。经测定:东风井由 113 dB(A)降至 80 dB(A);西风井由 103.5 dB(A)降至 78 dB(A),阻力损失为 20～50 Pa。

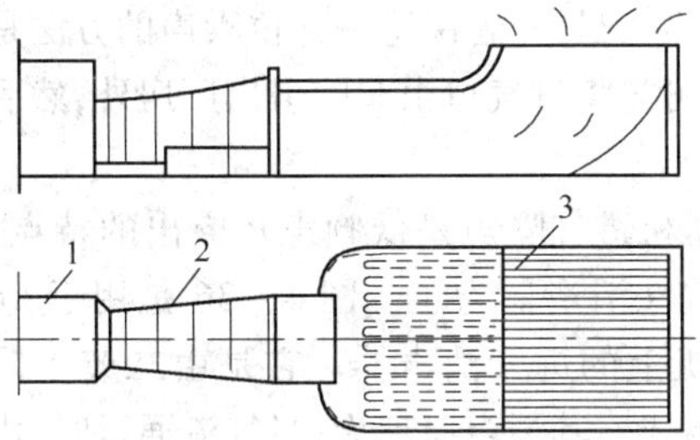

图 4－33　赤马山矿风井排风口消声装置

1—风机房;2—风机机壳;3—吸声砖

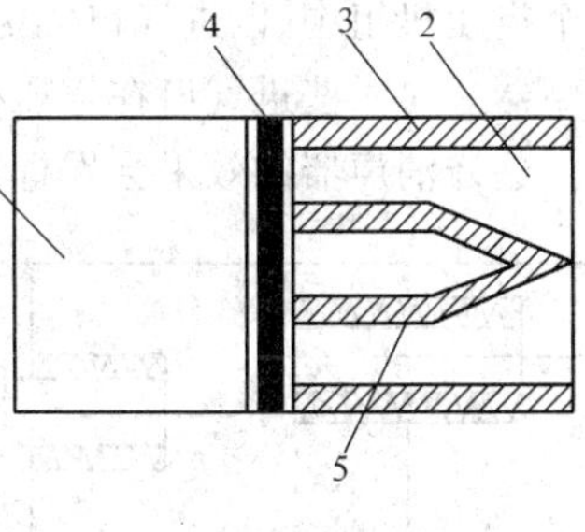

图 4－34　阻性消声器

1—局扇;2—消声器;3—吸声材料;4—法兰;5—消声柱

B　局部通风机噪声控制

(1) 用各种吸声材料和消声结构制成阻性消声器。图 4－34 是用玻璃纤维吸声材料固定在气流通道内壁而做成片式通道消声器,安装在局扇进、出口,它的原理是当声波进入消声器后吸声材料将一部分声能转化为热能而耗损掉。该消声器可使局部通风机噪声降低到 90 dB(A)以下,但往往由于矿内空气十分潮湿,加上油、雾、粉尘的沉积,使用一段时间后消声效果明显下降。

(2) 微穿孔板消声器。该消声器是采用双层微穿孔板套制而成,如图 4－35 所示。这种由板厚在1 mm,孔径1 mm,穿孔率为0.5% ~5%的金属微穿孔板和空腔组成的阻抗复合消声结构,是一个良好的共振式吸声体,可使11 kW和5.5 kW局部通风机噪声降低到90 dB(A)以下。

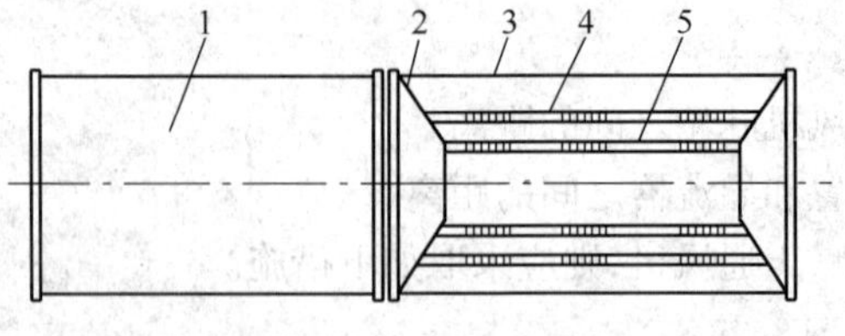

图4-35 微穿孔板消声器
1—局扇;2—支撑圈;3—消声外壁;4—孔板外层;5—孔板内层

(3) 柔性消声器。近年来,瑞典研制成功一种矿井局扇柔性消声器。该消声器外壳材料是聚氯乙烯,吸声材料是高密度的矿渣棉,衬里材料是穿孔薄钢板,长度为1 m,进气消声器与排气消声器结构相同,两者可以互换使用。若进气消声器被压扁,内径减小时,可换成排气消声器,则正压可迫使内径恢复原状,风机壳体贴上致密泡沫塑料,外用PVC密封,可降低噪声13 ~20 dB(A),广泛地使用在国外金属矿井。

4.8.6 空压机噪声控制

4.8.6.1 空压机噪声的产生及其特性

空压机噪声是由进、出口辐射的空气动力性噪声,机械运动部件产生机械性噪声和驱动机(电动机或柴油机)噪声组成。从空压机组噪声频谱可看出:声压级由低频到高频逐渐降低,呈现为低频强、频带宽、总声级高的特点。由于矿井空压机房多建在副井口附近,噪声掩蔽运输和提升信号,容易造成井口地面的运输工伤事故。

4.8.6.2 空压机噪声控制方法

A 进气口装消声器

在整个空压机组中,以进气口辐射的空气动力性噪声为最强,解决这一部位噪声的方法是安装进气消声器。对一些进气口在空压机机房里的场合,可先将进气口由车间引出厂房外,然后再加消声器。这样消声器的效果会发挥得更好。

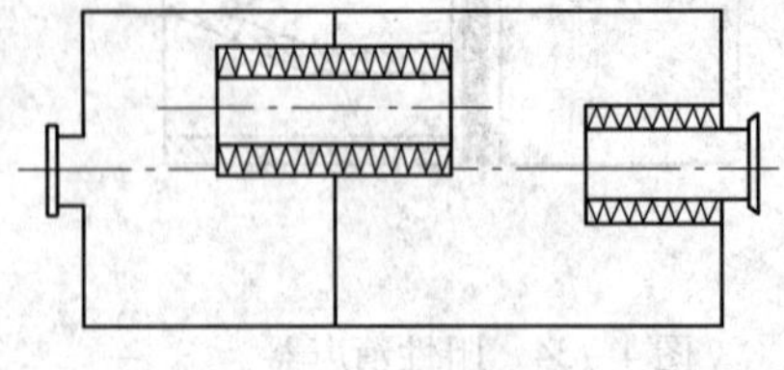

图4-36 4L-20/8型空压机进气消声器

针对空压机进气噪声是低频声较突出的特点,消声器设计以抗性消声器为主。图4-36是用于4L-20/8型空压机上的进气消声器。它是由二节不同长度的扩张室组成。其消声原理为:当气流通过时,由于体积骤然膨胀,起到缓冲器作用,从而降低了气流脉动压力。同时,在管道不连续界面处因声阻抗不匹配而使声波产生反射,阻止某些声波频率通过,从而起到消声作用。该消声器各连通管不在同一轴线上,可以延宽消声频率范围,提高消声效果。该消声器的消声值为15 dB(A)。

B 机组加装隔声罩

空压机组隔声罩壁是选用25 mm厚的钢板,内壁涂刷5 ~7 mm厚的沥青做阻尼层。根据操作的要求,隔声罩上留有一扇足够大的门并镶上双层观察玻璃窗。为了供空压机进气和冷却用风及散热排风,在隔声罩适当位置上安装消声器。为了检修和安装的要求,隔声罩应做成装卸式结构,如图4－37所示。经测定:在空压机旁1 m处的噪声级由116 dB(A)降到90 dB(A)。

C 空压机管道的防震降噪

空压机的排气至贮气罐的管道,由于受排气的压力脉动作用,而产生振动及辐射出较强的噪声。可采取下列方法防震降噪。

(1) 避开共振管长。为了防止管道共振,在设计管道长度时,一定要避开共振管的长度。所谓共振管长度,是指空压机激发频率与管内气柱系统的固有频率相吻合时而引起共振,此时管道的长度称为共振管长。对于空压机的管道,它一端与压缩机的汽缸相连,另一端与贮气罐相连通。由于贮气罐的容积远远大于管道容积,所以可将管道看成一端封闭。其声学管内的气柱固有频率可由下式计算:

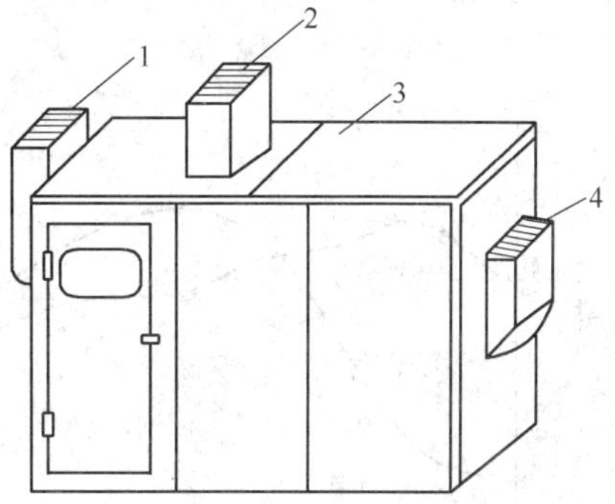

图4－37 空压机的隔声罩

1—进气消声器;2—排气消声器;3—隔声罩;
4—电机进气消声器

$$f_r = \frac{c}{4L}i \qquad (4-88)$$

式中 c——声速,m/s;

L——管道长,m;

i——1,3,5,…,可计算出基频及谐频。

一般共振区域位于$(0.8 \sim 1.2)f_r$之间。设计输气管道长度时,应尽量避开与共振频率相关的长度。

(2) 在排气管道中加装节流孔板。节流孔板相当于阻尼元件,对系统脉动起减弱作用,从而降低管道的振动和噪声辐射。

D 贮气罐的噪声控制

空压机不断地将压缩气体输送到贮气罐内,罐内的压缩空气在气流脉动的作用下,产生激发振动,从而伴随强烈的噪声,同时激励壳体振动辐射噪声。这种噪声,除采取隔声方法外,也可以在贮气罐内悬挂吸声体,利用吸声体的吸声作用,阻碍罐内驻波形成,从而达到吸声降噪的目的。

E 空压机站噪声综合治理

目前采矿企业内空压机站均有数台空压机运转,如对每台空压机都安装消声器,虽能取得一定的降噪效果,但整个厂房噪声水平并不能取得根本改善,可采取如下措施。

(1) 建造隔声间。根据空压机站运行人员的工作性质要求,并不需要每班8 h都站在机旁。建造隔声间作为值班人员的停留场所,是控制噪声切实可行的措施。在隔声间内应有各台机组的开、停机按钮和控制仪表。可使隔声间噪声降低到60～65 dB(A)以下。

(2) 在空压机站内进行吸声处理。可在顶棚或墙壁上悬挂吸声体,降低噪声4～10 dB(A)。

4.8.7 球磨机噪声控制

4.8.7.1 球磨机噪声产生机理

球磨机主要由筒体、主轴承、传动装置、电动机等几部分组成。球磨机的噪声主要由筒体内的钢球、物料与衬板之间的相互撞击和研磨产生的噪声,该噪声由筒体表面向外辐射,它属于柱状声源。筒体噪声又分为两部分:一部分是由撞击和研磨产生的空气声经筒体透射到周围;另一部分是筒体在钢球、物料撞击衬板多点激励下的声辐射。两者相比,后者更为强烈。除筒体产生噪声外,电动机、联轴器、传动装置也产生较大的噪声,约达 90 dB(A),但它与筒体噪声相比,属于次要地位。

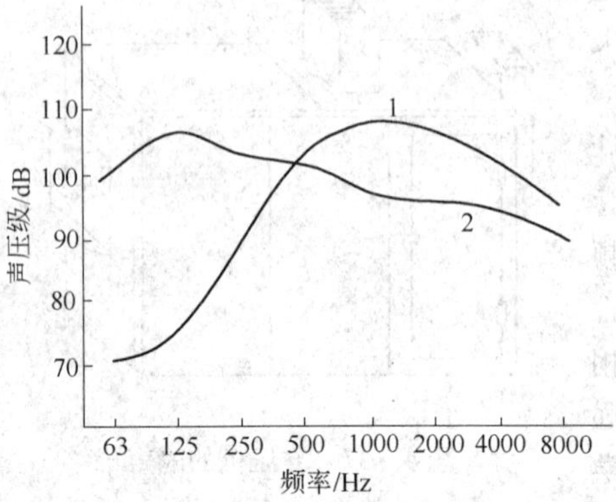

图 4-38 两种球磨机噪声频谱
1—1500×5700 球磨机;2—3000×6500 磨煤机

目前厂矿企业使用的各种球磨机,由于筒体大小不同,使用的钢球不同,所粉碎的物料不同,以及进料量不等,在实际工作中,它们所发出的噪声相差较大。图 4-38 所示为火力电厂磨煤用的大型磨煤机和耐火材料厂用的球磨机的噪声频谱。

4.8.7.2 球磨机噪声控制途径

(1) 确定合理的钢球数。钢球间的相互撞击是在钢球过多的情况下发生的,过多的钢球对物料的粉碎无作用,反而增加撞击噪声。因此,通常在球磨机中所装钢球体积占筒体容积 30% ~35%,而钢球最大直径为筒体直径的 1/8 ~1/24 时才算合理。

(2) 改变钢球的材料。在满足粉碎物料的条件下,可用高阻尼合金球代替钢球。这种材料比钢的内耗大,所以激发的噪声比钢球小。

(3) 设置弹性层。如前所述,球磨机的噪声是由于球磨机滚筒内钢球撞击到衬板上,并经筒壁向外辐射。因此在滚筒的内表面与衬板之间铺设弹性层,由于消除二者之间的刚性连接,从而降低这种辐射噪声。要选用工业用的耐热软橡胶垫作为弹性层,内衬厚度与滚筒外壳厚度通常的比值为 2:1。但当弹性较大时对生产效率会有影响。因此,对于各种类型球磨机必须通过试验来选定弹性层的硬度和厚度。

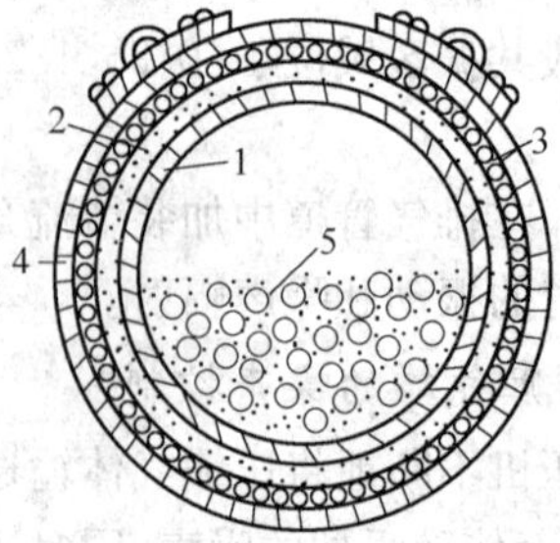

图 4-39 球磨机包阻尼隔套
1—筒体;2—橡胶(1~2 cm);3—玻璃棉;4—金属皮或木制套;5—钢球和磨料

(4) 改变内衬板材料。一般球磨机衬板材料采用锰钢,钢球落在其上产生较大撞击声。如采用橡胶衬板代替锰钢衬板,可以大大地降低噪声。据某矿进行试验结果表明,其声级由原来的 102 dB(A)下降至 93 dB(A),频谱特性由高频变成低频。

(5) 阻尼包扎、减振隔声。在球磨机筒外壁上紧紧包扎一层阻尼隔声材料,降低筒体振动的声辐射。其操作步骤为:先在筒外壁粘贴一层橡胶,再加一层玻璃棉或工业毛毡,最外层用金属铁皮,并用卡箍夹紧筒体。一般可获得 10 dB(A)以上的降噪量。图 4-39 为球磨机阻尼包扎示意图。

(6) 安装隔声罩或建造隔声间。

复习思考题

4-1 名词解释

(1) 噪声;(2) 声压;(3) 声压级;(4) 响度;(5) 响度级;(6) 等响度曲线;(7) A 声级;(8) 等效连续 A 声级;(9) 吸声;(10) 隔声;(11) 消声器;(12) 声桥;(13) 隔声罩;(14) 混响时间;(15) 隔声屏。

4－2　一个完整的声学系统由哪些要素构成,综述噪声控制的措施。

4－3　室内洗衣机工作时测得噪声声压 $p=0.02$ Pa;电冰箱单独开动时声压级是 54 dB,试计算洗衣机声压级和两者同时开动时的合成声压级。

4－4　响度与响度级之间的换算关系是什么?

4－5　当连续测量某车间噪声,有 4h 中心声级为 90 dB(A),3 h 中心声级为 100 dB(A),1 h 中心声级为 110 dB(A),计算 8 h 内接触的等效连续 A 声级。

4－6　举例说明矿山噪声对矿工的危害?

4－7　什么叫点声源、线声源和面声源,若有一点声源和一线声源(无限长),离声源 32 m 处的声压级为 100 dB,试求 1 m 处的声压级。

4－8　简述吸声与隔声的主要区别。

4－9　某厂房的两侧墙面积 $S_1=300\ m^2$(抹灰粉刷面),两端墙面积 $S_2=150\ m^2$(挂有木纤维板),顶棚面积 $S_3=300\ m^2$(挂贴 5 cm 厚的氨基甲酸酯泡沫塑料),水泥地面面积 300 m^2,室内有 15 个工人操作。试问该房间的总吸声量和平均吸声系数是多少?
(吸声系数可从手册查得:$\alpha_1=0.03$,$\alpha_2=0.3$,$\alpha_3=0.69$,$\alpha_4=0.02$,每个人吸声量为 0.2)。

4－10　为什么单层隔声结构分成二层或多层隔声结构(相同材料、相同厚度)时,双层隔声结构隔声量更高,如何进一步提高双层隔声结构的隔声量?

4－11　某隔声间面对声源一侧用一堵 22 m^2 的隔声墙相隔,该墙透射系数 $\tau_{墙}=10^{-5}$,在墙上开一个面积为 2 m^2 的门,$\tau_{门}=10^{-2}$,又开一个面积为 4 m^2 的窗,$\tau_{窗}=10^{-3}$,求开门、窗之后隔声量下降多少,若墙再出现 0.1 m^2 裂缝,其隔声量再降低多少?

4－12　某柴油机进气噪声在 125 Hz 是个峰值,已知进气口管径为 150 mm,气流速度 $u=10$ m/s,管长3 m。试设计一个扩张室消声器装在进气口上,要求在 125 Hz 有 12 dB 的消声值。

4－13　一长为 1.1 m,宽、高均为 1.2 m 的隔声罩由 5 个罩面组成(向下开口),扣在水泥地面上。已知罩面板隔声量为 30 dB 的钢板,内表面镶饰 10 cm 厚平均吸声系数为 0.8 的吸声材料,水泥地面的平均吸声系数为 0.02,求隔声罩的插入损失。

4－14　举例说明矿井噪声的特点是什么,井下噪声与地面噪声最大区别是什么,降低井下噪声要遵循哪些基本原则。

5 矿山土地复垦和固体废弃物综合利用

5.1 矿山土地复垦概况

矿床开采过程中采出大量矿石和岩石，必然出现一定范围的采空区、塌陷区、废石场和尾矿池，因而破坏了采矿场地范围内的土地，使这部分土地失去了原先的用途；而且由于废水的排放以及其他污染源的作用，对采矿场范围外的土地利用，还会带来严重的危害。因此，从环境保护的要求出发，必须做到生产期间，尽可能不断地恢复被破坏的土地，消除各种污染源的危害；在采矿结束后，对被遗弃的土地进行全面恢复工作。

1996年通过的中华人民共和国《矿产资源法》第三十二条规定："开采矿产资源，应当节约用地。耕地、草原、林地因采矿受到破坏的，矿山企业应当因地制宜采取复垦利用、植树种草或者其他利用措施"。土地复垦实行"谁破坏、谁复垦"的原则。开发利用矿产资源，土地复垦主要包括恢复农田、改土造田及土地他用等项。复垦的内容包括塌陷区、采矿区复原，尾矿库造田、排土场改土造林及建成新风景观赏区，美化环境。上述复垦工程可与开采资源相结合，也可以在开采后进行，使采矿与土地保护、复垦利用的权利义务统一起来。矿山企业对用其废渣、废石、煤灰等充填塌陷区所恢复的土地，有经营使用权，转让给其他单位使用时，可适当收费。

土地复垦是指采用工程、生物等措施，对在生产建设过程中因挖损、塌陷、压占和自然灾害造成破坏、废弃的土地进行整治、恢复利用的活动。采矿工业占用的土地随着矿山生产活动的日趋结束，绝大部分经过恢复后仍可用于农、林、牧、渔业或旅游业，若条件合适，也可以作为发展其他工业或城乡建设用地。将采矿等人为活动破坏的土地因地制宜地恢复到所期望状态的行动或过程，称为矿山土地复垦。

5.1.1 我国矿区土地复垦的现状

矿产资源开采对土地资源的破坏损害，井工开采以地表塌陷和矸石山占压为主，而露天开采则以直接挖损和外排土场占压为主。

据估算，全国平均采出万吨煤开采沉陷率在 0.2 hm^2 以上，全国已经有开采沉陷区 45×10^6 hm^2以上，分布在华北、东北、西北、西南、华中等省。

煤炭生产过程中，矸石排放量一般为原煤产量的8%～20%，平均约为12%。以2006年生产为例，生产原煤23亿t，煤矿年平均排放矸石约2.76亿t。目前全国大、中型煤矿有矸石山1500多座(不包括8万个乡镇及个体小煤矿堆积的矸石山)，矸石堆放量达到30亿t以上，占地面积约为2.6万hm^2。预计到2010年排矸量将每年增加2亿t，年新增占地将近667 hm^2，这将进一步加剧我国可耕地资源短缺的局面。例如，平顶山矿区在过去的40年中，排放矸石堆存量3900万t，形成31座矸石山，占地98 hm^2，其中77.5%为可耕地，按当地平均种植水平，每年减产粮食626 t。

我国钢铁工业的迅速发展带动了国内铁矿业的发展，自1994年以来，我国铁矿石原矿产量从年产 2.5 亿 t 升至 2006 年的 5.88 亿 t,13 年共增加 3.38 亿 t,增长 1.35 倍。我国铁矿资源总体上属于贫铁矿,平均含铁量为 32.1%,剥采比一般都在 2 以上,每生产 1 t 成品平均需要采剥约 8 t 左右的矿岩,排弃 7 t 左右的废石、尾矿。随着机械化开采程度的提高,易采资源的枯竭,促使露天开采的剥采比日趋增大,废石排放量也越来越大。

截至 2004 年 11 月,我国各种人为因素造成破坏废弃的土地约 2 亿亩左右,约占耕地总面积的 10% 以上,其中仅采矿破坏的土地面积就达 6×10^6 hm^2。这些被破坏的土地多为农业用地,其复垦率不到 12%,比发达国家低 50 多个百分点。我国部分金属矿山土地复垦情况,可归纳如表 5-1 所示。

表 5-1 我国部分矿山土地复垦概况

矿山名称	矿山占地数量 /hm^2	复垦土地数量 /hm^2	复垦率 /%	复垦场所及方式	最小覆土厚度 /m
马兰铁矿	28.7	33.3	116	在滦河边农业复垦	0.2~0.3
掖县镁矿	158.4	21.8	13.8	剥离物排弃场农业复垦,沿海边修挡浪坝、挡河坝 2.5~3.0 km	0.3~0.4
潘洛铁矿	占荒山坡地	2.13		剥离物排弃场农业复垦,修运动场、乐园、堆场	0.2
坂潭锡矿	182.4	112.1	61.5	采空区农业复垦	0.8
常德金刚石矿	385	284.4	73.9	采空区农业复垦	0.8
筱关铝土矿	232.9	54	23.2	剥离排弃场农业复垦	0.5~1.0
南芬铁矿		250		尾矿场农业复垦	0.25
小关铝矿	318.6	60	16	剥离排弃场农业复垦	
昆阳磷矿		12.7		剥离排弃场林业复垦	
浏阳磷矿	179.20	21.5	12	剥离排弃场农、林业复垦	
阳泉铝土矿	92.7	31.2	33	剥离排弃场农、林业复垦	

注:1 hm^2 = 10000 m^2。

我国的土地复垦始于 20 世纪 60 年代,一些矿山陆续开展复垦工作,大多数是在废石场或结束的尾矿堆上进行简单的平整和覆土造田;露天采矿区的复垦工作大部分是开采埋藏较浅、呈缓倾斜或水平状赋存的砂矿矿床。1986 年 6 月 25 日,国家颁布《中华人民共和国土地管理法》,2004 年 8 月 28 日作出修改《中华人民共和国土地管理法》的决定,自公布之日起施行;1988 年 10 月 21 日发布《土地复垦规定》,使我国的土地复垦工作开始初步走向法制轨道。采矿塌陷地、矸石山、露天采矿场、排土场、尾矿场和砖瓦窑取土坑等各类破坏土地的复垦工作受到了全社会的高度重视,土地复垦工作也取得了很大的进展。但由于我国的土地复垦工作起步晚,复垦资金渠道尚不畅通,开展土地复垦工作至今还是举步维艰。土地复垦率还很低,复垦质量也远不如国外。

5.1.2 国外矿山土地复垦的现状

欧美等国家对土地复垦技术的基础研究开展较早,可追溯至 19 世纪末期。通过几十年的积累,在 20 世纪中叶普遍展开了大规模的复垦工程。在生产实践中不但进一步完善了施工技术,还促进了对土壤改造、政策法规、现场管理等方面的研究和水平的提高,取得了大量的成果,积累了成功的经验,形成了庞大的技术产业。对于以恢复土地资源为主要目的的矿山土地复垦工作,国外普遍采用的技术方案可以归纳为两种,直接恢复法和快速转换法,或者是二者的结合。土地复垦后的利用模式则可以多种多样,通常是视采矿废弃地自身的特点、位置而定,并与当地居民取得一致,以获得广泛的支持。可供选择的利用模式有林、果、农、牧、渔、保护区、运动或娱乐、工商业用地、房地产及垃圾填埋等多种形式。

国外在矿山土地复垦领域取得了以下成就:

(1) 开创了应用生态学的新领域——恢复生态学,并在此基础上建立了多种矿山土地复垦模式和自维持生态系统;

(2) 经复垦后的矿山废弃地有了新的使用价值,改善了人类社会的生存环境并创造了全新的生态系统;

(3) 在环境恶化的区域,矿山废弃地面积有所减少,生态环境质量得到改善;

(4) 发展了一支由专业化程度较高、具有较高理论和实践水平的科研和工程技术人员组成的队伍,为进一步开展工作奠定了坚实的基础。

5.1.3 矿山土地复垦的基本要求和应考虑的因素

5.1.3.1 矿山土地复垦的基本要求

(1) 首先应根据采矿地质条件、发展远景及当地具体情况,制定出矿山土地复垦规划。土地复垦规划要纳入矿山设计中的开采、排弃计划,其内容包括利用土地的方式、采矿复垦方法、回填岩石顺序等内容。

(2) 复垦与修坡工作要保持与开采、排弃顺序相协调,且尽可能利用矿山的采、装、运设备。

(3) 保持良好的土壤质量,必要时原有的表土层需预先剥离、储存(包括采矿场或剥离物排弃场)。对有毒物料必须埋掉,其埋深不小于1 m。保证植物生长的土壤酸碱度,对农作物来说,pH值一般以4~8为宜。

(4) 铺垫表土要保证植物的种植深度,同时应进行必要的化学分析试验,搞清土壤的物理机械性质和农业化学性质。

5.1.3.2 矿山复垦应考虑的因素

(1) 矿区地表特征,如地形、地貌等。

(2) 矿区环境因素,如气候、气象、周围城镇、居民点的分布,矿山开采前该地区环境现状及矿山开采后可能造成的污染。

(3) 矿区表层耕植土及覆盖岩土的厚度、物理机械性质、化学特性、表土肥沃程度等。

(4) 矿床开采方法对土地破坏和占用的状况,废石及尾矿的排弃方式及复垦的可能性。

(5) 矿山原有植被的调查,再种植及综合利用的可能性。

(6) 复垦设备及采矿设备的通用性。

(7) 复垦成本,经济效益及复垦周期等。

5.1.4 矿区土地复垦技术和模式

5.1.4.1 矿区土地复垦技术

土地复垦分为工程复垦与生物复垦两个阶段,在完成工程复垦后即实施生物复垦。工程复垦的任务是建立有利于植物生长的表层和生根层,或为今后有关部门利用采矿破坏土地做好前期准备工作。工程复垦是矿区土地复垦工作的核心,也是搞好下阶段生物复垦工作的前提,主要有矸石和粉煤灰充填复垦、梯田法复垦、疏排法复垦、挖深垫浅复垦、深积水区综合利用等工程技术。生物复垦是采取生物等技术措施恢复土壤肥力和生物生产能力,建立稳定植被层的活动,它是农林用地复垦的第二阶段工作。

5.1.4.2 矿区土地复垦模式

矿区土地复垦应根据矿体的赋存情况和采用的开采方法,并结合当地的具体情况,充分考虑环境效益、社会效益和经济效益,选择未来土地复垦及利用方式。目前,主要把矿区塌陷土地划分为建筑、农业、林牧和水产养殖四类复垦利用区。

(1) 建筑区,位于或靠近市建城区,地理位置特殊,交通方便的塌陷地,适于复垦为城市建设用地,以满足城市的建设与发展需要。

(2) 农业区,对于地势较平坦,土层深厚、土壤肥沃、有灌溉水源的塌陷区,均以复垦为农业用地为主,并实行田、林、路统一规划,综合治理。

(3) 林牧区,对于靠近山区,地形坡度大,地势高、土层薄、土壤贫瘠,不宜种植农作物的塌陷区,以发展林牧业为主。

(4) 水产养殖区,常年积水或季节性积水塌陷区,通过起低垫高,随方就圆,自然利用,或深挖池塘,饲养鱼虾,种植莲菜,发展水产养殖。

5.1.5 矿山土地复垦设计的内容

(1) 在矿山规划阶段应对土地资源的现状、矿区周围环境要素进行调研,在矿山开采前提交环境影响报告书,并从国土经济学的观点权衡矿山的开采价值。

(2) 在矿山开采与复垦工程方案的可行性研究阶段,提出最佳开采与复垦可行方案,评价土地资源恢复、再利用的途径。

(3) 复垦工程设计一般应与矿山开采设计结合在一起进行,确定最佳开采与复垦方法。应包括采区的合理划分、表土储存、剥采与回填工艺、选择剥采和复垦的通用设备。同时还应包括采空区、废石场、尾矿堆场的复垦方法与工序等。

(4) 复垦工程结束后,土地资源再利用包括种植与复垦区的综合利用。再种植可以种植农作物,恢复原有植被、栽种树木和牧草等,也可根据矿山与周围环境的具体情况,决定土地资源的再利用,如养鱼塘、避暑胜地等。

复垦设计涉及面较广,往往要有农、林、牧业、水利、旅游业、城乡建设或其他工业部门会同参加设计,根据我国国情,复垦设计必须与矿区所在乡村与地方政府密切配合,结合农村、牧区、林区规划进行,方可取得预期的效果。

5.2 矿山土地复垦方法

矿山开采后的土地复垦工作,由于各矿床赋存条件不同,故所采用的复垦工艺技术也不尽相同,但共同经验是:矿山土地复垦工作必须与开采工艺相协调,统一计划,边开采边复垦,在复垦时充分利用采矿设备,既发挥现有设备效率,又降低复垦成本,缩短复垦周期,使恢复后的土地早日受益。

按土地复垦的地点,开采后的土地复垦工作分如下几种:

(1) 采空区复垦。利用废石或尾矿充填采空区,然后铺覆表土,把采空区恢复成有用的土地,可用来种植农作物、牧草或植树造林,或做旅游胜地。

（2）废石场复垦。是将结束了的废石场平整后，然后覆土造田，种植农作物和植树，而且可以消除废石场泄出的酸性水对农作物的危害和污染水系。

（3）尾矿池复垦。尾矿池结束后占用了大片土地，又是产生沙暴和污染水系的根源。在结束后的尾矿池顶部种植农作物、牧草或植树造林，是环境保护的重要内容。值得注意的是，尾砂中有害物质能否侵入复垦后的食物链中，对人是否存在潜在危害，有待进一步研究。

（4）塌陷区复垦。各矿区的地势、地貌、区域气候、地下水位的高低不同，地下采矿引起地表大面积的塌陷对地表损害程度亦不一样，必须根据未来土地的使用方式进行复垦。

5.2.1　露天矿采空区复垦

5.2.1.1　缓倾斜或水平赋存矿体的露天矿采空区典型的复垦工作步骤

A　采区的合理划分

一般可安排两个或两个以上的采区，每个采区沿矿体走向再划分成若干个采场或开采块段。当第一采区开采时，第二采区进行剥离，交替连续进行，采剥互不干扰。但是每个采区分别有计划地做到剥离、采矿和废石回填互相配合，将废岩土填在采区内，避免往返运输和二次搬运，缩短覆盖物回填的运距，提高工效，加速复垦周期，降低复垦成本。有条件的矿区，可以划分成剥离、采矿、回填三个采区，提高工效更快。

B　表土采掘和储存

露天开采后复垦的第一阶段工作是将露天矿境界内表层的耕植土采掘后，运往临时的表土储存场或直接铺覆在已回填废石的采空区。

（1）表土采掘方法：

1）直接将表土层装入运输工具运至铺覆地点。这种方法适用于表土层较厚且已准备好覆盖表土的场所。采掘表土层使用挖掘机；运输采用铁路运输、皮带运输机和汽车；地表整平采用铲运机、推土机。

2）将表土沿工作线堆存，然后装入运输工具运往覆土地点直接覆盖或临时堆存。这种方法适用于表土层厚度不大的情况。采掘表土层使用推土机；装车用挖掘机；运输用机车、皮带运输机或汽车；地表整平采用铲运机、推土机。

3）将表土堆存在采场工作边坡，然后用剥离设备采、装、运往覆土地点。这种方法适用于不同厚度表土层。采掘表土层使用推土机、铲运机、挖掘机；运输采用皮带运输机、汽车等；整平表土使用铲运机。

在选择复垦机械设备时，应力求应用现有采掘设备。而覆盖土或剥离物料的运距是选择复垦设备的主要因素。当运距较短，一般在 30～90 m 以内时，选用推土机，而大型推土机经济运距可达 150 m 以上；当运距较长，一般大于 2.5 km 时，而土壤又属于难装载的原状土或堆积土，则采用挖掘机；对于易装载的松动土或堆积土，则采用前端式装载机，两者都和自卸式汽车相配合。而当装运物料的湿度或黏聚力太大，地下水位较高时，可采用索斗铲。

（2）表土储存方法：

1）表土临时堆场设在开采阶段的上部平台，当小型露天矿生产能力较小时，可用推土机或铲运机将表土运往上部平台堆场储存。我国常德金刚石矿采用这种方法，如图 5－1 所示。

2）表土临时堆放在先行阶段工作面上，随着工作面的推进，推土机把耕植土层推运到工作面上堆存。经过一段时间之后，再运往复垦地点铺撒，如图 5－2 所示。

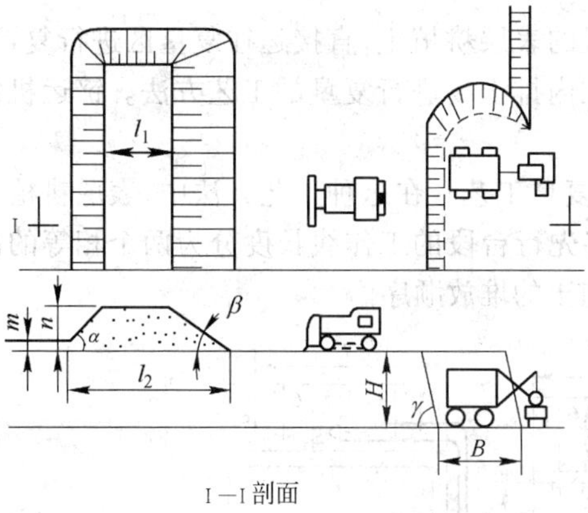

图5-1 在回采阶段上部平台储存耕植土

H—台阶高度；n—土堆高度；m—表土层厚度；γ—工作台段坡面角；α，β—耕植土自然坡角和工作坡角；B—挖掘机进路宽度；l_1，l_2—耕植土堆的上宽和下宽

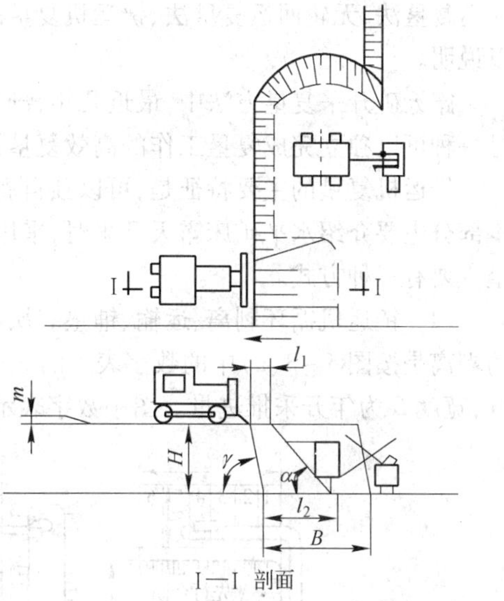

图5-2 在先行阶段工作面上储存耕植土

H—台阶高度；m—表土层厚度；γ—工作台段坡面角；α—耕植土自然坡角和工作坡角；B—挖掘机进路宽度；l_1，l_2—耕植土堆的上宽和下宽

3）表土运往另设的临时堆场储存，当有条件时，也可直接运往复垦区铺覆，这是最好的办法。

在国外，大型露天矿采用了带可伸缩排土皮带的选排运输排土桥，能把表土排覆在复垦区上部，把硬岩排覆在采空区底部。

C 回填和整平

采空区的回填正是利用剥离的岩土恢复被破坏的土地。回填时，应将大块岩石或有害含毒岩土堆置在采空区的底部，块度小的堆在上面，组成合理的级配。在覆盖表层土前要进行平整和修整边坡，其边坡角要小于自然安息角，并根据复垦的内容，保证边坡角能使农业和林业生产机械装备正常工作。若回填工作能够有计划地采区内与剥采工作相配合，则效果更佳。

D 铺垫表土

露天采场复垦最后一道工序是铺垫表土，有条件的矿山可在铺垫表土前先垫一层底土，以保持原有土壤结构。

铺垫表土可分为机械铺垫与制浆灌垫两种。机械铺垫即用铲运机、推土机、前端式装载机等将表土从临时堆场或直接从剥离区运往已回填整平的复垦区，均匀撒垫，表土厚为150～200 mm；制浆灌垫是将大片复垦区用土堤划分成若干地块，每块面积为2～4 m²，通过管道灌注配好的泥浆，一般是分几次灌注，以便于疏水晒干，最终达到复垦设计标高。

E 复垦后再种植

复垦后进行再种植时，首先要满足植物生长的条件，即土壤中满足植物生长所需要的元素，土壤的肥力和选用适合该土壤的肥料。其次是改造采空区环境使其能满足植物生长的要求，包括克服地表侵蚀，创造植物根系贯穿的条件，解决补给水和供给足够肥料，保证再种植植物正常生长。

5.2.1.2 露天矿采空区复垦方法

按使用复垦设备，露天矿采空区复垦方法可分为索斗铲开采复垦法、汽车回运复垦法、轨道回运复垦法、无轮回运复垦法、铲运机复垦法和水力开采复垦法等。现仅以铲运机复垦法为例加以说明。

露天矿开采复垦方法中，最近几年普遍地使用铲运机。大型铲运机，容积大，运行速度较快，是一种可以独立完成复垦工作的高效复垦设备。

铲运机复垦的主要特征是，可以独自剥离采掘区的表层耕植土，直接运往复垦区进行复垦。本部分主要介绍水平矿床露天开采时，采用铲运机在内排土场进行复垦的工艺方法。铲运机复垦主要有三种方式。

(1) 铲运机循环剥离、运输、铺垫表层耕植土的复垦工艺。在这种工艺方法中，表层耕植土的剥离是按图 5－3(a)中的数字表示的顺序进行，将先行台段的工作线长度分为两个相等的部分，宽度 B 为年开采推进量。图中数字表示表层耕植土的堆放顺序。

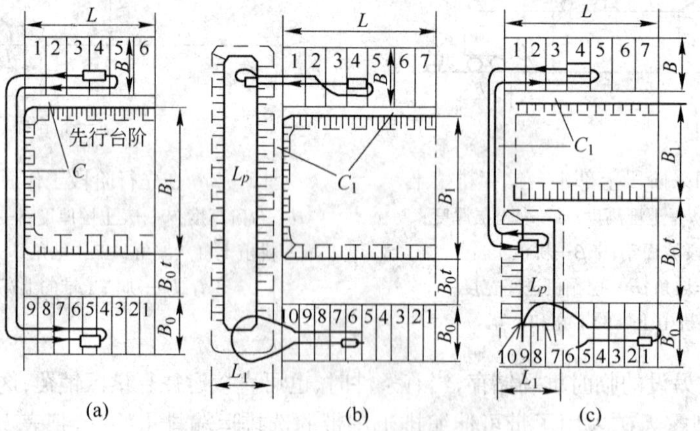

图 5－3 铲运机复垦的三种主要工艺方法

(a) 循环式剥、运表土；(b) 靠边帮临时堆置表土；(c) 就近堆存表土

保证铲运机安全条件的距离 C_1 可由公式(5－1)计算：

$$C_1 = h_1(\cot\gamma - \cot\alpha_1) \tag{5-1}$$

式中 h_1——先行台阶的阶段高度，m；

γ——稳定的台阶坡面角，(°)；

α_1——工作台阶坡面角，(°)。

平均运输距离 S 为：

$$S = 0.5B + B_0 t + B_1 + 0.5L + 3C_1 \tag{5-2}$$

式中 B——先行台阶年推进量，m；

B_0——在排土场上 1 年内覆盖耕植土的宽度，通常 $B = B_0$，m；

t——排土场初期大幅度下降的时间(表层耕植土铺覆的滞后时间)，a；

B_1——露天矿采掘带宽度，m；

L——先行台阶的工作线长度，m。

(2) 靠露天矿边帮临时堆置表层耕植土的复垦工艺。这种工艺的顺序如图 5－3(b)所示，其耕植土堆场的形式如图 5－4 所示。

耕植土堆置前首先要确定其堆场的大小，堆场的大小取决于每公里采掘工作线所剥离表层耕植土的体积、耕植土的堆存要求。同时要尽量减少占地面积。

耕植土堆场的大小根据堆场断面积与先行台阶全长上耕植土断面相同的原则来确定：

$$\frac{h}{2}(L_l + L_p) = Lmk_p \tag{5-3}$$

式中 h——临时堆场的土堆高度，m；

L_l——临时堆场下底宽度，m；

L_p——临时堆场的顶部宽度，m；

m——耕植土的厚度，m；

k_p——耕植土的松散系数。

耕植土临时堆场的下底宽度（L_l/m）：

$$L_l = L_p + h(\cot\alpha + \cot\beta) \tag{5-4}$$

式中 α——耕植土的自然安息角，（°）；

β——往临时堆场去的行车道的坡角，（°）。

临时堆场顶部最小宽度（L_p/m）：

$$L_p = L_x + R + 0.5b + C \tag{5-5}$$

式中 L_x——铲运机卸载长度，m；

R——铲运机最小转弯半径，m；

b——铲运机行走宽度，m；

C——由铲运机到临时堆土场上部边线的安全距离，m。

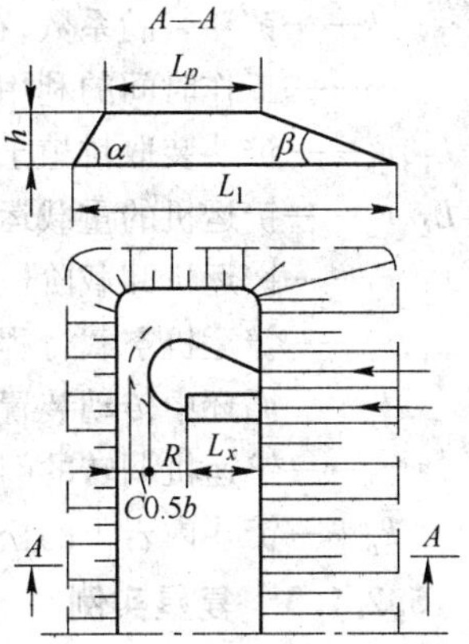

图5-4 靠露天矿边帮表土临时堆场形式

用式（5-4）代入式（5-3），则耕植土土堆高度（h/m）为：

$$h = \frac{\sqrt{L_p^2 + 2(\cos\alpha + \cos\beta)Lmk_p}}{\cos\alpha + \cos\beta} \tag{5-6}$$

耕植土堆场断面尺寸的计算步骤如下：

按式（5-5）先计算堆场顶部最小宽度，再按式（5-6）计算可能堆放的高度。如果 $h > 10$ m，则堆场顶部宽度应加大，以缩短铲运机卸载线长度，再反算 h 值，然后根据式（5-4）计算堆场底宽。

（3）就近临时堆存耕植土，在排土场自然沉降密实后，用铲运机进行复垦工艺。这种工艺顺序如图5-3（c）所示。耕植土由工作面到临时堆场的平均运距（S_1/m）为：

$$S_1 = B + B_1 + 0.5L + 0.5L_1 + 3C_1 \tag{5-7}$$

从堆土场到复垦区的平均运距（S_2/m）为：

$$S_2 = 0.25L + 0.5L_1 \tag{5-8}$$

这三种铲运机的复垦工艺，各有优缺点。第一种方式工作组织简单，不需要辅加临时堆场，运距也不长；第二种方式的运距最短，但是采用这种方式时，为了保存耕植土，要求设临时堆场。由于要在临时堆场的底板上装载和卸载，因而使铲运机工作复杂；第三种方式运输距离比第一种方式短，亦要求设临时堆场来保存耕植土，这些都和第二种方式相同。

铲运机的工作效率与铲斗容积、装卸载循环时间、运行速度、运输距离、被装载岩石的物理力学性质以及铲运机的行走方式有关。

铲运机的工作效率 Q（m^3/班）为：

$$Q = \frac{3600VTk\eta}{\left(\frac{L_1}{v_1} + \frac{L_2}{v_2} + \frac{L_3}{v_3} + \frac{L_4}{v_4} + t_1 + 2t_2\right)k_p} \tag{5-9}$$

式中 V——铲斗容积，m^3；

T——每班时间，h；

k——铲斗装满系数，在装耕植土时，$k=0.95\sim1.05$，计算时一般取1；

η——工作时间的利用系数，$\eta=0.7\sim0.9$；

L_1,v_1——铲斗装取耕植土（或岩石）阶段的行走长度（m）和运行速度（m/s）；

L_2,v_2——铲运机的重载运行距离（m）和速度（m/s）；

L_3,v_3——铲运机卸载阶段的行走距离（m）和运行速度（m/s）；

L_4,v_4——铲运机空载行程（m）和运行速度（m/s）；

t_1——循环中传动装置换向所占用的时间，$t_1=10$ s；

t_2——铲运机调转的间隙时间，$t_2=30$ s；

k_p——铲斗内岩土的松散系数，对于耕植土 $k_p=1.2$。

5.2.1.3　复垦实例

A　德国弗兰格尼亚石膏矿床的开采和复垦

该矿把采矿顺序和复垦顺序紧密结合，采用大型轮胎式装岩机处理黏土性质的覆盖物，运距较短，并能将剥离物及母土就近回填，复垦顺序如图5－5所示。

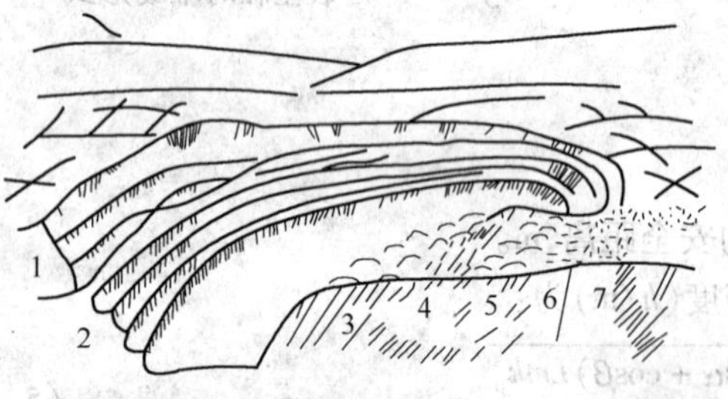

图5－5　弗兰格尼亚石膏矿复垦示意图

1—剥离层；2—石膏矿层；3—剥离物回填；4—平整剥离物；5—母土回填；6—平整母土；7—再种植

在清除覆盖层后，可把已经回填的剥离物先进行平整，随后将回采前挖出的母土直接回填在上部，厚度为0.3～0.5 m，然后再平整，并加以改造成农田进行再种植。

在开采后马上进行复垦有如下好处：

（1）在已开采的地面短期内可再种植；

（2）开采与复垦都可经济地进行，使不收获作物的时间减到最短；

（3）可以经常将已采完的矿坑面积保持在开采技术所允许的范围内。

开采接近地表石膏矿床给农业带来的好处是：过去种植土下面就是渗水性强、贫瘠的石膏岩，而今种植土下都是黏土为主的渗透性小的底土，该底土接近多水白云岩上部，这种土壤可提高作物的产量。

B　我国广东坂潭锡矿水力开采复垦

坂潭锡矿为多种矿物伴生的第四纪河积矿床，矿体赋存于高山与丘陵之间的河谷盆地之中，呈层状，埋藏深度一般为10～20 m，矿层厚度为5～10 m，宽200～1500 m，走向长度为6000 m以上，矿体底板为粗中粒风化花岗岩，冲积层厚度较稳定，矿体与围岩界限明显，砂砾层及砂层为含矿层，砂质土及黏土为剥离层，全矿平均剥离系数为1左右。

坂潭锡矿在复垦实践中逐步形成了采矿与复垦密切配合的工艺。矿山在开采前进行规划，将矿区分为耕植土及底土储存区、水力剥离区、水力采矿区、尾矿回填沉淀区、疏水洒干区、最终复垦区六个生产区域。形成一个较完整循环的采矿复垦作业工序，基本上做到征地、采矿、复垦三者之间的相互平衡。

采准工作采用推土机和铲运机将表层耕植土运至采区外储存，一般取20 cm厚的耕植土，每亩需保存130 m^3，随后将耕植土下的底土也剥运至采场外另行储存，或直接运往复垦区作底土，一般取1 m厚的底土，每亩要求储存底土660 m^3。

剥离工作配备水枪和砂泵，水力剥离冲下的泥浆由砂泵输送至前一个已采区；含矿层的开采同样采用水力开采法，矿泥浆用压力水输送至选矿厂。

露天采矿场的已采区用水力剥离的泥浆和选矿厂排弃的尾砂直接充填，由于泥浆脱水后，体积会收缩，故必须提高已采区的充填标高，因此，在已采区周围必须筑坝。筑坝材料可以采用底土或尾矿沉淀池的干尾砂。提高已采区充填标高的另一作用是在已采区中形成一个尾矿水澄清池，以便循环使用澄清水，节约水源。泥浆和尾砂回填到设计标高后，紧接着在四周开沟排水，中间的充填物随着水分的逐步疏干而干缩下沉，一般经过1年左右时间便下沉1~2 m，1年后用推土机将四周筑的土坝按复垦设计标高往沉淀区中间挤推，一直到全部泥浆被压在下面，挤压疏干后已采区表面必须进行平整，一般要求保持0.5%以上的坡度，以满足覆土后地表的排灌坡度。

最后在平整的回填区顶部铺覆1 m厚的底土，底土铺过后再划分田块，修筑排灌水渠、道路，然后铺覆预先储存的耕植土层，耕植土层平整地表坡度为0.5%，至此可以开始种植工作。

5.2.2 废石场复垦

废石场本身就是破坏周围环境的污染源。废石场复垦就是整治废石堆场，恢复土地，进行种植，控制废石堆场对周围环境的污染。

影响废石场复垦的因素有：废石场与采矿场及剥离工作面的相对距离、废石场的地形条件、占地面积、废石场的几何尺寸、剥离物的性质和废石堆置顺序等。

5.2.2.1 废石堆场复垦的类型

（1）废石堆弃于废弃的露天矿坑，尤其是深凹露天坑，将矿坑填满后平整、复土、再种植。把露天开采后破坏的土地恢复成农业用地或植树造林。

（2）废石堆弃于露天开采后的采空区，一般是水平矿床的浅露天矿。边开采边堆置废石，以后逐年平整废石堆，并进行复垦和种植。

（3）废石在采场外堆弃已形成了一个废石场，占用大量土地，废石场本身已构成破坏周围环境的污染源。

5.2.2.2 废石场的复垦程序

（1）整治废石场，使之符合当地法令性要求。如有些国家或地区要求将废石堆推倒整平恢复成原有地形，然后覆盖表土，部分地或全部地恢复土壤的肥力，使土壤满足植物生长的要求。也有些国家或地区并不要求将废石堆推倒整平，而要求对废石堆进行整治，以满足一定堆置要求，如边坡角、堆高等。整治后在废石堆表面进行植被或造林，以防治废石堆对周围环境的污染。在整治废石堆场时，应当合理安排废石堆的结构，将对植物生长不利的粗粒废石和有害物料尽量堆置在下层，或用覆盖物加以覆盖，尤其是酸性高的废石在风化过程中会产生酸性物质，并可浓缩集中易溶解的铁、锰、铅、硫和其他有害的金属离子，对植物生长不利，必须加以掩埋和覆盖。

（2）根据废石或废土进行再种植的可能性，决定在废石堆表面是否要铺覆表土。表土一般是从预先储存的耕植土临时堆场取土，或直接从采场运来刚剥离的表土。表土的覆盖厚度要求在46~60 cm之间。

（3）在整治好的废石场上进行再种植时，应考虑种植植物对废石场的适应能力和生长速度。由于废石场上岩石较多，土壤少，一般在岩石层上进行农业复垦是比较困难的，宜采用林业复垦。林业复垦是开发被破坏土地的最廉价、最简便的方法。最适合栽植的是1年生的阔叶树苗和2年生的针叶树苗。树苗不宜过大，大树苗成活率低。树苗要壮实，有发达根系。废石场顶部一般栽种针叶树，斜坡底脚和高度不超过4.5 m的台阶上可栽种杨树、槭树、榕树、槐树、紫穗树；在废石场北坡和东坡上栽种黑胡桃、杨树、楦树、槭树，而南坡和西坡上栽种松树、洋槐。栽树切忌造纯林，应栽混交林，以利树苗生长和防治病虫害。

种植藤本植物绿化坚硬岩的废石场，可在斜坡上形成一个密集的茎系网络体，将岩石牢固结成一个整体，给人以一种“绿色的稳定感”。据测定一棵野葛经过不到10年的成长，可覆盖的面积达100 m^2。

在由坚硬岩石组成的干燥废石场上种植树苗，可采用下列方法：

(1) 凝聚陷穴。挖一个较大较深的种植坑，回填部分含肥的松散土壤，将树苗种植坑中心，坑完全用塑料衬垫覆盖，凝聚的水分沿衬垫的下面汇集给植物，可有效地灌溉植物，如图5-6所示。

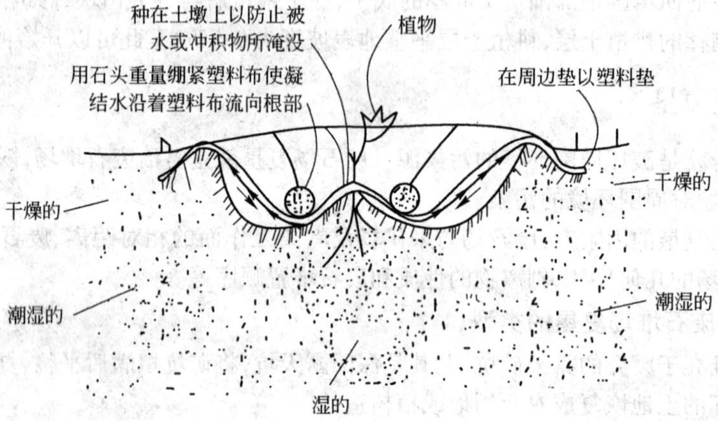

图5-6 凝聚陷穴植树法示意图

(2) 副根移植法。挖出一对根部互相连接的根茎灌木，将其中的一枝树苗剪掉，然后把水平连接着的副根弯下去深栽，而本身的正根按正常的方式栽在较干燥的表土层中，如图5-7所示。

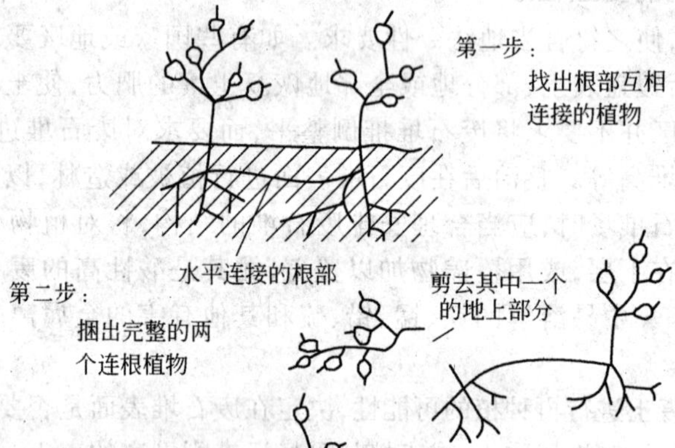

图5-7 副根移植法示意图

林业复垦实践证明：在废石场造林初期，重要的与其说是提供经济用材林，还不如说是尽快绿化废石堆，消除它对环境的有害影响。所以宜用速生树种，以达到事半功倍的效果。

5.2.2.3 废石场复垦实例

(1) 江西永平铜矿在20世纪80年代初即着手于岩石平台、边帮（坡）的植被工程。种植具有网络特性的植物——野竹、野葛。对地表能起固表护坡、保持水土作用。据测定，一条竹根的平均抗拉强度相当于10 mm^2 的普通低合金钢筋，由于它们的根系盘根错节，罗织成网，每个网格面积为1～6 cm^2，结果相当于在边帮（坡）上铺了钢筋网络岩体（床）与岩块之间成为一个整体，既避免了岩块滚落又绿化了边坡。野葛是豆科植物，藤本块根肥厚，既能固结边坡，又有经济价值。边坡植被后，可以改善露采场和废石场的小气候。试验区林带与邻近裸地实测表明：试验区林带气温可降低1.9～6.6℃，而空气相对湿度增大10%～19%。

(2) 罗茨铁矿是高原露天矿。该矿废石场位于采场南部，这里大部分时间为西南风，废石场粉尘影响到露采场。粉尘浓度通常为79.3 mg/m^3，最高时达273.3 mg/m^3，给工人作业带来危害。为此，该矿在2号废石场上部和斜坡上栽种4万株桉树，在露采场西部停止使用的边坡上撒播大量落地松树籽。桉树成活率60%，落地松成活率40%，桉树一般高度在1 m以上，初步起到了防风降尘的作用。粉尘浓度最高为33.3 mg/m^3，最低为1.3 mg/m^3。

罗茨铁矿地表覆盖的表土层仅有50 cm厚，岩石为沉积的砂板岩和少量的风化白云岩，经过剥离和运输过程的自然混合，卸到废石场的岩石中含有表土已不到5%，然而桉树苗却能在这种条件下成活、生长，说明在95%岩石的废石场上进行林业复垦是完全可能的。罗茨铁矿为类似矿山的林业复垦提供了有益的经验。

5.2.3 尾矿池的复垦

尾矿池与废石场一样占用大量的土地。尾矿池表面终年暴露于空气中，一个结束了的尾矿池由于水分迅速蒸发，很快就干涸了。这种干涸的尾矿池，在一般风速下会产生“沙暴”，当风速超过15 km/h时，可迅速地将尾矿池表面所有植物毁灭。因此，尾矿池复垦的关键是处理、改善表面结构，以进行种植。

5.2.3.1 尾矿池复垦的程序

(1) 尾矿池干涸后在表面产生一层不透气的坚硬外壳，这层外壳必须全面挖松，否则无法进行再种植。

(2) 尾矿池表层挖松后，一般采用破碎的石灰石中和酸性尾矿，用白云石碎片中和碱性尾矿。碎石粒径要求小于6 mm。这些碎石不但起中和作用，同时也改善了尾矿池表层的“土壤”结构，有利于再种植，有条件的地方可再铺一层表土更好。

(3) 尾矿池表面不强求统一平整，可根据复垦后再种植要求，对少数地方局部平整成较缓的坡度。

(4) 在平整后的尾矿堆场顶部，铺摊一层表土，将中和药剂和肥料掺入表土层中，通常每亩施用高效化肥1120 kg。

(5) 再种植的播种工作后，要在苗床上铺盖稻草、麦秸、树叶或木屑等覆盖物，并进行人工喷水，以利种子发芽生长。

国外有些矿山利用采矿剥离的废石覆盖尾矿堆场，这是一种可取的方法。覆盖的废石可以稳定尾矿，抵御风和水的侵蚀，使尾矿的细粒不致被风刮起，也阻止了尾矿的流动，减少尾矿粉尘和水蚀引起的环境污染。废石覆盖还可以作为植物生长的介质。碎石适宜于树木生根，能理想地保护树根，阻止水分蒸发，将水分保持在植物的根系，并为再种植提供了必要的条件，还起了加固尾矿坝的作用。用颜色较深的废石覆盖的尾矿堆地表层，能起到吸收太阳能的作用，提高表层温度，有利于植物的生长。采矿剥离的废石缺乏有机物质和养料，最好在废石表层铺摊表土，并施加有机肥料，这将有利于再种植。

5.2.3.2 尾矿池再种植

尾矿池再种植就是利用植被覆盖尾矿池表面，防止尾矿尘暴污染空气和周围城镇、农田，减少渗透性酸性水污染水系。尾矿池再种植的困难是：

(1) 尾矿不像普通土壤那样可以维持植物生长，尾矿物质结构粗劣，不能凝聚。尾矿几乎完全缺乏植物生长所必需营养成分，连一般细菌也没有。相反，在尾矿池中往往呈现浓缩的重金属元素。

(2) 由于尾矿是异常细的颗粒，长期水淹或积水，有时尾矿池表面虽然已干涸，但实际上整个尾矿池仍是一个难以接近的沼泽地。

(3) 尾矿池平坦而开阔，尾矿粒子很细，遇到刮风时经常发生尘暴，在种植前必须把尾矿固结一个时期，否则很容易受吹沙磨蚀的影响，将新种植的嫩苗全部毁掉。

(4) 尾矿池往往是堆置在山谷或自然洼地，池底大部分是基岩，妨碍植物、树木根系的生长。

在尾矿池进行再种植时，有许多不利因素，尾矿的性质各不相同，但必需满足植物生长的条件，诸如尾矿池内的湿度，植物生长所必需的16种元素，从氮、磷、钾一直到微量元素，以及促使植物种子发芽和继续生长的细菌群体等。经过适当改造后的尾矿池基本可以满足这些条件。

5.2.3.3 在酸性尾矿堆上进行再种植

加拿大鹰桥镍矿，每年产生2Mt高硫铁矿尾矿和磁黄铁矿矿砂，这需要及时处理，因为有如下反应：

$$3FeS + 5O_2 = Fe_3O_4 + 3SO_2$$

磁黄铁矿即使和尾矿混合在一起，其氧化过程产生的热量，足以阻止任何植物的生长。该矿进行了酸性尾矿堆再种植工作的研究。

首先要确定在氧化的高硫铁矿酸性尾矿堆上究竟能否生长植物，可用中和酸性的药物和必要的肥料来加以测定，这是最经济的方法，同时研究哪一种植物最能适应这种环境。

在做酸性尾矿的实验室中和试验时，开始用石灰石($CaCO_3$)或石灰[$Ca(OH)_2$]进行中和，验证是否可以把尾矿堆中的酸中和掉。同时施用化肥，并测定是否可以供给植物生长的养分。初步试验证明，石灰或石灰石是植物在酸性尾矿堆上生长的关键，在酸性尾矿堆上施用农用石灰愈多，植物寿命愈长。但施用石灰过量，也会产生有毒的含碱土壤。生长期的时间，与供给养分的数量(即施肥量)直接有关。

此外，还试验测定究竟每公顷施用多少石灰石才能保证植物的生长。除测定石灰石用量外，还试验了用稻草或麦秸作为覆盖物的试验，结果证明，用稻草覆盖的效果很好。

在进行了田间实验后，取得如下结果：

(1) 在酸性尾矿堆适应性最好的植物是：冬黑麦、小糠草等；

(2) 有稻草或麦秸覆盖时植物生长情况比没有覆盖物好；

(3) 镍尾矿覆盖有50 mm土时，植物生长得很茂盛。

5.2.3.4 在碱性尾矿堆上进行再种植

加拿大石棉开采集中在一条80 km长的矿带上，八个生产矿山的石棉产量占全世界的42%，开采过程产生0.6Gt强碱性尾矿，并且每年还要增加15~20Mt尾矿。

复垦试验工作是在加拿大魁北克省杰弗里矿尾矿堆进行的。种植试验的目的是设想在没有撒播任何表土的条件下,在石棉尾矿上生长一层永久的、可以维持草类或豆荚类植物,以防止碱性尾矿对环境的污染,恢复被尾矿所占有或破坏的土地。

该矿所处自然条件决定了尾矿堆湿度大,持水时间长,由于尾矿是堆置在比较平坦的地区,细颗粒的尾矿好像浸湿的纸板一样一层层地相重叠,在这样的尾矿上任何植物都无法生长。

试验工作首先是把尾矿的 pH 值降至允许植物生长的范围,因此必须用足够的硫化物酸性尾矿加以中和。这些硫化物尾矿来自低品位金属矿山,亦可购买硫粉来代替,中和土壤所需酸性物料比例应通过试验来确定。同时还必须适当增加酸性尾矿中有机元素,以利再种植的植物生长。

试验结果表明:采用硫化矿尾矿中和比采用硫粉处理效果更好,每公顷施加 50 ~ 100 t 硫化矿尾矿,并加入 1.3 ~ 2.5 t 化肥,可使草类或豆荚类植物生长良好。

尾矿池复垦意义,远远超过尾矿池种植草类,而且可以在尾矿池恢复的"土地"上进行多种经营。例如:培植苗圃,建立生产草皮农场,发展养殖业,建筑办公楼、宿舍和学校。

我国铜陵有色金属公司对 87 hm^2 的尾矿池,经过覆盖 0.5 m 黄土后并捣实,陆续建成商店、住宅、学校、运动场、公共汽车场、街心绿地等,俨然与市区浑然一体,不予指明很难觉察此处昔日乃是"黄龙"潜伏地。表 5 - 2 为我国部分尾矿库复垦方式。

表 5 - 2 我国不同类型矿山尾矿库的复垦方式

分 类	尾矿库名称	复垦利用效果
林业用地	峨口铁矿尾矿库 东鞍山铁矿老尾矿库 东鞍山烧结厂前峪尾矿库 德兴铜矿尾矿库 攀枝花矿尾矿库 水口山铅锌矿尾矿库	种植沙枣、沙打旺等,成活率 90 % 种植樟子松、油松等,成活率 90 % 种植白榆、刺槐等,成活率 90 % 坝坡面种植水土保持植物 坝坡面种植山毛豆、金银花等 种植马鞍草、柑橘等 5 年,年产柑橘约 300 t
农业用地	莫家洼、韩家沟尾矿库 乌汲选矿厂尾矿库	造田 35 hm,种植小麦、玉米等 种植蔬菜、小麦、花生等
农、林用地	南芬选矿厂老尾矿库 金厂峪金矿尾矿库	造地约 40 hm 种植果树 2000 余株,农作物 10 hm
尾砂改良土壤	兴旺寨铁矿尾矿库	共改良土壤 140 hm
尾砂造地	马兰庄铁矿尾矿库	造地约 34 hm,种植花生、小麦等 用粒径小于 0.5 mm 的尾砂生产免烧砖、加气混凝土
尾矿综合利用	齐大山铁矿尾矿库	人造大理石等
建筑用地	金口岭铜矿尾矿库	修建了一栋四层的办公楼、住宅、学校等

5.2.4 塌陷区复垦

地下采矿会引起地表大面积的塌陷,塌陷区面积随矿体厚度、层数、埋深及倾角而变化。地下矿物的不断开采使地表发生缓慢的下沉,形成了平缓的沉陷盆地。多层矿床的开采,地表沉陷量的叠加,又使下沉的平缓盆地不断扩大、加深;当其沉陷深度超过该区潜水位时开始积水,形成水深在2 m以内的浅积水区和水深在2 m以上的深积水区。而各矿区的地势地貌、区域气候、地下水位高低相差悬殊。塌陷对土地损害大致可分三种类型。

(1) 丘陵山地。塌陷后地形地貌无明显变化,不积水,塌陷影响小,只要将局部的漏斗式塌陷坑和裂缝填堵,加以平整即可恢复原有的地形地貌。我国西北、东北和华北大部分矿区就属于此类。

(2) 黄河以北平原地区,因地下水位较深,年降雨量少,地表塌陷后只有一小部分积水,这些地区本来水面就少,对这点宝贵水面经美化、绿化后成为人工湖或养鱼塘,用以调节小气候,使其具有更好的环境效益和社会效益。对低洼地区将旱地改造为水田,则是化害为利之举。

(3) 位于我国黄淮平原的中、东部和长江以南的平原地区,那里地势平坦,潜水位高,是我国粮棉重点产区,塌陷对耕地破坏严重,不但塌陷面积大,塌陷深度大,长年积水,水深由数米到十余米,部分土地被盐渍荒芜,因而是复垦综合治理的重点地区。

复垦技术方法大致有以下四种。

(1) 疏干法。该方法应用于潜水位不太高、地表下沉不大,且正常的排水措施和地表整修工程能保证土地的恢复利用。它的优点是工程量小,投资少,见效快,且不改变土地原用途,但需对配套的水利设施进行长期有效的管理,以防洪涝,保证塌陷地的持续利用。由于这种方法应用条件局限性大,因而仅适用于少量的采煤塌陷地的缓坡地段,对于地下浅水位相对较低,地面倾角小于2°,易发生季节性积水的塌陷地,通过开挖沟渠,形成有效水利系统,可将塌陷地复垦成良田。

(2) 挖深垫浅法。这种方法是用挖掘机械将塌陷深的区域再挖深,形成水(鱼)塘,取出的土方充填塌陷浅的区域形成耕地,达到水产养殖和农业种植并举的利用目标。它主要用于塌陷较深、有积水的高、中潜水位地区,还应满足挖出的土方量大于或等于充填所需土方量,且水质适宜于水产养殖。由于这方法操作简单、适用面广、经济效益高、生态效益显著,因而被广泛用于采煤塌陷地的复垦。如永城市进行土地复垦时,采取的"建设用地 +养殖用地"的模式,就是采用挖深垫浅的方法,主要是根据塌陷区位条件、塌陷状况和用地需求,将塌陷区复垦后作为各类建设用地和渔业养殖用地。

(3) 充填复垦。这种方法已在我国不少地方进行了实践,如抚顺矿务局用露天矿剥离物充填塌陷地,淮北岱河、朔里煤矿用煤矸石充填塌陷地,淮北相城矿用粉煤灰充填塌陷地。这种方法多用于有足够的充填材料且充填材料无污染或污染可以经济有效防治的地区。因此,这种方法有一定的局限性,且可能造成二次污染。但由于这种方法既解决了塌陷地复垦,又解决了矿山固体废弃物的处理,因此,其经济效益最佳。但前提是充填物易经济地获取,且充填物无污染。焦作、平顶山和义马等煤业集团,大多采用这种以粉煤灰或煤矸石等为填充物的充填复垦模式。

(4) 直接利用法。对于大面积的塌陷地,特别在大面积积水或积水很深的水体,以及未稳定塌陷地或暂难复垦的塌陷地,常根据塌陷地现状,因地制宜地直接加以利用,如网箱养鱼、养鸭、种植浅水藕或耐湿作物等。

5.3 矿山复垦费用

复垦成本是露天矿生产总成本的一个组成部分。复垦费用随着复垦后的用途、矿山所在地点和区域、进行复垦的时期以及地表原始条件的不同而变化很大。矿山土地复垦的成本主要由下列因素决定:即覆盖层下部岩石的农业化学性质、要求采集和铺垫覆盖岩土的厚度、覆盖岩土的运输距离、土地复垦的机械化程度、复垦工程组织等。

复垦费用的计算问题,看似简单,实际做起来并不是一件容易的事。美国许多学者都曾对土地复垦费用进行过计算,但迄今为止,尚没有形成统一的计算标准,计算单位各种各样,费用分类的形式也不统一。佩尔斯(Perse,F. H)等人把美国矿山局估算的密西西比西部的13个露天煤矿的复垦费用分为设计、工程和管理;合同许可证;回填与平整;重新植被四类,并作了比较。总复垦费用每英亩为860~7200美元,每吨煤为6~84美分。

在国外,复垦费用都由各采矿公司按各地制定的"采矿复垦条例"提交复垦押金。复垦押金根据不同情况规定从几百美元至1万美元。采矿公司为了降低复垦费用,不断改进复垦工艺、复垦设备,努力使复垦费用保持与恢复后土地价值相一致。一般情况下,当复垦工艺与采矿工艺同时并进时,复垦费用比单独进行复垦工作至少降低一半。因此,国外除恢复过去遗留下的矿山破坏土地是单独进行复垦外,矿山复垦工作绝大部分都与采矿工作同时进行。这样做,一些工序如复垦前地表植物的清理和挖掘,复垦前密实废石场的疏松工作,重建复垦区域的道路,充分利用采矿机械设备等的费用等,都可以节省。

5.3.1 影响复垦费用的因素

根据已有的复垦经验,影响复垦费用的因素是多种多样的,各种文献里对这些因素的论述也多有不同,但可大致归纳为如下几种:即矿山所在的地理位置、矿山地形条件、露天开采规模、露天矿工作面状况、有害物料的处理要求和处理方法、耕植土的厚度及采掘储存方法、运输距离、机械化程度及工作组织等,在某些国家还要考虑执行复垦契约的年限规定。

5.3.2 复垦费用组成

复垦费用的组成也是差异颇大的,但大略归纳可有回填、整平和种植三项。即使是如上三项,也还有不同,如有的矿山在复垦之后不进行种植,而直接交还给农民种植。在回填和整平项目中,也有工作复杂程度上的差异,如有的要求平整到与原有地形相近,有的要求建立排灌系统,甚至有的要求搞成园田等等。

此外,费用发生的时期也有不同,如有的是矿山已开采完毕,要进行单独复垦工作;有的是与开采结合在一起,费用发生在生产时期;有的只是废石堆场的复垦,这种复垦费用或是发生在生产后期,或是同期。整个复垦费用基本上由下列几项组成。

(1) 采空区的回填和整平。这项工作在各国甚至各地区都有不同要求。以美国为例,有的州要求将采空区恢复成接近矿山开采前原有地形轮廓;而有的州要求将采空区整治成梯田、牧场;有些对深矿坑不要求恢复,可将其修筑成水库、池塘。

(2) 种植。根据采矿所在地区不同情况,种植不同的植物和草类。种植这一项包括土壤改造、播种、施肥等。

(3) 修筑附属设施。包括改迁原有河道、沟渠,根据恢复后土地的具体情况,修筑排灌沟渠、梯田挡土墙、护坡构筑物、供排土及道路系统。

(4) 复垦所使用机械设备。

5.3.3 恢复土地经济效益的计算

矿山土地复垦,不仅可以恢复景观,挽救生态环境遭到的损害,而且还能获得可观的经济效益。

5.3.3.1 废石场平整工作量计算

锥形、脊形、弧形(扇形)和平坦形废石场所形成的空隙 V_n 按下式计算

$$V_n = nAL_n \tan\alpha \quad \text{m}^3 \tag{5-10}$$

式中 A——排土(剥离)带宽度,m;

L_n——电铲移动步距,m;

n——与排土方法有关的系数,锥形为0.37,脊形为0.25,弧形为0.126,平坦形为0;

α——排土场边坡角。

当排土场边坡角为35°时,废石场平整经验数据列于表5-3(按前苏联文献报道)。

表5-3 排土场边坡角35°时平整工程量与费用

排土方法	剥离采掘带宽度/m	平整1 hm^2 排土场的土方量/m^3	平整1 hm^2 的费用/卢布	
			松软岩石	硬岩
等锥形排土	20	26000	1846	2400
	30	39000	2779	3610
	40	52000	3692	4670
	50	65000	4615	5870
连脊形排土	20	7600	1250	1620
	30	26400	1847	2440
	40	35200	2499	3240
	50	44000	3124	4060
横向弧形排土	20	8800	624	810
	30	13200	937	1220
	40	17600	1250	1620
	50	22000	1562	2040
平坦形排土	20	2100	147	191
	30	3200	22	291
	40	4200	294	382
	50	5300	372	482

5.3.3.2 土地复垦系数

土地复垦系数亦称土地复垦率 K_r,是场地(露采场、废石场、尾矿场、矸石山、粉煤灰堆场、塌陷地、地下采空区)恢复面积 S_r 与场地(同上)挖损、塌陷、压占等破坏面积 S_m 之比,即

$$K_r = \frac{S_r}{S_m} \tag{5-11}$$

5.3.3.3 恢复农业生产潜力的计算

(1) 农产品的单位面积产量。它指在破坏的或恢复的土地上单位面积全部农产品的产量,根据多年数据(按最近5~7年的资料)按下式计算:

$$B_n = \frac{S_1 b_1 + S_2 b_2 + S_i b_i + \cdots + S_n b_n}{S_0} \tag{5-12}$$

式中 $S_1, S_2, \cdots, S_i, S_n$——破坏或恢复的土地面积,按不同的土地利用结构部分(耕地、草地、牧场、果园、菜园等等)计算,hm^2;

$b_1, b_2, \cdots, b_i, b_n$——上述各面积的总产值,万元/($hm^2 \cdot a$);

S_0——总面积,hm^2。

(2) 土地利用结构系数。根据农业上使用土地的优先程度来评价复垦土地的效益时,应当以改善复垦土地利用结构和提高其总产量(它决定着土地的价格)的情况作为基本的准则。所以在征用农地以及复垦土地用于农业生产时,必须顾及土地利用结构系数。C_m 为破坏农地与破坏土地之比,C_r 为复垦农地与恢复土地之比,其计算如下:

$$C_m = \frac{S_{c \cdot m}}{S_m}$$

$$C_r = \frac{S_{c \cdot r}}{S_r} \tag{5-13}$$

式中 $S_{c \cdot m}$,$S_{c \cdot r}$——企业生产期中破坏和恢复的农业可耕地面积,hm^2;

S_m,S_r——企业生产期中破坏的和恢复的土地总面积,hm^2。

(3) 农业可耕地生产恢复指数。从保护农地生产潜力的观点来看,复垦土地的质量取决于农地生产恢复指数,即

$$N_r = \frac{C_r}{C_m} \tag{5-14}$$

(4) 农地利用结构变化系数。一般来说,恢复被破坏了的土地,在农业生产潜力方面会发生土地利用结构的变化,其变化系数按下式计算:

$$K_c = \frac{S_r C_r}{S_m C_m} = K_r N_r \tag{5-15}$$

(5) 农业产量总潜力(总产量)。矿山企业要积极利用自然资源,不仅要保持复垦土地的农业生产率,而且还要提高生产率。农地总产值按下式确定。

$$W_m = S_m C_m B_m = S_{c \cdot m} B_m$$

$$W_r = S_r C_r B_r = S_{c \cdot r} B_r \tag{5-16}$$

式中 W_m,W_r——土地在破坏前和恢复后获得的总收入,万元;

B_m,B_r——农地在破坏前和恢复后获得的产值,万元/($hm^2 \cdot a$)。

(6) 复垦土地的生产率。复垦土地的生产率指标因恢复土地质量的不一而不同,一般分为标准的($g=1$),增产的($g>1$),减产的($g<1$)。复垦土地的生产率按下式求算:

$$g = \frac{W_p}{W_m} \tag{5-17}$$

(7) 土地复垦效益。恢复土地的效益按下式计算:

$$E_r = \sum_{i=1}^{t} (B_n - e) \tag{5-18}$$

式中 e——单位土地面积生物复垦费用(即农业生产投入费用),万元;

t——评价期限(一般为土壤肥力恢复周期),a。

5.3.4 复垦成本实例分析

现将矿山破坏土地恢复工作分成两大类。

5.3.4.1 单独进行复垦

美国宾夕法尼亚州复垦费用,如表 5-4 所示。

表 5-4 宾夕法尼亚州复垦费用

项　目	单　位	费用/美元	
		最　大	最　小
一、回填和整平			
1. 接近矿山原有地形和轮廓	hm^2	3761	2471
2. 修筑梯田	hm^2	3706	1730
二、再种植			
1. 单一植树 1730 株/hm^2	hm^2	1235	222
2. 草类和豆荚类植物的种子播种量 21 kg/hm^2	hm^2	544	445
3. 草类、豆荚类和树木	hm^2	1235	954
三、修筑河道、沟渠			
1. 横断面为 0.93 m^2		3.28	
2. 底宽 1.8 m，边坡 1.5∶1	延米	48.88	—
3. 岩石护坡的沟渠	m^2	14.40	
四、重整河床	延米	4.92	3.28
五、露头岩石用薄泥密封	延米	38.94	19.36
六、修筑挡土墙	个	7000	6000

5.3.4.2 生产露天开采矿山的复垦

生产矿山边开采边复垦的特点是把露天开采和复垦协调成矿山的统一生产工艺过程，复垦费用可以明显减少。如用沿等高线开采复垦法，在开采后紧接着复垦，复垦费用可以减少 2/3。在生产矿山计算复垦成本费用时，也有些项目是比较难分的，例如复垦利用采矿设备的费用摊分，究竟是用于采矿的还是用于复垦的，有时是不明确的。因此生产矿山所提供的复垦费用资料往往不是很准确的。要较准确地确定生产矿山复垦费用，必须将生产费用逐项进行分析，提出与复垦有关的，最后计算总复垦费用。现以肯塔基州东部正在生产的露天煤矿边生产边复垦的生产费用为例进行分析，结果如表 5-5 所示。

表 5-5 肯塔基州东部生产的露天煤矿平均生产费用

项　目	每吨费用/美元	占生产费用的百分比/%
冲积物的清理	0.12	2.9
购买煤田占用土地	0.01	0.2
契约押金	0	0
地面树木、杂物清理	0.08	1.9
剥　离	2.40	57.5
覆盖物的拖运	0.05	1.2
煤的装载	0.10	2.4
煤的运输	0.50	12.0
回填和平整	0.08	1.9
再种植	0.03	0.7

续表 5－5

项　目	每吨费用/美元	占生产费用的百分比/%
采矿付给土地所有者的矿区使用费	0.50	12.0
税收（所得税）	0.30	7.3
合　计	4.17	100.0

注:1. 平均剥采比是8:1,每开采1000 t煤破坏0.2 hm^2 土地;2. 属于复田费用,每生产1 t煤的复垦成本为0.32美元,占生产总成本的7.6%。

由表5－5中可看出,在一个生产的露天矿山,有些项目要明确区分究竟是属于采矿开支,还是属于复田费用是很困难的,如覆盖物的清理、搬运、所得税等。

5.3.4.3　废石场复垦

大冶铁矿尖山排土场是采矿后废石堆积起来的,日积月累形成一座山,总面积100 hm^2。复垦方法主要采用原貌种植和覆土种植。

覆土种植步骤如下:

废弃地→原地挖坑→坑内填黏土→覆耕植土→树种种植

蔬菜覆土种植工艺流程如下:

(1) 修筑废石场外的取水、输水设施,架设动力线路,维修进场道路。

(2) 覆土前,先用机械把废石场平整,碾平。

(3) 黏性黄土与直径小于10 cm的废石混合,同时加5%的石灰,将混合物覆于已碾平实的平整区内,压实的混合物厚度为20 cm。

(4) 铺设喷灌干管,修建田间蓄水池和管理及仓储用房,同时铺设喷支管,修建田间泵房,覆土时尽量留下排水沟位置。

(5) 在平整区内覆盖40 cm厚的黏性黄土,自然沉实。

(6) 修筑田间道路和田间台阶。

(7) 覆10 cm厚的耕层土,平整,修筑护坡并绿化。

(8) 调试取水、输水、田间灌溉系统,直至满足设计要求。

复垦费用投资概算如表5－6所示。

表5－6　投资概算表

序　号	工程项目	工程量	概算金额/万元
1	通电,维修进场道路		7.12
2	两次场地铲平/m^2	4.92	6.57
3	填充防渗层土方工程/万 m	13.25	125.86
4	防渗层掺杂物		11.28
5	防渗层碾压		2.19
6	填充黏黄土土方工程/万 m	26.50	251.94
7	填充耕作层肥土/万 m	6.68	173.73
8	砌田间地坑工程		6.57
9	田间道路及排水沟		14.89
10	田间蓄水池/m	384.48	8.76
11	取水、输水工程		92.34

续表 5－6

序 号	工程项目	工程量	概算金额/万元
12	田间喷灌设施及管道工程/m	25402.00	26.50
13	管理及仓储用房/m	657.23	13.14
14	绿化及防护林网工程/m	251.83	37.79
15	其他		38.94
	合 计	817.62	

5.3.4.4 塌陷区复垦

淮北市煤炭资源最为丰富，含煤面积达 6912 km^2，累计探明储量 80.47 亿 t，平均可采煤层 3 ～7 层，可采总厚度 5.5～13 m，而且品种齐全，煤质好，低灰、低硫、低磷，易于开采。受平原地形和上覆松散冲积层及煤炭埋藏较深等影响，矿区采煤方式全部采用长壁工作面全陷法管理顶板开采，这必然引起地面塌陷。土地塌陷后在地表大面积移动变形和积水，形成了遍及全市的深浅不等、大小不一的 38 处封闭式湖面，周围生态环境由陆地生态环境蜕变为水生生态环境。

A 多层采煤的深层塌陷区水产养殖复垦模式

多层采煤形成的深层塌陷区范围较广，深度大，适于建立机械化网箱、围网和拦网渔场。机械化网箱的成本较高，要求分布在较大的水域中央，平均每 22300 m^2 的水面可建 670 m^2 面积的网箱。网箱利用太阳能作为能源，定时投放饵料，分层饲养，一般可分 5 层，不同鱼种搭配投放，亩产可达 7 万尾（一年多茬捕捞和投放鱼苗）。围网和拦网同样是在较大的水域内进行人工设网围成渔场，此种方式成本较网箱低，年均亩产 600～800 kg。

B 浅层塌陷区挖塘造地模式

浅层塌陷区挖塘造地复垦模式主要采用"挖浅垫深"的方法，将造地与挖塘相结合。常用的工程措施是泥浆泵抽取法或推土机搬运法。据调查，一般挖 270 m^2 塘可造 400 m^2 地，但深浅不同的塌陷区，塘、地比有所不同。根据淮北市的复垦实践，推土机等机械搬运方式挖土造地，平均成本为 5～6 元/m^3，而泥浆泵法平均成本为 3.6～3.7 元/m^3，比机械搬运方式降低成本 30%～40%。泥浆泵法对土质有一定的要求，而且也有不足之处。

C 煤矸石充填塌陷区营造基建用地模式

煤矸石充填塌陷区营造基建用地模式是将煤矸石的堆放与塌陷区的治理进行统筹安排，利用发热量较低的煤矸石作填料，直接填充塌陷区造地，以用作煤矿基建用地和压煤村庄搬迁的新村址。淮北市区范围内煤层遍布，村庄搬迁选址困难，因此该模式具有重要的现实意义。

D 粉煤灰充填覆土造林模式

煤矿区一般都配套建有大型坑口电厂，电厂产生大量的粉煤灰等固体废弃物。粉煤灰的堆放占用大量耕地，而且粉煤灰经风吹扬，形成粉尘污染。据调查，电厂建山谷型储灰场，建设成本达 25 元/t，而征用塌陷地建储灰场其成本仅 2.5 元/t，只相当于建山谷型储灰场成本的 10%。造林不仅改善了生态环境，而且取得了良好的经济效益。

E 深浅交错尚未稳定的塌陷区的鱼、鸭混养模式

对于地下正在采煤的塌陷区，由于塌陷仍在进行，深浅不一，宜采取鱼、鸭混养短期粗放式的复垦模式。淮北市韩楼水产综合养殖场就曾采用过该模式。1988 年该场根据塌陷区的特点制定了"水产、水禽混养，综合协调发展"的复垦方案。当年开挖鱼塘 15 hm^2，利用鱼塘作为水禽的活动场所建起了养鸭场。另外还建起了养猪场，畜、禽粪便充当养鱼饵料，实现了水产、水禽一条

龙综合发展。1991年产鲜鱼11万kg、活鸭0.3万只、肉猪100多头，松花蛋5万枚，创产值百万元，实现利润20万元。

F 利用大水面、深水体、优水质的塌陷区发展旅游业

利用面积大、水体深、水质好的水域，兴建游乐设施，发展旅游业不仅可以改善煤矿区的生态环境质量，改变煤矿区脏、乱、黑的形象，而且可以为职工提供良好的休闲场所。淮北市烈山水上公园就是利用塌陷区建成的，水域面积333 hm^2。由烈山区土地局成立开发公司贷款200万元兴建了游乐园、亭廊、水上餐厅、歌舞厅，购买了游船等设施，集吃、住、游、玩为一体，已成为淮北市的一景。

淮北矿区现有塌陷面积8.25万亩，常年积水面积5万亩，将塌陷区水面改造为其他用途，其整治费约为征地费的25%～90%，如表5－7所示。将深水区可直接用于养鱼，浅水面整治费约为500元/亩。淮北矿区塌陷区改为养鱼池的整治费，成本费及产值如表5－8所示。

表5－7 塌陷区改造为其他用途的整治费

塌陷地点	塌陷深度/m	整治方式	用途	亩数	整治费/元·亩$^{-1}$
沈庄矿塌陷区	2.2	挖浅垫浅	种植、养殖	130	1480
相城矿塌陷区	4.5	粉煤灰充填	种植	1111	4900
岱河矿塌陷区	4.5	矸石充填	文体设施	178	2925
沈庄矿塌陷区	3.5	矸石充填	迁村宅基地	350	3200

表5－8 塌陷区改为鱼池的整治费、成本费和产值

项目	面积/万亩	整治费/元·亩$^{-1}$	小计/万元	成本费		产值	
				单价/元·亩$^{-1}$	小计/万元	亩产值/元	小计/万元
深塌陷区	3		180	540	450	1350	
浅塌陷区	2	500	1000	180	360	450	900
合计	5		1000		900		2250

表5－8说明，整治塌陷区费用1000万元，养鱼成本费900万元，年产总值2250万元，扣除成本费后，年净得利1350万元。养鱼投入的工程整治费仅需1年即可收回，总的来说，养鱼收入要高于粮食；但是基于国情，在有可能的情况下，应将农业复垦放在首位。矿区拟将塌陷区附近的土地开发成旱涝保收的水田、菜地、果园，以及林地，这不仅改善了生态环境，而且种、养业相互促进、协调，可取得更好的生产效益。

我国《土地复垦规定》第十六条指出：基本建设过程中破坏的土地，土地复垦费用和土地损失补偿费从基本建设投资中列支；生产过程中破坏的土地，土地复垦费用从企业更新改造资和生产发展基金中列支，这表明了土地复垦是生产建设中的重要环节。制定土地复垦规划与主管企业生产建设是同一行业管理部门。因此，土地复垦规划与生产建设应统一规划，边开采边复垦，才能取得较好的经济效益。

5.4 矿山固体废弃物的综合利用

我国矿产资源的特点是贫矿多，富矿少；难选矿多，易选矿少；共生矿多，单一矿少。在矿产资源综合利用方面，我国中、小型矿山企业综合利用程度比较差，大部分小型矿山企业和小矿山

根本不进行综合利用,不能做到贫富兼采、综合利用。如:我国金属共、伴生矿产资源总回收率只有 50%,而国外先进水平均在 70% 以上,差距达 20 个百分点。

矿山资源的综合利用工作是一项重要的工作,尾矿、煤矸石、粉煤灰等固体废弃物的治理和开发利用也是资源综合利用的重要内容。开展矿山资源的综合利用,不仅可以增加矿产原料的品种、产量,提高产品质量,而且可变废为宝、化害为利、一矿变多矿、小矿变大矿,使矿山资源得到合理开发、充分利用。

矿山固体废物的主要来源是采矿后产生的废石和矿山选矿产生的尾矿。矿山废石的堆积和尾矿坝的构筑,不仅侵占大量土地和农田,而且大量的矿山废石、尾矿的排放,会严重破坏土地资源的自然生态环境,破坏自然景观,并且因其成分复杂,含有多种有害成分甚至放射性物质,严重污染水源和土壤,污染矿区和周围环境。目前,我国对矿山固体废物的利用率还是偏低。

煤矸石是我国目前排放量最大的工业固体废弃物之一,年产量达到 3.8 亿 t,目前已累计堆放 50 多亿 t。我国每年的煤矸石排放量占当年煤炭产量的 10% ~15%。大量煤矸石长期堆放不仅占用土地,而且造成环境污染。开展资源综合利用,是实施节约资源基本国策的重要途径。我国已从税收、电力调度等方面扶持煤矸石发电,国家“十一五”规划需增加煤矸石发电装机 2000 万千瓦。“十一五”期间中国煤炭工业将大力发展循环经济,按照减量化、再利用、再循环的原则,重点治理和利用煤矸石、矿井水和粉煤灰。到 2010 年,煤矸石综合利用量将达到 3.9 亿 t 以上,利用率达到 70% 以上。其中,煤矸石等低热值燃料电厂年利用 2 亿 t,煤矸石砖利用 0.9 亿 t;煤矸石复垦造田筑路和井下充填消纳 1 亿 t 以上。

因此,如何对矿山固体废物进行综合处理,既改善矿山生态环境,又充分利用矿山固体废物中的有用成分,变废为宝,缓解矿产资源供需紧张矛盾,是人类社会面临的重要课题。

5.4.1 废石的综合利用

在矿山开采过程中,无论是露天开采剥离地表土层和覆盖岩层,还是地下开采开掘大量的井巷,必然产生大量废石。如在我国露天开采矿山中,冶金矿山的采剥比为 1:2 ~1:4;有色矿山采剥比大多在 1:2 ~1:8;最高达 1:14;黄金矿山的采剥比最高达 1:10 ~1:14。矿山每年废石排放总量超过 6 亿 t,仅我国露天铁矿山每年剥离废石就达 4 亿 t。目前全国剥离废石的堆存总量已达数百亿吨,是名副其实的废石排放量第一大国。另外,矿山采出的矿石中也夹有大量的废石。如金属和非金属矿每采 1t 矿石将产出 0.2 ~0.3 t 废石,煤矿采掘和洗煤等过程中产生的煤矸石可达原煤产量的 70%。每年我国煤矿排矸石量达 1 亿 ~2 亿 t,历年煤矸石堆积量已达 40 亿 ~50 亿 t。

矿山采矿废石特别是近矿体的矿化废石,一般多含有低品位的有用元素,对其中的有用元素综合回收利用,也是减少矿山固体废物排放、解决资源供需矛盾、提高矿山经济效益的一种有效途径。由于露采境界内的低品位废石属于采剥总量的一部分,无论回收与否,矿山投入的探、采等费用是不能少的,因此回收废石中的资源,成本低利润高。

矿山废石中的煤矸石还可用作建材原料。如以矸石和水泥为原料生产空心砌块砖,工艺简单,投资少,成品质量稳定。每生产 100 万块砌块砖可消耗矸石 11t,与黏土制砖比较,可少破坏土地,有利于保护宝贵的土地资源。

以矸石为原料可生产低标号水泥。燃烧过的矸石还是一种具一定活性的硅铝酸盐,可制造彩色水泥并能提高水泥标号。

在煤矸石中,除含有多种有益于农作物生长的元素外,还含有大量泥质页岩,泥质页岩有机质含量一般在 20% 左右,用作肥料可以增加土地肥力,也可改善土壤结构。

废石用于地下采空区回填,可防止地面沉降塌陷与开裂,减少地质灾害的发生。

5.4.2 尾矿的综合利用

大多数金属和非金属矿石经选矿后才能被工业利用,选矿也会排出大量的尾矿。尾矿是工业固体废弃物的主要组成部分。大量尾矿的堆积不仅占用了土地和造成了资源的浪费,而且也给人类生活环境带来了严重污染和危害。同时,随着矿产资源的大量开发和利用,矿石日益贫乏,尾矿已成为制约矿山可持续发展的重要因素。据统计,我国目前年采矿量已超过50亿t,尾矿排放量2000年达6亿t,仅金属矿山堆存的尾矿就达50余亿t,并以每年4~5亿t的排放量剧增。因此,从我国尾矿资源的实际出发,大力开发尾矿的综合利用,提高资源利用效率,有着十分重要的经济意义和社会意义。

我国尾矿利用工作起步较晚,但进展较快,20世纪80年代以来,一些矿山企业迫于资源枯竭,环境保护以及解决就业问题等多种压力,开始重视对尾矿资源的开发利用,并在尾矿中回收有价金属与非金属元素,尾矿制作建筑材料,磁化尾矿作土壤改良剂,尾矿整体利用等方面已经取得了实用性成果。

(1) 尾矿再选和有价元素的回收。我国矿产资源的一个重要特点是单一矿少,共伴生矿多。由于技术、设备及以往管理体制等原因,有的矿山由于选矿回收率不高,矿产综合利用程度不足,现已堆存甚至正在排出的尾矿中含丰富的有用元素。尾矿中含有的多种有价金属和矿物未得到完全回收。目前,由于技术设备的改进,有许多矿山对尾矿进行再选,回收利用其中的有价组分。

(2) 尾矿用作建筑材料。我国利用尾矿作建筑材料的研究始于20世纪80年代。目前国内利用尾矿作混凝土骨料、筑路碎石、建筑用沙、建筑陶瓷、微晶玻璃等,其特点是利用量较大,但附加值较低。其次,可利用尾矿制作烧结空心砌砖,并可制作高档广场砖,成本低廉,市场效应好。

(3) 尾矿用作采空区填充料。采空区充填是直接利用尾矿的最有效途径之一。这种方法工艺简单,就地取材,降低了充填成本和整个矿区生产成本,降低了矿石贫化率和损失率,提高了回采率。许多矿山现采用尾矿充填技术,通过管道自流输送尾矿胶结充填料。另外还可以利用尾矿充填露天采坑或低洼地带,再造土地。

(4) 尾矿用作土壤改良剂及微量元素肥料。尾矿中往往含有Zn、Mn、Cu、Mo、V、B、Fe、P等微量元素,这是维持植物生长和发育的必需元素。尾矿经磁化施入土壤后,可提高土壤的磁性,引起土壤中磁团粒结构的变化,尤其是导致土壤中铁磁性物质活化,使土壤的结构性、空隙度、透气性得到改善。

(5) 尾矿用于复垦植被。1988年11月,国务院颁布了土地复垦规定,规定了“谁破坏谁复垦”的原则。这一规定出台,引起了有关部门的重视,有力地促进了矿山土地复垦工作的步伐,并且在尾矿库的复垦植被方面也取得了较大进展。

(6) 尾矿用于建立生态区。加拿大铁矿公司(IOC)联合政府部门和环保组织制定了尾矿管理方案,确立了“尾矿生态化”(TBI)计划。该计划主要是在尾矿排放区域人为建造一些陆地和人工湿地,种植品种不同的当地植物,进一步优化周围环境。

近年来,我国一些大中型矿山企业开始重视尾矿的二次开发和利用,但是,由于我国的采矿技术远远落后于发达国家,剩在尾矿中的有用组分含量过高,造成巨大的损失。尾矿中不仅含有贵金属,有色金属和黑色金属,还有大量的非金属。尾矿中有用组分丰富,如不进行综合利用,将造成资源的严重浪费。开展尾矿综合利用是提高生产效率最有前景的发展方向,是选矿厂以最短途径向少尾和无尾矿工艺过渡的捷径。少尾和无尾矿工艺充分利用了矿产资源,扩大了矿山工业原料基地,扭转了目前我国金属矿山生产类型单一,资源匮乏,抵制产品市场价格波动能力较弱的现状,有效提高了矿山企业的市场适应能力和经济效益。还解决了刻不容缓的生态环境问题,产生了巨大的经济效益。

5.4.3 国外废石尾矿综合利用概况

20世纪70年代以前,国外对废弃物的对策,还停留在开发处理技术和防止二次公害的水平上,当前,其对策已经由消极的处理转向以回收资源和能源为主要目的的资源化方向发展。所谓资源化,包括物质再回收;物质转换,即利用废弃物制取新形态的物质;能量转移,即从废弃物中回收能源等三个方面。认为资源化可带来如下好处:

(1) 物质回收和再利用可节省这些物质的采掘量,从而可减轻各种环境破坏和污染。

(2) 物质的再循环可避免或减少废弃物的处理量,即可以把不可避免的废弃物降低到最低程度。

(3) 在生产系统中使用回收物质代替自然资源,从而减少能源消耗。

国外在物质再回收的研究有两个显著特点:一是对过去积存的老尾矿进行再磨重新加工,采用不同的方法进一步回收资源,综合经营;二是利用混合加工流程,建立少废或无废生产,使得尾矿量能减少到最少数量。普遍认为,尾矿再加工,在经济上是有利的,因为在获得精矿的传统方法中,破碎与磨矿占全部费用的49%~56%;同时,浮选前再磨可解离有价矿物,使其表面新鲜;尤其认为从重选尾矿中综合回收金银,是处理以前留下大量重选尾矿获得黄金、白银不可忽视的重要途径。试验研究表明,处理含金2 g/t以上的尾矿,经济上是合理的。

苏联巴尔哈什选厂采用再磨、浮选、精选流程从尾矿再回收铜和钼,采用阳离子捕收剂从尾矿中得到氧化铝含量32%的绢云母精矿。

国外在物质转换方面,对尾矿的综合利用非常重视,并取得一定的研究成果。概括地说,利用尾矿制作建筑材料的居多,如蒸压硅酸盐制品、加气混凝土、重混凝土、砖瓦、陶瓷、陶粒、铸石、玻璃、泡沫塑料和水泥等品种。还有的用尾矿生产冶金助熔剂、化工产品和肥料等。

美国在研究利用加利福尼亚州堆存的金矿尾矿生产钙质加气砖,据计算这种砖的价格减少到普通黏土砖的$\frac{1}{2}\sim\frac{1}{3}$。

5.4.4 矿山固体废弃物综合利用存在的问题

(1) 由于固体废弃物产生量大,服务周期长,堆浸渣量大,因此废石场占地面积大,改变了山沟的地形地貌、破坏地表植被,由原植被茂密的自然山沟变为废石堆积的阶地,改变原地表径流方向,使地表调节径流和涵养水源的能力下降,导致生态环境恶化。

(2) 大量废石堆置于废石场,且废石之间属不紧密结构,若不妥善处置,一旦遇雨水冲刷,可能造成泥石流,直接威胁到下游矿区的安全。

(3) 由于废水处理站采用石灰中和和漂白粉分别处理酸性废水和含氰废水,产生的中和渣中富含铜、铅、锌等重金属,属于危险废物,且年产生量很大。

总之,废石与尾矿资源化是保持矿业可持续发展的必然选择,也是保护自然资源、保护矿山环境的主要内容。矿山固体废弃物二次开发利用是改善矿山生态环境、缓解矿产资源供需紧张矛盾的有效途径之一。我国在尾矿利用、二次资源开发上取得一些成就,但与国外相比还存在一定差距,矿山企业要建立与市场经济接轨的固体废物管理与运行机制,走产业化道路,发展中国的矿山经济,改善矿山环境。

复习思考题

5-1　名词解释:矿山土地复垦、采矿技术复垦、土地资源再利用、土地复垦率、土地利用结构系数。

5-2　请比较国内外矿山复垦现状,说明我国在复垦方面有哪些差距。

5-3　矿山土地复垦设计主要内容是什么,为什么复垦设计要和有关部门合作与配合,方能取得预期效果。

5-4　废石场复垦有哪些类型,结合实例叙述废石场复垦的主要程序。

5-5　尾矿池的复垦主要有哪些困难,如何克服尾矿池再种植的困难。

5-6　资源综合利用的意义是什么？如何理解矿业废弃物也是一种资源,而且是不可多得的资源。

5-7　按复垦的地点叙述复垦的主要内容。

6 矿井热害及其防治

随着矿井开采深度和强度的不断增大，矿井机械化、电气化程度不断增强，地热和机械设备向井下空气散发的热量显著增加，使井下气温升高。此外，一些地处温泉地带的矿井，虽然开采深度不大，但由于从岩石裂隙中涌出的热水及受热水环绕与浸透的高温围岩，也都能使井下气温升高、湿度增大。这样就更加恶化了井下工作环境，严重地影响井下作业人员的身体健康和劳动生产率，成为一种灾害，习惯上称热害。为了降低热害，必须采取降低井下空气温度的措施。

在冬季寒冷的矿区，为了防止因井筒结冰而造成提升、运输事故，防止人员上下班受寒生病，也须对矿井进风流采取加热的措施。

6.1 人体的热平衡与矿井环境质量的关系

6.1.1 人体的热平衡

人体能量代谢过程是体内生物化学过程，而散热过程则是物理过程。在正常情况下，人体依靠自身的调节机能，使产热和散热保持动平衡状态，其平衡关系可用下式表示：

$$M - W \pm C \pm R - E = S \tag{6-1}$$

式中 M ——人体新陈代谢过程中产热量，kJ/h；

W ——肌肉做功而消耗的热量，kJ/h；

C——人体与周围环境以对流传导方式（以对流为主）散（吸）热量，kJ/h；当环境气温高于人体皮肤温度时，人体从环境吸收热量，取“+”，反之，则取“-”；

R——人体与周围物体表面之间辐射换热量，kJ/h；当周围物体表面温度低于人体皮肤温度时，人体以辐射的方式向外界散发热量，取“-”，反之，则取“+”；

E——人体通过皮肤表面显性发汗或不感蒸发所散发的热量，kJ/h；

S——蓄存于人体内的热量，kJ/h。

当人体产热量和散热量相等时，$S=0$；当产热量大于散热量时，$S>0$，人体热平衡破坏，导致体温升高；当散热量大于产热量时，$S<0$，导致体温降低。

实际上，人体热平衡并非是简单的物理过程，而是在神经系统调节下的非常复杂过程。当产热和散热能保持平衡时，即体温能维持在36.5～37℃，人体感到舒适，否则，破坏了这种热平衡，就会引起身体的不适，人就会生病。

6.1.2 人体散热方式及其影响因素

人体散热主要以对流、辐射及出汗蒸发的方式进行。此外，呼吸及排泄也能带走少部分热量。在温和气候中，从事轻体力劳动的人，每日产热量约为12567 kJ。就散热过程来看，几种散热途径所占比例，如表6-1所示。

根据传热学知：辐射、对流、蒸发三种方式的散热量主要与气温、湿度、风速这三个因素有关。

当空气中的温度较低时，对流、辐射作用加强，人体向外散热量过多，人就会感到寒冷不适；当温度适中时，人就感到舒服；当空气中的温度超过 25℃并接近于人的体温时，对流与辐射大大减弱，汗蒸发散热加强，气温达到 37℃，人体将从空气中吸收热量，而感到闷热，有时还会引起中暑。因此井下温度不宜过高或过低，一般不应超过 25℃。另外，相对湿度大于 80%，人体出汗不易蒸发；相对湿度低于 30%时，则感到干燥，并引起黏膜干裂；最舒适的相对湿度是 50% ~60%。矿井相对湿度多为 80% ~90%，故井下气候的调节多从温度和风速来考虑，随着温度的增高，可适当提高风速，以提高散热效果。

表 6-1 人体的散热方式及其所占比例

散热方式	热量/kJ	百分比/%
辐射、传导、对流	8793	70.0
皮肤水分蒸发	1827	14.5
肺的水分蒸发	1005	8.0
呼　气	440	8.5
加温吸入气	314	2.5
尿　粪	188	1.5
合　计	12567	100

综上所述，影响人体散热的因素主要是周围的气候条件，即空气的温度、湿度和风速三者的综合作用，并决定了矿井环境的质量；单独用某一因素评价矿井空气环境质量的好坏都是不够的，必须考虑评价矿井空气环境质量的综合指标。

6.2 影响矿内气温的因素

矿内空气温度是决定矿内气候条件的重要因素，它直接或间接地影响着人体的散热状态。如果空气温度超过 27℃时，人体散热极为重要，甚至从空气中吸热，使人体内热量积蓄过多，热平衡遭到破坏，出现过热症状甚至中暑。因此，冶金矿山安全规程规定，采掘工作面的空气干球温度不得超过 27℃；高硫矿井和热水型矿井的空气湿球温度不得超过 27.5℃。

当地面空气温度入矿内后，由于井下各种热源进行热交换，其状态参数（温度、湿度）随着风流的前进会不断发生变化。影响井下气温变化的主要因素有：

(1) 矿井进风（地面空气）温度；
(2) 矿内空气的压缩和膨胀；
(3) 岩石温度；
(4) 矿岩氧化放热；
(5) 矿内热水散热；
(6) 机电设备散热；
(7) 人体散热；
(8) 矿内水分蒸发吸热和井巷通风强度等。

6.2.1 地面空气温度

地面空气温度的高低，直接影响着矿内空气温度的变化，尤其是浅井，影响更为明显。我国地处北纬亚热带到寒温地带，气温变化幅度很大，因而受地面气温的影响有较差别。由于地面气温在一年之中，随着季节而发生周期性的变化，就是一日的气温也随着时间发生周期性变化，这种变化近似为正弦曲线。地面气温的周期性变化，使矿井进风路线上的气温也发生相应的周期性变化。但是，井下日气温的变化随着进风井口的距离增加而迅速衰减，到达一定值后，基本保持不变。井下年气温变化虽也随着距进风口的距离增加而衰减，但比井下日气温的衰减速度要缓慢些。

6.2.2 矿内空气的压缩和膨胀

当空气沿井筒下行时，由于空气柱的作用，空气受压缩而放出热量，使气温升高；反之，当空气上行时，就会因膨胀而吸收热量，使气温降低。如果认为空气在压缩和膨胀过程中与外界没有热量交换，就可以把这个过程看作单纯的绝热过程。空气绝热过程中释放和吸收的热量 Q_p，可按下式计算：

$$Q_p = 9.807 \times 10^{-3} M(Z_1 - Z_2) \quad \text{kJ/h} \tag{6-2}$$

式中 M ——空气通过井筒的质量，kg/h；

Z_1, Z_2——井巷起点和终点距基准面的标高，m。

空气绝热过程引起气温增（或减）值为：

$$\frac{\mathrm{d}t}{\mathrm{d}z} = \frac{K-1}{KR} \tag{6-3}$$

式中 K——绝热指数，其数值大小随气体性质而异，空气主要由氧气和氮气组成，取 $K = 1.4$；

R——气体常数，干空气为 287 J/(kg · K)。

但实际上，上述过程并非绝热过程，何况空气中不但含有水分，而且含湿量还有变化，故每百米增减值稍有变化。

6.2.3 岩石温度

6.2.3.1 岩石温度

地球内部蕴藏着巨大的热量，而且愈深热能愈大。地面以下的岩石温度是变化的，可分为三个带来说明其变化：

(1) 变温带。这一带的岩（地）温是随地表季节温度而变化，冬天岩石向空气放热而降温，地温亦低，夏天则相反。

(2) 恒温带。这一带的地温不受地表气温的影响而基本上保持不变，其温度比当地年平均气温略高 1 ~ 2℃，其深度距地表约 20 ~ 30 m。

(3) 增温带。在恒温带以下，岩石温度随深度增加而增加，增加温度大小与当地的地热增深率成正比，即一定深度 Z 米处的岩石温度可按下式求得：

$$t_\tau = t_0 + \frac{Z - Z_0}{g_\tau} \quad ℃ \tag{6-4}$$

式中 t_τ——深度 Z 处的岩石温度，℃；

t_0——恒温带的岩石温度，℃；

Z_0——恒温带的深度，m；

g_τ——地温增温率，m/℃。

地温增温率是指岩石温度，每升高 1℃ 时所增加的垂直深度。其数值大小与当地的岩石成分、水分地质条件、山川地势等因素有关，因而各地不同。目前我国许多金属矿区的 g_τ 还有待测试和搜集。

6.2.3.2　围岩传递给井下空气的热量

对于矿井通风井巷来看，当地面空气进入井巷后，气温与井巷周壁岩石温度有差异时，岩石与空气之间会出现热交换过程，但其主要热交换方式为传导和对流，且是一个复杂的不稳定过程，并伴随着质的交换。目前关于围岩传递给井下风流的热量 Q_r 的计算公式较多。现介绍下面一种：

$$Q_r = K_\tau \times U \times L(t_r - t_a) \quad \text{kJ/s} \tag{6-5}$$

式中 U——巷道周长，m；

L——巷道长度，m；

t_r——巷道始末两端平均温度，℃；

t_a——流进巷道始末两端空气的平均温度，℃；

K_τ——围岩与井下风流的热交换系数（也称不稳定换热系数），分别用下式计算。

（1）对于通风期为1~10年的井巷：

$$K_\tau = \frac{1}{1+\dfrac{\lambda}{2aR}}\left[\frac{\lambda}{2R} + \frac{b}{2\sqrt{t}\left(1+\dfrac{\lambda}{2aR}\right)}\right] \quad \text{kJ/(s·m}^2\text{·℃)} \tag{6-6}$$

其中，当井巷壁面水分蒸发强烈时：

$$K_\tau = \frac{\lambda}{2R} + \frac{b}{2\sqrt{t}} \quad \text{kJ/(s·m}^2\text{·℃)} \tag{6-7}$$

（2）对于通风期为10~50年的井巷：

$$K_\tau = 0.407\frac{\lambda^{0.65}(C_n\rho_n)^{0.2}a^{0.15}}{R^{0.45}t^{0.2}} \quad \text{kJ/(s·m}^2\text{·℃)} \tag{6-8}$$

其中，当井巷壁面水分蒸发强烈时：

$$K_\tau = 0.651\frac{\lambda^{0.8}(C_n\rho_n)^{0.2}}{R^{0.6}t^{0.2}} \quad \text{kJ/(s·m}^2\text{·℃)} \tag{6-9}$$

式（6-7）至式（6-9）中，a 为对流换热系数，kJ/(s·m²·℃)，可用下式近似计算：

$$a = 2.326\times10^2\frac{\varepsilon G^{0.8}U^{0.2}}{S} \quad \text{kJ/(s·m}^2\text{·℃)} \tag{6-10}$$

b 为岩体的释热系数，kJ/($s^{0.5}$·m²·℃)，可用下式计算：

$$b = 0.1396\sqrt{\frac{\lambda C_n\rho_n}{\pi}} \quad \text{kJ/(s}^{0.5}\text{·m}^2\text{·℃)} \tag{6-11}$$

式中 R——井巷的等效半径，m，$R=\dfrac{2S}{U}$；

S——巷道的净面积，m²；

λ——岩石的导热系数，kJ/(s·m·℃)；

C_n——岩石的比热容，kJ/(kg·℃)；

ρ_n——岩石的密度，kg/m³；

ε——井巷壁面的粗糙系数；

G——流进巷道的风量，kg/s；

t——巷道通风时间，s。

6.2.4 矿岩氧化放热

在矿内某些矿岩中，主要指硫化矿石，如黄铁矿、磁黄铁矿等，容易和周围介质中氧结合，放出大量的热。如黄铁矿在10～15℃，即开始氧化，其反应过程为：

$$2FeS_2 + 7O_2 + 2H_2 \longrightarrow 2FeSO_4 + 2H_2SO_4 + 2.58 \times 10^6 \quad J$$

黄铁矿在氧化时，若有水存在，则生成硫酸，变成酸性水，使氧化加快；若无水时，则生成二氧化硫和无水硫酸铁。

氧化时放出的热量 Q_o 可近似按下式计算：

$$Q_o = qF \quad kJ/s \tag{6-12}$$

式中 q——单位面积氧化散热系数，$kJ/(m^2 \cdot s)$；

F——氧化面积，m^2，一般指井巷周边的岩壁表面积。

在开采过程中产生的粉尘，由于其与空气接触面积大，故能促进氧化并放出热量，若采用加大通风量不但难以排除氧化放出的热量，反而会使氧化加剧。因此，国内外一些硫化矿床开采的矿山，井下温度很高，如前苏联乌拉尔铜矿采区内的空气温度达58～60℃，我国某铜矿回采工作面空气温度达到32～40℃，最高达45～60℃。

6.2.5 矿内热水放热

地处温泉地带的矿井，某些地点地下循环水的温度很高，甚至超过当地岩温，成为热水型矿井。从裂隙出来的热水向空气大量散热使气温升高而形成热害。在掌握出水点位置、涌水量、水温及排水沟（管）的特征和布置方式后，用水沟排放热水时的散热量 Q_W 可按以下经验公式计算：

$$Q_W = (20.52 + 14.65V)(t_W - t_a)F_W \cdot \beta \quad kJ/h \tag{6-13}$$

式中 V——巷道风速，m/s；

t_W——热水温度，℃；

t_a——水沟附近巷道风流温度，℃；

F_W——水沟总表面积或热水散热的表面积，m^2；

β——排水沟（管）的特征系数；明沟取1.0；暗沟（采用混凝土盖板）取0.6。

6.2.6 机电设备散热

矿内机电设备的运转、电力照明、灯火燃烧、爆破、人体放热等都会产生一定的热量而散发到空气中。局部热源放热量可按下列各式确定：

（1）采掘机械电动机散发热量 Q_1，可按下式计算，即

$$Q_1 = 3.6 \times 10^3 N_1 K \quad kJ/h \tag{6-14}$$

式中 N_1——电动机消耗功率，kW；

K——设备的时间利用系数，根据矿山具体情况而定。

（2）绞车提升散发的热量 Q_2，可按下式计算，即

$$Q_2 = 3.6 \times 10^3 N_2 (1 - \eta_2) K_2 \quad kJ/h \tag{6-15}$$

式中 N_2——所配电动机功率，kW；

η_2——机械效率。

（3）变压器工作时散发的热量 Q_3，可按下式计算，即

$$Q_3 = 3.6 \times 10^3 N_3 m \quad kJ/h \tag{6-16}$$

式中 N_3——电动机功率,kW;

m ——井下变压器热损率,平均 $m=0.05$。

6.2.7 人体散热

工人工作时散发的热量 Q_4,可按下式计算,即

$$Q_4 = 4.2 \times 10^3 q_p n_p \quad \text{kJ/h} \tag{6-17}$$

式中 q_p——在重体力劳动时,一个矿工的放热量,一般取 1.05×10^3 kJ/(人·h);

n_p——井下工作地点工人数。

6.2.8 矿内水分蒸发吸热

矿内水分蒸发时,可从空气中吸收热量而使气温降低。水分蒸发的难易程度,取决于当地空气的相对湿度和气温。空气相对湿度愈大,水分蒸发愈困难,这时人体依靠出汗来散发体热就比较困难。如果空气中相对湿度达到饱和状态,即相对湿度达100%,水分蒸发就完全停止。

矿内水分蒸发对气温的影响,可按下式计算,即

$$Q_5 = 4.2 \times GL(d_2 - d_1) \quad \text{kJ/h} \tag{6-18}$$

式中 Q_5——水分蒸发时吸收热量,kJ/h;

L——水的汽化热,100℃时等于0.585 kJ/h;

d_2——井巷出风口空气的含湿量,g/kg;

d_1——井巷进风口空气的含湿量,g/kg。

6.2.9 井巷通风强度

井巷通风强度对于风流与岩体之间热交换有显著的影响。当进风流的气温低于岩温时,井巷周围岩体将向风流散热,而且散热量随着风速的增大而增加。岩体放出来的热量将被加大了的风流所吸收,最终仍可使气温有所降低。然而,实际表明,采用加大通风量来降低气温,在其他条件不变时,这种降温效果与进风原始气温关系很大,而且风速增大也有一定限度,当风速超过这个限度时,井下气温不再显著下降。如对某矿井760 m水平的一条运输大巷的实测表明,在正常的情况下,巷道周壁岩石的温度为32.5℃,巷道内气温为28.5℃,风速为1.35 m/s。当风速增加到3 m/s时,其空气温度由28.3℃下降到24.5℃;当风速增加到10 m/s时,其空气温度不再显著下降。因此,只有在一定风速范围内,通风强度对风流和岩体之间的热交换才有显著效果。

综上所述,影响矿内热害形成的因素很多,矿内热源主要来自围岩放热、矿岩氧化放热以及矿内热水散热等方面。应当指出的是,围岩放热和矿井深度有关。一般来说,矿内岩石温度是随着开采深度的增加而升高的。如印度的科拉金矿开采深度为1000 m时,岩石温度为36℃,开采深度为8000 m时,岩石温度增至49℃,当开采深度增加到2500 m时,其岩石温度增至56℃。我国安徽省某硫铁矿,矿内岩石温度为40℃;安徽省某铜矿,矿内岩石温度则高达40~60℃。总之,随着矿井深度的不断增加,矿内热害问题也愈来愈突出,必须引起人们的注意。

6.3 衡量矿井热环境的舒适指标

人对热环境的舒适程度是人体热平衡的心理反应。影响人体热平衡的因素不是单一的,人体散热的主要因素是环境温度、湿度和风速。若能以某种气象条件指标,从劳动舒适程度上表示各种不同环境条件就可以比较方便地对环境做出评价。最简单的指标是用气温表示环境条件。

以前曾规定28℃为不致降低劳动效率的气温上限，但是，后来人们发现仅用气温表示环境条件是不充分的。目前国内外常用的用以评价矿内热环境的舒适指标主要有：湿球温度、卡他度、实效温度、热强指数、空气冷却度，以及折算温度、当量温度、湿球温度等，下面主要讨论前五种。

6.3.1 湿球温度

湿球温度是衡量矿内空气潮湿程度的一个指标，体现了气温和湿度两个因素对人体散热的影响。在气温较高、湿度较低时，说明空气干燥，水分蒸发较快，这时湿球温度不高。进行体力劳动时，仍感比较轻松；相反，在气温较低、湿度较大时，说明空气潮湿，水分蒸发比较慢，这时湿球温度比较高，进行体力劳动时，就会感到吃力气闷。因此，国外常用湿球温度作为衡量环境舒适程度的高低。特别是当空气不流动而相对湿度较高时，用湿球温度表示环境是简单、实用的方法。但是，当在空气流速高和干球温度高的条件下，湿球温度就不能客观地反映环境的条件状况了。

6.3.2 卡他度

卡他度是评价劳动条件舒适程度的综合指标之一，是英国的希尔等人于1916年提出的。卡他度是用模拟的方法，度量环境对人体散热速率影响的综合指标，反映了因对流、辐射、蒸发作用下皮肤的散热量。

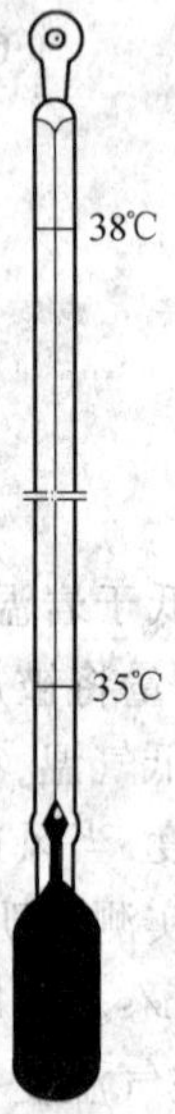

图6－1 卡他度计

所谓卡他度，是指卡他度计的液球表面被平均加热到36℃时，其单位面积上，单位时间内所散发出来的热量，单位用mcal/(cm^2·s)。测量卡他度的仪器叫卡他度计，如图6－1所示，它是一种酒精温度计，下端有一个比普通温度计大的液球，上端有一个小液球，玻璃管上有38℃和35℃两个刻度。每个卡他度计有不同的卡他常数K_0，它表示贮液球在温度由38℃降到35℃时每平方厘米表面上的散热量。测定前，先把大液球置于热水(温度为60～80℃)中加热，当酒精柱上升到上部空间1/3处时取出，擦干大液球表面的水分，然后把卡他温度计悬挂在欲测定的空气中，于是液球散热，酒精柱下降，用秒表来计量液面从38℃下降到35℃所需时间t，由此时间就能算出卡他度K_d[mcal/(cm^2·s)]。

卡他度可分为湿卡他度和干卡他度两种，上述K_d称干卡他度，用薄布包上液球，放入热水中浸湿，拿到测点进行测定，所得卡他度叫做湿卡他度，用K_W表示。干卡他度的散热方式是对流、辐射作用，而湿卡他度的散热是以对流、辐射、蒸发三者的综合散热作用。对于高温矿井的热环境，以湿卡度表示比干卡度更为适用。不论干、湿卡他度，都是由卡他温度计特有常数K_0，除以通过两个温度刻度之间的时间上而求得，即

$$K=\frac{K_0}{t} \tag{6-19}$$

一般情况下，卡他度愈大，散热条件愈好。不同劳动条件对卡他度的要求不相同。如表6－2所示。

表6－2 卡他度的数值与劳动强度关系

劳动状况	轻微劳动	一般劳动	繁重劳动
干卡他度	>6	>8	>10
湿卡他度	>18	>25	>30

6.3.3 实效温度

实效温度在不同的参考书里也称感觉温度、等效温度、有效温度等。它是指相对湿度为100%，空气静止时，人们感觉舒适的温度；或者说，在不同的干球温度、湿球温度和风速下，人们的感觉与相对湿度为100%，空气静止时感觉一样所对应的温度。

实效温度原作为室内采暖与降温的基础资料而研究的，是以穿着衣服坐在椅子上从事轻微劳动的人为对象而确定的。后来又以裸露着上身的人为对象，研究确定了他们的实效温度。对于在闷热环境中从事体力劳动的人，虽然没有专门研究过，但是，后者的实效温度，也能适用于闷热环境。环境实效温度可根据该环境的干球温度、湿球温度、风速从图 6－2 中查出。实效温度与人体生理反应之间的关系，如表 6－3 所示。

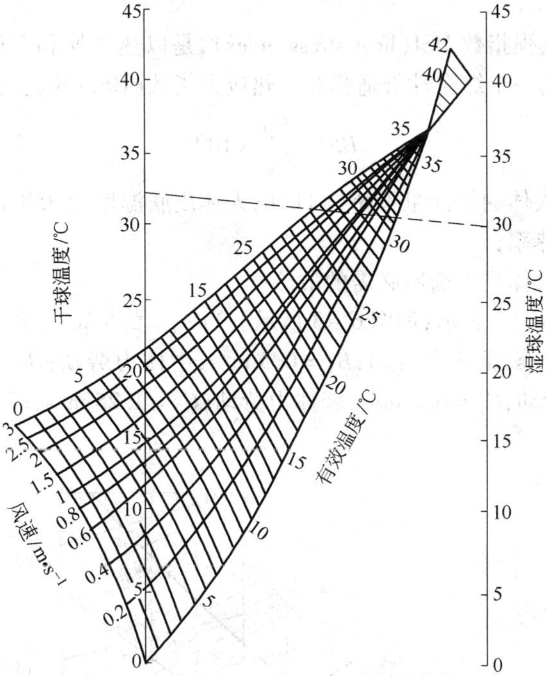

图 6－2　实效温度计算图

表 6－3　实效温度与人体生理反应

实效温度/℃	热感觉	生理学作用	肌 体 反 应
42～40	很　热	强烈的热效应力影响出汗和血液循环	面临极大的热击危害，妨害心脏血管的血液循环
35	热	随着劳动强度增加出汗量迅速增加	心脏负担加重，水盐代谢加快
32	稍　热	随着劳动强度增加出汗量增加	心跳增加，稍有热不适感
30	暖　热	以出汗方式进行正常的体温调节	没有明显不适感
25	舒　适	靠肌肉的血液循环来调节	正常
20	凉　爽	利用衣服加强显热散热和调节作用	正常
15	冷	鼻子和手的血管收缩	黏膜、皮肤干燥
10	很　冷		肌肉疼痛，妨碍表皮血液循环

如环境温度为32℃,湿球温度30.3℃,风速为0.8 m/s时,实效温度可从以下方法求得,在图6-2的干球温度和湿球温度刻度上,找出32℃和30.3℃,用虚线连接两个点,再找出虚线与0.8 m/s风速曲线的交点,由该点在实效温度曲线图中的位置,即可查得实效温度值为29.1℃。

实效温度是建立在人的直观感觉基础上的,因此符合实际。实效温度与湿卡他度都和气温、湿度、风速有关。研究各种不同环境条件下有实效温度和湿卡他度之间的关系表明,按实效温度由高到低的次序排列,与湿卡他度由低到高排列,两者的序列是一致的。这说明这两个指标对环境条件的反映有一致性。尽管实效温度与湿卡他度有一定的关系,但是这两个指标还是有很大差别。湿卡他度受温度和风速的影响比实效温度更敏锐。在判定环境条件时,同时使用两个指标,有利于做出综合判断。

6.3.4 热应力指数

热应力指数又称热强指数HSI(heat stress index),是以热交换和个体热平衡为计算基础,加入劳动强度因素在内的一个综合性舒适指标。热应力指数(HSI)的表达式为:

$$HSI = \frac{E_{\mathrm{H}}}{E_{\mathrm{W}}} \times 100\% \qquad (6-20)$$

式中 E_{H}——表示当人体的排汗量不超过1L/h,人体皮肤温度为35℃时,由于出汗蒸发形成的最大散热率;

E_{W}——为维持人体热平衡所必需的散热率。

热应力指数可用曲线图表示,如图6-3所示。当$A_1=0.5$ m/s,重体力劳动;$A_2=1.25$ m/s,重体力劳动;$A_3=2.5$ m/s,重体力劳动;$B_1=0.5$ m/s,中体力劳动;$B_2=1.25$ m/s,中体力劳动;$B_3=2.5$ m/s,中体力劳动;$C_1=0.5$ m/s,轻体力劳动;$C_2=1.25$ m/s,轻体力劳动;$C_3=2.5$ m/s,轻体力劳动。

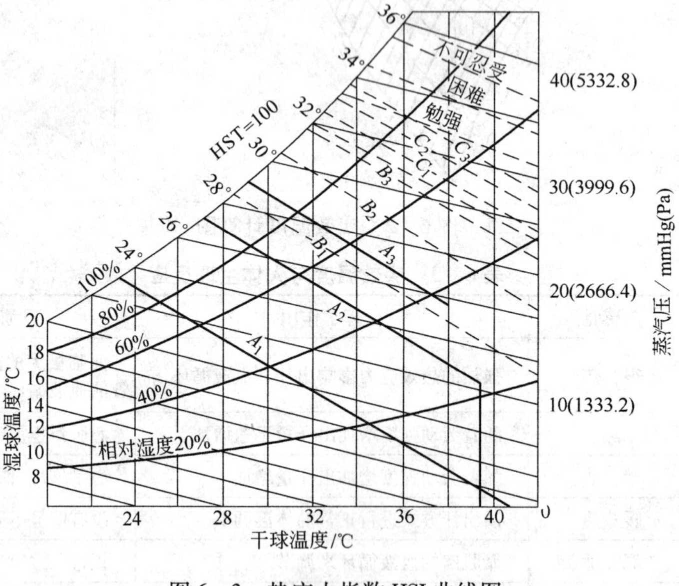

图6-3 热应力指数HSI曲线图

该曲线图表示不同劳动强度所许可的气候条件。在曲线图中,A、B、C表示为不同劳动强度条件下风速曲线。如湿球温度为30℃,相对湿度为90%,干球温度为31.8℃,风速B_2为

1.25 m/s的条件下，可进行中等强度劳动，当干球温度为36℃，相对湿度为45%，风速 B_1 为0.5 m/s的条件下，亦可进行中等强度劳动；当湿球温度超过32℃，此时热应力指数（HSI）已超过100，仅能从事轻体力劳动。这个指标（HSI）在欧美各国较为常用。

6.3.5　空气冷却度（SACP）

空气冷却度又称比冷却力，是环境条件（温度、湿度、风速）对从事各种劳动的人体皮肤表面的最大冷却能力（单位是 W/m^2），也是近年来人们努力推行的一种理论型的评价矿内气候条件的指标。该指标建立在传热学的理论基础之上，它表示周围环境通过辐射、对流与传导、蒸发等方式。比冷却力与人体能量代谢率相适应，是人体与周围环境的最大热交换速度。

图6－4是空气冷却度（SACP）与风速及湿球温度之间的函数关系，利用该图可以确定湿球温度与风速对人体散热的等效联合作用。例如，湿球温度为32℃、风速为0.25 m/s的比冷却力为80 W/m^2，说明该环境只适应能量代谢率不超过80 W/m^2 的轻体力劳动。

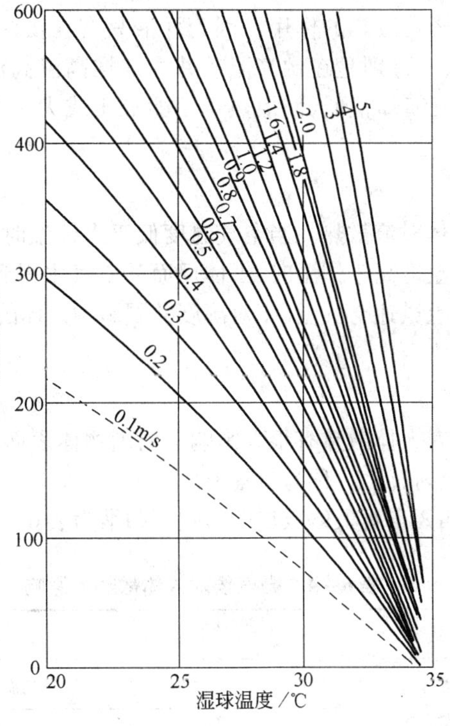

图6－4　空气冷却度与风速及湿球温度的关系图

上述几种表征矿井热环境劳动舒适程度评价的指标，尽管空气冷却力比其他指标表现得更有前途，但由于考虑到人体体温调节机理的复杂性、环境因素的多变性以及人对气候条件感觉的主观性，迄今为止，还没有一种指标能简单、方便、可靠地反映矿内气候的热环境。

6.4　矿内热环境对人体和劳动生产率的影响

6.4.1　微气候对人体热调节的影响

空气温度、湿度、风速和热辐射称为微气候的四要素。它们都影响着人体热平衡，且各要素之间的影响在很大程度上可互换。如在环境相对湿度增高对人体所造成的影响可以被风速的增加所抵消等。

6.4.1.1 温度

在微气候的四要素中,气温是评价微气候的主要因素,对人体热调节起着主要作用。当气温较低时,辐射和对流传导散热是人体主要散热方式;当气温逐渐升高后,人体汗腺活动越来越显著,汗液蒸发散热就逐渐成为主要散热方式,在一定范围内发汗速度与环境气温成正比,但在高温环境中时间过长,发汗速度骤降。这是由于汗腺产生疲劳所致。

6.4.1.2 湿度

空气相对湿度对人体热平衡和温热感有着重要作用。特别是在气温高的条件下,作用就更为明显。因高温时,人体主要依靠汗液蒸发才能保持热平衡。如果环境气温很高,而相对湿度却较低,此时由于汗液蒸发较快,体热也易散发;如果相对湿度很大,即使气温不太高也将妨碍汗液蒸发,使人体散热受到阻碍。体热不早散失而蓄积于体内,对散热中枢刺激增强,结果使汗液分泌速度增加,大量发汗使汗液以成滴的汗珠淌下,这种情况下汗液所携带走的热量是甚少的,不能起到蒸发散热的作用。因为汗液只有在皮肤上蒸发的过程中吸收汽化潜热才能携带走较多的热量。特别是在像高温矿井内那样高温高湿条件下从事重体力劳动,虽大量出汗,但汗液有效蒸发率却很低,使散热量不能等于或大于蓄热量,从而导致人体热平衡破坏。

6.4.1.3 风速

风速显著地影响着人体对流散热。当空气温度低于人体温时,风速越大,汗液越容易蒸发,人体散热量越大。当空气温度高于体温时,人体反而从空气中得到对流热,此时风速越大,人体得到的对流热越多。实际上风速与气温、相对湿度共同影响人体的散热,应综合考虑三者之间的影响。

6.4.1.4 热辐射热

人周围物体表面温度对人体散热有很大影响。周围物体表面温度高于人体表面温度时,则向人体发射热量,称为正辐射;反之,称为负辐射。

综上所述,微气候的四要素对人体散热的影响可归纳为表6-4。

表6-4 微气候对人体散热的影响

散热方式	主要影响因素
对流散热增加	空气温度减少,空气流速增加
辐射散热增加	人体周围物体表面温度减少
汗分蒸发增加	空气相对湿度减少,空气流速增加

6.4.2 矿内热环境对人体的影响

矿内热环境对人体的影响,主要表现在体温调节、水盐代谢、循环系统、消化系统、神经系统及泌尿系统等方面。这些变化在一定程度内发生是适应性反应,但超过限度则可产生不良的影响。

6.4.2.1 体温调节

人在矿内热环境中作业,由于产热、受热总量大于散热量,人体热平衡受到破坏,多余的热在人体内蓄积起来。当体内蓄热量超过机体所能忍受的限度时,体质调节紊乱,表现为体温升高。根据测定:当环境温度在35℃以下时,体温高于正常范围者很少;气温超过35℃,特别是超过38℃时,体温高于正常范围的人数显著增多,如图6－5所示。但是,体温升高有一定限度,上升至41℃者较罕见。

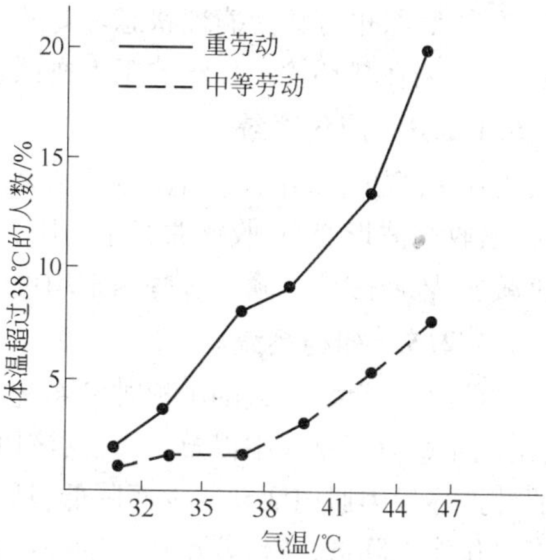

图6－5 环境温度对人体的影响

皮肤温度也可以反映出热环境对人的作用,据研究表明,皮肤温度随气温升高而增加,如图6－6所示。当皮肤温度接近人体内脏温度时,人体表面甚至可以完全失去散热作用,表6－5是不同体温下产生的症状。

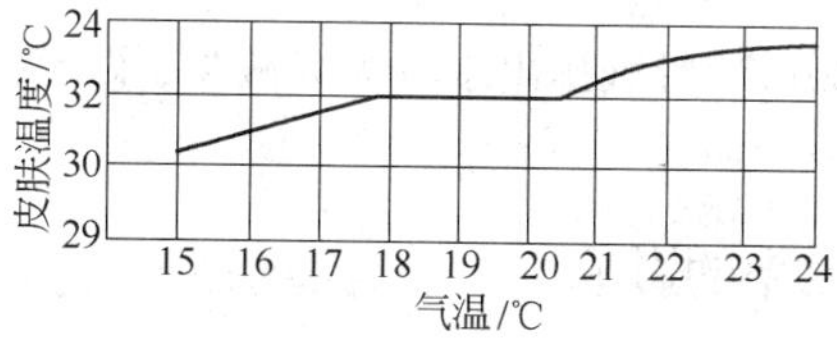

图6－6 不同气温对皮肤温度的变化

表6－5 不同体温下产生的症状

体温/℃	症 状	体温/℃	症 状
42～44	死 亡	34	遗忘、结巴、空间定向障碍
41～42	中暑、虚脱	32	还保持反应,但全部过程极为缓慢
39～40	大量出汗、血液循环不正常	30	意识丧失、全身剧痛
37	正 常	27～25	心脏停止跳动而死亡
35	大脑活动受阻、发抖		

6.4.2.2 水盐代谢

人在热环境中作业时,汗腺活动增加,大量分泌汗液,其分泌量与劳动强度成正比。据测定:里兰矿井工人每班每人失水量高达3.85 kg,平均为2.1 kg。汗液是低渗透溶液,水分占99.2%～99.7%,其余大部分为氯化钠。大量出汗亦必然损失大量盐分,如不及时补充水分、盐分,将使人体严重脱水、缺盐,引起水盐平衡失调,大量水盐损失,使尿液浓缩,加重肾脏负担;还可导致循环衰竭和热痉挛及热衰竭。热痉挛使人四肢咀嚼肌与腹肌等经常活动的肌肉痉挛并伴有收缩痛;热衰竭也称热虚脱,使人头晕、头痛、心悸、恶心、呕吐、面色苍白、脉搏细弱、血压短暂下降以至晕厥。1976年,里兰矿井下工人作业就发生多起中暑晕倒病例。由此可见,人体靠蒸发散热虽然可以调节维持人体热平衡,但它是以机体付出代价才保持平衡的,而且这种平衡状态只维持一定时间,一旦汗腺疲劳,出汗停止,即发生中暑。

6.4.2.3 循环系统

循环系统在体热分布和体温调节方面起着重要作用。在矿内热环境作业,皮肤血管高度扩张,流经体表的循环血量成倍地增加,因而能把大量的热带到体表,以便散发出去。为了完成这种调节,必须增加的血液输出量达2倍以上。这样就使心脏负担加重,心肌收缩的频率增高、强度增大,每搏输出量和每分钟输出量均增加。如心血管系统经常处于紧张状态,久之可使心肌发生生理性肥大,也可转为病理状态。此外,热环境对心血管系统的影响,还反映在血压方面,据资料表明,长期在热环境中工作的工人血压较高,高血压患者也比较多。

6.4.2.4 消化系统

人在热环境中,由于体内血液重新分配,引起消化系统相对病血,出现抑制反应,胃的排空时间延长,收缩波形变小,收缩曲线不规则,同时,出于大量出汗带走盐分以及大量饮水致使消化液分泌减弱,肾液酸度下降。这些因素均可引起食欲减退,消化不良,增加胃肠道疾病。

6.4.2.5 神经系统

在矿内热环境中,人的中枢神经系统出现抑制,大脑皮层兴奋过程减弱,条件反射潜伏期延长,出现注意力不易集中以及嗜睡、共济协调较长等现象,使肌肉工作能力降低。这种抑制作用,使肌体产热量因肌肉活动减少而降低,具有保护性质。但从另一方面来看,由于注意力不集中,肌肉工作能力降低,使作业动作的准确性与协调性及反应速度降低,易发生工伤事故。

6.4.2.6 泌尿系统

人在热环境中排出大量水分,使肾脏排出水分大大减少,尿液浓缩,肾脏负担加重,会出现肾功能不全等。

6.4.3 矿内热环境对劳动效率的影响

人在热环境中作业劳动生产率将显著降低,这是由于人体在热环境中可能出现中枢神经系统抑制,使肌肉活动能力下降。

高温对工作效率的影响,大体有几个阶段。在温度达 27 ~ 32℃范围时,主要影响是肌部用力工作效率下降,并且促使用力工作的疲劳加速;当温度高达 32℃时,需要较大注意力的工作及精密性工作的效率也开始受影响。

日本北海道7个矿井调查表明:气温在 30 ~ 37℃时,工作面事故率较 30℃以下增加 1.5 ~ 2.3 倍。据我国里兰矿及长广煤矿的调查,井下工人在热环境中劳动效率大大下降。

南非在 20 世纪 50 年代后期对温度、湿度和风速对工人生产率的影响进行了广泛的研究。实验地点是在地下制冷站附近的独头掘进工作面,从制冷站向独头掘进工作面用风筒送入热的和冷的饱和空气,两种风流混合后,可将湿球温度控制在 27 ~ 35℃之间的任意温度上,采用局部通风机送风,其风速在 0.5 ~ 4.0 m/s 之间。试验时,使工人在工作面尽力将矿石装入矿车内,工作 5 h。每一湿球温度和风速组合,每天换一个实验组,共研究 5 ~ 7 组。湿球温度为 27℃、29℃、30℃、32℃、35℃,风速为 0.5 m/s、2.0 m/s 和 4.0 m/s,选用 27℃时的生产率为 100%,将各种不同湿球温度和风速条件下的相对劳动生产率画在图上,从图中的曲线可以计算出随湿球温度的增加和生产率下降的百分率。图 6-7 是以实效温度标出的生产率变化曲线,该曲线包括了各种不同风速条件下的试验结果。由图 6-7 中可知,当实效温度由 27℃增加到 30℃时,生产率明显下降;当实效温度为 34.5℃时,生产率下降到实效温度为 27℃的 25%。由于高温导致矿山劳动生产率的降低,从而使矿山生产定额

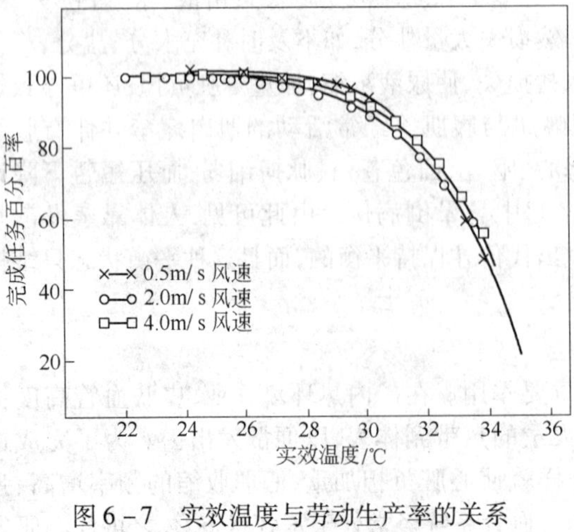

图 6-7 实效温度与劳动生产率的关系

减少，最终导致采矿费用的增加，它们之间的关系可由下式表示

$$z = AGK_t \tag{6-21}$$

式中　z——采矿费用的增加数值，元/a；

A——高温工作面的年产量，t/a；

G——采矿成本，元/t；

K_t——生产定额的温度系数，$K_t = \frac{1}{K} - 1$；

K——生产定额变更系数，如表6－6所示。

表6－6　工作面空气温度与生产定额之间的关系

工作面的空气温度/℃	26.1～28	28.1～30	>30.1
K	0.9	0.8	0.7
K_t	0.11	0.25	0.43

综合上述情况，为了保护矿山劳动安全和工人的身体健康，提高劳动生产率，提高经济效益，改善矿井气候条件是很有必要的。

6.5　矿井无需人工制冷设备的降温方法

6.5.1　利用通风方法降温

6.5.1.1　适当增加通风

般来说矿井热源分为两类：一类是放热量基本上不受风量的影响，如机电设备发热；另一类是放热量随通风量增加而有所增加，如巷道围岩放热。

增加风量，提高风速，虽可使巷道壁对空气的对流散热增加，风流带走的热量增多，气温下降。同时巷道围岩的冷却圈形成的速度加快，有利于气温缓慢升高。因此，采用增加风量降温应有一定限度，必须满足有关安全规程的规定。另外，风速过大对除尘不利。

6.5.1.2　利用调热井巷通风

利用调热井巷通风，一般有两种方式：一种是在冬季将低于零摄氏度的空气由专用进风道通过浅水平巷道调热后，再进入正式进风系统；另一种是利用开在恒温带里的浅风巷作调温巷道。这类巷道可利用进风井井巷附近的废旧巷道，或者在进风井巷附近开凿若干与其平行深度至恒温带的小井，并以水平短巷连通，形成多井并联进风系统，以便有较大面积的井巷壁面与地表风流接触，进行比较充分的热交换，来降低空气温度。但开凿专用井巷的办法费用较高，一般不太采用，而多采用废旧井巷作为冷却风流的调热井巷，这样可做到简单易行，经济合理。

6.5.2　选择合理的开拓、开采方式

6.5.2.1　建立合理的通风系统

加强通风降温，首先必须建立合理的通风系统，要求在确定开拓系统并进行采准布置设计时，应使进风风流沿途逐步减少，比如将进风风路开凿在传热系统较小的岩石中，避开各种热源；开掘专用的巷道把热水、热空气单独送入回风巷；尽量采用全负压的掘进通风方式以及改单巷掘进为双巷掘进或采用绝热风筒进行供风等。对地热型的高温矿井，宜采用能缩短进风路程、分区进风的混合式通风系统。多井筒混合式通风系统的进风路线最短，因而它的降温效果比中央式

通风系统好。合理划分通风区域,利用废旧井巷和大直径地面钻孔直接向工作面供风,有时也起到降温作用。

6.5.2.2 开采顺序对风温的影响

后退式开采的矿井,生产初期通风路线较长,使采煤工作面进风温度增高。但由于通风作用使煤岩散热形成冷却带,工作面本身风流温升将减少 0.6 ~ 1.6℃。前进式开采的矿井工作面风温将增高 2.0 ~ 2.5℃。

漏风对风温也有影响。后退式开采时,采区平巷漏风很小;前进式开采时,漏风率可达进风量的 20% ~ 30%。把进风巷布置在导热系数低的岩石中,采用双巷掘进、全矿井负压掘进都有利于降温。平顶山八矿 -430 m 水平大巷采用双巷掘进,降温可达 1.6 ~ 7.5℃。

6.5.2.3 工作面推进速度对矿井热状况的影响

(1) 增加矿井产量有利于深井降温。分析表明,开采产量提高 1 倍,可使工作面末端风温降低 1 ~ 4℃。

(2) 增加工作面长度对降温不利,由于目前增加产量的主要方法是增加工作面数目和提高推进速度。因此,在深井高温矿井中采用分区式布置,有利于风流中温度降低。

6.5.3 其他降温隔热方法

6.5.3.1 利用地下水降温

在恒温带附近的含水层中,或在略深于恒温带的岩溶发育带中,都有大量的冰水资源(水温在 17℃以下)可供利用。如能把这种冷水引入井内与空气进行热交换,则能带出较大的热量。如 14℃的水,升温到 20℃或 24℃,每 1 t 水即可带走 25122 kJ 或 41870 kJ 的热量。这种利用地下水的降温措施,可单独使用,也可和制冷机联合使用。

6.5.3.2 在局部地点使用压气引射器

在人员较多的采掘工作面,也可使用压气引射器加大风速来改善人体的散热条件。目前,国内有采用 YP100 型环缝式压气引射器(见图 6 - 8)的。这种设备使用方便,压气的工作压力为 3 ~ 6 个大气压,出口风量可达 32 ~ 70 m^3/min,但其降温作用小,消耗压气的费用高。

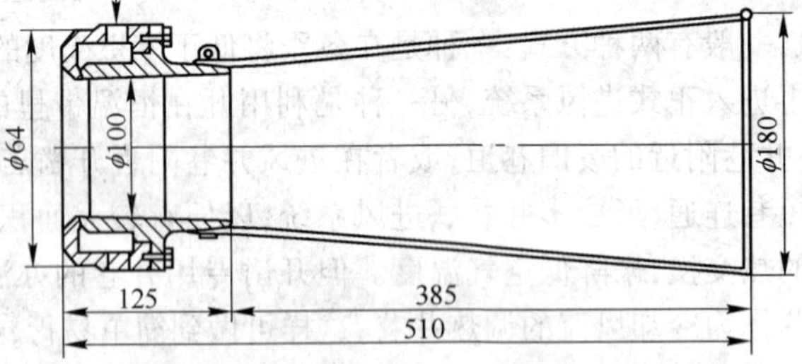

图 6 - 8 环缝式压气引射器

6.5.3.3 冰块局部降温

矿区如有大量天然冰块的储存条件,可以考虑在井下工作面进风口放置一定量的冰块,以吸收风流的热量。冰的吸热能力是:冰块的温度从零下某度到零度时,1 kg 冰块升高 1℃能吸热 2.09 kJ;从零度的冰到零度的水,能吸热 335 kJ;零度的水每升高 1℃时,1 kg 的水能吸热 4.187 kJ。

通常,冰块放置在容器中,容器和局扇相接,容器如图 6 - 9 所示,分上中下三格,外形尺寸为高×宽×长=1.5m×0.6m×2m。

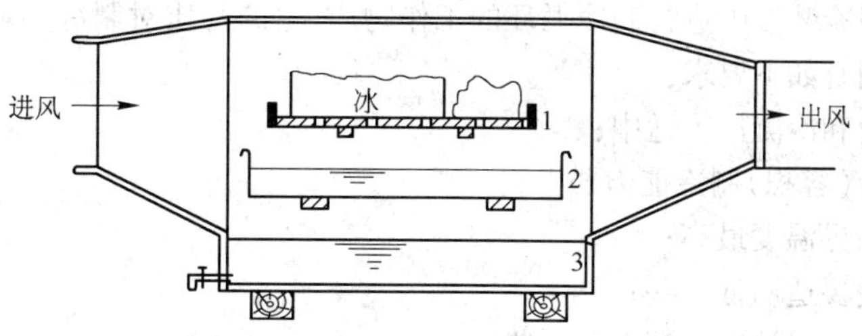

图6-9　冰块局部降温示意图

1—冰块;2—冰水盘;3—积水盘

6.5.3.4　个体防热

目前,国外已研制出一种带水格的塑料背心供高温作业人员使用。这种背心可装水4.5 kg,使用前在井下冰箱内冷冻成冰,背心内外都有工作服,外工作服的作用是保护背心不受损坏及防止对外散冷太快,内工作服为针织棉毛织物。背心中4.5 kg的冰若变成24℃的水可吸热420 kJ。这种背心一次可用4 h,用完后再放入冰箱中更换。

6.5.3.5　减少各种热源放热

井下各种热源产生的热量,导致气体温度升高,必须采取有效措施进行预防。目前减少各种热源放热的主要措施有:减少氧化放热、排除机械放热、巷道壁隔热、防止风流受潮和防止压风管道的加热等。

6.6　矿井采用人工制冷设备的降温方法

从低温热源吸取热量排向高温热源所用的机械称为制冷机。根据完成制冷循环所用的方法不同,大致可分为压缩式、蒸汽喷射式和吸收式三类,而压缩机又由于采用的制冷剂不同,分为空气压缩制冷与蒸汽压缩制冷。在空气调节工程中最常用的是蒸汽压缩式制冷。本节只介绍蒸汽压缩式制冷机的主要组成部分及工作原理。

6.6.1　制冷机的主要组成部分

制冷机的构造如图6-10所示。整个制冷机装置由制冷机、空气冷却系统和冷却循环水系统三大部分组成。其中制冷机是由压缩机、冷凝器和蒸发器构成;空气冷却系统由空气冷却器、泵和输送冷媒的循环管路构成,其中部分管道盘旋在蒸发器内;冷却循环水系统由泵和循环水管构成,其中部分水管盘旋在冷凝器内。制冷机的各个主要部分如下。

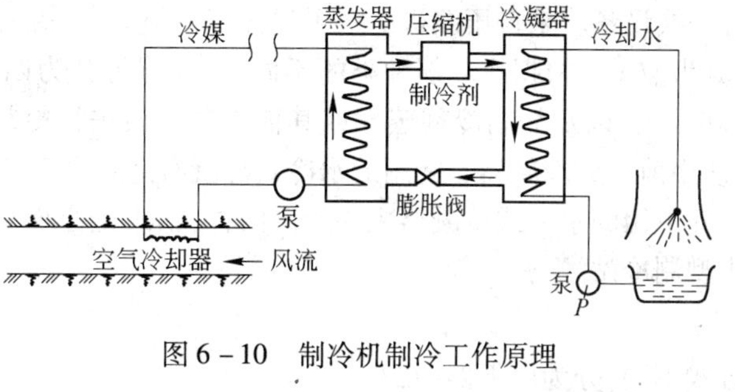

图6-10　制冷机制冷工作原理

6.6.1.1 制冷剂

制冷剂是在制冷装置中进行制冷循环的工作物质，它的性质对制冷循环和制冷系数具有影响，因此，对制冷剂有如下要求：

(1) 蒸发压力和冷凝压力适中；

(2) 单位质量(容积)制冷能力要大；

(3) 制冷剂临界温度最高；

(4) 冷固温度要适当低一些；

(5) 制冷剂在润滑油中可溶性要低些；

(6) 制冷剂的导热系数、放热系数要高；

(7) 制冷剂的密度、黏性要小；

(8) 对金属和其他材料无腐蚀和侵蚀作用；

(9) 在高温下不分解、不燃烧、不爆炸；

(10) 对人的健康无害，不具有毒性、窒息性和刺激性，易于购买，价格便宜。

工业常用制冷剂有氨、氟利昂、共沸溶液等，其中氨的制冷效果最好，但具有毒性、刺激性、爆炸性，因此，矿井井下不得使用氨作制冷剂。大多数氟利昂本身无毒、无臭、不燃与空气混合也不爆炸，适用于公共建筑、实验室及矿井井下的制冷装置。共沸溶液是两种氟利昂组成的混合物。

6.6.1.2 载冷剂

工业生产和科学实验中，常需要采用制冷装置间接冷却被冷却物，或者将制冷装置生产的冷量远距离输送，如制冷剂设在地面，冷量送往井下，这时均需要一种中间物质，在蒸发器内被冷却降温，然后再用它冷却其他被冷却物，这种中间物质称为载冷剂(冷媒)。

常用的载冷剂有水，它只能用在高于0℃的条件，当要求低于0℃，一般采用盐水，如氯化钠、氯化钙盐水溶液，或采用乙二醇、丙二醇等有机化合物的水溶液，以降低水的凝固点。

6.6.1.3 制冷压缩机

制冷压缩机的形式很多，根据工作原理可分为容积式压缩机和离心式压缩机。容积式压缩机又分往复活塞式和回转式压缩机。容积式压缩机是靠改变工作腔的容积，周期地吸入一定数量的气体，并将其压缩。离心式压缩机是靠离心力的作用，连续地将气体压缩，这种压缩机的转数高，制冷能力大，多为大型；而活塞式制冷压缩机多为中型(标准制冷量为60～600 kW)和小型(标准制冷量小于60 kW)。而矿井用的制冷机多为活塞式制冷压缩机，压缩机的选择要按所需制冷量(包括管路损失)及制冷工况确定压缩机的台数、型号和每台压缩机的制冷量及消耗功率。制冷工况由蒸发温度(制冷剂在蒸发器内沸腾的温度)和冷凝温度(制冷剂在冷凝器内的凝结温度)来确定。

6.6.1.4 冷凝器

冷凝器是一种热交换设备。来自压缩机的高压过热气态制冷剂，在冷凝器中被冷却为饱和气体，并进一步被冷凝为液态。根据冷却剂种类的不同，冷凝器可分为四类，即水冷、空冷、水—空气冷却(即蒸发式和水式)以及靠制冷剂蒸发或其他工艺介质进行冷却的冷凝器。空气调节用的制冷装置，主要使用前三类冷凝器。常用的水冷式冷凝有立式壳管冷凝器、卧式壳管冷凝器和套管式冷凝器等。井下用的水冷式冷凝器主要指前两种，立式壳管冷凝器用于大制冷站，卧式壳管冷凝器用于中小型制冷站。

6.6.1.5 蒸发器

蒸发器按供液方式不同，分为以下四种：

(1) 满液蒸发器。蒸发器内充满液态制冷剂,沸腾放热系数较高,这种蒸发器又分两种:一种是卧式壳管蒸发器,但稳定性较差;另一种是立管式冷水箱蒸发器,传热效果较好,但制造复杂,多用于氮制冷系统。

(2) 非满液式蒸发器。蒸发器内充液较少,可分为两种:一种是干式壳管蒸发器,氟利昂制冷剂多用这种,它减少氟利昂与润滑油的混合液的积存,比较经济,传热效果好;另一种是直接蒸发式冷却空气,仅用于小型制冷机。

(3) 循环式蒸发器。用泵强迫制冷剂循环,其循环量为蒸发量的 4 ~ 6 倍,沸腾放热系数较高,但设备费用较高,多用于大型制冷机组。

(4) 淋激式蒸发器。可减少制冷剂充注量,但设备费用高,只适用于深井低温冷却。

对氨制冷剂,一般采用满液式或循环式;而氟利昂制冷剂,多用非满液式及循环式蒸发器。

6.6.2 制冷机的工作原理

如图 6 - 10 所示,制冷机的工作原理是:利用某种临界温度高、临界压力不大的气体(制冷剂)受压液化放热,而降低压强时又可汽化吸热,使周围物质冷却。制冷机的工作过程是:循环使用的气态制冷剂进入压缩机被压缩,使其温度和压力升高,进入冷凝器后,被其中盘旋冷却水管的冷水所冷却,使制冷剂温度降低而液化,再经过膨胀阀进入蒸发器时,制冷剂压力显著降低,同时吸收蒸发器内盘管中冷媒的大量热,制冷剂完全汽化,汽化后的制冷剂可再进入压缩机循环使用。从蒸发器内盘管中流出的冷媒由于被吸去了大量热量而温度降低,降低后的冷媒从蒸发器中流出,经过泵沿管道流至空气冷却器内,使其周围气温降低,达到降温调节目的,升高了温度的冷媒,可沿管路再重新流入蒸发器内的盘管内继续使用。常用的冷媒是水或盐水。

6.6.3 矿井空气冷却系统的布置方案

6.6.3.1 空气冷却设备布置在地面的冷却系统

采用这种冷却系统,可以使矿井采掘工作面获得足够的降温效果,但这时必须大幅度降低地面入风温度(不能低于零度,以防井筒结冻),否则必须大量增加风量,从而增加开采费用。如图 6 - 11(a)所示,为地面空气冷却系统示意图。制冷在压缩机制冷机组中进行,盐水在蒸发器与空气冷却器之间循环,制冷剂在冷凝器中用冷却水冷凝,冷却水回水进入冷却塔冷却。

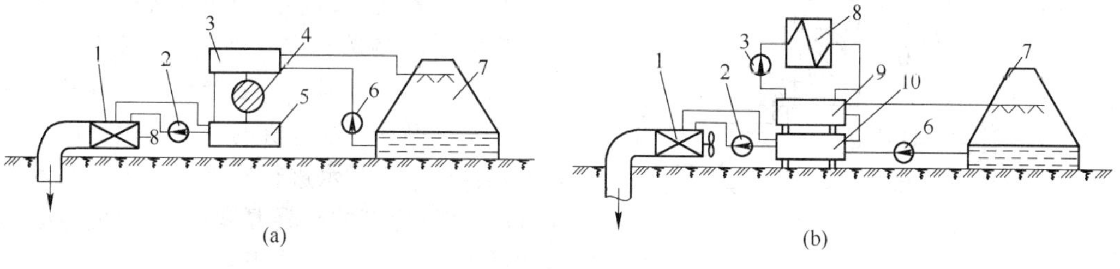

图 6 - 11 地面制冷冷却空气系统

(a) 蒸汽压缩制冷;(b) 吸收式制冷

1—空气冷却器;2—冷媒泵;3—冷凝器;4—压缩机;5—蒸发器;6—循环水泵;7—冷却塔;8—锅炉;9—发生器、冷凝器;10—吸收器、蒸发器

风量大而巷道长度小的矿井,可采用吸收式制冷装置,如图 6 - 11(b)所示。这种装置可以利用矿井锅炉的蒸汽或热水(100 ~ 120℃),他可利用廉价的二次能源作动力。

6.6.3.2　在地面布置制冷机在深水平冷却空气的冷却系统

该系统直接在深水平冷却空气，可以减少降温的能耗，大大地降低井下热害状况。为了避免制冷剂沿途大量漏失和在管道中存在很高的压力，一般利用第二载冷剂（盐水），经过低压换热器把冷量送到井下。循环泵将在蒸发器中冷却过的盐水送到高压换热器内，再把加热后的盐水沿回水管道送回蒸发器，水泵仅在盐水的循环中消耗能量。第二载冷剂（盐水或水）在低压下循环于换热器与空气冷却器之间，如图6－12所示。

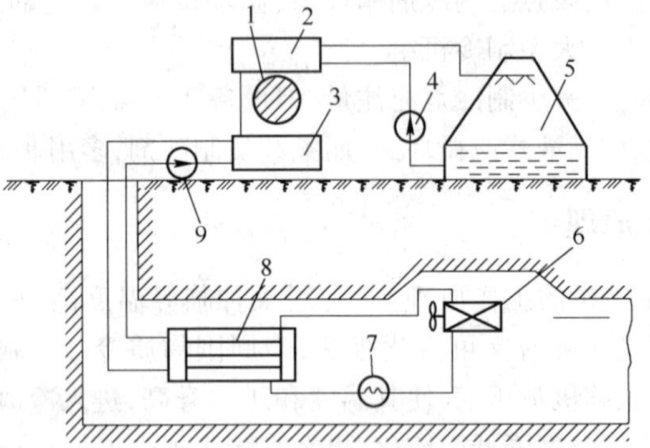

图6－12　地面制冷井下冷却空气系统

1—压缩机；2—冷凝器；3—蒸发器；4—循环水泵；5—冷却器；6—空气冷却器；
7—二次冷媒泵；8—中间换热器；9—一次冷媒泵

该系统较前所述系统更为合理，但其缺点是需要高压设备和庞大的循环系统，费用较高，需采用盐水作载冷剂，对管道有腐蚀作用。

6.6.3.3　在深水平布置制冷机在地面排除冷凝热的冷却系统

制冷机布置在深水平可以减少沿途管道的冷损，因而可以提高制冷剂的蒸发温度，并可利用水来代替盐水作载冷剂。但是，必须供应冷却冷凝器的冷却水，冷却水回水往往要在地面喷雾水池中或冷却塔中冷却。这种冷却系统，如图6－13所示。

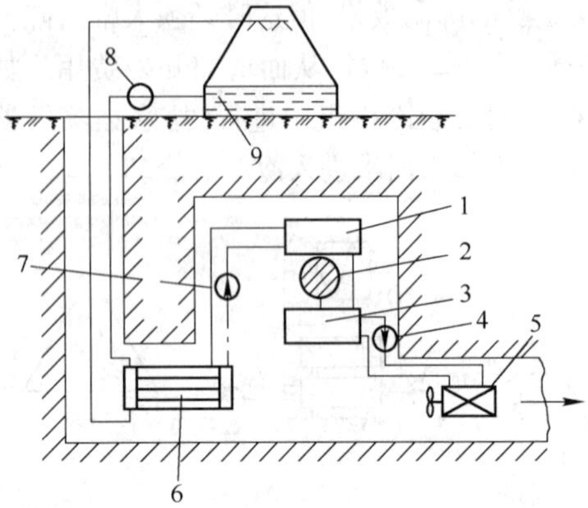

图6－13　地面排热的井下制冷冷却空气系统

1—冷凝器；2—压缩器；3—蒸发器；
4—冷媒泵；5—空气冷却器；6—中间换热器；
7—冷凝泵；8—循环水泵；9—冷却塔

在这种系统中，载冷剂（水）从置于深水平的制冷机的蒸发器送到空气冷却器，空气在这里被冷却和干燥。载冷剂在蒸发器与空气冷却器之间通过泵实现循环。制冷机的冷凝器由地面经过中间换热器供给冷却水进行冷却。由于冷却水在沿途升温，使制冷剂的冷凝温度提高，也使冷凝器在冷却系统复杂化，从而使压缩机的传动功率增加。但这种系统可以用低压管道将冷水送到井下，并可以把制冷机布置在井下的任何地点。

6.6.3.4　在深水平排除冷凝热的冷却系统

在深水平利用矿井水冷却冷凝器的系统，如图6－14(a)所示。当井下有大量清洁水源时，应该采用这种系统，当没有大量清洁水源时，必须利用回风流来排除制冷机的冷凝热。

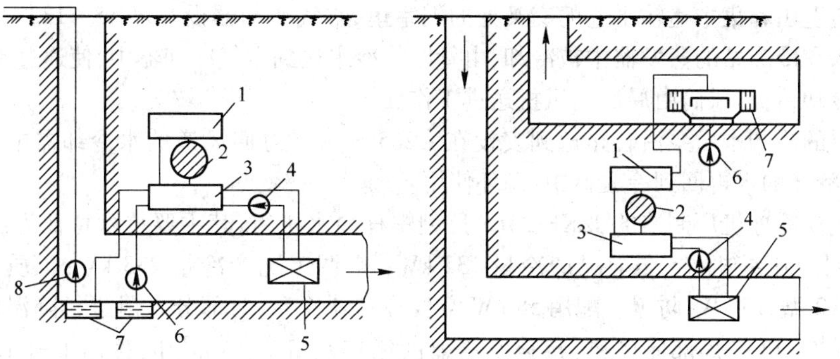

(a) (b)

图 6-14 井下排热的井下制冷冷却空气系统

(a) 矿井地下水排热;(b) 水冷却器回风排热

1—冷凝器;2—压缩器;3—蒸发器;4—冷媒器;5—空气冷却器;

6—循环水泵;7—井下水仓;8—排水系统

在深水平布置制冷机并用水冷却器排除冷凝热的系统,如图 6-14(b)所示。在这个系统中,空气冷却器布置在运输平巷内,用以冷却工作面的入风。冷凝器利用冷却水冷却,而冷却水回水则布置在回风水平的水冷却器中,利用回风流进行冷却。在水冷却器中,回水在回风流中因雾化、蒸发和散热而降温。利用布置在冷凝器和水冷却器之间的泵实现冷却水的循环。当回水直接与回风流接触时可能被污染,这时必须在过滤器中将水进行局部净化,以便使系统中循环水的含尘量不超过容许浓度。

6.6.3.5 联合制冷冷却空气系统

该系统在地面和井下均设有制冷装置。比利时某矿就采用这种系统,如图 6-15 所示。该矿在地面装有 4 台氨压缩机,总制冷能力可达 8736×10^6 J/h,冷风能力达 1800 m^3/min。供 6 个采矿工作面降温之用。冷媒输送系统中采用帕里顿式水轮机消能发电,化害为利,降低了输送冷媒的电耗。冷却塔将水从 29℃冷却到 13℃,冷却量为 350 m^3/h。

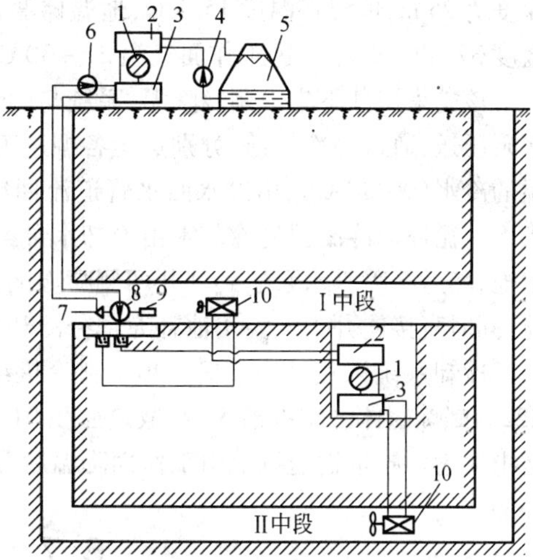

图 6-15 联合制冷冷却空气系统

1—压缩机;2—冷凝器;3—蒸发器;4—循环水泵;

5—冷却器;6,8—冷媒泵;7—水轮机;

9—电动机;10—空气冷却器

上述五种系统各有利弊,选用何种形式,应根据矿山具体情况,经详细技术经济分析比较后确定。

6.6.4 矿井降温实例

6.6.4.1 工作面降温实例

河南省平顶山八矿平均地温梯度每百米 3.2~4.9℃,第一水平开采深度 550 m,地温 36℃,工作面常年温度在 29~31.2℃之间,供风量 1740 m^3/min。

该矿在己 15—132 工作面采用井下人工制冷降温,制冷降温系统与图 6-14(b)相似,冷冻站设在轨道上山和集中运输平巷的交叉处的硐室里，空气冷却器设在已 15—132 工作面入风的机巷中。水在冷冻站的蒸发器中被冷却，由管路将冷水送到空气冷却器中，使通过空气冷却器的风流受到冷却，再沿风筒由局部通风机送进工作面。

冷凝器的冷却水由泵沿管路送到安设在 -265 m 水平总回风道的水冷却器中，用回风流将水冷却，被冷却的水再回到冷凝器中，循环使用。

采用武汉冷冻机厂制造的 JZKF125C(J)型螺杆冷水机组，其主要技术特征为：主机 KFI25C 型氟利昂制冷压缩机；标准工况产冷量 132 kW；空调工况产冷量 233 kW；工质 R22；电动机 BJO_2 -92 -2 型，75 kW，防爆。配用 58 kW 空气冷却器 4 台，对部分入风进行降温，每台空冷器配用 JBT41 型，2 kW 局部通风机，每台空冷器的循环水量为 13 m^3/h，选用 1 台 10 kW 离心泵供水。

空冷器为平一型，武汉冷冻机厂生产，产冷量 58 kW，散热面积 50 m^2，循环水量 13.2 m^3/h，进水温度 8℃，出水温度 12℃；通过的风量100 m^3/min，进风温度 30℃，出风温度 20℃（设计参数）。

6.6.4.2　矿井基建时降温实例

徐州矿务集团三河尖煤矿位于江苏省徐州市沛县境内，第一水平开采深度为 737 m，恒温带深度为 25 m，恒温带温度 15.1℃，地温梯度 2.92 ~ 3.43 ℃/100 m，平均 3.24℃/m，-740 m 原始温度 37.5℃，开拓掘进工作面气温 27 ~ 30℃，最高达 33.6℃，超过安全规程标准。

该矿采用井下集中制冷降温，系统与图6 -14相似。由制冷机组制出的冷水（5 ~ 10℃）经冷水泵压送，通过输冷管道，分别送至各掘进工作面的空气冷却器，冷却风流。吸收风流热量而升温的冷水（9 ~ 14℃），由冷水回水管道流回冷水集水罐，然后经冷水泵送入蒸发器再次冷却，进入下一循环。冷凝器的冷却水由冷却水泵经供水管路送到冷凝器，吸收冷凝热的冷却水流入回水池，然后经喷雾水泵送到副井两侧喷雾硐室，通过回风排除部分冷凝热，又回流到井下低温水池，同时直接向井下低温水池补充部分冷却水，置换部分冷凝热。

冷却系统采用两台 FJZ -40A 制冷机组，其主要技术参数：标准工况产冷量 456 kW；工质 R22。螺旋翅体式空冷器 5 台，散热面积 91.8 m^2，冷量 151.2 kW，分别安装在轨道上山、运输机上山大巷。胶带输送机上山工作面降温后温度由原来 33.2℃降至 25.6C。

6.7　空气预热

我国东北、华北、西北广大地区冬季气温较低，低温空气进入矿井，可使潮湿或淋水的井筒结冰，给提升、运输带来困难，甚至发生事故；另外，进风井筒温度较低时，使井下气候条件恶化，影响工人身体健康。因此，必须对进入矿井的冷空气进行加热，使进风温度不低于 2℃，以保证矿井安全生产和工人身体健康。

矿井入风空气预热的方法，目前主要采用锅炉预热和地温预热两种。采用锅炉及加热装置加热的方法消耗燃料较多，但安全可靠；采用地温预热矿井入风的方法（即利用废旧巷道和金属矿的采空区作为预热巷道）可以节省大量燃料，主要应用于有色金属矿。地温预热和降温在地面建筑物中也有广泛的应用。地温预热入风空气分浅部巷道（恒温带内）和深部巷道两种。本章主要介绍锅炉蒸汽预热法和地温预热法的原理和方法。

6.7.1　矿井入风预热的方式

矿井入风预热方式的选择，对矿井防冻的效果有很大影响，因此必须结合矿井的具体情况和地面气温情况，确定其加热的方式。常用的矿井入风预热方式有以下几种。

6.7.1.1 无风机的空气在井口房混合方式

这种方式多用于竖井，将井口房四周和井口房以上的井架进行密闭，井口房大门设自动风门或热风空气幕。在井口房主导风向的一侧安装空气加热器，以及百叶窗和防寒窗扇等。矿井总入风量的大部分由主通风机负压作用经加热器吸入井口房，并与加热器上部的冷风调节窗及门缝等处渗入的冷风进行混合后进入井筒，其布置形式如图6－16所示。

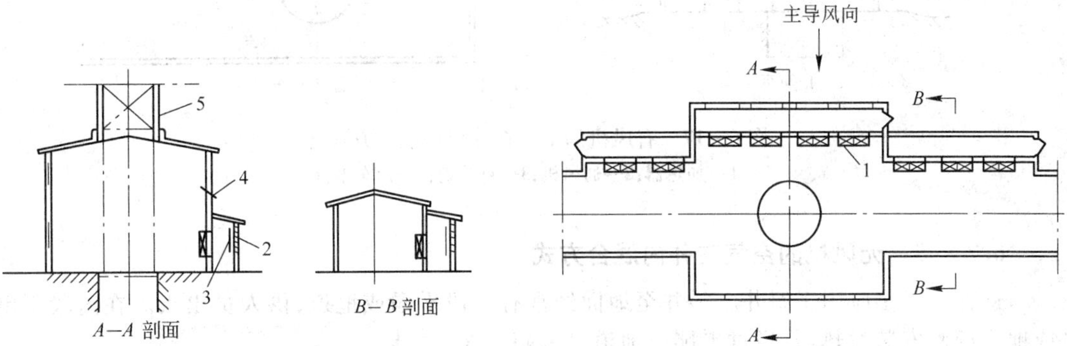

图6－16 无风机空气在井口房混合方式之一

1—加热器；2—百叶窗；3—防寒窗扇；4—冷风调节窗；5—井架密闭板

这种方式主要优点：

(1) 基本满足井口房的采暖要求，因而避免了井口设施罐笼顶部结冰。

(2) 由于不需为井筒防冻另设风机，避免了因风机引起的噪声，管理比较方便，经营费用较低。

这种方式的主要缺点：

(1) 井口房难以封闭，受自然风压影响，较难有效地控制冷热风的配比。

(2) 容易产生热风流上浮现象，造成热量不能有效利用。

这种方式在布置上应注意以下几点：

(1) 加热器应尽量布置在冬季主导风向的迎风侧，可以利用自然风压，防止热风外逸。

(2) 为了克服蒸汽流上浮，应减小井口房的温度梯度和屋顶的热损失。加热器布置在井口房第一层，并可在加热器上部设冷风调节窗；加热器布置在进出矿车两端的矮房内，冷热空气混合较好；井口房两端进出口，在生产过程中，大门开启频繁，密闭难以实现。在寒冷地区，井口房的通廊最好采用环形或直角形布置。

6.7.1.2 有风机的空气在井口房混合方式

这种方式一般不用热风道，而用通风机将入井风量的一部分加热至30～50℃送至井口房与冷风混合到2℃，利用矿井的负压吸入井筒，布置形式如图6－17所示。

由于热风是经由井口房进入井筒，井口房内的气温有些提高，对井口设施冰冻情况可以减少。

该方式的缺点是空气加热设施在井口房一侧，井口房内温度不均匀，有些地方温度仍然较低。另外，风机运转有噪声，对工人听声响信号有影响。

这种方式还可以采用暖风机代替空气加热器和通风机。暖风机在井口房内可以均匀布置，使井口房内空气温度较均匀。

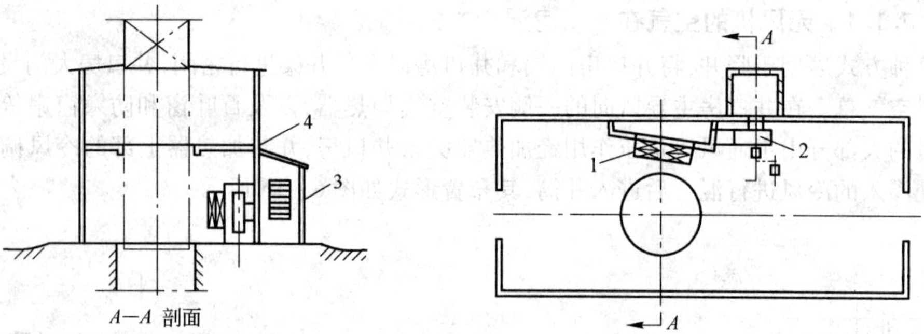

图 6－17　有风机的空气在井口房混合方式之一

1—加热器;2—通风机;3—百叶窗;4—出车平台

6.7.1.3　无风机的空气在井内混合方式

这种方式多应用于斜井。斜井至地面经常有一段平硐或地道,供人员出入。在这段平硐或地道两侧安装散热器,经过平硐或地道进入斜井的空气则被加热。其布置形式如图 6－18 所示。

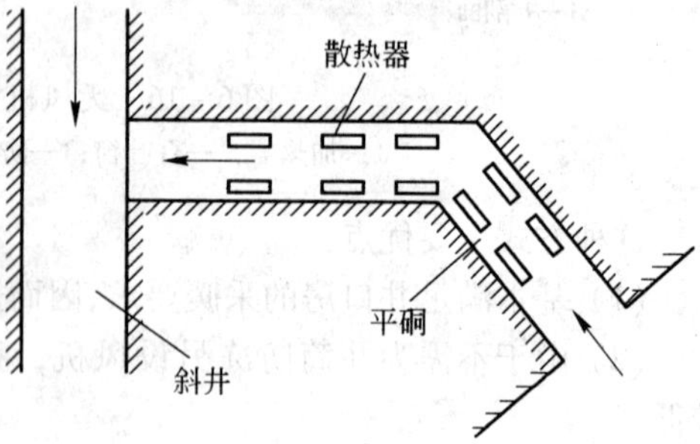

图 6－18　在入风平硐内加热空气的方式

这种布置形式的主要特点是与采暖结合,管理方便,但被加热的空气温度不高,需加热的空气量较大。故这种方式适用于地面空气温度不很低或低温天数较少的地区。

6.7.1.4　有风机的空气在井筒内混合方式

将矿井总入风量的一部分(一般约为 15% ~ 40%)加热至 40 ~ 70℃后用通风机送入井筒,与大部分由井口进入的冷风混合到 2℃。这种方式由于空气通过加热器的速度较大[一般为 5 ~ 8 kg/(s · m)],有的大至 8 ~ 12 kg/(s · m),因而加热器的利用率较高,加热器数量较少。

这种方式用在竖井上有以下缺点:

(1) 由于冷热空气在井口以下混合,热风口以上温度低,在热风口对侧和以上的井壁部分有时出现冰冻现象。

(2) 大量冷风通过井口房,使井口房内温度较低,致使井口设施及罐笼停在井口时间长时容易结冻。所以这种混合方式适用于斜井和平硐。

这种混合方式要单设空气加热室,空气加热室的布置方式,有将通风机设在冷风侧的(见图 6－19)和设在热风侧的(见图 6－20)。

加热器布置在冷风侧面的主要优点有:不因通风机吸热风而使风机效率降低;通风机及电动机的轴承不因吸热风温度升高而影响设备使用寿命。

加热器布置应注意:安装位置应考虑检修方便;应使各加热器的气流分布均匀;通风机安装在冷风侧,通风机与加热器应考虑设置必要角度的扩散管或有足够的扩散距离。其扩散角不大于 25°,否则易造成气流分布不匀,引起加热器局部结冻。

这种方式的加热室,也可以布置在地平面以下,以减少热量散失。

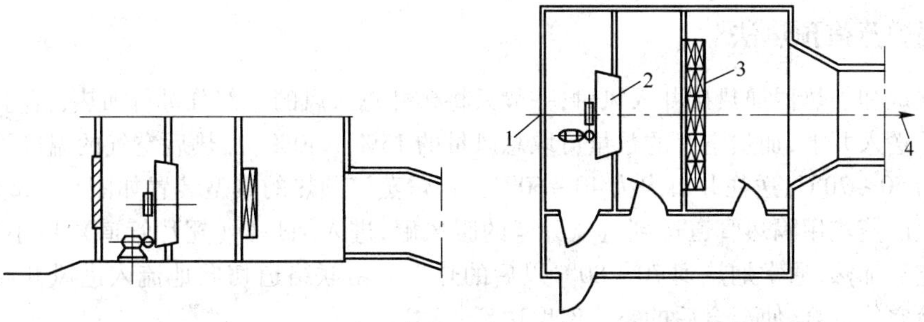

图 6-19 通风机设在冷风侧的空气加热室布置
1—百叶窗;2—轴流式通风机;3—加热器;4—热风入井方向

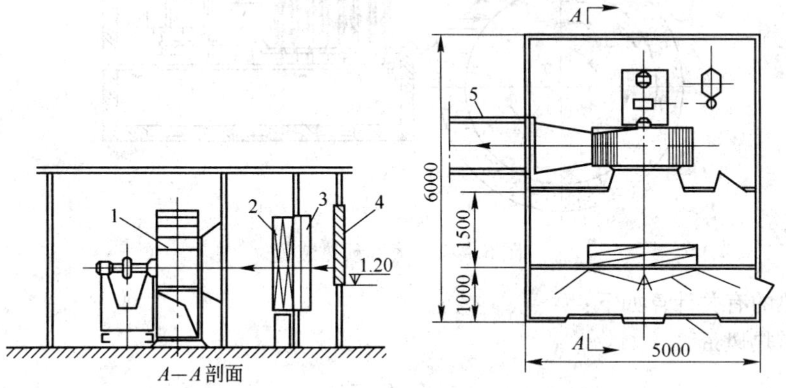

图 6-20 通风机设在热风侧的空气加热室布置
1—通风机;2—加热器;3—防寒窗扇;4—百叶窗;5—热风道

6.7.1.5 矿井为压入式通风的空气预热方式

这种方式的空气加热室,可不为加热室专设通风机,而与主通风机房联合建筑,一般将加热器布置在通风机的吸风侧,按其布置特点属于有风机方式。加热室的位置如图 6-21 所示。使风塔进入的冷空气与加热后的热空气在风道中混合后,经通风机压入井筒内。当锅炉气压不足时,可以调节冷风塔下的冷热风调节门,即加大冷风通过量,减少热风量或关闭加热器前的进风防寒窗扇,防止加热器冻坏。

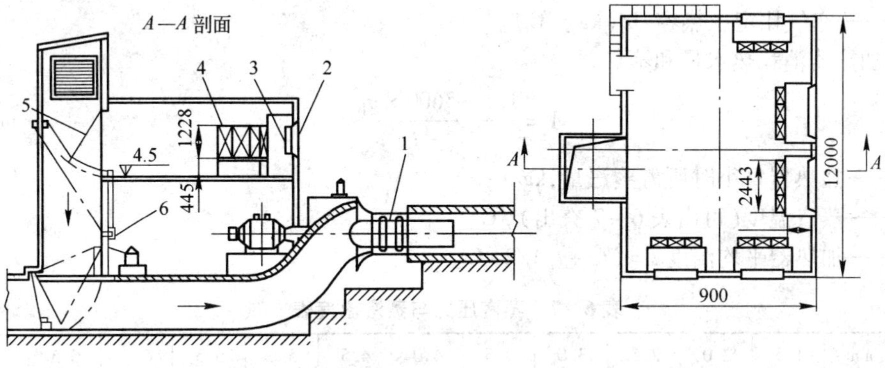

图 6-21 压入式通风的空气加热室布置
1—通风机;2—百叶窗;3—防寒窗扇;4—加热器;5—冷热风调节门;6—手摇绞车

6.7.2　锅炉蒸汽预热法

采用锅炉和加热器加热矿井入风时，一般只将矿井总入风的一部分进行加热，再与一部分冷空气混合后送入井下，加热空气的数量可取总风量的15%～40%，加热后空气的温度可取：送往竖井井筒为50～70℃，送往井口房为40～60℃。锅炉蒸汽预热的典型装置如图6－22所示。从锅炉房产生的蒸汽用隔热管道送到进风井旁的暖风硐，进入加热器（翅片管道），用小风机送入其间的冷空气加热，通常加热到70～80℃以后的热空气由联络道切向地流入进风井筒内，与流入井筒的冷空气混合，使混合后的空气温度达到＋2℃。

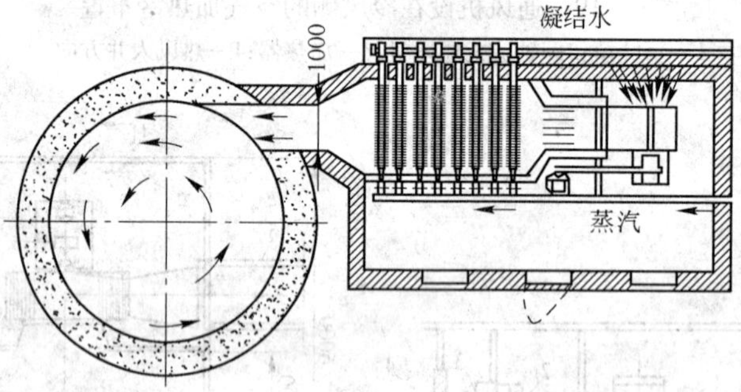

图6－22　蒸汽预热装置

空气预热的有关计算如下：

（1）所需热风量

$$G_h = G\frac{t_m - t_c}{t_h - t_c} \tag{6-22}$$

式中　G_h——需要加热的热风量（由小风机供给），kg/s；

G——进风井筒的总进风量，kg/s；

t_m——冷、热空气混合后的温度，取$t_m = 2℃$；

t_h——热空气温度，℃；

t_c——地表冷空气温度，℃。

（2）加热器产生的热量

$$q_h = 4.2\times10^3 G_h c_p (t_h - t_c) \tag{6-23}$$

式中　q_h——加热器产生的热量，J/s；

c_p——空气比定压热容，J/(kg·℃)。

（3）加热器消耗热水量和蒸汽量

$$V = \frac{1.1\times3600\times q_h}{t_v - t} \tag{6-24}$$

式中　V——加热器每小时所需蒸汽量，kg/h；

t_v——蒸汽温度（可由表6－7查出），℃；

t——加热器平均温度$t = (t_v + t_c)/2$，℃。

表6－7　蒸汽压力与蒸汽温度表

蒸汽压力/atm	1.5	2.0	2.5	3.0	3.5	4.0	4.5	5.0	5.5	6.0	6.5	7.0
蒸汽温度/℃	126.7	132.8	138.1	142.8	147.8	151	154.6	157.9	161.1	164	166.8	169.5

注：1 atm＝101325 Pa。

根据所需加热的热风量 G_h 和联络道总阻力可选择风机型号、大小,根据计算得到的 q_h、V 值选择加热器型号、大小。

6.7.3 地温预热法

冬季地面温度较低的空气进入井巷后,空气与围岩发生热交换,空气沿巷道流动方向的温度将逐渐升高。这种利用地下岩体热源加热空气的方法,可以用来加热冬季的矿井入风,即使进入矿井的空气首先经过一段调热巷道,使空气温度升高到2℃时再进入矿井。当冬季温度很低的空气经过调热巷道后,空气吸收了巷道周围岩体的热量,使巷道周围岩体温度降低很多,而且调热巷道入风口部分还要结冰。调热巷道经过一冬天的冷却,变成了一种冷库,到了夏季则可利用这种变成冷库的调热巷道,对矿井的入风流进行降温。

利用地温预热降温矿井入风或大型民用建筑,如影剧院、礼堂等的升温,是近几年在国内发展起来的一门新技术,由于系统简单、节省能量和造价低廉而引起人们的重视。但这种利用调热巷道对入风的预热降温使用是有条件的。

金属矿山的调热巷道大多利用旧井巷及采空区,使空气先经过废旧井巷和采空区与围岩进行热交换,升温(冬季)或降温(夏季)后再进入矿井。对于煤矿,如果有距地表较近的在岩石内开凿的废旧井巷,也可以用来作调热巷道,但采空区及煤巷不得采用。必要时也可开凿专用调热巷道。

6.7.3.1 地温预热计算

空气预热计算,是计算预热井巷的长度或面积,预热巷道的长度可按下式进行计算:

$$L = 19.7\frac{Q\gamma c_p}{KP}\lg\frac{t_r - t_0}{t_r - t_L} \tag{6-25}$$

式中 L——预热巷道的长度,m;

γ——冷空气密度($\gamma = 1.3$),kg/m³;

Q——进风量,m³/s;

c_p——比定压热容($c_p = 0.24$);

t_r——岩体温度,℃;

t_0——冷空气进入预热巷道前的温度,℃;

t_L——空气流经 L 长巷道后的温度,℃;

P——预热巷道的周边长度,m;

K——热交换系数,J/(m²·h·℃)。

若将 $c_p = 0.24$,$\gamma = 1.3$ 代入式(6-25)得到

$$L = \frac{6.5Q}{KP}\lg\frac{t_r - t_0}{t_r - t_L} \tag{6-26}$$

式(6-25)和式(6-26)中热交换系数 K 值是岩体内部热传导系数 λ 与岩体向空气散热系数 α 的综合系数。应当指出,由于岩体与空气之间的热交换,不但需要一定时间,而且随着初冬到深冬岩石冷却圈的变化,对同一条预热巷道,在不同时间和外界温度的条件下,其 K 值是不相同的。预热计算一般是以冬季最冷时刻的热交换系数为依据进行的,即以全年地表最低温度的冷空气通过预热巷道达到2℃的巷道长度 L 为依据,来计算预热巷道热交换系数 K 值的。

$$K = \frac{3.65\times10^4\lambda}{1.33 + \dfrac{\lambda}{V^{0.8}}} \tag{6-27}$$

式中 λ——岩体的导热系数，J/(m^2 · h · ℃)；

V——预热巷道风流的平均风速，m/s。

6.7.3.2 利用地温预热的几点注意事项

(1) 选择预热线路时，应尽量采用采空区或多分支并联的废旧巷道，以增大预热面积，提高预热效果，降低通风阻力。

(2) 为了保证风流风质，对所选用的采空区和预热巷道，应提前清扫粉尘和堆积物，然后再投入生产。含铀较高的采空区或废旧坑道，不宜作为预热坑道。

(3) 为了提高地温预热的效果，应尽量选用距地表较深的采空区和废旧巷道进行预热，而且预热井巷与生产井巷之间应进行隔离，防止循环风流，以提高预热井巷的预热效果。

(4) 当预热风量较大时(每秒几十立方米)，单靠自然通风达不到目的。因此，可在预热系统中安设风机送风，而且风机应安装在预热系统的末端，在岩石稳定、安全可靠、人员出入方便的地方。

(5) 对所选用的预热巷道，经过冬季冷却后，由于散失热量大，为保证下年冬季使用时的预热效果，夏天可让地表的热空气不断地进入预热井巷，以提高岩体温度，储备更多的热量。春、秋两季时，可将预热巷道临时封闭起来，待冬季到来时再使用。

利用已生产过的废旧井巷或采空区，对进风流的空气进行预热，具有基建投资少、经营费用低、施工简单、操作方便、预热稳定、安全可靠等优点，凡有条件的矿山，应尽量采用这种方法进行空气预热。

6.7.4 地温预热实例

东坪金矿矿区东西长 8 km，南北宽 5 km，面积 40 km^2。矿区地处高山山脉与高原衔接地带，海拔 1450 ~ 2000 m，矿区属大陆型气候，冬季严寒漫长，夏季凉爽短暂。月平均最高气温 34.4 ℃，最低 −31.3 ℃，全年平均 3.64 ℃。每年 11 月至次年 3 月为冰冻期，最大冻土层厚 1193 m。自 2000 年形成主、副竖井的提升系统以来，每年冬季大量寒冷的空气流由主、副井直接进入井下，使兼做通风用的主、副提升井井筒出现了结冰现象，严重时必须每天刨冰一次，卡罐、水管冻裂等现象也时常发生，不仅严重影响了矿山生产的正常进行，而且对工人的生命安全和国家财产造成严重威胁。

该矿因地制宜采用如图 6 – 23 所示，以采空区为主的“一个预热系统”来预热冷空气。图中的 5 为 1344 中段以上采空区及废旧井巷，空区预热面积超过 10 万 m^2，这样就保证了对冷空气团的预热效果，并且大大地减少了通风阻力，为东坪金矿地温预热的成功实践提供了可靠的保障。同时，在 1344 中段 1 号脉穿脉处安装了 1 台型号为 K45 – 4、功率为 75 kW 的轴流式预热风机，用于将采空区和废旧巷道预热后的空气，送往主、副提升井，一部分暖风沿井筒到达井口，解决主、副井防冻问题；根据以往经验，主井在冬季的通风量非常大，为保证主井风流上行，特在主井井口进、出端各安装 1 台型号为 WMI2NO11、功率为 15 kW 的矿用空气幕，用于将外界的冷空气隔断，使之不能流入；暖风的另一部分由主、副井下到各中段，经 31 线主通风井排至南部 1466 中段以上采空区，除尘后排至地表。通过冬季的生产实践，主、副井井筒未发现结冰现象，卡罐、水管冻裂等事故也未发生，工人作业环境得到改善，以采空区为主“一个预热系统”很好地解决了东坪金矿主、副井井冻问题。

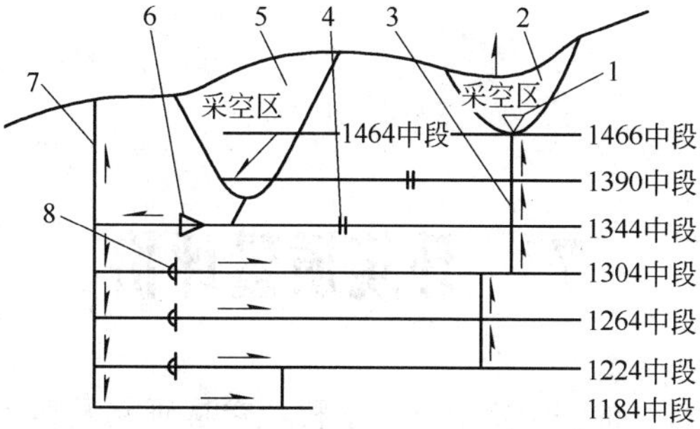

图 6－23　东坪金矿地温预热系统

1—主扇;2—南部 1466 中段以上采空区;3—回风井;4—封闭墙;5—1344 中段以上采空区及废旧井巷;6—预热风机;7—提升竖井;8—调节风门

复习思考题

6－1　简述影响矿内气温的主要因素。

6－2　某矿井恒温带深 30 m,恒温带温度为 15℃,地温率为 45 m/℃,试求矿井垂深 500 m 处的地温。

6－3　某巷道断面积 $S=20\ m^2$,周界 $U=15$ m,风速 $u=2.5$ m/s,壁面相对粗糙度 $\Delta/d=0.03$;支柱相对尺寸为 $d_0/d=0.06$,$1/d_0=7$,空气密度 $\rho=1.22\ kg/m^3$,求干燥壁面的对流换热系数 α。

6－4　某大巷 $\tau=8$ 年,即 70128 h,断面积 $S=14.5\ m^2$,壁面对流换热系数 $\alpha=12.5\ W/(m^2\cdot K)$,围岩导热系数 $\lambda=1.9\ W/(m\cdot K)$,比热 $c_p=0.83\ kJ/(kg\cdot K)$,岩石密度 $\rho_p=2650.2\ kg/m^3$,求围岩传热系数 K_τ。

6－5　某平巷明沟排热水,水温 35℃,风温 23℃,空气对水的相对速度为 2.6 m/s,水沟宽 0.28 m,巷道长 320 m,求水沟散热量。

6－6　什么是卡他度,它反映了哪些因素对气候条件的影响?

6－7　试述矿内热环境对人体和劳动生产热的影响。

6－8　试述矿井空调系统一般包括哪几个子系统?

6－9　矿井空调系统按其各子系统的分布状况,有哪几种类型,各有何优缺点?

6－10　常用的矿井入风预热方式有哪几种,各有何优缺点?

7　环境质量评价

环境质量评价是环境科学的一个重要分支学科。它是研究人类环境质量的变化规律，评价环境质量水平，对环境要素或区域环境质量进行定量描述，为改善和提高环境质量提供科学依据。

7.1　概　述

7.1.1　环境质量评价的任务和目的

环境质量评价是人们认识和研究环境的一种科学方法。

7.1.1.1　环境质量评价的任务

环境质量评价的任务是在大量监测数据和调查分析资料的基础上，按照一定的评价标准和方法来说明、确定和预测一定区域范围内人类活动对人体健康、生态系统和环境的影响程度。

7.1.1.2　环境质量评价的目的

环境质量评价的基本目的是为环境管理和环境规划提供依据，同时也是为了比较各地区受污染的程度。主要在于其参与研究和解决下列问题：

(1) 区域环境污染的综合治理；

(2) 自然界与工业科学系统相互作用过程中如何维护生态平衡；

(3) 经济发展与环境保护之间协调发展的衡量标准；

(4) 能源政策的制定；

(5) 地方环境标准与行业环境标准的制定；

(6) 新建、改建、扩建项目计划与规划；

(7) 环境科研；

(8) 环境管理等。

7.1.2　环境质量评价的分类

环境质量评价的分类，如表7-1所示。就某一环境要素进行评价称为单要素评价，对多要素同时进行评价称为环境质量综合评价。

表7-1　环境质量评价的分类

序号	划分依据	类　型	内　　容
1	按时间分	回顾评价	是指对区域历史时期的环境质量，根据历史资料进行回顾性的评价。通过回顾评价可以揭示区域环境污染的发展变化过程，这种评价往往受历史资料积累情况的限制
		现状评价	一般是根据近两三年的环境监测资料对某地区的环境质量进行评价。通过现状评价，可以阐明环境的污染现状，为区域环境污染综合防治，区域规划提供科学依据

续表 7－1

序号	划分依据	类 型	内 容
1	按时间分	影响评价	是指对区域今后的开发活动(如土地利用方式的改变)将会给环境质量带来的影响进行评价。这不仅要研究开发项目在开发、建设和生产过程中对自然环境的影响,也要研究对社会和经济的影响。既要研究污染物对大气、水体、土壤等环境要素的污染途径,也要研究污染物在环境中传输、迁移、转化规律以及对人体、生物的危害程度,从而制订有效的防治对策,减少环境影响,为社会经济与环境保护同步协调发展提供有力保证
2	按研究问题的空间范围分	可以把环境质量评价分为局地的、区域的、流域的和全球的评价	
3	按环境要数划分	可以分为大气的、水体的、土壤的、噪声的质量评价,以及光热、磁等评价	

此外,按照评价的规模划分:可以把评价分为单个基本建设项目环境影响评价和区域性的环境质量综合评价。

7.1.3 环境质量评价的基本内容

环境质量评价的内容随不同的研究对象和不同的类型而有所区别。其基本内容,如表 7－2 所示。

表 7－2 环境质量评价的基本内容

序号	评价类型	评价内容
1	污染源的调查和评价	通过对各类污染源的调查、分析和比较,研究污染的数量,质量特征,研究污染源的发生和发展规律,找出主要污染物和主要污染源,为污染治理提供科学依据
2	环境质量指数评价	用无量纲指数表征环境质量的高低,是目前最常用的评价方法。包括单因子和多因子评价,以及多要素的环境质量综合评价。当所采用的环境质量标准一致时,这种环境质量指数具有时间和空间上的可比性
3	环境质量的功能评价	环境质量标准是按功能分类的,环境质量的功能评价就是要确定环境质量状况的功能属性,为合理利用环境资源提供依据

7.2 环境质量现状评价

7.2.1 环境质量现状评价的基本程序

环境质量现状评价一般按以下程序进行:

(1) 确定评价目的。进行环境质量现状评价首先要确定评价目的,主要是指本次评价的性质、要求以及评价结果的作用。评价目的决定了评价区域的范围、评价参数、采用的评价标准。如某矿发电厂的环境质量现状评价的目的是掌握该发电厂在不同气象条件下对某市的大气污染程度及污染物的分布,为大气污染控制提供依据。因此,评价区域重点为某市区(在一定气象条件时的下风向),评价参数为 SO_2、NO_2 和飘尘,评价标准为大气环境质量标准。同时,要制定评价工作大纲及实施计划。

(2) 收集与评价有关的背景资料。由于评价的目的和内容不同,所收集的背景资料也要有所侧重。如以环境污染为主,要特别注意污染源与污染现状的调查;以生态环境破坏为主,要特别进行人群健康的回顾性调查;以美学评价为主,要注重自然景观资料的收集。

(3) 环境质量现状监测。在背景资料收集、整理、分析的基础上,确定主要监测因子。监测项目的选择因区域环境污染特征而异,但主要应依据评价的目的。

(4) 背景值的预测。在评价区域比较大或监测能力有限的条件下,就需要根据监测到的污染物浓度值,建立背景值预测模式。

(5) 环境质量现状的分析。分析区域主要污染源及污染物种类数量。

(6) 评价结论与对策。对环境质量状况给出总的结论并提出污染防治对策。

7.2.2 环境质量现状评价方法的分类

国内外已提出并应用的环境质量评价方法是多种多样的,至今我国尚未形成统一的方法系列,较成熟的方法有环境质量指数法、概率统计法、模糊数学法、生物指标法。其分类细目、逻辑概念及评价参数特点,如表7-3所示。

表7-3 环境质量现状评价方法分类

评价方法分类	细 目	逻辑概念	评价因子(参数)特点	备 注
环境(质量)指数法	(1) 一般指数类; (2) 分级指数类	在一定时空条件下环境质量是确定性的、可推理的	(1) 理化指标; (2) 通过民意测验或专家咨询取得的评分值	
概率统计法		在一定时空条件下环境质量是随机变化的		这三类方法可以互相渗透,综合运用
模糊数学法	(1) 模糊定权法; (2) 模糊定级法; (3) 区域环境单元模糊聚类法	环境质量等级的界限是模糊的;环境质量变化的界限也是模糊的	(1) 理化指标; (2) 通过民意测验或专家咨询取得的评分值	
生物指标法	(1) 指示生物法; (2) 生物指数法; (3) 其他	生物与它生存的环境是统一整体;生物对其生活环境质量变化非常敏感	(1) 生物的生理反应指标; (2) 环境中生物的种、群变化	(1) 生物指标也可用概率统计和模糊数学进行分级和聚类; (2) 生物指数也是一种环境指数

评价方法分类,这四类方法有区别,但无明显界限,可互相渗透,灵活运用。

7.2.3 环境质量现状评价的内容

环境质量现状评价包括单个环境要素质量的评价和整个环境质量的综合评价。前者是后者的基础。在区域环境质量评价中主要包括:污染源调查与评价、环境中污染物的监测、环境质量的综合评价、环境背景值的调查、污染物模拟实验、人体健康与环境质量关系、建立环境污染数学模式、环境预测研究、提出区域环境污染综合防治规划意见等内容。根据各城市的规模、性质和污染程度,大致可以分为如下的步骤:

(1) 污染源调查。通过对污染源的评价,以确定主要污染源、主要污染物,综合评价污染源对环境的潜在危害作用,确定污染源治理的重点。

(2) 环境污染物监测项目的确定。在主要污染物地球化学性质分类的基础上,确定区域环境中主要污染物的监测项目,为评价提供参数。

(3) 监测网点的布设。根据区域环境自然条件的特点及工业、商业、交通和生活居住区等功能区分布特点,布设合理的监测网点。

(4) 获得环境污染数据。通过样品采集与分析测定,获得可靠的污染物在环境中污染水平的数据。

(5) 建立环境质量指数系统进行综合评价。根据环境质量评价的目的,选择评价标准,对监测数据进行统计处理,确定环境质量综合污染状况指标。

(6) 人体健康与环境质量关系的确定。计算各种与环境污染关系密切的疾病发病率(包括死亡率)与环境质量指数之间的相关性,确定人体健康与环境质量状况的相关性。

(7) 建立环境污染数学模型。要以监测数据为基础,建立环境污染数学模型,结合室内模拟实验,选取符合地区特征的环境参数,建立符合地区环境特征的计算模式。

(8) 环境污染趋势预测研究。运用模式计算,结合未来工业、农业、交通等经济发展的规模和污染源治理水平,通过计算预测未来环境污染的变化趋势。

(9) 提出区域环境污染综合防治意见。通过环境质量评价确定影响环境的主要污染源和主要污染物,根据环境污染的特征及环境污染预测结果,提出区域环境保护的近期治理和远期规划布局及设计的综合防治方案。

7.2.4 环境质量现状评价方法

7.2.4.1 大气环境质量评价

大气质量评价工作始于20世纪60年代,于70年代及80年代初得到充分发展,目前已提出多种大气质量指数。下面介绍几种有代表性的大气质量指数。

A 北京西郊大气环境质量指数

在北京西郊环境质量评价中,采用的大气环境质量指数模式为:

$$P_i = \frac{C_i}{S_i}, \quad P_{大气} = \sum_{i=1}^{n} \frac{C_i}{S_i} \tag{7-1}$$

式中 P_i——i 污染物的分指数;

C_i——i 污染物的实测浓度,mg/m^3;

S_i——i 污染物的评价标准,mg/m^3;

n——参与评价的污染物数量;

$P_{大气}$——大气质量总指数。

评价中,选取飘尘与二氧化硫为评价参数。评价时在作出 SO_2 与飘尘的浓度等值线的基础上,采用微分面积迭加法(网格法),计算各部位的大气环境质量指数 $P_{大气}$ 值,并提出如表7-4所示的分级系统。

表7-4 北京西郊大气环境质量分级系统

$P_{大气}$值	0~0.01	0.01~0.1	0.1~1.0	1.0~4.5	4.5~10.0	>10.9
级别	清洁	微污染	轻污染	中度污染	轻度污染	严重污染

B 白勃考大气污染综合指数(PINDEX)

白勃考(L. R. Babcok)于1970~1971年提出的一个大气质量评价指数表达式。它以颗粒物质(PM)、硫氧化物(SO_x)、氮氧化物(NO_x)、一氧化碳(CO)和氧化剂(O_3)等五项为参数,计算式如下:

$$\text{PINDEX} = w(\text{PM}) + w(SO_x) + w(NO_x) + w(\text{CO}) + w(O_3) \tag{7-2}$$

式中 w(PM)——颗粒物质;

$w(SO_x)$——硫氧化物;

$w(NO_x)$——氮氧化物;

$w(CO)$——一氧化碳；

$w(O_3)$——氧化剂(臭氧)。

上式等号左边代表五项污染物的分指数,计算时,需掌握大气中这五项污染物的实测浓度数据,以及大气中碳氢化合物的浓度。根据1 mol氮氧化物与1 mol碳氢化合物在太阳紫外线作用下合成光化学氧化剂的反应,算出产生的氧化剂数量,并加在大气中原有氧化剂浓度内,剩余的氮氧化物假设为NO_2。然后,分别将这5种浓度用相对的评价标准去除(即C_i/S_i),求得各分指数,叠加后得大气污染综合指数。

白勃考指数既适用于比较各大城市总体污染程度,也适用于分析各种污染源排出的气体状况,找出重点污染物,为治理提供必要的依据;另外,根据每天主要污染物的实测数据,计算出每日的PINDEX,以评价大气总体污染程度的逐渐逐日变化。该指数的特点是:

(1) 考虑了燃烧过程中的全部污染物,能说明一个地区的大气污染状况。

(2) 同时考虑了一次和二次污染物,后者是NO_x和HC在太阳光辐射作用下生成的。

C 格林大气污染综合指数

格林大气污染综合指数主要用于大气质量的逐日变化的评价,格林根据1955~1964年期间纽约市五次大气污染事件中,二氧化硫和烟雾浓度与人口死亡率呈正相关的事实,格林于1966年提出了根据SO_2和烟雾浓度计算大气污染的综合指数。格林指数的计算公式如下:

SO_2污染指数 $$I_1 = a_1 S^{b_1} \quad (7-3)$$

烟雾污染指数 $$I_2 = a_2 C^{b_2} \quad (7-4)$$

式中 S——SO_2实测日平均浓度,μL/L;

C——烟雾系数实测日平均浓度(1COH单位/1000 ft相当于烟尘浓度100 μg/m^3);

a_1,b_1,a_2,b_2——取决于指数尺度的常数。

他对SO_2和烟雾系数建议了希望、警戒和极限三级水平的日平均数值作为假设标准。采用幂函数形式表达SO_2和烟雾系数两个污染指数,并规定当SO_2或烟雾系数超过希望、警戒和极限水平时,污染指数分别为25、50和100。格林把SO_2污染指数和COH污染指数加以平均,得出大气污染综合指数,如表7-5所示。

表7-5 格林建议的SO_2和烟雾系数日平均浓度标准

污染物	希望水平	警戒水平	极限水平
SO_2/μL·L^{-1}	0.06	0.3	1.5
烟雾系数(1COH单位/1000 ft)	0.9	3.0	10

注:1 ft=0.3048 m。

(1) 希望水平。能保证人群健康的最大允许浓度。

(2) 警戒水平。它指对人群开始有危害的浓度。

(3) 极限水平。它指偶然可以到达的极限浓度。

格林规定当SO_2或烟雾系数达到希望、警戒和极限水平时,污染指数分别为25、50和100。根据这样的指数尺度可以求出公式中的各项常数:

$$I_1 = 84.0S^{0.431}$$

$$I_2 = 26.6C^{0.576}$$

把两个指数加以平均得出大气污染综合指数:

$$I = \frac{I_1 + I_2}{2} = \frac{1}{2}(84.0S^{0.431} + 26.6C^{0.576})$$

当测得污染综合指数小于25时,说明空气清洁而安全;当指数超过50时,说明空气有潜在污染危险性;当指数达50~100之间时,说明空气有污染危险性,建议发出不同警报,采取减轻污染的有关措施。

这种大气污染综合指数适用于冬季或燃煤为主要污染源的场合。

D　密特大气质量指数(MAQI)

该指数用于大气长期变化的评价,密特大气质量指数是美国密特公司受美国环境质量委员会委托而研究的一种指数。它以五项污染物为参数,采用美国大气质量二级标准,对五项污染物规定的不同平均时间的九项浓度标准作为计算依据。大气质量指数是五项分指数的综合计算结果,计算式如下:

$$\text{MAQI}=\sqrt{I_C^2+I_S^2+I_P^2+I_N^2+I_O^2} \tag{7-5}$$

式中　I_C, I_S, I_P, I_N, I_O——分别为CO、SO_2、颗粒物、NO_2和臭氧等污染物的分指数。

各分指数按下列诸式计算:

$$I_C=\sqrt{\left(\frac{C_{C_8}}{S_{C_8}}\right)^2+\delta_1\left(\frac{C_{C_1}}{S_{C_1}}\right)^2}$$

$$I_S=\sqrt{\left(\frac{C_{S_8}}{S_{S_8}}\right)^2+\delta_2\left(\frac{C_{S_{24}}}{S_{S_{24}}}\right)^2+\delta_3\left(\frac{C_{S_3}}{S_{S_3}}\right)^2}$$

$$I_P=\sqrt{\left(\frac{C_{P_a}}{S_{P_a}}\right)^2+\delta_4\left(\frac{C_{P_{24}}}{S_{P_{24}}}\right)^2}$$

$$I_N=\frac{C_{N_a}}{S_{N_a}},\quad I_O=\frac{C_{O_1}}{S_{O_1}}$$

上式中的分子C表示某种污染物的实测浓度,分母S表示该种污染物的相应标准(C和S的单位相同);下角C、S、P、N、O表示各污染物种类,意义同综合计算式;下角字母a表示年平均值,下角24、8、3、1分别表示所指浓度的平均时间(h);δ_1、δ_2、δ_3、δ_4为系数。

当与此相乘的相应项$(C_i/S_i)^2$大于1,即$C_i>S_i$时,该系数δ_i等于1;

当与此相乘的相应项$(C_i/S_i)^2$小于1,即$C_i<S_i$时,该系数δ_i等于0;

C_{S_a}和C_{N_a}分别代表实测SO_2和NO_2年平均浓度;

C_{P_a}代表实测颗粒物质几何年平均浓度;

其他实测浓度C_i均指某平均时间的实测最大浓度。

值得指出的是,计算该指数必须具备比较完善的监测手段,并要掌握全年完整的监测数据。MAQI是用于评价大气质量长期变化的指数,可每月、每季或每年计算一次。每次都应取最近12个月内的大气监测结果做原始数据。

7.2.4.2　水环境质量评价

早期人们是根据感观性状、混浊、味、嗅和颜色等评价水体质量,因此难于定量化评价。随着对水体化学成分及其毒理性质的了解,人们根据污染物的危害阈值制定了各种水质标准,为开展定量化的水质评价打下基础。自20世纪60年代中期起国内外学者进行了广泛的研究,并建立了一个合适的水质指数评价系统。

A　北京西郊地面水质环境质量评价指数

1975年在北京西郊环境质量评价中指出,属于多因子简单加和型指数。计算式为:

$$P = \sum_{i=1}^{n} \frac{C_i}{S_i} \tag{7-6}$$

式中 P——水质质量指数；

C_i——i 污染实测浓度，mg/L；

S_i——i 污染物的地面水质量标准，mg/L。

B 布朗水质指数

美国学者布朗(R. M. Brown)等发表了水质污染的水质指数(WQI)，他在35种水质参数中，选取了11种主要水质参数，即溶解氧、BOD_5、混浊度、总固体、硝酸盐、磷酸盐、pH、温度、大肠杆菌数、杀虫剂、有毒元素等。然后根据专家意见，确定权系数，其模式为：

$$WQI = \sum_{i=1}^{n} W_i q_i \tag{7-7}$$

式中 WQI——水质指数；

q_i——i 污染物的质量评分；

W_i——i 污染物的权系数。

C 尼梅罗水质指数

美国尼梅罗(N. L. Nelmerow)在其《河流污染的科学分析》一书中，提出一种水质污染指数，计算公式为：

$$P_{if} = \sqrt{\frac{最大(C_i/L_{if})^2 + 平均(C_i/L_{if})^2}{2}} \tag{7-8}$$

式中 P_{if}——水质指数；

C_i——水中第 i 污染物的实测浓度，mg/L；

L_{if}——水中第 i 污染物 f 用途时的水质标准，mg/L。

该方法不仅考虑到各种污染物实测含量的平均值与相应的污染物所规定的环境标准的比，而且也考虑了其中含量最大的污染物与所规定的环境标准之比。根据这样的计算，在废水中各种污染物的平均比值较低的情况下(如低于1.0)，可以对个别浓度高的污染物加以特殊处理，使水能够继续使用。

尼梅罗建议选取下列14项水质参数：温度、颜色、混浊度、pH值、大肠杆菌数、溶解固体总量、悬浮固体、总氮、碱度、硬度、氯化物、铁和锰、硫酸盐、溶解氧等。

并将水的用途划分为三类，即

(1) 人直接接触使用的(PI_1)，包括饮用、游泳、制造饮料等。

(2) 间接接触使用的(PI_2)，包括养鱼、工业食品制造、农业用等

(3) 人不接触使用的(PI_3)，包括工业冷却用水、公共娱乐及航运等。

根据所规划的水质标准，对某一水体进行评价时，先按三类用途分别计算 PI_i 值，然后按下式求各种用途的总指数(PI)。

$$PI_{\mathrm{m}} = \sum_{i=1}^{3} W_i \cdot PI_i ; \quad \sum W_i = 1.0 \tag{7-9}$$

式中 PI_{m}——几种用途的水质总指数；

PI_i——某种用途的水质指数；

W_i——权重，按各类用水量占用水总量份额计算

尼梅罗方法较前面方法有所发展，首先它考虑到水质的用途，其次在计算时不仅考虑到各种参数的平均污染状况，而且考虑到个别污染重的污染指标的影响，为进行必要的水质处理提供

依据。

D 罗斯水质指数

罗斯(S. L. Ross)在1977年对英国克莱德河流域干支流的水质进行评价时,他在常规监测的12个参数中,选择最常用的悬浮固体、BOD、氨氮、溶解氧4个参数作为评价河水水质指标。在计算中对这些指标给以不同的权系数:BOD为3,氨氮为3,悬浮固体物为2,溶解氧饱和百分数和浓度各为1,总权重为10。

罗斯将河流水质分为11个等级(水质指数0~10),河流水质指数为0表示质量最差,类似腐败的原生废水,而对天然纯净状态的水,规定河流质量指数为10,现举例加以说明。

某一地点水质测定结果是:悬浮固体为27 mg/L;BOD为6.8 mg/L;DO为8.9 mg/L,DO78%饱和度;氨氮为1.3 mg/L。查污染物评分尺度如表7-6所示。得到评分值及权重值如表7-7所示。

表7-6 罗斯水质指数各参数的评分尺度表

悬浮固体		BOD		氮氧		DO%		DO	
浓度/$mg \cdot L^{-1}$	评分	浓度/$mg \cdot L^{-1}$	评分	浓度/$mg \cdot L^{-1}$	评分	浓度饱和度	评分	浓度/$mg \cdot L^{-1}$	评分
0~10	20	0~20	30	0~0.2	30	>120	10	>9	10
>10~20	18	>2~4	27	>0.2~0.5	24	>105~120	9	>8~9	8
>20~40	14	>4~6	24	>0.5~1.0	18	>90~105	8	>6~8	6
>40~80	10	>6~10	18	>1.0~2.0	12	>80~90	7	>4~6	4
>80~150	6	>10~15	12	>2.0~5.0	6	>60~80	6	>1~4	2
>150~300	2	>15~25	6	>5.0~10.0	3	>40~60	4	0~1	0
>300	0	>25~50	3	>10	0	>10~40	2		
		>50	0		0~10	0~10	0		

表7-7 评分值及权重值

参数	悬浮固体	BOD	DO%	DO浓度	氮氧
评分值	14	18	6	8	12
权重	2	3	1	1	3

水质指数WQI按下式计算:

$$WQI = \frac{\sum 评分值}{\sum 权重值}$$

则:

$$WQI = \frac{58}{10} = 5.8 \approx 6$$

E 水质质量系数 *P* 法

目前国内沿用的水质评价方法是水质质量系数 *P* 法。用水中检测的酚、氰、砷、汞、铬含量,计算水质污染指数。根据指数大小确定水质污染程度,其公式如下:

$$P = \sum_{i=1}^{n} \frac{C_i}{C_{oi}} \tag{7-10}$$

式中 C_i——污染物 i 的实测含量;

C_{oi}——污染物 i 的地面水最高允许标准;

n——污染物参数个数。

按 P 值定出地面水环境质量分级标准：

Ⅰ为清洁，$P<0.2$；Ⅱ为微污染，$P=0.2\sim0.5$；Ⅲ为轻污染，$P=0.5\sim1.0$；Ⅳ为中度污染，$P=1.0\sim5.0$；Ⅴ为较重污染，$P=5.0\sim10$；Ⅵ为严重污染，$P=10\sim100$，Ⅶ为极严重污染，$P>100$。

7.2.4.3 土壤环境质量评价

土壤是环境的重要组成要素，它和大气、水、生物等环境要素之间经常互为外在条件，相互作用、相互影响，它们之间关系极为密切。土壤污染可引起和促进水体、大气和生物等环境要素的污染。在环境中土壤具有特殊的职能，对环境有着特殊的作用。应根据污染源和评价目的要求选择评价参数，一般选取的基本参数有：

(1) 重金属及其他有毒物质：汞、镉、铅、铜、铬、镍、砷、氟、氰等。

(2) 有机毒物：酚、滴滴涕、六六六、3,4-苯并芘、三氯乙醛、多氯联苯等。

(3) 酸度、全氮量、硝态氮量及全磷量等。

此外，对土壤污染物质积累、迁移和转化影响较大的土壤组成物质和特性也应选取，作为附加参数，以便研究土壤污染的变化规律，但不参与评价。

A 毒理法

根据作物中毒对人体影响的剂量作为土壤污染评价标准。例如，稻米中镉含量超过 0.4 mg/kg，成人日摄取镉量超过 0.3 mg，土壤的 0.1 mol/L HCl 浸提液中含镉达 0.33 mg/kg，为土壤污染区。成人日摄镉量达 0.6 mg 为严重污染区。

沈阳市镉调查组提出下列评价标准，如表 7－8 所示。

表 7－8 土壤污染的毒理法分级

分 级	大米中镉 /mg·kg⁻¹	成人日摄镉量 /mg	成人尿日排出量 /mg	水田土壤含镉量 (0.01 mol/L HCl)浸提液/mg
严重污染	1.09	0.7		3.08
中度污染	0.48	0.34	0.42	1.70
轻度污染	0.19	0.14		1.06
无污染	0.12	0.08	<0.05	0.49

B 指数法

指数法与大气和水体质量指数法的思路均可用之进行土壤质量评价。

土壤质量单因子评价，一般以污染指数表示，其计算方法如下：

$$P_i=\frac{C_i}{C_{si}} \tag{7-11}$$

式中 P_i——土壤中污染物 i 的污染指数；

C_i, C_{si}——分别为土壤中污染物 i 实测浓度、评价标准，μg/g。

土壤质量多因子评价，一般以污染综合指数表示：

(1) 若不同污染物对土壤的污染是同一方向，且具有相加的性质，可将各污染物的污染指数叠加，其计算式如下：

$$P=\sum_{i=1}^{n}P_i=\sum_{i=1}^{n}\frac{C_i}{C_{si}} \tag{7-12}$$

式中 n——土壤中污染物的种类数。

(2) 当要兼顾到污染指数最大值对土壤环境质量影响时，可用尼梅罗污染指数计算土壤污染综合指数：

$$P = \sqrt{\frac{1}{2}\left[\left(\frac{1}{N_i}\sum_{i=1}^{n}\frac{C_i}{C_{si}}\right)^2 + \left(\frac{C_i}{C_{si}}\right)^2_{\max}\right]} \tag{7-13}$$

（3）以均方根的方法求综合指数：

$$P = \sqrt{\frac{1}{n}\sum_{i=1}^{n}P_i^2} \tag{7-14}$$

（4）若考虑到各种污染物的毒性和危害程度不同，对土壤环境质量的影响也不同，则应对土壤中各污染物的污染指数进行加权，然后相加求综合污染指数：

$$P = \sum_{i=1}^{n}P_iW_i \tag{7-15}$$

式中　W_i——第 i 种污染物的权重。

土壤环境质量采取如下分级方法：

（1）根据 P 值划分等级。一般 $P \leqslant 1$，为未污染；$P > 1$ 为已污染；P 值越大，土壤污染越重。可根据 P 值变化幅度，结合作物受害程度和污染物累积状况，进一步划分轻度污染、中度污染和重度污染等级。

（2）根据土壤和作物中污染物累积的相关数量划分质量等级。这种分级仅表示土壤中各个污染物污染程度，还不能表示土壤总的质量状况。

（3）根据系统分级法划分质量等级。首先根据土壤污染物含量和作物生长的相关关系以及作物中污染物的累积与超标情况，对污染物浓度进行分级。然后将污染物浓度转换成污染指数，将污染指数加权综合为土壤质量指数，据此划分土壤环境质量的级别。

7.2.4.4　整体环境质量的综合评价

整体环境是由大气、水体、土壤和生物等环境要素组成的，它们相互联系、相互影响、相互制约，构成一个统一的综合体。污染物进入某组成要素中，必然会影响其他要素。实际上，污染物在整个环境中进行迁移和转化，最后引起环境质量发生变化。所以对各要素分别进行评价后，应对整个环境作综合评价。

A　南京市环境质量综合评价

（1）选用环境质量评价参数有大气、水和噪声，特别突出大气的作用。选定的参数（评价因子）及其标准列在表中。

（2）在各环境要素之间，分别对环境影响程度提出权重值。权重是根据几千封人民来信统计分析，并结合当地环境污染特点确定相对权重。即空气污染占60%，噪声占20%，地表水和地下水各占10%，特别突出大气污染的影响。

（3）环境质量指数（PI_{m}）计算公式

$$PI_{\mathrm{m}} = \frac{1}{n}\sum_{i=1}^{n}W_iPI_{ij} \tag{7-16}$$

式中　PI_{m}——环境质量总指数；

PI_{ij}——各环境要素的分指数；

W_i——各环境要素的权重值；

n——环境要素的选取数。

根据南京市实例，即：

$$PI_{\mathrm{m}} = \frac{1}{4}(0.6PI_{\mathrm{d}} + 0.2PI_z + 0.1PI_{\mathrm{d}m} + 0.1PI_{\mathrm{dz}}) \tag{7-17}$$

式中 PI_d——大气质量的分指数；

PI_z——噪声质量的分指数；

PI_{dm}——地面水质量的分指数；

PI_{dz}——地下水质量的分指数。

其分级标准如表 7－9 所示。

表 7－9 南京市环境质量综合评价分级标准

等 级	1	2	3	4	5
环境质量状况	好	尚好	稍好	差	最差
综合指标	<0.4	0.4～0.5	0.5～0.75	0.75～1.0	>1.0

B 北京西郊的环境质量综合评价

1973 年春，北京西郊环境质量评价探索研究协作组，对北京西郊的环境质量初步提出了污染计算模式，并应用这些模式对西郊污染进行了预测研究。其环境质量综合评价工作大致包括如下步骤：

(1) 绘制各种污染物的浓度分布图。

(2) 确定计算环境质量指数的数学模式。他们将表达多种污染物的综合污染状况计算数值称为“环境质量指数”，并确定了其计算方法，即：

$$P = \sum_{i=1}^{n} P_i, \qquad P_i = \frac{C_i}{C_{oi}} \tag{7-18}$$

式中 P——环境质量指数；

P_i——第 i 污染物的污染指数；

C_i——第 i 污染物的实测浓度；

C_{oi}——第 i 污染物的评价标准。

评价标准 C_{oi} 可根据环境质量评价目的而选定，他们选用的是国家卫生标准。

(3) 进行各环境要素的环境质量评价。他们分别进行大气环境评价、地面水评价、地下水评价和土壤环境评价等，然后将它们叠加而成为北京西郊环境质量综合评价。

(4) 环境质量综合评价。将已作出的大气、地面水、地下水和土壤环境质量评价图，再次采用微分面积叠加法进行综合计算，求出各单元的环境质量综合指数值，做出综合评价图。

$$P = P_d + P_{dm} + P_{dx} + P_t \tag{7-19}$$

按 P 大小将环境分为六级，如表 7－10 所示。

表 7－10 北京西郊的环境质量综合评价

等 级	环境质量状况	综 合 指 数
1	清 洁	0
2	尚清洁	0.1～1.0
3	轻污染	1.0～5.0
4	中污染	5.0～10.0
5	重污染	10.0～50.0
6	极重污染	50.0～100.0

根据污染物的评价，计算环境中主要污染物。地下水为酚、氰；土壤为镉、苯并(a)芘、重金属等；大气为飘尘、二氧化硫等。

污染范围最大的为大气($P_d>1$ 的区域为 150 km^2),其次为地下水($P_{dx}>1$ 的区域为 130 km^2),土壤最小($P_t>1$ 的区域为 1.5 km^2)。

污染程度最大的为地面水(P_{dm}最大值为 265);其次为大气(P_d 最大值为 11);再次为地下水(P_{dx}最大值为 5),污染最轻为土壤(P_t 最大值为 1.3)。

C 加拿大环境部般哈勃(Inhaber. 1974)指数

他指出以大气、水、土地和其他环境方面等四个质量指数,综合而成"总环境质量指数",即

$$EQI=(0.3I_a^2+0.3I_w^2+0.3I_e^2+0.3I_m^2)^{1/2} \quad (7-20)$$

各指数之间的关系可查有关表格。

环境质量评价方法和方式很多,人们对环境质量综合评价工作还有待于进一步完善,这是因为环境质量综合评价所涉及的面广,牵涉的环境要素多,而且每个要素的污染因子更多,它们在各个地区对人群健康和生活影响程度又不尽相同。因此,如何结合各地实际情况,因地制宜,从错综复杂的环境诸要素中选择对人类健康和生活影响较突出的一些要素和污染物作为参数,并进行合理加权,这是进行环境质量综合评价和制定环境质量综合指数的基本环节。

其次,就环境质量指数来说,也只是从大体上综合表达区域环境综合质量的一个数量指标。随着人们对环境认识不断加深,对监测手段和评价标准研究的不断发展,环境质量综合评价指数包括的内容和计算模式必然日趋完善。

从上面所介绍的不论单个环境的质量评价,还是整体环境质量的综合评价,大致可以归纳为以下三个环节:

(1) 环境质量评价参数的选择;

(2) 确定各种污染参数的权系数;

(3) 建立适当的数学模式。

应当指出,如选择能够标志区域环境质量的污染参数是做好环境质量评价工作的基础,事实上不同地区的代表性污染物是不同的。

在环境质量评价工作中,确定各污染参数的权系数是当前应解决的关键性问题。所选定的环境污染参数对环境质量的影响及对人体健康和生物的危害并不是等同的,应该对不同污染参数赋予不同的权系数。

由于我们所研究的区域环境对象是污染物在多介质多元体系中物质的运动规律,因此建立一个完善的数学模式是较为复杂的问题。为了不断提高环境质量评价的水平,可采用近代数学建立环境质量评价数学模式。

7.3 环境影响评价

环境影响评价是环境质量评价的一个重要组成部分。我国《环境保护法》中规定,在进行新建、改建和扩建工程时,必须提出对环境影响的报告书,它是建设项目立项的依据之一。编制环境影响报告书的目的是,在项目设计任务书阶段或可行性研究阶段,即对项目可能对环境造成的近期或远期影响、拟采取的防治措施进行评价;论证和选择技术上可行,经济、布局上合理,对环境的有害影响较小的最佳方案,为领导部门决策提供科学依据。

环境影响评价是一项涉及学科多,综合性强的工作,不仅要研究企业建设对自然环境的影响,也要研究工程对社会和经济所带来的影响。因此,搞好这项工作要有多方面专业技术人员的协同工作,同时也要有各有关管理机关的配合和指导。

7.3.1 环境影响评价工作程序及评价等级

7.3.1.1 环境影响评价工作程序

环境影响评价工作程序如图 7－1 所示。环境影响评价工作大体分为三个阶段：

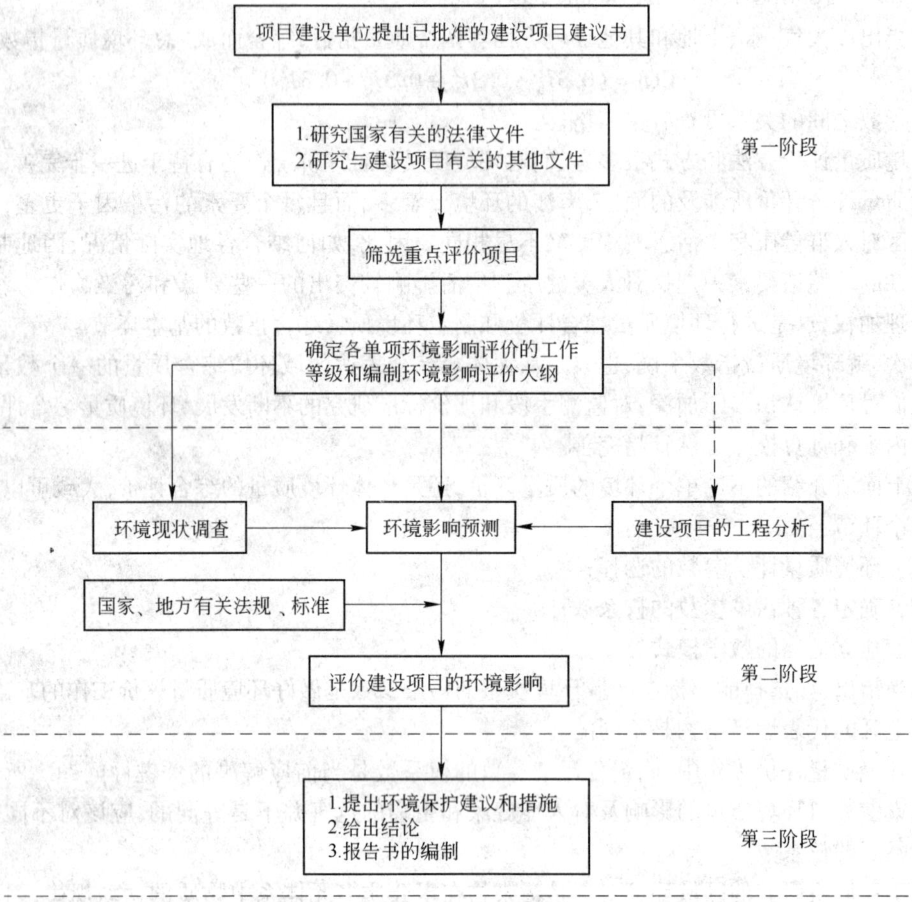

图 7－1 环境影响评价工作程序

第一阶段为准备阶段,主要工作为研究有关文件,进行初步的工程分析和环境现状调查,筛选重点评价项目,确定各单项环境影响评价的工作等级,编制评价工作大纲。

第二阶段为正式工作阶段,其主要工作为进一步作工程分析和环境现状调查,并进行环境影响预测和评价。

第三阶段为报告书编制阶段,其主要工作为汇总、分析第二阶段工作所得到的各种资料、数据,做出结论,完成环境影响报告书的编制。

如通过环境影响评价对原选厂址给出否定结论时,对新选厂址的评价应重新进行;如需进行多个厂址的选择,则应对各个厂址分别进行预测和评价。

7.3.1.2 环境影响评价工作等级的确定

评价工作的等级是指需要编制环境影响评价和各专题其工作深度的划分,各单项环境影响评价分为三个工作等级。一级评价最详细,二级次之,三级较简略。各单项影响评价工作等级划

分的详细规定,可参阅相应导则。工作等级的划分依据如下:

(1) 建设项目的工程特点(工程性质、工程规模、能源及资源的使用量及类型、源项等)。

(2) 建设项目所在地区的环境特征(自然环境特点、环境敏感程度、环境质量现状及社会经济状况等)。

(3) 国家或地方政府所颁布的有关法则(环境质量标准和污染物排放标准等)。

对于某一具体建设项目,在划分各评价项目的工作等级时,根据建设项目对环境的影响、所在地区的环境特征或当地对环境的特殊要求情况可作适当调整。

7.3.2 环境影响评价大纲

环境影响评价大纲是环境影响评价报告书的总体设计和行动指南。评价大纲应在开展评价工作之前编制,它是具体指导环境影响评价的技术文件,也是检查报告书内容和质量的主要判断依据。该文件应在充分研读有关文件、进行初步的工程分析和环境现状调查后形成。评价大纲一般包括以下内容:

(1) 总则(包括评价任务的由来、编制依据、控制污染和保护环境的目标、采用的评价标准,评价项目及其工作等级和重点等)。

(2) 建设项目概况。

(3) 拟建项目地区环境简况。

(4) 建设项目工程分析的内容与方法。

(5) 环境现状调查(根据已确定的各评价项目工作等级、环境特点和影响预测的需要,尽量详细地说明调查参数,调查范围及调查的方法、时期、地点、次数等)。

(6) 环境影响预测与评价建设项目的环境影响(包括预测方法、内容、范围、时段及有关参数的估值方法,对于环境影响综合评价,应说明据拟采用的评价方法)。

(7) 评价工作成果清单,拟提出的结论和建议的内容。

(8) 评价工作有组织、计划安排。

(9) 经费预算。

7.3.3 评价区域环境质量现状调查

环境现状调查是各评价项目(或专题)共有的工作,虽然各专题所要求的调查内容不同,但其调查目的都是为了掌握环境质量现状或本底,为环境影响预测、评价和累积效应分析以及投产运行进行环境管理提供基础数据。因此,调查工作应符合下列要求。

7.3.3.1 环境现状调查的一般原则

根据建设项目所在地区的环境特点,结合各单项评价的工作等级,确定各环境要素的现状调查范围,筛选出应调查的有关参数。原则上调查范围应大于评价区域,特别是对评价区域边界以外的附近地区,若遇有重要的污染源时,调查范围应适当放大。

环境现状调查应首先搜集现有资料,经过认真分析筛选,择取可用部分。若这些资料仍不能满足需要时,再进行现场调查或测试。

环境现状调查中,对与评价项目有密切关系的部分应全面、详尽,尽量做到定量化;对一般自然和社会环境的调查,若不能用定量数据表达,应做出详细说明,内容也可适当调整。

7.3.3.2 环境现状调查的方法

调查的方法有搜集资料法、现场调查法和遥感法。表 7-11 对这三种方法进行了比较。通常这三种方法的有机结合、互补是最有效的和可行的。

表 7-11 环境现状调查三种方法的比较

方 法	特 点	局限性
搜集资料法	应用范围广、收效大,比较节省人力、物力、时间	只能获取第二手资料,往往不全面,需要补充
现场调查法	直接获取第一手资料可弥补搜集资料法的不足	从整体上了解环境特点,特别是人们不易开展现状调查的地区的环境状况
遥感法	工作量大、耗费人力、物力和时间多,往往受季节、仪器条件的限制	精度不高、不宜用于微观环境状况调查,受资料判断和分析技术的制约

7.3.3.3 环境现状调查的内容

环境现状调查的主要内容有:

(1) 地理位置;

(2) 地貌、地质和土壤情况,水系分布和水文情况,气候与气象;

(3) 矿藏、森林、草原、水产和野生动植物、农产品、动物产品等情况;

(4) 大气、水、土壤等和环境质量现况;

(5) 环境功能情况(特别注意环境敏感区)及重要的政治文化设施;

(6) 社会经济情况;

(7) 人群健康状况及地方病情况;

(8) 其他环境污染和破坏的现况资料。

7.3.4 环境影响预测

7.3.4.1 环境影响预测的内容

对评价项目环境影响的预测,是指对代表评价项目的各种环境质量参数变化的预测。环境质量参数包括两类:一类是常规参数;另一类是特征参数。前者反映该评价项目的一般质量状况,后者反映该评价项目与建设项目有联系的环境质量状况。各评价项目应预测的环境质量参数的类别和数目,与评价工作等级、工程和环境的特征及当地的环保要求有关,请参见各单项影响评价的技术导则。

7.3.4.2 环境影响预测的方法

预测方法应尽量选用通用、成熟、简便并具有相当精度的方法。当前评价中常用的预测方法有模型计算法、类比调查法及专业判断法。

A 模型计算法

模型计算法比较简便,只要输入一定的计算条件和参数,即能得出定量的预测结果。虽然求取参数需要运用测试手段,但与其他诸法相比,科学性和实用性都较强,所以在评价中应首先考虑采用。在使用模型计算法进行预测时还应注意模型应用条件。如果宏观条件不能满足实际要求时,则必须对模型进行修正或验证。

B 类比调查法

由于类比调查法属于半定量的性质,仅有一定的相关性,所以只能是在无法取得有关参数和数据的情况下,评价时间又较短时,在一般建设项目的环境影响预测中使用。

C 专业判断法

专业判断法用于建设项目对某些特定保护目标(如文物、古迹、景观等)进行定性分析。由于此法的局限性很大,不能普遍采用。

7.3.4.3 环境影响的阶段和时期

如前所述,建设项目的环境影响共分三个阶段(建设阶段的环境影响、生产阶段的环境影响和服务期满后的环境影响)和两个时期(冬、夏两季或丰、枯水期)。所以,预测工作原则上也应与此相对应。但是,对于污染物种类多、数量大的大中型建设项目,除了预测正常排放和不正常排放情况下的影响外,还应预测各种不利条件下的影响(包括事故状况下的影响)。具体内容可参见有关专题的论述。

大型建设项目在建设阶段产生的噪声、振动较为严重,所排污染物对环境要素足能构成影响时,应增加建设阶段的影响预测。

资源开发类型的建设项目应预测服务期满后的影响。

环境影响预测应考虑各时期的环境自净能力,如果评价工作等级要求较低时,可只考虑自净能力最差的一个时期,或者忽略不计其自净能力。

7.3.4.4 环境影响预测的地域范围和点位布设

A 预测的地域范围

预测地域范围取决于评价工作等级,在一般情况下,大多数建设项目的预测地域范围是等于或略小于现状调查的范围。对于具有特定评价点的评价,应视为特殊范围而进行预测。

B 预测点位布设

为了全面反映评价区内的环境影响,便于污染贡献值和现状值叠加,预测点和现状监测点均应布设在同一点位上。布点数量和位置应根据工程与环境特征以及环境功能要求而定。

7.3.4.5 评价建设项目的环境影响

A 单项评价方法及其应用原则

(1) 单项评价方法是以国家、地方的有关法规、标准为依据,评定与评价各个项目的单个质量参数的环境影响。当预测值未包括环境质量现状值(背景值)时,评价时注意应叠加环境质量现状值。在评价某个环境质量参数时,应对各预测点在不同情况下该参数的预测值均进行评价。

(2) 单项评价应有重点,对影响较重的环境质量参数,应尽量全面评定与评价对环境影响的特性、范围和大小;影响较轻的环境质量参数则可较为简要评定与评价对环境的影响。

B 多项评价方法及其应用原则

(1) 多项评价方法适用于各评价项目中多个质量参数的综合评价,所采用的方法分别见有关各单项目影响评价的技术导则。

(2) 采用多项评价方法时,不一定包括该项目已预测环境影响的所有质量参数,可以有重点地选择适当的质量参数进行评价。

7.3.5 环境影响报告书的编写

7.3.5.1 环境影响报告书的编写原则

环境影响报告书是评价工作的最终成果,在编写方法上要注意下列原则:

(1) 主要内容。原则上应根据项目的行业特点、厂区自然环境条件以及环境规划要求来确定,应符合已经批准的评价工作大纲的要求。

(2) 纲目安排。应按照下文所叙述的环境影响报告书的内容提要选取部分或全部进行编写。

(3) 评价专题较多时。大中型建设项目若评价专题较多时,可以分册编写,分册装订。

(4) 总报告的编写。应做到取材翔实,结论明确,防治对策具体,内容精炼,文字通俗,字数要有一定限制。对于比较复杂的评价,总报告的字数以3~5万字为宜,所以在叙述专题论证时,可以重点选取专题评价结论部分,与结论有关的计算公式,只需说明公式使用条件和计算结果;属于过程部分的内容可写出摘要,不要在总报告中全部罗列,但对专题报告则字数可不限,可以评述。

7.3.5.2 环境影响报告书的内容提要

(1) 总论:

1) 结合评价项目的特点,阐述编制环境影响报告书的目的。

2) 编制依据:包括项目建议书及批准文件;评价工作大纲及其审查意见,或批复意见;评价委托书(合同)或任务书等。

3) 采用的标准,包括国家标准、地方标准或参照国外有关标准。

4) 控制污染与保护环境的主要目标。

(2) 建设项目概况:

1) 建设项目的名称、地点及建设性质。

2) 建设规模(改、扩建项目应说明原有规模)及占地面积。

3) 产品方案及主要生产方法。

4) 职工人数和生活区布局。

5) 土地利用情况及发展规划。

(3) 工程分析。对污染型建设项目(如工业建设项目等),应对下列情况进行详细分析:

1) 主要原料、燃料及水的消耗量分析,原料、燃料中有毒有害物质含量以及它们的运动途径与分布的分析。

2) 水量平衡情况。

3) 工艺过程(应附工艺、污染流程图)。

4) 排污过程;应对污染源编号,并按此编号列表说明:废水、废气、废渣、粉尘、放射性废物等的种类、排放量、排放浓度、排放规律(指间断或连续排放)、排放方式(点源、面源)、噪声、振动、电磁辐射等物理污染因素及其因子的数值等。

5) 污染物的回收利用、综合利用和处理、处置方案,并对其处理效率及可靠性、处理程度的合理性等进行论述,如果是改建、扩建、技术改造项目,应对以上项目的内容进行工程实施前后的对比分析。

6) 交通运输情况及场地的开发利用。

7) 工程分析的结论性意见。

对于环境破坏型的建设项目,如直接以自然资源作为劳动对象的开发性项目,如水利水电工程、森林采伐、围湖、围海造田工程等等,应对下列情况进行详细分析:

1) 开发的规模、范围、方式;

2) 开发建设工程影响环境的工程技术参数,如水利水电工程的水库库容,水库淹没面积、坝下保证流量、水库调节性能等。

(4) 建设项目周围地区的环境现状调查:

1) 地理位置(附地理位置图)。

2) 地形、地貌、地质和土壤情况,江、河、湖、海、水库的水文情况,气候与气象情况。

3) 矿藏、森林、草原、水产和野生动、植物、果树、农作物情况。

4) 大气、地面水、地下水和土壤的环境质量现状。

5) 环境功能情况、环境敏感区(点),包括自然保护区、风景游览区,名胜古迹、温泉、疗养区,以及重要的政治文化设施情况。

6）社会经济情况，包括现有工矿企业和生活居住区分布情况，人口密度、农业概况，土地利用情况，交通运输情况及其他有关的社会经济活动。

7）人群健康状况及地方病情况。

8）其他环境污染、环境破坏的现状资料。

（5）环境影响预测：

1）预测环境影响的时段，包括建设过程、投入使用、服务期满的正常情况和异常情况。

2）预测范围。

3）预测的内容，包括污染与破坏因素及其因子与预测工作内容、预测手段及方法。

4）对预测结果的表达及其说明和解释。

（6）环境影响评价。对预测结果进行评价，并着重说明下述内容：

1）建设项目环境影响特征，包括污染影响与环境破坏、长期影响和短期影响、可逆的与不可逆的影响等等。

2）环境影响的范围、大小程度和途径。

3）如要进行多个厂址的优选时，应叙述综合评价每个厂址的环境影响，同时提出比较结论。

（7）减轻环境影响的措施评述和各种措施的投资估算。

（8）环境影响经济损益简要分析。

（9）环境监测制度建议。

（10）结论与建议：

1）建设地址环境质量现状，包括环境污染现状，某些重要的生态破坏现象等的扼要说明。

2）污染影响范围。

3）建设项目的选址、规模、产品结构是否符合环保要求。

4）所采取的防治措施在技术上是否可行，经济上是否合理。

5）存在的主要问题与解决这些问题的对策与建议，包括多方案优选、单方案优化、补救措施或替代方案，以及排放污染物总量控制的指标建议等。

7.3.6 环境影响评价实例

某铜矿位于江西省东部武夷山脉北麓、信江的主要支流铅山河上游，是江西铜基地所属主要铜矿山。该矿是以开采铜为主，富含硫、铁、铅、锌、金及银等综合性大型铜硫矿床。矿山位于湿润多雨的亚热带地区，附近地貌属低山、丘陵地区。矿山夹于铅山河支流桐木江及杨村河之间，矿山酸性水汇入交集河，注入桐木江。

该矿采用露天开采方法，铜矿开发时改变了矿区的地形、地貌，破坏当地景观和植被，引起大量的水土流失，并在露天开采过程中，矿石氧化，经雨水淋蚀，采场及废石场酸性水增多，使排入交集河的金属污染物不断地增加，造成河流水质严重恶化。随着矿山的逐年开采，逐渐地污染铅山河及信江。在河流两岸凡利用河水灌溉的稻田，导致了农田生态系统的金属污染。同时在河流底泥中金属污染物累积，河流水生态系统遭到破坏，造成某些河段鱼虾绝迹。

某铜矿开发的环境影响评价程序，如图 7－2 所示。该评价程序是在周密调查当地环境现状，取得大量的环境监测资料后，对环境质量进行现状评价，并对各种环境过程的规律进行研究，从而预测其今后的环境质量变化，把环境影响评价工作引向深入。

为了评价铜矿开发的环境影响，它们抓住了重金属污染这个主要矛盾，将铜矿开发的环境影响划分成四个子系统，如图 7－3 所示。即铜矿开发系统、水土流失系统、酸性水系统及金属污染物迁移累积系统。用系统分析的方法，揭示该矿区环境金属污染规律，预测伴随铜矿不同开采阶

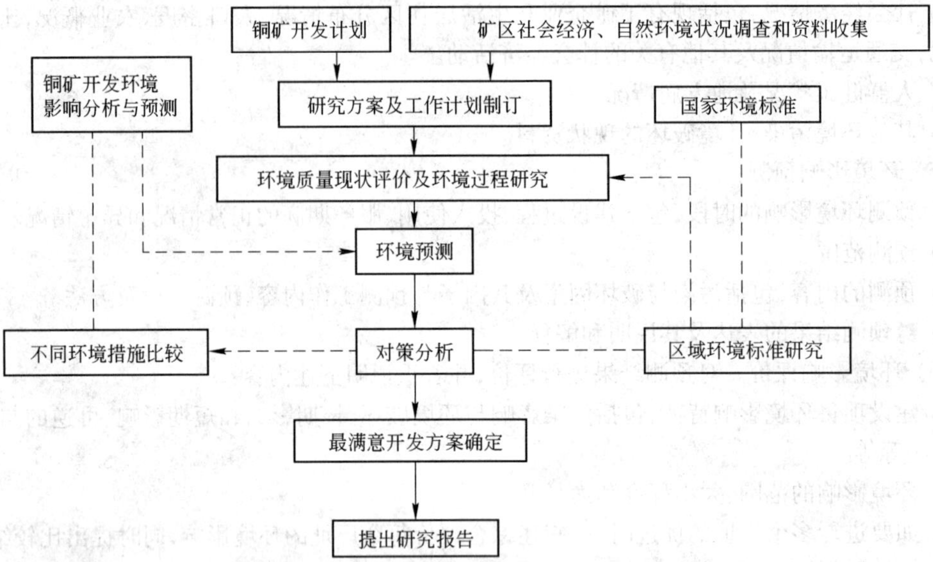

图7-2 某铜矿环境影响评价工作程序框图

段,可能造成的环境影响及其效应,提出相应的有效保护环境措施。根据当地环境条件特点,建立了适合于当地环境条件的酸性水金属浓度预测多元回归模型、河流金属迁移累积模型、土壤重金属污染与累积模型等。预测了铜矿开采后的水土流失状态、酸性水排放中金属污染物浓度变化、农田土壤中金属污染物迁移累积状况。开展了该铜矿开发的环境经济损益分析,并提出矿山开发的环境保护措施及酸性水综合防治措施规划。

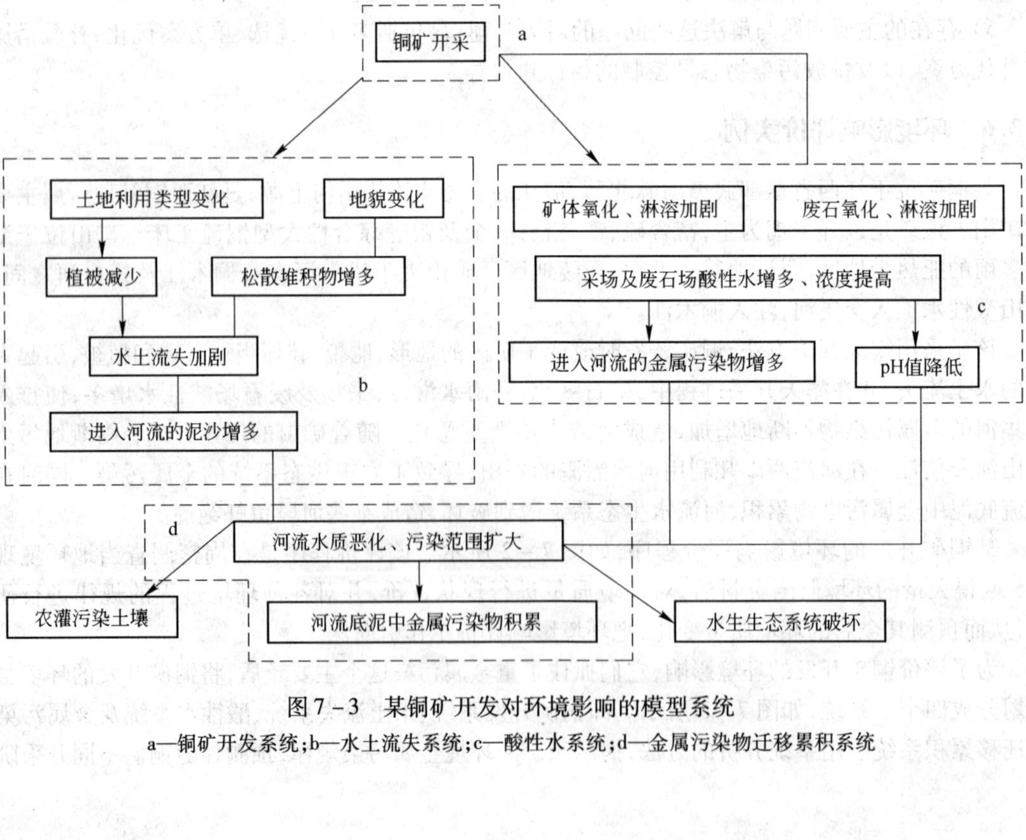

图7-3 某铜矿开发对环境影响的模型系统

a—铜矿开发系统;b—水土流失系统;c—酸性水系统;d—金属污染物迁移累积系统

7.3.6.1 铜矿开发的环境影响分析

（1）在该铜矿的环境影响评价工作中，为了研究铜矿开发对铅山河的影响，根据选择开发程度指标的原则，并结合大型露天矿山对环境影响的特点，确定以累积的月矿石产量为该铜矿开发程度的指标。

（2）利用开发程度指标得到该铜矿开发函数，用以表示整个开发过程中各时期的开发程度。

开发函数定义为：

$$Y = aT + b \tag{7-21}$$

式中 Y——累积月矿石产量；

T——开发月数；

a,b——系数。

该铜矿开发分四个阶段：基建期、投产期、达产期、减产期。故开发函数为：

$Y_1 = X.XXT + 189.5(1 \leqslant T \leqslant 36)$（基建期）

$Y_2 = XX.XXT + 477.58(37 \leqslant T \leqslant 48)$（投产期）

$Y_3 = XX.XT - 745.3(49 \leqslant T \leqslant 288)$（达产期）

$Y_4 = XX.XXT - 3609.36(289 < T < 324)$（减产期）

（3）该铜矿开发的各个阶段对于水、土壤、植被、生物、地貌等自然因素和农业生产均有明显影响，但以矿山酸性水对水体环境影响最为重要，如图7-4所示。

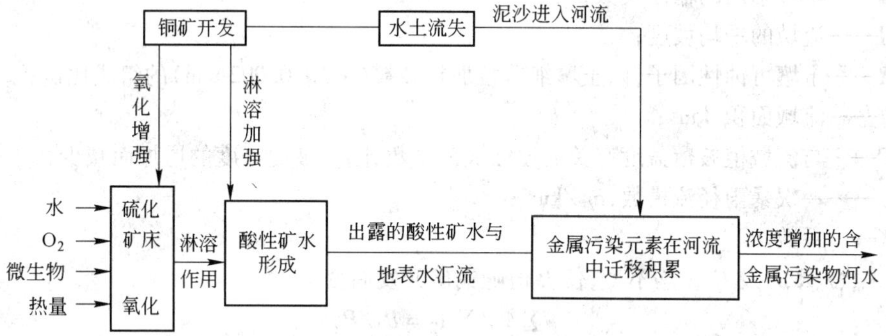

图7-4 酸性矿水对环境影响示意图

7.3.6.2 地区环境条件评价

根据基础资料对该地区的地质、地貌、气象、水文、土壤与风化带、植被及社会经济条件研究分析后，结合铜矿开发环境影响评价的目的，对该地区环境条件作出如下评价。

（1）该地区有充分的水分、热量，以淋溶过程为主的地质化学过程十分发育，一旦进行开采活动使硫化矿床改善了氧化条件，含大量金属的硫化矿床酸性水将迅速形成。

（2）鉴于该地区淋溶作用强烈，土壤和河水中碳酸盐含量甚微，并且土壤和河水均呈微酸性，因此Cu、Pb、Fe、Zn等金属元素随酸性矿水进入环境后较难固定，而其中数量最大的Cu和Fe将随河水迁移很远距离，使金属污染物影响范围大为扩大。

（3）古代长期的采矿活动就曾经在该地区造成酸性矿水带来的金属污染问题。但在停采300余年期间，随着植被恢复，酸性水污染逐渐消失，直至1958年铜矿再次开采后，又再次出现酸性矿水对其环境污染问题。

7.3.6.3 地区环境质量现状研究

(1) 根据土壤中 Cu、Pb、Zn、Cd、As、F 及酸度的测定分析，说明该地区农业生态系统因受原铜矿开采和新的铜矿基建的影响，已经受到一定程度的污染。

(2) 由于受重金属浓度很高的酸性水的影响，该地区地面水已受到不同程度的污染，水质明显恶化。水生生物的数量和种群结构发生明显变化，水生生物体内 Cu、Pb、Zn 含量均明显提高。

(3) 该地区人体健康状况调查表明，到目前为止尚未发现特异性改变，目前人群尿中 Cu、Pb、Zn、Cd 等含量，都在文献报导的正常范围内。

7.3.6.4 地区环境影响预测

根据铜矿开发对该地区环境影响的特点，必须进行水土流失预测，矿山酸性水变化预测，土壤污染预测，地面水水质变化预测。

A 水土流失预测

水土流失是铜矿开发引起的土地利用类型变化和植被破坏的直接后果。该地区的降雨、地貌和土壤条件都有利于水土流失的发生，一旦植被遭到破坏，即可能发生严重水土流失。

水土流失预测模式

$$\sum A = \sum CW_{\mathrm{m}} \frac{K}{M} PFRJ \qquad \mathrm{t/km^2} \tag{7-22}$$

式中 A——一次暴雨的输沙量模数，$\mathrm{t/km^2}$；

$\sum A$——全年暴雨的输沙模数；

J——流域的平均坡度；

R——土壤可蚀性因子，以土壤细砂粒加粉砂粒（0.1 ~ 0.002 mm）的组成比例；

F——流域面积，$\mathrm{km^2}$；

P——与流域植被覆盖度有关的侵蚀被覆系数，随植被覆盖度的增加而减少；

W_{m}——一次暴雨径流模数，$\mathrm{m^3/km^2}$；

C,K——系数。

设 W_{m}、J、R、F 及 C、K 均不变，仅 P 值随铜矿开发而变动，故

$$\sum A_1 / \sum A_2 = P_1 / P_2 \tag{7-23}$$

根据上式预测水土流失量的变化，其预测结果如表 7-12 所示。

表 7-12 某地区水土流失预测

开发阶段	P	$P_{预}/P_{现}$	弃土引起的水土流失量增加	水土流失量为现在的倍数
现 状	0.444			
开发初期①	0.686	1.54	50%	2.0
开发中期①	0.63	1.42	80%	1.75
开发后期①	0.53	1.18	20%	1.4

① 开发初期包括基建准备阶段、基建阶段和投产期；开发中期包括达产期前 1 5 年；开发后期包括达产期后 5 年和减产期。

B 矿山酸性水变化预测

该铜矿是以黄铜矿为主的大型硫化矿床，在湿热条件下强烈地进行硫化物的氧化过程是形成矿山酸性水的直接原因。选取月平均气温、月降雨量和累积月矿石产量作为温度、降水量和开

采程度的指标，利用定位观测数据，进行计算处理后，得到矿山酸性水中金属 Cu^{2+} 浓度的多元线性关系式

$$C_{i\mathrm{Cu}} = 31.114417 + 5.1578951x_{1i} + 0.302005x_{2i} + 0.0000646x_{3i} \tag{7-24}$$

式中 $C_{i\mathrm{Cu}}$——铜矿开发第 i 月酸性水中 Cu^{2+} 浓度；

x_{1i}——第 i 月平均气温；

x_{2i}——第 i 月降雨量；

x_{3i}——到第 i 月的累积月矿石量。

根据该矿设计选取铜矿开发后的第 3 年（第 25～36 个月）基建结束；第 4 年（第 37～48 个月）投产期进行预测，如表 7－13 所示。

表 7－13 酸性水中 Cu^{2+} 浓度预测

时 间		1 月	4 月	6 月	8 月	10 月
3 年	平 均	225.61	383.97	462.47	415.46	421.76
	最 高	254.56	512.66	525.71	511.10	452.83
	最 低	186.78	377.48	405.76	409.18	380.94
4 年	平 均	398.87	568.12	653.88	650.11	627.67
	最 高	427.82	696.81	717.11	709.75	658.74
	最 低	360.04	515.28	597.16	607.84	595.85

C 土壤污染预测

根据土柱淋滤模拟试验，确定土壤中金属污染物累积模型为：

$$Y_t = Y_m(1 - e^{-kcw}) \tag{7-25}$$

式中 Y_t——某元素在土壤中的累积浓度；

Y_m——某元素在土壤中最大可能累积浓度；

c——灌水中某元素浓度；

k——与土壤质地等有关的参数；

w——灌水量。

预测结果如表 7－14 所示。

表 7－14 土壤中 Cu、Pb、Cd 累积状况预测 （mg/L）

时 间	Cu			Pb			Cd		
	1	10	50	0.1	1	10	0.005	0.05	0.5
1 年	15.2	152	760	1.52	15.2	152	0.076	0.76	7.6
3 年	46.6	456	1960	4.56	45.6	456	0.228	2.28	22.8
4 年	60.8	608		6.08	60.8	608	0.304	3.04	30.4

7.3.6.5 铜矿开发环境经济损益分析

A 铜矿开发环境成本计算

$$C = C_d + C_{id}$$

$$= (C_c + C_s) + (C_{ac} + C_{as} + C_{bc} + C_{bs}) + (C_{aa} + C_{at} + C_{af}) + (C_{ba} + C_{bt} + C_{bf}) \tag{7-26}$$

式中 C——环境成本；

C_d——直接环境代价；

C_{id}——间接环境代价；

C_c, C_s——分别为酸性矿水和泥石流防治费用；

C_{ac}, C_{as}——分别为防治措施生效前酸性矿水、泥石流引起的罚款及赔款数；

C_{bc}, C_{bs}——分别为防治措施生效后，但未能完成消除酸性矿水及泥石流危害引起的罚款、赔款数；

C_{aa}, C_{at}, C_{af}——分别为防治措施生效前农、林、渔业损失；

C_{ba}, C_{bt}, C_{bf}——分别为防治措施生效后农、林、渔业损失。

如不采取任何防治措施，则：

$$C = C_{ac} + C_{as} + C_{aa} + C_{at} + C_{af} \tag{7-27}$$

从该铜矿开发环境成本计算可知，在计入环境成本后，铜精矿的成本应由预计的成本提高20%；如不采取防治措施，铜精矿成本将提高64%；比较采取防治措施与不采取防治措施后可得出，每1万元环境措施可得到3万元以上的收益。

B 铜矿开发区域环境经济损益分析

引入环境因素的该铜矿投入－产出模型计算结果，得到如下结论。

（1）从该地区的区域整体来看，铜矿的开发和发展将促进农业的发展，从而促进整个区域经济的发展。

（2）铜矿的开发所引起的环境问题，不仅给铜矿本身造成损失，而且通过对农业的影响，给整个区域经济将造成重大损失。这种损失在不采取治理措施时将抵消铜矿开发对区域经济促进发展的10%。

（3）按万元产值所付出的环境代价计，农业受由于铜矿开发引起环境影响大于铜矿本身所受的影响。

（4）采取设计中提出防治措施后，无论铜矿本身还是农业生产，所受的环境损失将比不采取防治措施时大大减少，铜矿所受损失减少60%，农业所受损失减少47%。

（5）在其他条件不变时，环境代价的增加直接造成上缴国家利润的减少。

复习思考题

7－1 环境质量评价的目的是什么，按时间、环境要素、区域分类各分成哪几种类型，各种类型含义是什么？

7－2 说明环境质量现状评价的基本程序。

7－3 环境质量现状评价的技术方法有哪些？

7－4 格林、白勃考、密特大气质量指数的适用条件是什么，它们之间有何区别？

7－5 某古城2000年至2005年大气监测资料如表7－15所示。试求大气质量指数。

表7－15 某古城2000～2005年大气监测数据 （mg/m^3）

时间（标准）	SO_2(0.15)	NO_x(0.15)	飘尘(0.15)	Pb(0.0007)
2000年	0.068	0.009	0.212	0.00026
2001年	0.152	0.030	0.320	0.00031
2002年	0.220	0.040	0.250	0.00011
2003年	0.139	0.051	0.345	0.00030
2004年	0.145	0.048	0.352	0.00023
2005年	0.101	0.047	0.320	0.00022

7-6　某河段水质监测数据如表7-16所示。试分别采用P值法、尼梅罗指数法求水质指数。

表7-16　数据

(mg/L)

污染物	酚	氰	砷	铬	氯
实测值	0.2	0.1	0.01	0.02	1.200
污灌标准	0.5	0.5	0.05	0.1	300

7-7　为什么进行单项环境质量评价后,还要对整体环境质量评价,在整体环境质量评价过程中要抓住哪些主要环节,才能取得正确的结果?

7-8　简述环境影响评价的工作程序。

7-9　编制环境影响报告书的目的是什么,矿山环境影响评价报告书应包括哪些内容?

7-10　简述实例中某铜矿环境污染的特点是什么,如何根据该矿周围的资料进行环境影响评价?

8 矿山循环经济

改革开放以来,我国经济发展保持了高速增长,在过去30多年中,中国是世界上经济增长最快的国家之一,平均经济增长速度达到了9.3%,中国国内储蓄率高达46%,比世界平均水平高出20个百分点。但是,中国的经济增长是以资源浪费、生态退化和环境污染为代价的。中国国内储蓄资产中相当部分是以自然资本损失和生态赤字所换来的,是以资源的超常规消耗和生态环境的严重退化为代价的。据测算,中国经济增长的GDP(国内生产总值)中,至少有18%是依靠资源和生态环境的"透支"获得的。有关研究表明,中国每创造一美元产值所消耗的能源,是美国的4.3倍,是德国和法国的7.7倍,是日本的11.5倍。而国民产值每增长一倍,往往导致污染增加数倍,乃至数十倍。21世纪头20年,我国处于工业化和城镇化加速发展阶段,如果继续沿袭传统的发展模式,资源将难以为继,环境将不堪重负,资源与环境两大瓶颈将日益突出。《国民经济和社会发展第十一个五年规划纲要》明确指出要发展循环经济,建设资源节约型、环境友好型社会,要实现资源利用效率的明显提高,单位国内生产总值能源消耗降低20%左右,单位工业增加值用水量降低30%,农业灌溉用水有效利用系数提高到0.5,工业固体废物综合利用率提高到60%。因此,必须树立科学发展观,大力发展循环经济,加快推进资源综合利用和循环利用,走可持续发展之路。

矿山集资源与环境两大瓶颈于一身,矿山发展循环经济,将有利于提高矿业的综合经济效益,有利于促进国民经济协调发展和人与自然的和谐相处,是解决矿山环境与资源问题,促进经济快速增长的有效途径。

8.1 循环经济的产生与发展

8.1.1 循环经济产生的背景

循环经济的思想萌芽可以追溯到环境保护兴起的20世纪60年代。当时,人类的活动对环境的破坏已经达到相当严重的程度,一批环保先驱者呼吁人们更加关心环境问题。1962年,美国生物学家卡逊出版了《寂静的春天》一书,用触目惊心的案例和生动的语言,阐述了大量使用杀虫剂对人与环境造成的危害,敲响了工业社会环境危机的警钟。1969年,美国经济学家K·波尔丁(K. Boulding)在《一门科学——生态经济学》中提出了"循环经济"(circular economy)一词,他受当时发射宇宙飞船的启发来分析地球经济发展。

20世纪70年代,发生了两次世界性能源危机。经济增长与资源短缺之间矛盾凸显,引发人们对经济增长方式的深刻反思。1972年,由科学家、经济学家和企业家组成的民间学术组织——罗马俱乐部发表了题为《增长的极限》的研究报告,首次向世界发出了警告:"如果让世界人口、工业化、污染、粮食生产和资源消耗像现在的趋势继续下去,这个行星上的增长极限将在今后100年中发生"。这份报告被认为是第一次系统考察了经济增长与人口、自然资源、生态环境和科学技术进步间的关系。自此,生态环境作为制约经济增长的要素受到全世界的注意,世界各国开始重视污染物产生后的治理和减少其危害，即所谓的末端治理。同年，联合国斯德哥尔摩人类环境会议发表了《人类环境宣言》，郑重声明地球只有一个，提出人类在开发利用自然的同时，也要承担维护自然的责任和义务。这次大会成为人类社会迈向可持续发展的第一个里程碑。

20 世纪 80 年代，人们开始探索走可持续发展道路。人们注意到采用资源化的方式处理废弃物，但对于污染物的产生是否合理，是否应该从生产和消费的源头防止污染的产生这个根本性问题，大多数国家仍然缺少思想上的洞见和政策上的措施。1983 年，联合国大会和联合国环境署授命布伦特兰夫人组建"世界环境与发展委员会"，就人类未来发展与环境问题进行全面研究。1987 年，该委员会在东京召开第 8 次会议，通过《我们共同的未来》的著名报告，第一次提出可持续发展的新理念，并系统地阐述了可持续发展的含义和实现途径。报告中着重指出了按照生态系统的自然规律，循环使用自然资源，力争可持续发展。1989 年，美国福罗什在《加工业的战略》一文中，首次提出工业生态学概念，即通过将产业链上游的"废物"或副产品，转变为下游的"营养物"或原料，从而形成一个相互依存、类似于自然生态系统的"工业生态系统"，为生态工业园建设和发展奠定了理论基础。

1992 年，联合国环境与发展大会在巴西里约热内卢召开，会议通过了《里约宣言》和《21 世纪议程》，正式提出走可持续发展之路，号召世界各国在促进经济发展的过程中，不仅要关注发展的数量和速度，更要重视发展的质量和可持续性。后来，世界各国陆续开始积极探索实现可持续发展的道路，德国于 1996 年颁布了《循环经济和废物管理法》，日本也相继颁布了《促进建立循环型社会基本法》、《资源有效利用法》等一系列法律法规。2002 年南非"里约 +10"可持续发展峰会上，提出了经济、社会、环境协调发展是可持续发展的三大支柱。我国是世界可持续发展三次浪潮的见证者和参与者。

随着人口的持续增加，经济规模的不断扩大，传统生产模式带来的资源短缺和环境污染，迫使人类不断进行深刻反思。20 世纪 90 年代，为了提高经济效益、避免环境污染，发达国家以生态理念为基础，重新规划产业发展，提出循环经济发展的思路。目前，倡导循环经济已成为国际社会经济发展的潮流和趋势。循环经济在发达国家取得了成功实践，循环经济的发展已在四个层面上展开：一是企业内部的循环利用；二是企业间或产业间的生态工业网络；三是废物回收和再利用体系；四是社会循环经济体系。

总之，人类在发展过程中，越来越感到自然资源并非取之不尽，用之不竭，生态环境的承载能力也不是无限的。人类社会要不断前进，经济要持续发展，客观上要求转变增长方式，探索新的发展模式，减少对自然资源的消耗和生态系统的破坏。在这种情况下，循环经济理念便应运而生。

8.1.2 循环经济的发展阶段

循环经济的产生，是人类对人与自然关系深刻反思的结果，是人类社会发展的必然选择。循环经济理念的研究，大体经历了绿色经济、清洁生产和生态经济三个阶段。

8.1.2.1 绿色经济

绿色经济是在集约经济提出后的一种形象化的说法，意指保护绿色。

集约经济是高密度地投入自然资源、高度地利用自然资源的经济。在高密度地投入自然资源与高度利用资源之间，高度利用自然资源是重要的，而对自然资源的高度利用就是循环利用。因此，集约经济的实质也是循环利用自然资源的经济。

绿色经济是用自然界植被的绿色循环把循环经济形象化。绿色经济又叫环保经济，主要指防治污染,使过去传统工业化的经济与自然界的循环相协调。

8.1.2.2 清洁生产

传统工业经济是把自然生态系统当作取料场和垃圾场的不合理的线性经济,传统工业经济的生产模式如图8-1所示。在这种经济模式中,完全没有考虑自然系统的承载能力。人们高强度地把地球中的矿物和能源提取出来,然后又把污染和废物大量地排放到水系、空气和土壤中,对资源的利用是粗放的和一次性的,其基本特征表现为“高消耗、高污染、低效率”。

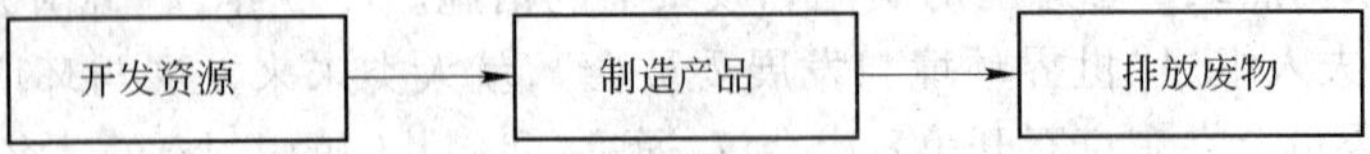

图8-1 传统工业经济的链式生产模式

循环经济是一种生态型的闭环经济,形成资源利用的合理的封闭循环。循环经济的环式生产模式如图8-2所示。

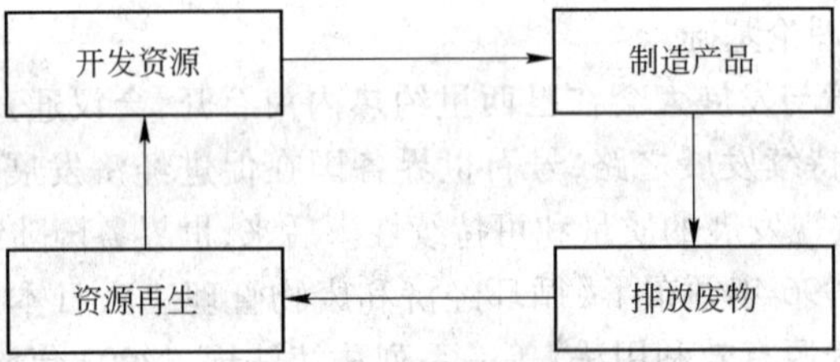

图8-2 循环经济的环式生产模式

在这种循环经济的指导思想下,联合国环境规划署的工业发展局,于20世纪70年代末,总结美国的福特汽车公司等世界工业清洁生产的经验,提出著名的减量化、再使用和再循环三原则,后来在不少国家的工业生产中采用。

(1) 资源利用的减量化(reduce)原则。在生产投入端实施资源利用的减量化,主要通过改进设计和综合利用,尽可能节约自然资源。

(2) 产品生产的再使用(reuse)原则。它与后工业社会一次性产品推广相反,循环经济强调在保证服务的前提下,产品在尽可能多的场合下,使用尽可能长的时间而不废弃。

(3) 废弃物的再循环(recycle)原则。它是指在材料选取、产品设计、工艺流程、产品使用到废弃物处理的全过程,实行清洁生产,最大限度地减少废弃物排放,力争做到排放的无害化和资源化,实现再循环。

以上三原则又称为3R原则。3R原则只是一个清洁生产的原则,包括部分消费行为。3R原则并没有包括资源配置、产品生产、社会分配和公众消费的整个经济过程。但是,生产是经济最重要的部分,意义重大。最重要的是通过3R原则使生产系统成为生态系统良性循环的一部分。

2005年3月在阿拉伯联合酋长国举行的“世界思想者节日论坛”上,规范了循环经济的理念。我国专家吴季松教授提出了5R[即再思考(rethink)、减量化(reduce)、再使用(reuse)、再循环(recycle)和再修复(repair)]的循环经济新思想。新循环经济学5R理论是对循环经济和清洁生产的全面创新。

8.1.2.3 生态经济

生态经济在一定意义上可以说是循环经济的别名,但两者之间也有一定的差异。生态经济就是一种尊重生态原理和经济规律的经济。它要求把人类经济社会发展与其依托的生态环境作为一个统一体,经济社会发展一定要遵循生态学理论。生态经济所强调的就是要把经济系统与生态系统的多种组成要素联系起来进行综合考察与实施,要求经济社会与生态发展全面协调,达到生态经济的最优目标。

生态经济与循环经济的主要区别在于生态经济强调的核心是经济与生态的协调,注重经济系统与生态系统的有机结合,强调宏观经济发展模式的转变;循环经济侧重于整个社会物质循环应用,强调的是循环和生态效率,资源被多次重复利用,并注重生产、流通、消费全过程的资源节约。

生态经济与循环经济本质上是相一致的,都是要使经济活动生态化,都是要坚持可持续发展。物质循环不仅是自然作用过程,而且是经济社会过程,实质是人类通过社会生产与自然界进行物质交换。也就是自然过程和经济过程相互作用的生态经济发展过程。确切地说,生态经济原理体现着循环经济的要求,正是构建经济的理论基础。

循环经济学比生态经济学更深入生产,生产的3R原则是循环经济的核心。循环经济比生态经济更加重视技术创新,尤其是高技术产业化的作用。

8.1.3 循环经济发展的国内外实践

进入21世纪,经济与环境融合的观念逐步深入人心,循环经济在全球逐渐成为一股新经济的潮流和趋势。发展循环经济,建立循环型社会逐渐成为实施可持续发展战略的重要途径和实施方式。

8.1.3.1 循环经济发展的国际实践

美国是循环经济的先行者。经过几十年的发展,循环经济已经成为美国经济中重要组成部分。美国的循环经济涉及多个行业,既包括传统的造纸业、炼铁业、塑料、橡胶业,也包括新兴的家用电器、计算机设备业,还包括办公设备和家居用品等行业。在循环经济中,废弃物的回收利用发挥着十分重要的作用。据美国全国物质循环利用联合会公布的数字,全美共有5.6万家企业涉及该行业,为美国人提供了110万个就业岗位,每年的毛销售额高达2360亿美元,为员工支付的薪水总额达370亿美元。该行业的规模在一定程度上已经与美国的汽车业相当。

欧洲向循环经济转型的步伐加快。例如在德国,循环经济已经成为企业以及普通民众生活中的一部分,而垃圾处理和再利用是德国循环经济的核心。德国对垃圾处理和再利用实行双轨制回收系统,有效促进了废弃物的回收利用。

日本的循环经济发展也十分迅速。据1997年日本通产省产业结构协会提出的《循环型经济构想》,到2010年,发展循环经济将使日本新的环境保护产业创造近37万亿日元产值,提供1400万个就业机会。2002年,日本回收家电850多万台,资源循环利用率:空调为78%,电视为73%,冰箱为59%,洗衣机为56%。现在日本又在回收旧电脑。随着新的环保技术的开发,日本的目标是循环资源回收率达100%。

德国、日本、美国等发达国家推进循环经济的做法主要有:循环经济立法,制定循环经济政策,健全社会中介组织,鼓励公众参与。

A 循环经济立法

立法是推动循环经济发展最有力的方式。德国坚持发展循环经济立法先行。日本是循环经济立法最完善的国家,也是国际上较早建立循环经济法律体系的发达国家之一。日本循环经济法规体系分为3个层次:一部基本法,两部综合性法律和六部专项法规。其所有相关的法律精神,集中体现为“三个要素,一个目标”,即资源利用,旧物品再利用,减少废弃物,最终实现“资源循环型”的社会目标。

B 制定循环经济政策

各国为推动循环经济的发展采取了许多经济政策,引导企业转变经营观念。主要包括:资源回收奖励制度(日本);税收优惠(美国);政府优先购买含可再生成分的产品(日本);收费政策:包括废旧物资商品化收费(日本)、垃圾费(美国)、污水治理费(德国);征税政策:征收新鲜材料税(美国)、生态税(德国)、填埋和焚烧税(美国、法国和英国)等。

C 健全社会中介组织

在发展循环经济中,非盈利性的社会中介组织可以起到政府公共组织和企业营利性组织所没有的作用。如:德国的回收中介组织(DSD)是一个专门组织对包装废弃物进行回收利用的非政府组织,它接受企业的委托,组织收运者对他们的包装废弃物进行回收的分类,然后送至相应的资源再利用厂家进行循环利用,能直接回收的包装废弃物则送返制造商。在日本大阪有关部门建立起了一个畅通的废品回收情报网络,专门发行旧货信息报——《大阪资源循环利用》,并组织旧货调剂交易会。

D 鼓励公众参与

发达国家非常重视运用各种手段和舆论传媒加强对循环经济的社会宣传,以提高市民对实现零排放或低排放社会组织。以日本大阪为例,公众参与循环经济和垃圾减量重点从三个方面进行:一是尽量减少废弃物的发生,如防止过量包装;二是教育市民和单位尽可能减少排出垃圾;三是增进反复利用意识,要求市民和单位对购买的一次性易耗品加强反复使用。

8.1.3.2 我国循环经济发展

在发展中国家,我国的循环经济发展格外引人注目。短短几年时间,在国家环保总局的大力倡导下,循环经济在我国由一个陌生的名词和一种虚的理念,迅速走向一个能实实在在地指导社会经济发展和环境保护的重要原则和战略。我国循环经济的发展可以分为三个阶段:

第一阶段,从20世纪80年代开始重视对工矿企业废物的综合利用,从末端治理思想出发,通过回收利用达到节约资源、治理污染的目的。

第二阶段,20世纪90年代开始提出了源头治理的思想。从1993年在上海召开的第二次全国工业污染防治会议开始,以循环经济理论为指导的清洁生产得到发展。

第三阶段,2002年10月正式颁布中华人民共和国《清洁生产促进法》,同时以辽宁省为循环经济示范省,贵阳市为循环经济示范城市,在全国范围内加快循环经济的发展。2003年,国家环保总局发布了《循环经济示范区申报、命名和管理规定》、《国家生态工业示范园区申报、命名和管理规定》。2004年9月26日,我国第一部循环经济领域的法规——《贵阳市建设循环经济生态城市条例》颁布。2004年9月29日,国家发展和改革委员会召开全国循环经济工作会议,提出用循环经济理念指导"十一五"规划的编制。2006年7月1日,《深圳经济特区循环经济促进条例》正式实施。

目前,我国的循环经济实践已在三个层面上将生产和消费这两个最重要的环节有机地联系起来:一是企业内部的清洁生产和资源循环利用,我国建立了20个行业或地方清洁生产中心,5000多家企业通过了ISO14000环境管理体系认证,几百种产品获得了环境标志。二是共生企业间或产业间的生态工业网络,我国也建立了15个国家级生态工业园区,如贵港国家生态工业园区、南海国家生态工业园区等。三是区域和整个社会的废物回收和再利用体系,我国辽宁省、江苏省、上海市、贵阳市等省市在区域层次上探索循环经济发展模式。

改革开放以来,我国颁布了《节约能源法》、《清洁生产促进法》等法律法规,制定了一系列促进企业节能、节材、节水和资源综合利用的政策、标准和管理制度。特别是中央提出加快两个根本性转变,实施可持续发展战略以来,我国在推动资源节约和综合利用、推行清洁生产、探索循环经济发展模式等方面,取得了明显成效,为加快发展循环经济奠定了基础。但是我们也应该清醒地看到,与发达国家相比,我国在发展循环经济方面还存在很大的差距。为了推进循环经济工作的快速发展,必须健全资源利用的指标和核算体系;完善循环经济法律法规体系,特别是再生资源回收利用方面的法规建设需要加强;建立有效的激励政策、回收处理体系和合理的费用机制;继续开发符合国情的循环经济技术支撑体系等。

8.2 矿业循环经济的内涵与特征

8.2.1 循环经济的基本概念

8.2.1.1 循环经济的内涵

循环经济的观点一经提出,立即受到了全世界专家学者和各国政要的看重。20 世纪 90 年代后期,循环经济的概念被引入中国,并很快得到重视。关于循环经济的概念,代表性的阐述有以下几种:

(1) 从物质流动的角度界定。从物质流动的方向看,传统工业的经济是"资源—产品—污染排放"的单向流线型过程。其基本特征表现为"高消耗、高污染、低效率"。循环经济的增长模式是"资源—产品—废弃物—再生资源"的物质反复循环流动过程,实现"低开采、高利用、低排放",提高了资源利用率、经济运行质量和效益。

(2) 从环境保护的角度界定。循环经济是以物质、能源梯次和闭路循环使用为特征的,在环境方面表现为污染低排放,甚至污染零排放。倡导实现经济和环境和谐发展,最终实现经济和环境"双盈"的最佳发展。循环经济的根本任务就是保护日益稀缺的环境资源,提高环境资源的配置效率。

(3) 从资源综合利用的角度界定。是指通过废弃物或废旧物质的循环再生利用发展经济,目标是使生产和消费中投入的自然资源最少,向环境中排放的废弃物最少,对环境的危害或破坏最小,即实现"低投入、高效率和低排放"的经济发展。循环经济的核心是废旧物资回收和资源综合利用,但又不完全相同。

(4) 从经济增长模式的角度界定。循环经济是一种新的经济增长方式,认为它是在生态环境成为经济增长制约要素、良好的生态环境成为一种公共物品后的新经济形态。这个观点特别强调,资源消耗的减量化、再利用化和再生化都是循环经济的目的,其本质是对人类生产关系进行调整,目标是追求可持续发展。

(5) 从生态学角度界定。循环经济要求遵循生态学规律,运用生态学规律来指导人类社会的经济活动,把清洁生产、资源循环利用、生态设计和可持续消费等融为一体,合理利用自然资源和环境容量,在物质不断循环的基础上发展经济,使经济系统和谐地纳入自然系统的物质循环过程中,因此,本质上是一种生态经济,是实施可持续发展的必然选择和重要保证。

(6) 从系统发展经济学角度界定。循环经济是把企业生产经营、原料供应、市场消费以及相关方面组成生态化的链式经济体,建立一个闭环的物质循环和经济发展系统。循环经济发展思路不仅体现在工业、农业、商业等生产和消费领域,还可体现在人口控制、城市建设、防灾抗灾等社会管理领域,最终实现社会的可持续发展。

综上所述,循环经济是对物质循环流动型经济的简称,是一种新的经济形态和经济发展模式。循环经济要求遵循生态学规律,充分考虑自然生态系统的承载能力,通过自然资源的低投入、高利用和废弃物的低排放,更有效地利用资源和保护环境,以尽可能小的资源消耗和环境成本,获得尽可能大的经济效益和社会效益。循环经济倡导的是一种与环境和谐的经济发展模式,要求对污染和废物产生的源头预防和全过程治理,把清洁生产、资源综合利用、生态设计和可持续消费等融为一体,从根本上消解长期以来环境与经济发展的矛盾,使经济系统和谐地纳入自然生态系统的物质循环过程,从而实现经济、资源、环境的协调持续发展。概括地说,循环经济是资源—产品—废弃物—再生资源的物质反复循环流动过程,是以实现可持续发展为目标,以协调人与自然关系为准则,以资源的高效利用和循环利用为核心,以"减量化、再利用、资源化"为原则,以低消耗、低排放、高效率为基本特征的经济增长模式。循环经济本质上是一种生态型的闭环经济,是对"大量生产、大量消费、大量废弃"的传统增长模式的根本变革。循环经济运行模式如图8－3所示。

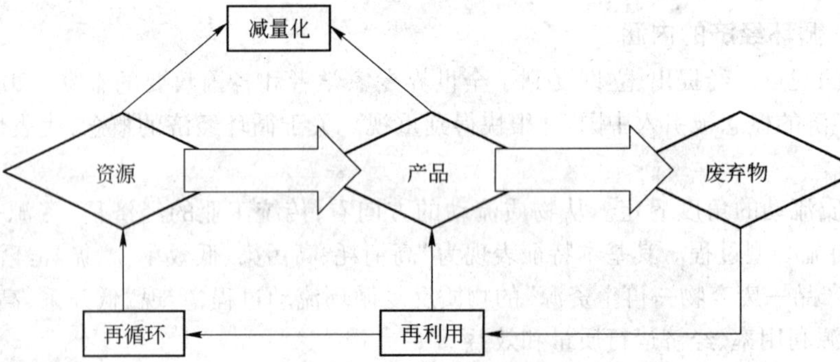

图8－3　循环经济运行模式

循环经济的指导思想是可持续发展,可持续发展理念实际上是对整个人类社会处理人口、资源、环境与社会经济发展关系的一个总体指导体系。"可持续"指的是人类社会经济发展所依托的自然资源与人工资源的合理开发与保护。可持续发展理念的提出便是来自对资源的关注,其目的是为了实现物尽其用,使资源在技术进步的前提下可以多次循环利用。

循环经济理论与行动的目的是节约资源、减废治污、治理和保护环境,进而从整体上推进经济持续发展与社会全面进步,实现人类社会与自然和谐、公平、良性的互动循环。这种循环的推动力是科学技术进步。在以上过程中,环境保护与治理是一直伴随着的行动和措施。

8.2.1.2　循环经济的基本特征

循环经济的基本特征主要有以下五种。

A　客观性

客观性也可称为内在规律性,是指循环经济的出现是人类社会经济发展进程中所必然出现的一种社会生产和再生产方式,是不依人们的意志为转移的社会经济发展的客观现象,是人类社会发展到一定程度之后,面对有限的资源与环境承载力所作出的必然选择。

B　科技性

循环经济的出现和发展是以先进的科技作为依托的。只有通过不断的技术进步,才能实现更大范围和更高效率的资源循环利用,同时不断拓展可供人类使用的资源范围,从源和流两个方面解决人类所面临的资源短缺和生态环境保护问题。

C　系统性

循环经济是一个涉及社会再生产领域各个环节的系统性、整体性经济运作方式。在不同的社会再生产环节上,它有不同的表现形式,但不能因此将其割裂开来看待。只有通过整个社会再生产体系层面的系统性协调,才能真正实现资源的高效循环利用。

D 统一性

统一性包括两个层面的含义:第一层含义是指通过循环经济的社会再生产方式,既可以解决人类目前所面临的资源、环境两大危机,又能实现人类社会经济的可持续发展,因此循环经济是人类社会经济发展和生态环境保护的统一;第二层含义是指循环经济无论是在社会再生产的宏观层面还是在产业和企业的中微观层面,其核心都统一于资源循环利用。

E 能动性

循环经济是人类对自身面临的资源和环境危机的理性反思的产物,是人类对客观世界认识的进一步深化。

8.2.1.3 循环经济的理念

循环经济是人类社会实现可持续发展的一种全新的经济运行模式。其理念是在全球人口剧增、资源短缺、环境恶化和生态蜕变的严峻形势下,人类重新认识自然、尊重客观规律、探索新经济规律的产物。

A 新的道德观

循环经济的道德观是生态道德观,由"以人类为中心"转向"以生态为中心"。人类不再是征服自然的主宰,而是自然的享用者、维护者和管理者。人与自然是一个密不可分的利益共同体,维护和管理好自然是人类的神圣使命。强调同代人之间的公平和代际之间的公平是人的基本道德。

B 新的经济观

在传统工业经济的各要素中,资本在循环,劳动力在循环,而唯独自然资源没有形成循环。循环经济观要求运用生态学规律,不仅要考虑工程承载能力,还要考虑资源承载能力。在生态系统中,经济活动超过资源承载能力的循环是恶性循环,会造成生态系统退化;只有在资源承载能力之内的良性循环,才能使经济与生态系统平衡地发展。

C 新的系统观

循环是指在一定的系统内的运动过程,循环经济的系统是由人、自然、资源和技术等要素构成的大系统。系统内部要以互联的方式进行物质交换,以最大限度地利用进入系统的物质和能量,从而形成"低开采、高利用、低排放"的结果。循环经济的系统观认为,人在考虑生产和消费时不再置身于这一大系统之外,而是将自己作为这个大系统的一部分来研究符合客观规律的经济原则,保护生态系统,维持大系统持续发展。

D 新的价值观

循环经济观在考虑自然时,不再像传统工业经济那样将其作为"取料场"和"垃圾场",也不仅仅视其为可利用的资源,而是将其作为人类赖以生存的基础,是需要维持良性循环的生态系统;在考虑科学技术时,不仅考虑其对自然的开发能力,而且要充分考虑到它对生态系统的修复能力,使之成为有益于环境的技术;在考虑人自身的发展时,不仅考虑人对自然的征服能力,而且更重视人与自然和谐相处的能力,促进人的全面发展。

E 新的生产观

传统工业经济的生产观念是最大限度地开发利用自然资源,最大限度地创造社会财富,最大限度地获取利润。而循环经济的生产观念是要充分考虑自然生态系统的承载能力,尽可能地节约自然资源,不断提高自然资源的利用效率,循环使用资源,创造良性的社会财富。在生产过程中遵循“3R”原则。尽可能地利用高科技,尽可能地以知识投入来替代物质投入,以达到经济、社会与生态的和谐统一,使人类在良好的环境中生产生活,真正全面提高人民生活质量。

F 新的消费观

循环经济的消费观提倡物质的适度消费、层次消费,在消费的同时就考虑到废弃物的资源化,建立循环生产和消费的观念,从而走出传统工业经济“拼命生产、拼命消费”的误区。同时,循环经济观要求通过税收和行政等手段,限制以不可再生资源为原料的一次性产品的生产与消费,如宾馆的一次性用品、餐馆的一次性餐具和豪华包装等。

G 新的发展观

循环经济的发展观是可持续的发展观,在考虑经济发展水平时,不仅仅用 GDP 来衡量,更要考虑自然、经济、社会的协调发展,强调改善环境就是发展生产力。

8.2.1.4 循环经济的经济特征

就与环境的关系而言,人类社会的经济发展经历了三种模式,代表了三个层次。第一种是传统经济模式。它对人类与环境的处理模式是,人类从自然获取资源,又不加任何处理地向环境排放废物,是一种“资源—产品—污染排放”的单向线性物质流动模式,通过把资源持续不断地变为废物来实现经济的数量型增长,对资源的利用常常是粗放和一次性的。第二种是“生产过程末端治理”模式。具体做法是“先污染后治理”,在生产的末端采取措施治理污染。结果,治理的技术难度很大,不但治理成本畸高,而且生态恶化难以遏制,经济效益、社会效益和生态效益都很难达到预期效果。第三种是循环经济模式。循环经济发端于传统经济,是对传统经济的反思、否定和创新。与传统经济相比,循环经济具有更多的优点,是一种更高级更先进的经济形态。循环经济与传统经济的主要区别见表 8-1。

表 8-1 循环经济与传统经济的比较

比较项目	传统经济	循环经济
运动方式	物质单向流动的开放式线性经济(资源消耗→产品工业→污染排放)	封闭型物质能量循环的网状经济(资源利用→绿色工业→资源再生)
对资源的利用状况	粗放型经营,一次性利用;高开采、低利用	资源循环利用,科学经营管理;低开采、高利用
废物排放及对环境的影响	废物高排放;成本外部化,环境不友好	废物零排放或低排放;环境友好
追求目标	经济利益(产品利润最大化)	经济利益、环境利益与社会持续发展
经济增长方式	数量型增长	内涵型发展
环境治理方式	末端治理	预防为主,全过程控制
支持理论	政治经济学、福利经济学等传统经济理论	生态系统理论、工业生态学理论等
评价指标	单一经济指标(GDP、GNP、人均消费等)	绿色核算体系(绿色 GDP 等)

传统经济完全不考虑自然系统的承载能力。人们高强度地把地球中的矿物和能源提取出来,在生产加工和消费过程中又把污染和废物大量地排放到水系、空气和土壤中,是最大限度地开发自然资源,最大限度地创造社会财富,最大限度地获取利润,这意味着创造的财富越多,消耗的资源就越多,产生的废弃物也就越多,对环境的负面影响就越大。

发展循环经济就是要合理利用自然资源和环境容量,充分考虑自然界的承载能力和净化能力。以生态学为理论指导,使资源的代际分配更趋合理,实现经济、社会与生态效益统一,人与自然和谐。

8.2.1.5 循环经济的资源特征

循环经济遵循资源(尤其是自然资源)具有价值并且是有限的原则,以资源节约和循环利用为重要特征,在社会生产、流通、消费和产生废物的各个环节循环利用资源,并积极发展资源回收利用产业,以提供资源的利用率。其手段包括:宏观上在经济运行全过程预防资源消耗。微观上在产品全周期控制资源消耗。

8.2.1.6 循环经济的环境特征

循环经济从源头开始,通过预防较少废弃物的产生,在物质流动全过程控制污染,尽可能地多次使用各种物品,尽可能对废弃物进行资源化或无害化处理,使经济活动对自然环境的不利影响控制在尽可能低的程度,甚至使环境状况有所改善。

8.2.1.7 循环经济的效率特征

循环经济的效率特征表现为生态效率。生态效率是通过能够支持可持续发展的共同行为,在最佳经济目标和最优秀环境目标之间建立一种最佳的链接。生态效率有两层含义:其一,在资源投入不增加甚至减少的条件下实现经济增长;其二,在经济产出不变甚至增加的条件下,向环境排放的废弃物最少。

8.2.2 矿业循环经济的内涵及特点

8.2.2.1 矿业探索实施循环经济的简要历程

A 高开采、高消耗、高排放的粗放型生产模式阶段

20 世纪 80 年代前,矿业受产业政策和当时价格体系的影响以及技术发展的限制,先进的生产工艺不普及,生产的同时造成了环境污染,企业从事“高开采、低利用、高排放”的粗放型生产,矿产廉价用完即弃,资源消耗高、浪费大、造成了环境污染。

B 展开环保末端治理阶段

20 世纪 80 年代中后期,随着国家对环保的日益重视和《环保法》及《环保标准》的相继制定和出台,企业被动地进行环保末端治理,但仅限于污染治理,固体废物、废水未能进行综合利用和循环使用。

C 资源综合利用阶段

企业加大了对现有生产工艺技术攻关并引进国内外先进技术,逐步对矿山、冶炼进行技术革新和加工产品链延伸;同时,企业的环境保护、资源利用与节能降耗意识逐步加强。很多企业进行技术改造,引进先进的生产工艺技术。如铜陵有色公司以新模式建设安庆铜矿,不仅对铜、硫进行采选,而且对铁资源充分利用,资源利用率提高。企业的固体废物得到再利用,内部资源得到再循环,经济效益也逐步得到提高。江西铜业公司对德兴铜矿原作为废石丢弃的含铜品位在 0.05% ~0.25% 之间的低品位原生硫化铜矿石进行湿法提铜试验。经过多年的研究,1997 年组建从废石堆进行湿法冶金提铜试验工厂,运用生物技术成功地从“含铜废石”中提取合格的电积铜,并使之产业化,建成年产商品铜 1000 t 能力的湿法炼铜工厂。中条山有色金属集团公司含铜废石浸出和井下废弃采矿场浸出,年产电积铜 2000 多 t。

D 清洁生产阶段

20 世纪 90 年代末,主要厂矿实施清洁生产,强调减少废石,废渣优先的“低开采、低排放(或零排放)、高利用”的新型工业化方式。通过改进设计、采用先进的工艺技术与设备、改善管理、综合利用等措施,开始从生产的全过程控制物质利用和污染排放,从源头减少污染,对生产过程中产生的废物、废水和余热等进行综合利用或循环使用,提高资源利用效率,并减轻或者消除对

人类健康和环境的危害。如选矿拜耳法氧化铝生产工艺。

E 传统经济向循环经济转型阶段

近些年,矿业企业开始全面认识循环经济,对发展循环经济促进企业经济转型的重要性、必要性、紧迫性有了进一步的认识,并按照循环经济理念,加快企业循环经济发展。主要措施包括:生产过程的节能降耗、废弃物资源化、清洁生产、绿色制造、资源综合利用及矿产品回收、加快矿业生态工业园建设等。

8.2.2.2 矿业循环经济的内涵

矿业循环经济是指地球上的矿产品遵循矿产物质的自身特征和自然生态规律,按其勘查、采选冶生产、深加工、消费等过程构成闭环物质流动,与之依存的能量流、信息流内在叠加,达到与全球环境、社会进步等和谐发展的一个经济系统。其核心是矿产资源的综合利用。矿业循环经济是人类经济系统的基础,对人类的经济发展和环境变化有重大的影响力,而其本身发展又受到科学技术水平、人类认识水平的制约。

矿业循环经济与传统的矿业经济有着本质区别。传统的矿业经济基本上是一种“矿产勘查—矿产品—污染排放”的简单流动的线性经济,传统矿业经济以高开采、低利用、高排放(二高一低)为特征,系统内物质流叠加很少,造成出入系统的物质流远远大于内部相互交流的物质流;产品生产链较短,表现为加工多,精产品少,矿产资源利用率低,粗加工产品长距离运输等。矿产品开采加工的同时,还伴随着土地塌陷、水资源的破坏等不少环境问题,有些难以治理。

矿业循环经济是一种“矿产勘查—矿产资源—产品—再生矿产资源—最终排放”的反馈式流程,所有的矿物质和能源在这个不断进行的经济循环中得到合理和持久的利用,从而减少对矿产资源的消耗,把矿产活动对自然环境的影响降低到尽可能少的方式进行矿物质交换,以最大限度地利用进入系统内的矿物和能量。从而,产品产业链得以延长,产品质量提高,使用寿命增长,矿物质的综合回收率大大提高,可以从根本上消解资源、环境与发展之间的尖锐冲突。

资源循环利用是循环经济的核心内涵。循环经济的中心含义是“循环”,强调资源在利用过程中的循环,其目的是既实现环境友好,又保护经济的良性循环与发展。“循环”是指经济赖以生存的物质基础——资源在国民经济再生产体系中各个环节的不断循环利用(包括消费与使用)。资源循环利用是指,自然资源的合理开发;能源、原材料在生产加工过程中通过适当的先进技术尽量将其加工为环境友好的产品并且实现现场回用(不断回用);在流通和消费过程中的最终产品的理性消费;最后又回到生产加工过程中的资源回用,实现以上环节的反复循环。

为了保护矿产资源,维持生态平衡,实现矿业良性循环,必须高度重视矿产资源循环利用。充分合理地开发利用矿产资源,不仅要靠增加资源开采数量实现,主要还要靠提高资源的综合利用水平来实现。首先,要利用好原矿资源,提高矿产资源综合回采率,抑制当前的过快储量消耗。其次,要推进共伴生矿产资源的综合利用,提高资源保障能力;最后,要充分利用矿山尾矿、废石及矿业及相关产业废物(废渣、废气、废水),增加资源供给,减少环境污染。

8.3 矿业发展循环经济的基本模式和实施方式

发展循环经济的根本目标是转变经济增长方式、实现可持续发展。矿业发展循环经济的基本思路是必须遵循“资源—产品—再生资源—再生产品”的循环模式,以最大限度地提高资源的利用率,降低资源消耗率,减少矿业生产和消费中废弃物的排放,提升经济运行质量和效益,改善矿区和社会生态环境。在经济增长和社会发展不断加速的态势下,物质消耗却出现增长减缓、零增长甚至负增长,环境呈现友好与和谐。矿业发展循环经济可以从企业层面、区域层面和社会层面展开。

8.3.1 循环经济的企业层面(杜邦模式)——企业内部的循环经济模式

循环经济产业体系的企业层面,属于小循环的范畴,又叫杜邦模式,是以单个企业内部物质和能量的微循环作为主体的企业内部循环经济产业体系。企业根据循环经济的思想设计生产过程,促进企业内部原料和能源的循环利用,通过实施清洁生产和 ISO 环境管理体系,积极采用生态工业技术和设备,设计和改造生产工艺流程,形成无废、少废的生态工艺,使上游产品所产生的“废物”成为下游产品的资源,在企业内部实现物质的闭路循环和高效利用,减轻甚至避免环境污染,节约资源和能源,实现经济增长和环境保护的双重效益。

矿业企业发展循环经济,要求大力推行清洁生产,主要体现在以下 5 个方面:一是在生产环节上节能降耗;二是使用可再循环的原材料,提高物质使用效率;三是降低废弃物排放;四是不断提高资源综合利用、循环利用效率;五是倡导企业间物质循环(零排放)。

铜陵有色集团公司下属的安庆铜矿和冬瓜山铜矿,按照循环经济新理念,建设新型生态矿山,做到了废石不出坑、尾矿少入库、地下水循环利用。通过对提升、压风、通风等系统进行节能改造,采用多碎少磨的节能工艺对选厂的落后设备和工艺进行更新,降低了生产能耗。通过对采空区、陷落区、露天采坑、废石堆场等受损地貌的生态修复,对老尾矿库进行复垦绿化或种植经济作物,把生态修复建设与景观生态设计相结合,发展了铜矿开采科普旅游和“铜文化”旅游。

新汶矿业集团以科学发展观为指导,坚持走新型工业化道路,致力于经济增长方式转变和生态矿区建设。为促进矿区可持续发展,新矿集团以煤炭为基础,以煤炭深加工和资源综合利用为突破口,积极调整产业结构,拓宽延展产业链,全面开发电力、建材等再生能源生产主线和土地复垦、矿井水利用资源开发副线,不断提升传统产业新型化,壮大新兴产业规模,逐步形成了“资源—产品—再生资源”的循环经济模型,如图 8 – 4 所示。

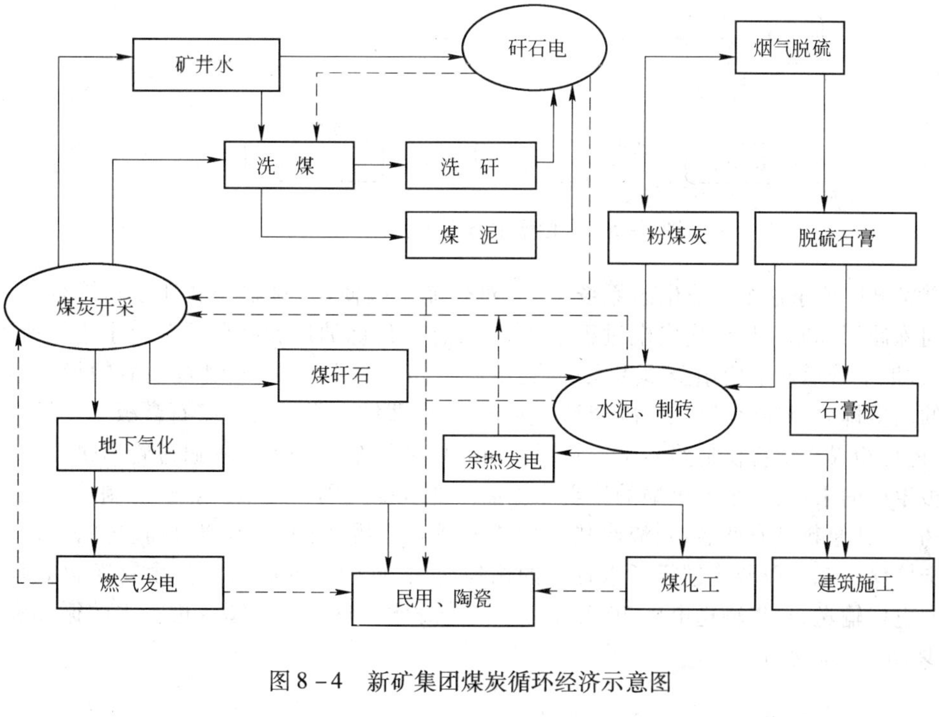

图 8 – 4 新矿集团煤炭循环经济示意图

8.3.2 循环经济的区域层面——生态工业园区模式

循环经济产业体系的区域层面,属于中循环范畴,是面向共生企业的循环经济。在区域层面上,通过企业间的物质、能量和信息集成,形成企业间工业代谢和共生关系,建立工业生态园区。生态工业园区是企业间或产业间的生态工业网络。通过生态工业园区,将多个企业链接起来,使单个企业的废物、废气、废水、废热、废渣在自身循环利用的同时,成为另一个企业的能源和资源,达到相互间资源的最优化配置,延长了产业链。若有最后不可避免的剩余物,则将其以对生命和环境无害的形式进行排放,尽量做到零排放。

8.3.2.1 丹麦卡伦堡工业园区

丹麦卡伦堡工业园区是目前世界上工业生态系统运动最为典型的代表,如图 8-5 所示。这个工业园区的主体企业是电厂、炼油厂、制药厂和石膏板生产厂,以这四个企业为核心,通过贸易方式,利用对方生产过程中产生的废弃物或副产品,作为自己生产中的原料,或部分替代原料。该园区把不同的工厂联结起来,通过企业间的工业共生和代谢关系,建立等工业联合体。这不仅减少了废物产生量和处理的费用,还产生了很好的经济效益,形成经济发展和环境保护的良性循环。

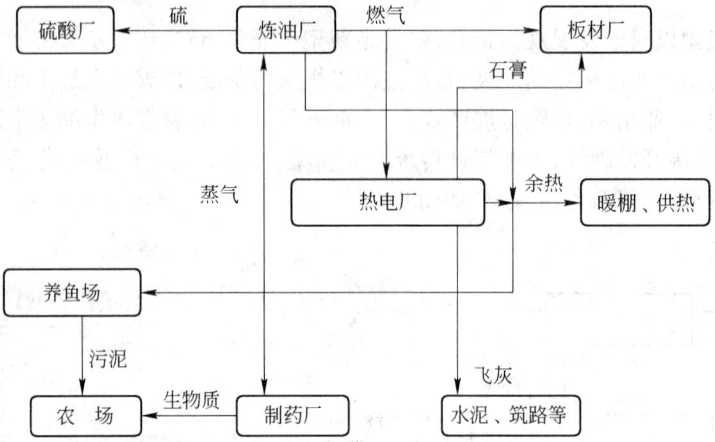

图 8-5 卡伦堡生态工业系统共生关系图

燃煤电厂位于这个工业生态系统中心,对热能多级使用,对副产品和废物综合利用。发电厂向炼油厂和制药厂供应发电过程中产生的蒸汽,使炼油厂和制药厂获得了生产所需的热能;通过地下管道向卡伦堡全镇居民供热,由此关闭了镇上 3500 座燃烧油渣的炉子,减少了大量的烟尘排放;将除尘脱硫的副产品工业石膏,全部供应附近的一家石膏板生产厂做原料。同时,还将粉煤灰出售供造路和生产水泥使用。炼油厂生产的火焰气通过管道供石膏厂用于石膏板生产的干燥,减少了火焰的排空。炼油厂的脱硫气则供给电厂燃烧。制药厂是世界著名的药厂,其原料是农产品,残渣经热处理杀死微生物后,向附近 1000 户农户销售进一步使用。卡伦堡生态工业园还进行了水资源的循环使用,炼油厂的废水经过生物净化处理,通过管道向电厂输送,每年输送电厂 70 万立方米的冷却水。整个工业园区进行水的循环利用,每年减少 25% 的需水量。

8.3.2.2 矿业生态园

矿业生态园是一种以矿业为骨架的产业共生组合，即将矿业企业厂内无法消解的一部分废料、能量、副产品变成另一些企业的原料或动力，两两结合，组成一个企业网络，在网络内实现物流、能量流和信息流的和谐流动。园区内企业间不仅仅是竞争关系，更是一种互信互赖的依存关系，这种形式大大促进当地经济持续发展和环境的改善。

具有代表性的铜陵有色集团，经过半个多世纪的发展，先后经历了高排放→环境末端治理→资源综合利用→清洁生产→传统经济向循环经济转型五个阶段，从最初的粗放式生产逐步转变为现在的集约化经营，在资源利用、节能降耗、环境保护、经济效益等方面取得了明显效益。在矿山采选、冶炼、铜加工及化工产业四个循环圈基础上，初步形成了铜陵有色产业大循环圈，如图8－6～图8－10所示。并从构建指标体系入手，初步研究制定了一套循环经济评价指标体系，使发展循环经济目标明确化。

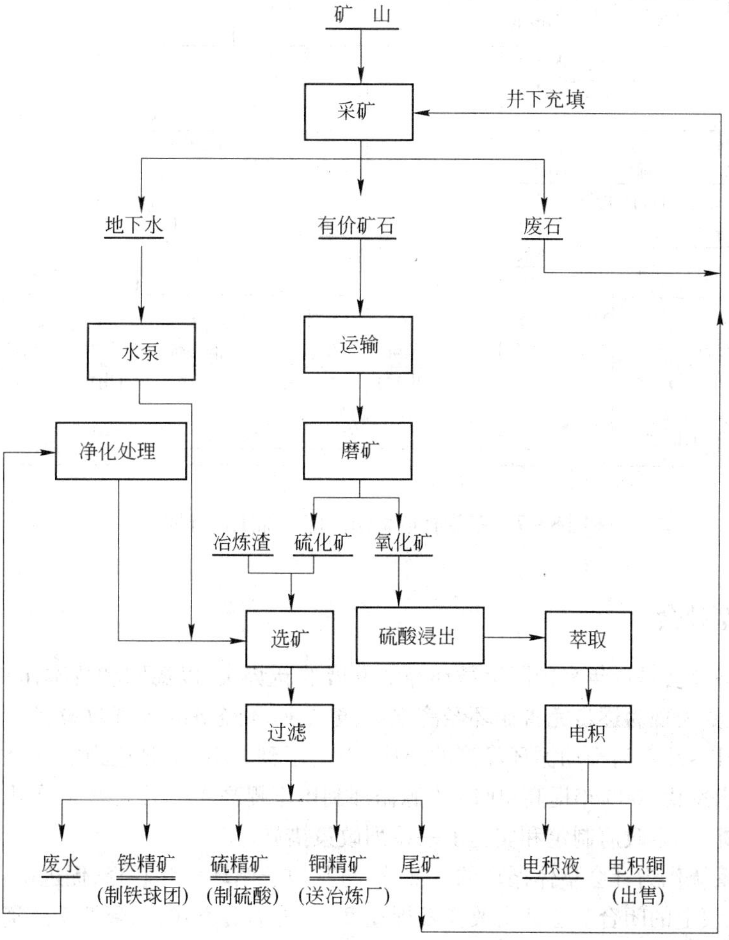

图8－6 铜陵有色集团矿山采选循环圈图

我国的矿业开发现状，距离实现矿业内部的循环经济尚存在一定的差距，目前还没有完全意义上的卡伦堡式矿业生态园区，但随着科技的进步和循环经济的发展，我国矿业生态园的建设会不断健全和完善。

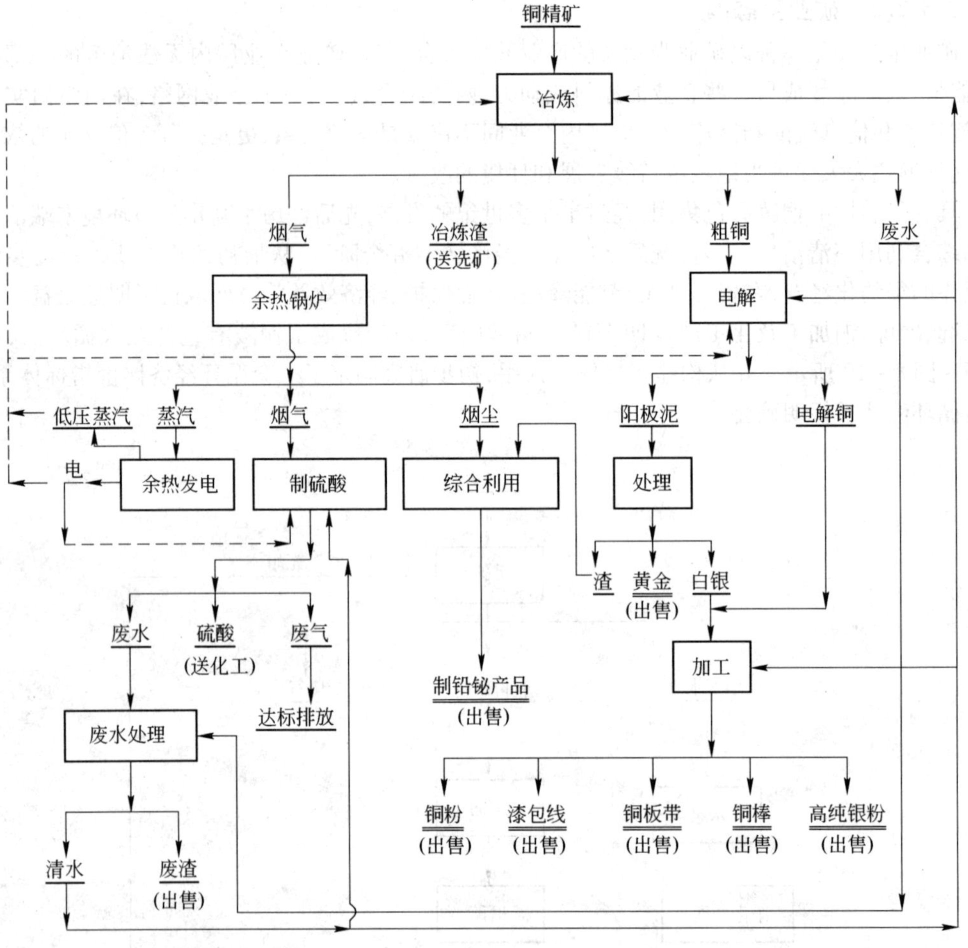

图8－7　铜陵有色集团冶炼－加工循环圈图

8.3.3　循环型社会

循环型经济社会是近年来国际上循环经济发展的新势头，以德国和日本比较明显。社会循环经济体系，主要表现为逐步完善循环经济立法，健全循环经济的经济政策，积极进行企业循环经济实践。如日本政府为推动循环经济的形成，提出了到2010年要达到的三个方面的目标，包括资源投入产出率比2000年提高40%，资源循环利用率提高4%，废弃物最终处置量减少50%，为实现这些目标，日本政府制定和实施了一系列政策措施。

矿业循环系统作为社会整体循环的一部分，与其他子循环相互联合，促进矿业循环经济的多种形式、不同规模上的闭合。全社会改变发展速度、改善消费方式，以降低矿产资源的需求，真正减量化；全民重视矿物质的回收、含矿物质类产品的持久使用，减缓循环内矿物质的流速，提高矿产资源的使用效率，减少污染处置的压力。总之，提高全民绿色消费意识，采用生态设计、绿色工艺等措施，真正实现矿业大循环。

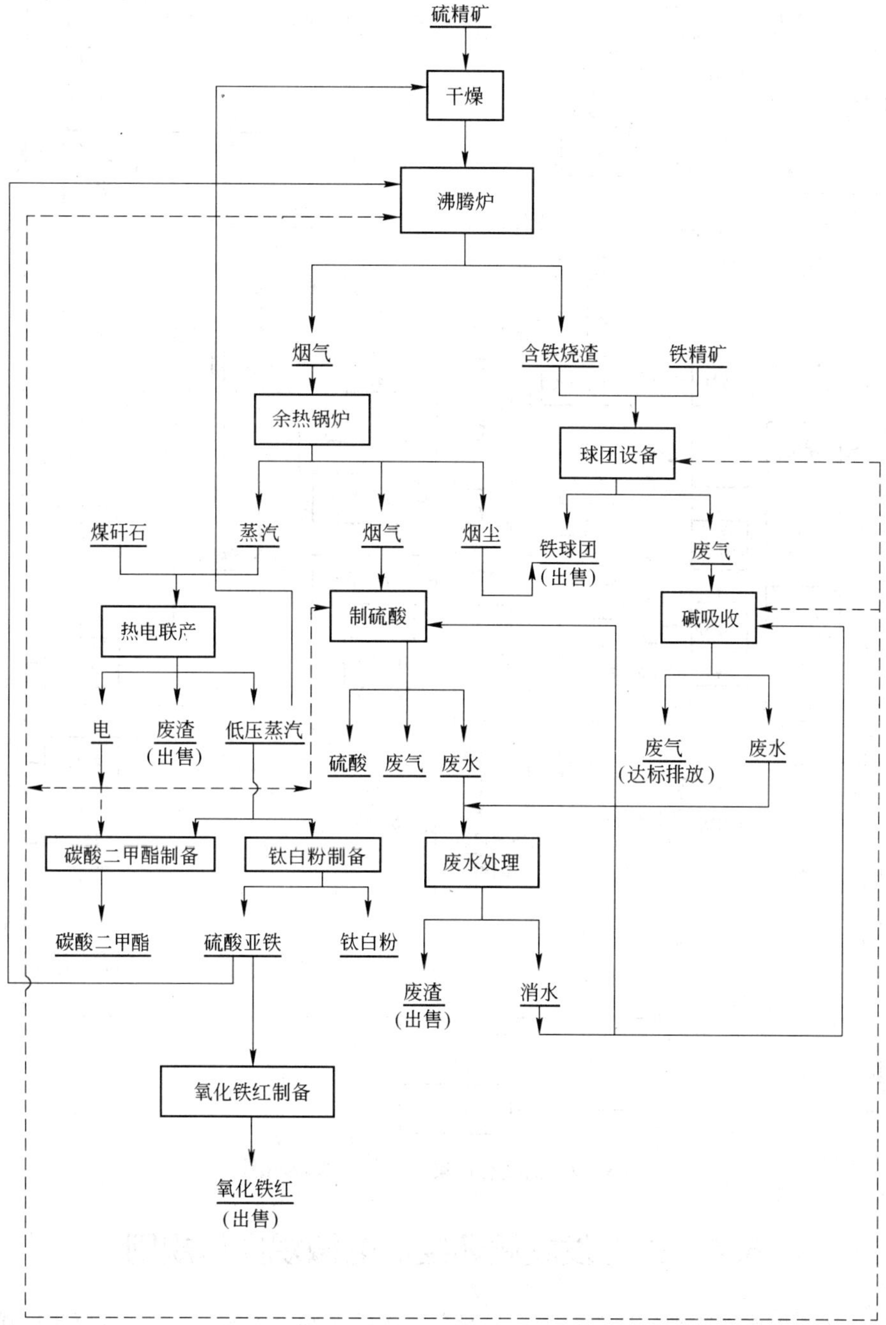

图8－8　铜陵有色集团化工循环圈图

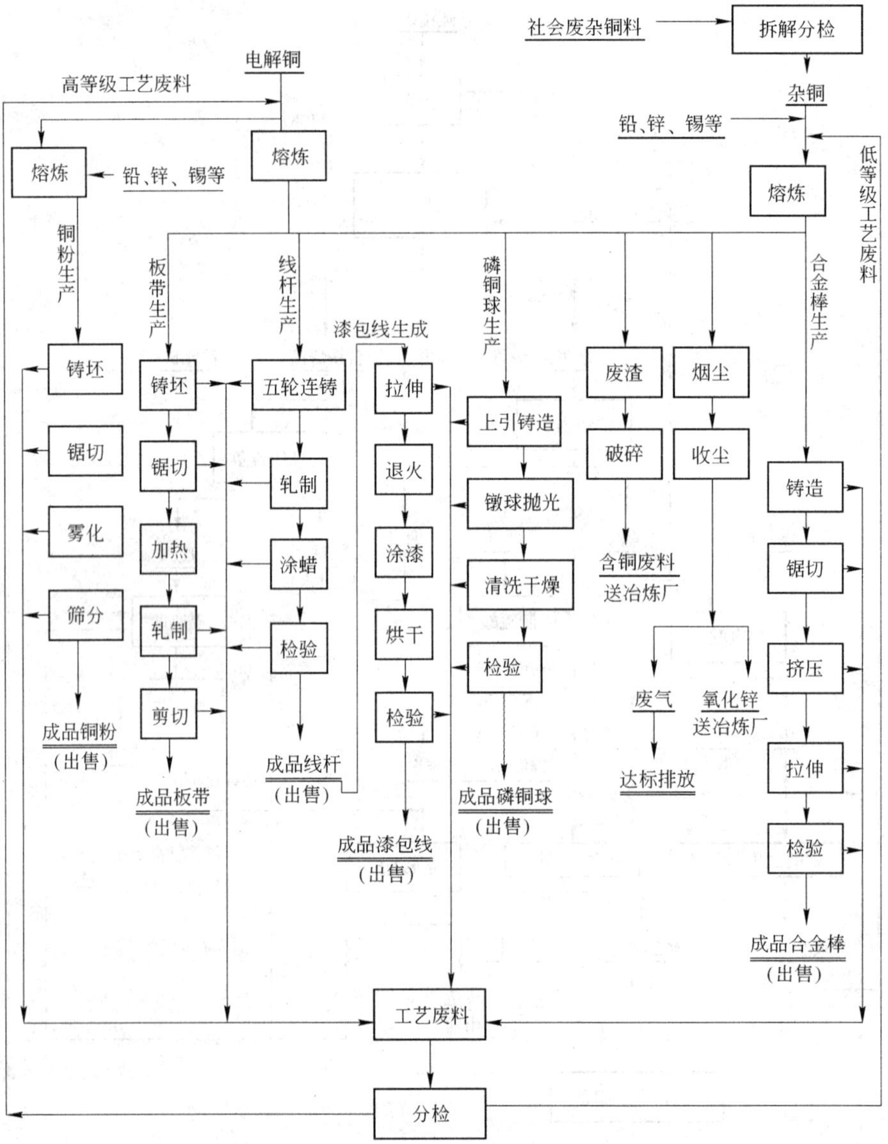

图 8－9 铜陵有色集团铜加工循环圈图

8.4 矿业发展循环经济的微观操作规则

循环经济的操作性原则包括宏观和微观两个层次的原则。宏观层次上，主要是区域层次上推进循环经济应遵循的原则，其基本特点是宏观性和指导性；在微观层次上，主要是经济主体（如企业）发展循环经济应遵循的操作原则，其特点是实践性和可操作性。

循环经济在宏观层面上，要求对产业结构和布局进行调整，将循环经济理念贯穿于经济社会发展的各领域、各环节，建立和完善全社会的资源循环利用体系。循环经济在微观层面上，要求企业节能降耗，提高资源利用效率，实现减量化；对生产过程中产生的废弃物进行综合利用，并延伸到废旧物资回收和再生利用；根据资源条件和产业布局，延长和拓宽生产链条，促进产业间的共生耦合。

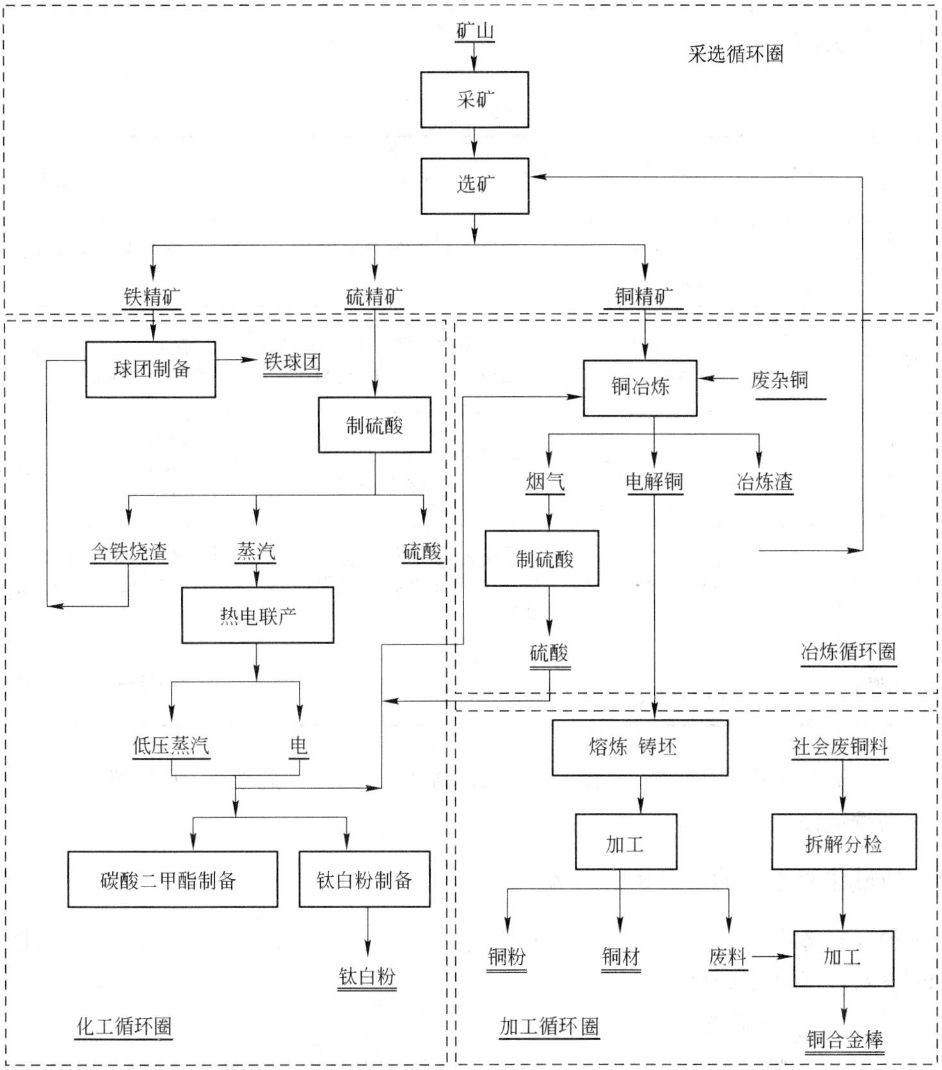

图 8－10　铜陵有色集团工业生产循环圈图

8.4.1　矿业活动中的3R原则

循环经济的微观操作原则有："减量化(Reduce)、再使用(Reuse)、再循环(Recycle)"，简称"3R"原则。这三个原则在循环经济中的重要性并不是并列的，其优先顺序是：减量化—再使用—再循环(资源化)。其要义是，首先要减少经济源头的污染物的产生量，因此工业界在生产阶段和消费者在使用阶段就要尽量避免各种废物的排放；其次是对于源头不能消减又可利用的废弃物和经过消费者使用的包装废物、旧货等要加以回收利用，使它们回到经济循环中去；只有那些不能利用的废弃物，才允许做最终的无害化处置。

与所有经济活动一样，矿业发展循环经济必须坚持减量化、再利用和再循环的3R原则。3R原则在矿业循环经济中的表现形式主要是贫富矿兼收，综合回收，一矿变多矿，清洁生产，保护生态等。3R 原则在矿业过程中的总体要求,集中体现在对矿产资源的利用方式和对环境的保护形式上。具体见表 8 – 2 。

表 8 – 2 矿业循环经济 3R 原则

矿业生产过程 \ 3R 原则	减量化原则	再利用原则	再循环原则
勘 查	减少勘查量、勘查程度、勘查深度	使用先进理论、仪器,提高勘查质量、准确性	勘查资料的公开性,多次开发
矿山开采	少采、贫富兼采、减少植被破坏	使用先进开采技术,降低剥采比,贫化率,提高开采率;适当规模开采	随着加工技术提高,降低矿产品的边界品位
选 矿	减少应选矿石	采用先进流程,注意综合利用,适度选矿规模,提高选矿回收率	提高技术,综合回收有用元素;尾矿的利用,如回填、建筑用等
冶 炼	尽量减少冶炼量	采用先进工艺,提高主元素回收率,提高产品质量,节能降耗,保持适度规模	对难熔、难回收有用元素进行回收,废气、废水、废渣的综合利用
深加工	开发新产品、新用途;废物回收再利用	提高适应性,达到标准化,综合回收有用元素	废弃物的无害化处理

由于矿产资源开发是高耗能、高投入、高废弃物产生行业,因此按照 3R 原则发展循环经济具有一定的特殊性。

8.4.2 减量化原则下的矿产资源开发

按照循环经济减量化原则,矿产资源开发应从管理和技术角度减少废弃物的产生与排放,降低资源开发对环境的污染和破坏。

8.4.2.1 减少废石产出率

受开采技术条件的限制,矿体开采的同时,不可避免地产生大量的掘进废石,造成矿石损失和贫化。为减少煤矸石山和排土厂压力,应采取综合管理与技术措施,从源头减少废石产出率。主要措施有:

(1) 强化生产勘探工作、提高勘探精度,尽可能准确圈定矿体与围岩(包括夹石)的边界、计算矿石储量和品位,避免无效开拓、采准、切割造成不必要的废石超掘。

(2) 精心设计开拓、采准、切割工程,在安全条件许可情况下,尽量将工程布置在矿脉内;露天矿山要通过研究,尽量降低剥采比。

(3) 选择高回收率、低贫化率的采矿方法。

(4) 优化爆破参数与工艺,尤其是炮孔超深,避免超采和欠采,降低大块产出率和粉矿产出率。

(5) 每个采场回采完毕后,要进行采空区实测,为相邻采场的设计提供准确的回采边界。

8.4.2.2 减少尾砂产出率

尾砂是金属矿山的另一个主要固体废弃物来源,应通过选矿技术革新,提高选矿回收率,降低尾矿产出率。

8.4.2.3　减少废水排放量

(1) 加强地下水文地质工作,查清地下主要含水层、隔水层的空间关系。水文地质条件复杂的矿山,要超前探水,避免导通含水层。

(2) 充填法矿山,应尽量提高充填料浆浓度,减少充填体脱水率,避免增加排水负担。

(3) 选矿厂,要加强管理,降低单位洗水耗量,提高选矿水复用率。

8.4.2.4　减少废气排放量

随着矿山机械化水平的提高,大量无轨设备开始进入地下开采矿山,为降低废气对井下工作环境的污染,应尽量使用带有废气净化设备的柴油设备或电力设备。

虽然按照减量化原则,可以在一定程度上减少矿产资源开发过程中废弃物产生量,但不能从根本上消除废弃物。因为,随着经济的快速发展,对矿产资源的总需求是绝对增长的,污染物总量上升是必然的,因此,必须高度重视矿产资源的高效利用和综合回收。

8.4.3　再循环原则下的矿产资源开发

再生资源的循环利用,可以大大减少对矿产资源的开采利用,达到节约资源、能源和减少环境污染的目的,其经济、社会、生态环境效益是非常显著的。据专家测算,按照目前的技术水平,每利用 1 t 废钢铁可炼好钢 850 kg,节约铁矿石 3 t 和标准煤 1 t,减少"三废"污染负荷 76% ~ 97%;每利用 1 t 废铝可炼再生铝 900 kg,节约铝土矿 4 t,纯碱 800 kg、电极 600 kg,电 1.5 万度,减少空气和水污染负荷 95% 以上。通过对矿山废渣、废水、废气的再循环利用,可以拉动经济增长,促进产业结构优化升级,减少"三废"对环境的影响,提高矿业企业的经济效益和社会效益,促进废物减量化、无害化和资源化。

8.4.3.1　固体废弃物再循环

煤矿主要的固体废料包括煤矸石、煤泥等,非金属和金属矿山主要的固体废料包括掘进或露天剥离废石、尾砂等。采用选矿、冶炼、化工和生物等方法,将固体废弃物中的有用组分回收,将有毒物质转化为无毒物质,固体废物经过处理后,即使尚存少量废物,对环境的危害也很小。矿山固体废弃物循环利用途径有 4 种:回收有用金属;回收有用矿物;回收能源;制备材料。矿山固体废弃物再循环利用模式如图 8 – 11 所示,即利用固体废料作为原料开发新的产业和产品,其主要技术路线如图 8 – 12 所示。

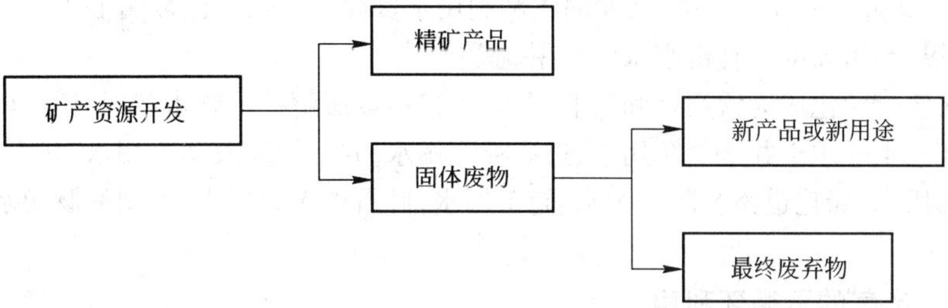

图 8 – 11　矿山固体废弃物再循环利用模式

对固体废料的再循环利用,首先应确定其中含矿品位在可预见的未来市场条件下,是否可以分选回收。如果能够达到分选的标准,则应首先进行二次回选;否则应根据固体废料的矿物成分、化学组成和力学性质,考虑进行二次开发。对于已无任何利用价值的固体废料,可考虑进行井下回填或复垦造田。

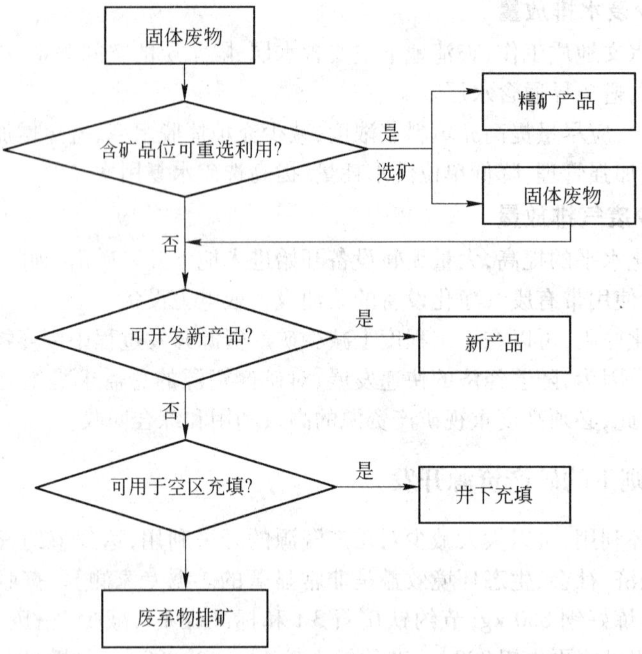

图 8-12 矿山固体废弃物再循环利用技术路线

8.4.3.2 废水再循环利用

矿山是用水和排水大户。我国矿山水资源利用存在一个尴尬问题：一方面，矿山生产、生活需要大量的水资源，但大多数矿区缺水严重，影响矿区居民的生活，制约着矿区经济的发展；另一方面，为保证矿山正常生产，每天要排出大量的地下水。资料统计，我国煤炭行业吨煤平均排水 4 m^3，全国煤炭系统矿井水年排放量 2.2 Gm^3。大量的矿井水外排，不仅会对周边环境造成污染，同时更是对水资源的巨大浪费。我国矿山水资源化利用率仅为 20% 左右。不同矿山废水的水质和排放情况差异很大，针对不同的情况，将矿山废水采用物理、化学、物理化学和生物等多种方法从废水中回收有用组分，重复利用原材料，使废水变为洁净水，再循环使用，实现矿区废水资源化，变害为利，从而消除对环境造成的污染源。发展水循环经济，建立矿区水资源循环经济模式（见图 8-13），既可解决废水污染，又能回收和利用水资源。如从有色金属工业排放的废水中回收铜、镉、铅、锡；利用高浓度有机废水生产甲烷等。

矿山废水经过净化成为饮用水和工业用水，不仅可以缓解矿区缺水状况，还可以节约宝贵的水资源。矿区水主要用于井下消防用水、选矿补充用水、井下填充及防尘用水、井下设备冷却水、电厂循环冷却用水、绿化道路及防尘洒水、施工用水，矸石山灭火用水、农田灌溉用水及生活用水等多个方面。

8.4.3.3 废气的再循环利用

金属和非金属矿山的废气主要是在冶炼厂或工厂回收金属或制取化工产品时所排出的烟尘。利用吸附、吸收、冷凝和脱模等方法，可将废气中的有用组分回收利用，治理其中的有害气体，以消除或减少对环境的污染。废气中的氢气可以回收作为燃料，含有二氧化硫的烟气回收后，进行处理可制取硫酸，回收硫等。煤矿废气来源主要是井下开采过程中产生大量的瓦斯气体，目前许多矿山已经采用把瓦斯气体抽出的方法，回收瓦斯气作为燃料供居民使用。如淮南矿业集团采用这种方法，取得较大的经济效益。

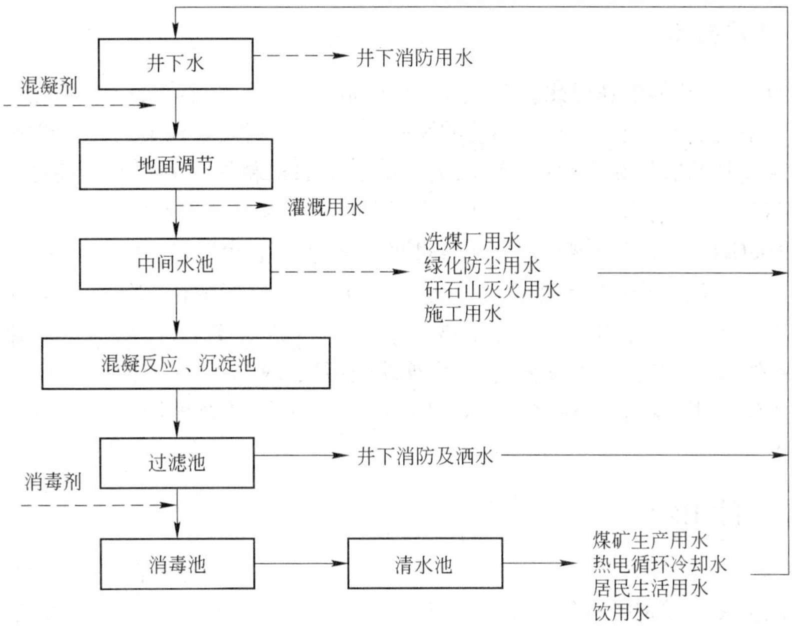

图 8－13　水循环经济模式

8.4.3.4　余热、余压再回收和循环利用

铜陵有色集团冬瓜山矿引进德国鲁奇冶化工公司先进的沸腾焙烧技术，利用硫精矿焙烧产生的余热发电，不仅供本系统使用，还将多余电量和发电后的蒸气压外供，每年外供电 1.12×10^{8} kW · h。

需要注意的是，矿业废料回收利用可以减少废物最终的处理量，但不一定能够减少经济过程中矿物质的流动速度以及使用规模，而且以目前方式进行的综合回收利用，有一些是环境非友好的方式，处置过程会新增其他污染。因此，长远来看，要达到矿产资源最优使用，需要遵循两个原则：一是持久使用，即通过延长产品的使用寿命来降低矿产资源的流动速度，如注重产品的使用范围、符合行标、国家标准或国际标准，进行产品替代，注意保质贮藏等；二是适度规模、集约使用，使产品的利用达到某种规模效应，从而减少分散使用导致的浪费，如注意开采规模，选治规模、矿山规模与选治规模的匹配等。

8.5　矿业循环经济的技术支撑体系

先进的科学技术是循环经济的核心竞争力。如果没有先进技术的输入，循环经济所追求的经济和环境多目标将难以从根本上实现。发展循环型矿业经济，主要是运用生态学规律指导矿业开发，形成“低开采、高利用、低排放”的技术体系。循环经济的矿业开发技术载体就是环境无害化技术，其特征是污染和废弃物排放量少，合理利用资源和能源，综合利用矿石中的多种有用组分，更多地回收废弃物中的有用成分，并以环境可接受的方式处置残余的、暂难利用的废弃物。该技术主要包括预防污染的少废或无废的工艺技术和产品技术，以及治理污染的技术等。主要有以下类型。

8.5.1 清洁生产技术

清洁生产是一种新的创新思想,该思想将整体预防的环境战略持续应用于生产过程、产品和服务中,以增加生态效率,减少人类及环境的风险。对生产过程,要求节约原材料和能源,淘汰有毒原材料,削减废物的数量和毒性;对产品,要求减少从原材料提炼到产品最终处置的全生命周期对环境的不利影响。清洁生产技术包括生产过程的清洁和生产产品的清洁两个方面。它们在环境无害化技术体系中占据着核心位置。通过采用先进技术和设备,进行无废或少废生产,使生产过程和产品消费过程变为无污染或少污染,实现生产过程的废物零排放和制作产品的绿色化。为此在矿业生产过程中,应大力发展清洁洗选和加工技术,提高矿物的纯度、精度,提高矿石的利用率,既要实现生产过程的无污染或少污染,又要使生产的产品在使用和最终废物处理过程中不会对环境造成损害。如处理低品位锰矿的氨盐焙烧法、微生物选矿技术、凝石制造技术等。

8.5.2 废弃物利用技术

这是用来进行废弃物再利用的技术,主要包括三个方面:一是对矿石伴生废弃物进行再利用的技术,通过此种技术实现矿石伴生废弃物资源化处理;二是利用选矿技术的发展,重新利用尾砂、矿渣的新技术和新工艺;三是回收矿业开发产品及后续产业制成品在消费过程中产生的废弃物再利用的新技术和新工艺。就人类现有技术来说,矿产品及其后续产业制成品在消费过程中产生的废弃物,除能量资源不能循环利用外,物质资源一般都能循环利用。用好消费过程产生的废弃物,将大幅度地增加人类可利用的资源,对解决我国矿产资源短缺,提高经济效益,保护环境具有重要意义。废弃物利用技术是实现矿产资源废物资源化的技术,如易拉罐回收铝技术、废电池回收锰、锌、汞的技术、废塑料转化为汽油和柴油的技术等。

8.5.3 矿产资源综合利用技术

在我国,许多矿产资源除主要有用组分外,大多含有共伴生有用组分,有的共伴生有用组分的价值甚至比主要有用组分还要大。采用先进技术对其进行提炼,综合利用其多种有用组分,通过构建合理的产品组合、产业组合、技术组合,实现物质、能量、资金、技术的优化使用,会产生很高的经济效益和环境效益。可使小矿变大矿,一矿变多矿。如南丹大厂矿区原来开采以锡、锌、铅、锑、银五元素矿石为主要矿种,后来发现铟具有工业利用价值,在 1994 年后开始选冶提炼,如今已成为一大产业,其产品在国内外市场上已举足轻重。

8.5.4 矿产品增值技术

采用最先进的生产技术,对原有产品进行改造或研发新产品,使产品附加值增高,从而其价格也会有较大的提高。如发展洁净煤技术等。

8.5.5 矿山周边找矿技术

通过对矿山周边已知找矿资料的分析和再开发,采用新技术在矿山周边进行找矿,使矿山储量增加,延长矿山服务年限,使矿山资源有一个稳定的储量。

8.5.6 替代产品研究

由于材料科学的日新月异,许多矿产品可被其他产品替代,如太阳能、风能、生物质能可替代石油；铝合金材料可替代钢铁材料；塑料可替代金属做结构材料等。因此，应加大科技投入，研究并应用矿产品替代产品，以减轻矿业的压力和矿业开发对环境的破坏。

8.5.7 污染防治技术

即传统意义上的环境工程技术，这是用来消除污染物质的技术。通过建设废弃物净化装置来实现有毒、有害废弃物的净化处理。其特点是不改变生产系统或工艺程序，在生产过程的末端通过净化废弃物实现污染控制。如矿业中对废水、废渣、废气等污染进行治理的脱硫技术，除尘回收净化技术，废水中和除重金属离子技术，矿山污染土地修复技术等。

8.5.8 地质灾害防治技术

在矿山建设的同时要考虑到矿业活动可能引发的各类地质灾害，利用切实可行的、先进的技术加以预防。通过对矿山生产过程采取整体性预防措施和环境策略，减少乃至消除地质灾害的发生，预防采矿活动对人类及环境的可能危害，采取实施全过程控制地质灾害的监测防治，以保护采矿区域地面水和地下水环境，提高地面绿化率，从而有效地控制矿区内的地质灾害、水土流失，保护生态环境，使矿业开发对生态环境的影响降至最低。

复习思考题

8-1 简述矿山环境保护与发展循环经济的关系。
8-2 简述循环经济的由来。
8-3 循环经济的发展经历了哪些阶段？
8-4 什么是清洁生产，对矿山环境保护有什么作用？
8-5 清洁生产3R原则指什么？
8-6 循环经济的内涵是什么？
8-7 什么是矿业循环经济？
8-8 循环经济的微观操作原则有哪些？
8-9 矿山发展中，如何实现减量化？
8-10 资源循环利用在矿业发展中的作用是什么？
8-11 循环经济的指导思想是什么？
8-12 循环经济的基本特征是什么？
8-13 循环经济的理念有哪些？
8-14 矿业发展循环经济的基本模式有哪些？
8-15 矿业发展循环经济的技术支撑有哪些？
8-16 谈谈矿业如何发展循环经济。

参考文献

[1] 韦冠俊,蒋仲安,金龙哲.矿山环境工程[M].北京:冶金工业出版社,2001.
[2] 蒋展鹏.环境工程学[M].北京:高等教育出版社,1999.
[3] 叶文虎等.环境质量评价学[M].北京:高等教育出版社,1994.
[4] 蒋仲安.湿式除尘技术及应用[M].北京:煤炭工业出版社,1999.
[5] 沈伯雄.大气污染控制工程[M].北京:化学工业出版社,2007.
[6] 郭静,阮宜纶.大气污染控制工程[M].北京:化学工业出版社,2008.
[7] 李广超.大气污染控制技术[M].北京:化学工业出版社,2008.
[8] 何争光.大气污染控制工程及实例[M].北京:化学工业出版社,2004.
[9] 许兆义,杨成永.环境科学与工程概论[M].北京:中国铁道出版社,2003.
[10] 何德文,李铌,柴立元.环境影响评价[M].北京:科学出版社,2008.
[11] 刘绮,潘伟斌.环境质量评价[M],广州:华南理工大学出版社,2008.
[12] 王汉青,通风工程[M].北京:机械工业出版社,2008.
[13] 李建成,斐异秀,谢惠春.环境保护概论[M].北京:高等教育出版社,1997.
[14] 张荣立,何国纬,李铎.采矿工程设计手册[M].北京:煤炭工业出版社,2006.
[15] 采矿手册编委会.采矿手册(第6卷)[M].北京:冶金工业出版社,1999.
[16] 金龙哲.矿井粉尘防治[M].北京:煤炭工业出版社,1993.
[17] 朱亦仁.环境污染治理技术[M].北京:中国环境科学出版社,1996.
[18] 崔志徵,何为庆.工业废水处理[M].北京:化学工业出版社,1999.
[19] [美] W.拜尔斯.工业水再利用的系统分析[M].宋存义等译.北京:冶金工业出版社,2000.
[20] 陈尚芹.环境污染物监测[M].北京:冶金工业出版社,1999.
[21] 王鼎臣. 水处理技术及工程实例[M]. 北京:化学工业出版社,2008.
[22] 苑宝玲,王洪杰. 水处理新技术原理与应用[M]. 北京:化学工业出版社,2006.
[23] 李耀中, 李东升. 噪声控制技术[M]. 北京:化学工业出版社,2008.
[24] 周新祥. 噪声控制技术及其新进展[M]. 北京:冶金工业出版社,2007.
[25] 高红武.噪声控制工程[M]. 武汉:武汉工业大学出版社,2003.
[26] 周新祥.噪声控制及应用实例[M].北京:海洋出版社,1999.
[27] 胡少伟,周 跃.铁矿山土地复垦研究初探[J].矿业安全与环保,2004,31(1):34~37.
[28] 高波,余强,朱宇等. 大冶铁矿废石场复垦及矿区可持续发展研究——以尖山废石场为例[J].地质科技情报 ,2001, 20(3).
[29] 张媛媛,姚飞,俞珠峰.矿区土地复垦投资的制度经济学分析[J]. 环境与可持续发展,2006,(5):1~3.
[30] 李海英,顾尚义,吴志强.矿山废弃土地复垦技术研究进展[J].矿业工程,2007,5(2):43~45.
[31] 胡明忠,汤杰,王小雨.矿山生态恢复与重建存在的问题及对策[J].中国环境管理,2003,22(3):7~9.
[32] 高长春,孙绍先.土地利用管理与复垦技术[M].北京:冶金工业出版社,1993.
[33] 李根福.土地复垦知识[M].北京:冶金工业出版社,1991.
[34] 万建武. 空气调节[M]. 北京:科学出版社,2006.
[35] 薛殿华.空气调节[M].北京:清华大学出版社,1994.
[36] 郭勇义.矿井热工与空调[M].北京:煤炭工业出版社,1997.
[37] 米继武. 东坪金矿利用地温预热解决竖井防冻的实践[J]. 南方金属.2004.12:39~40.
[38] 王华东,薛纪瑜.环境影响评价[M].北京:高等教育出版社,1998.
[39] Robert Jennings Heinsohn PHd, PE. Industrial Ventilation Engineering Principles[J]. A Wiley Inter-

science Publication. 1990.
[40] C. David Cooper. F. C. Alley. Air Pollution Control[M]. Waveland Press, Inc. 2002.
[41] Jeremy Colls. Air Pollution[M]. Spon Press. 2002.
[42] D. C. Paningahi . Mine Environment and Ventilation[J]. Department of Mining Engineering India School of Mines Dhambad , India. 2001.
[43] Howard, Hartman, L. Third Edition. Mine Ventilation and Air Conditioning[J]. New York, 1997.
[44] Karl B. Schnelle, Jr. , Ph. D. , P. E. Air Pollution Control Technology Handbook[M]. Printed in the United States of American. 2002.
[45] 北京现代循环经济研究院.产业循环经济[M].北京:冶金工业出版社,2007.
[46] 吴季松.循环经济概论[M].北京:北京航空航天大学出版社,2008.
[47] 周宏春、刘燕华.循环经济学[M].北京:中国发展出版社,2005.
[48] 徐云,中关村国际环保产业促进中心编著.循环经济国际趋势与中国实践[M].北京:人民出版社,2005.
[49] 冯之浚,中国循环经济发展论坛组委会秘书处组编.中国循环经济高端论坛[M].北京:人民出版社,2005.
[50] 陈引亮.矿区工业生态经济[M].北京:煤炭工业出版社.2005.
[51] 崔彬,李赋屏,王琴.矿业循环经济模式[J].第七届中国矿业城市发展论坛.2005.
[52] 张钦礼,朱永刚.循环经济模式下的矿产资源开发[J].矿业快报,2006,5:2~6.
[53] 中国地质矿产经济学会编.《资源、环境、循环经济》——中国地质矿产经济学会 2005 年学术年会论文集[M].北京:中国大地出版社, 2005.
[54] 解振华.走循环经济之路,实现可持续生产与消费[J].环境保护,2003(3):3~4.
[55] 解振华.关于循环经济理论与政策的几点思考[J].环境保护,2004(1):3~8.
[56] 解振华.树立新的发展观 大力推动循环经济[J].环境保护,2004(1):14~18.
[57] 张宏伟,郭忠平.矿区绿色开采技术[M].徐州:中国矿业大学出版社,2008.
[58] 赵淑,胡振琪.矿区复垦土地利用结构优化研究[M].徐州:中国矿业大学出版社,2007.

冶金工业出版社部分图书推荐

书名	作者	定价（元）
现代企业管理（第2版）（高职高专教材）	李　鹰	42.00
Pro/Engineer Wildfire 4.0（中文版）钣金设计与焊接设计教程（高职高专教材）	王新江	40.00
Pro/Engineer Wildfire 4.0（中文版）钣金设计与焊接设计教程实训指导（高职高专教材）	王新江	25.00
应用心理学基础（高职高专教材）	许丽遐	40.00
建筑力学（高职高专教材）	王　铁	38.00
建筑 CAD（高职高专教材）	田春德	28.00
冶金生产计算机控制（高职高专教材）	郭爱民	30.00
冶金过程检测与控制（第3版）（高职高国规教材）	郭爱民	48.00
天车工培训教程（高职高专教材）	时彦林	33.00
工程图样识读与绘制（高职高专教材）	梁国高	42.00
工程图样识读与绘制习题集（高职高专教材）	梁国高	35.00
电机拖动与继电器控制技术（高职高专教材）	程龙泉	45.00
金属矿地下开采（第2版）（高职高专教材）	陈国山	48.00
磁电选矿技术（培训教材）	陈　斌	30.00
自动检测及过程控制实验实训指导（高职高专教材）	张国勤	28.00
轧钢机械设备维护（高职高专教材）	袁建路	45.00
矿山地质（第2版）（高职高专教材）	包丽娜	39.00
地下采矿设计项目化教程（高职高专教材）	陈国山	45.00
矿井通风与防尘（第2版）（高职高专教材）	陈国山	36.00
单片机应用技术（高职高专教材）	程龙泉	45.00
焊接技能实训（高职高专教材）	任晓光	39.00
冶炼基础知识（高职高专教材）	王火清	40.00
高等数学简明教程（高职高专教材）	张永涛	36.00
管理学原理与实务（高职高专教材）	段学红	39.00
PLC 编程与应用技术（高职高专教材）	程龙泉	48.00
变频器安装、调试与维护（高职高专教材）	满海波	36.00
连铸生产操作与控制（高职高专教材）	于万松	42.00
小棒材连轧生产实训（高职高专教材）	陈　涛	38.00
自动检测与仪表（本科教材）	刘玉长	38.00
电工与电子技术（第2版）（本科教材）	荣西林	49.00
计算机应用技术项目教程（本科教材）	时　魏	43.00
FORGE 塑性成型有限元模拟教程（本科教材）	黄东男	32.00
自动检测和过程控制（第4版）（本科国规教材）	刘玉长	50.00